Maike Abshagen · Bärbel Barzel · Jürg Kramer · Thomas Riecke-Baulecke ·
Bettina Rösken-Winter · Christoph Selter (Hrsg.)

BASISWISSEN LEHRERBILDUNG:

Mathematik unterrichten

Klett | Kallmeyer

Bibliografische Information der Deutschen Nationalbibliothek
Die Deutsche Nationalbibliothek verzeichnet diese Publikation in der Deutschen Nationalbibliografie; detaillierte bibliografische Daten sind im Internet über http://dnb.d-nb.de abrufbar.

Impressum

Maike Abshagen, Bärbel Barzel, Jürg Kramer, Thomas Riecke-Baulecke, Bettina Rösken-Winter, Christoph Selter (Hrsg.)
Basiswissen Lehrerbildung:
Mathematik unterrichten

3. Auflage

Redaktion: Dirk Haupt, Leipzig
Druck: Beltz Grafische Betriebe GmbH, Bad Langensalza
Printed in Germany

ISBN (Print): 978-3-7727-1084-1
ISBN (E-Book): 978-3-7727-1085-8

Maike Abshagen · Bärbel Barzel · Jürg Kramer · Thomas Riecke-Baulecke ·
Bettina Rösken-Winter · Christoph Selter (Hrsg.)

BASISWISSEN LEHRERBILDUNG:

Mathematik unterrichten

Mit Beiträgen von:

Maike Abshagen, Bärbel Barzel, Andreas Eichler, Katja Eilerts, Andreas Filler, Hedwig Gasteiger, Marianne Grassmann, Uta Häsel-Weide, Stephan Hußmann, Ulrich Kortenkamp, Jürg Kramer, Timo Leuders, Marcus Nührenbörger, Susanne Prediger, Gesa Ramm, Thomas Riecke-Baulecke, Hans-Dieter Rinkens, Bettina Rösken-Winter, Petra Scherer, Christof Schreiber, Ralph Schwarzkopf, Christoph Selter, Elke Warmuth, Hans-Georg Weigand, Gerald Wittmann, Bernd Wollring

Klett | Kallmeyer

Vorwort

Ziel der KMK-Bildungsstandards ist es, den Unterricht so zu gestalten, dass die Lernenden vertiefte Kenntnisse, Fähigkeiten und Fertigkeiten in den basalen Fächern Deutsch, Fremdsprache und Mathematik erwerben können. Doch wie realisiert man dieses im Mathematikunterricht? Aus der *COACTIV*-Studie wissen wir, dass das Professionswissen von Lehrkräften nicht nur fachwissenschaftliches, sondern insbesondere fachdidaktisches Wissen umfasst, welches wichtig ist, um Lehr- und Lernprozesse optimal gestalten und moderieren zu können.

Hier setzt dieses Buch an und gibt einen Überblick über die relevanten Wissensbereiche für Lehrkräfte in Mathematik. Dabei wird der Blick weit geöffnet und sowohl auf die Primar- als auch auf die Sekundarstufe eingegangen.

Jedes Kapitel widmet sich einem in sich abgeschlossenen Bereich des Professionswissens in Mathematik, ist somit für sich verständlich und beinhaltet Grundlagen-, Theorie- und Handlungswissen mit exemplarischen Konkretisierungen. In der Gesamtstruktur ist das Buch gegliedert in die Bereiche Lehren und Lernen von Mathematik, mathematische Kompetenzen, mathematische Leitideen sowie Sichern und Entwickeln von Unterrichtsqualität. Das Buch erhebt dabei keinen Anspruch auf Vollständigkeit, im Gegenteil. Es ging uns ganz bewusst um Konzentration auf das Wesentliche, das unverzichtbare Wissen, das dauerhaft für die Gestaltung und Reflexion von Praxis vorhanden sein sollte.

Basiswissen Lehrerbildung ist eine Art Extrakt aus der Vielfalt und Komplexität von Theorien, Modellen und Forschungsergebnissen mit dem Ziel, die Erkenntnisse so zu fokussieren, dass sie denk- und handlungsleitend für alle werdenden und ausgebildeten Lehrkräfte sein können. Damit wird zum einen die Vermittlung des Basiswissens unterstützt, dem originären Auftrag der ersten Phase der Lehrerbildung. Zum anderen dient dieses Wissen zugleich als Grundlage für die Reflexion der unterrichtlichen und schulischen Praxis, einem zentralen Ziel in der zweiten Phase der Lehrerbildung, dem Vorbereitungsdienst. Und zum dritten kann dieses Buch in der dritten Phase der berufsbegleitenden Lehrerprofessionalisierung genutzt werden, um das Wissen in der langjährigen Berufstätigkeit wachzuhalten und es als Bezugspunkt für lebenslange Professionalisierungsprozesse zu nutzen.

Wir hoffen, dass das *Basiswissen Lehrerbildung* auf unterschiedliche Weise Eingang findet in diese verschiedenen Phasen der Lehrerbildung: als zusammenfassendes und damit ergänzendes Lehrbuch in der ersten Phase, dem Studium, als Bezugspunkt in der Ausbildung und Prüfung im Vorbereitungsdienst und als Hintergrundmaterial in der Fort- und Weiterbildung.

Kiel im Mai 2017
Maike Abshagen, Bärbel Barzel, Jürg Kramer, Thomas Riecke-Baulecke,
Bettina Rösken-Winter und Christoph Selter

Katja Eilerts & Hans-Dieter Rinkens

Mathematische Bildung

1 Schule und Mathematik

Warum unterrichten/lernen wir Mathematik in der Schule? Die Antworten reichen von den naiven, aber gleichwohl für den Lernprozess bedeutsamen Vorstellungen der Kinder, bis hin zu den Paradigmen der Forschung auf dem Gebiet der Mathematikdidaktik und zu den philosophisch oder ideologisch geprägten Konzepten derjenigen, die für die Gestaltung von Curricula mitverantwortlich sind. Ob artikuliert oder unausgesprochen, eine solche Grundposition findet sich in allen Reformansätzen des Mathematikunterrichts wieder (vgl. Lenné 1969; Schubring 2016). Die internationale Diskussion dieser Frage z. B. auf den seit 1968 alle vier Jahre stattfindenden *Internationalen Kongressen über Mathematikunterricht (ICME[1])* macht zugleich ihre Abhängigkeit von kulturellen und gesellschaftlichen Randbedingungen deutlich. Zweifellos ist es verfehlt, von der Beantwortung dieser Frage eine logische Deduktion der Unterrichtsinhalte zu erhoffen. Dennoch kann sie dazu dienen, Veränderungsprozesse zu verdeutlichen. „Das Lernen von Mathematik erfordert mehr als nur den Erwerb von memorierbaren Wissensbeständen. Dieses Mehr kann als Bedeutung, als Verständnis, als Anpassungsfähigkeit an die Realität o. a. beschrieben werden. Es zeigt sich, dass dieses ‚Mehr' im Unterricht in wenigstens drei Formen wirksam ist: als mathematische Gegenstandsstruktur – das ‚Gemeinte', als Vermittlungsinhalte, geprägt durch die erworbenen Strukturen und Routinen des Lehrers – das ‚Gelehrte' und als Kognitionsstruktur des Schülers – das ‚Gelernte'. Diese drei Formen stimmen nur im Idealfall überein." (Bauersfeld 1976, S. 73)

1.1 Mathematik in der Schule

Welche Mathematik – das „Gemeinte" – ist bedeutsam für den Mathematikunterricht? Zwei „Menschenbilder" prägen die Diskussion über diese Frage: der Mensch als Bildungsträger, der Mensch als Schaffender in seiner Umwelt (homo faber). In der „Erziehungsphilosophie" der Mathematikdidaktik (vgl. Wittmann 1974 und die Überarbeitungen in den nachfolgenden Auflagen) finden sich die beiden Aspekte wieder: Mathematik als Kulturgut, Mathematik als Werkzeug. Wittmann schreibt:

„Die mathematische Denkweise ist eines der mächtigsten, leistungsfähigsten und elegantesten Instrumente, unsere Erfahrungen und Ideen zu ordnen und

1 Nach 1976 in Karlsruhe hat die Tagung 2016 zum zweiten Mal in Deutschland, an der Universität Hamburg stattgefunden (http://www.icme13.org/, letzter Zugriff: 16.09.2016).

neue Denkmodelle zu entwerfen, die über unsere jeweilige Erfahrung hinausgehen und als heuristisches Mittel für neue Forschungen und die Gestaltung der Zukunft dienen." (Wittmann 1974, S. 21) Nach Ziegler (2011, S. 1) ist das Ziel des Mathematikunterrichts, „Mathematik darzustellen und einzuführen als

- Wissensgebiet: Mathematik als wichtiger Teil unserer Kultur, voller Entdeckungen, Ideen, Einsichten, Probleme und Problemlösungen über Tausende von Jahren, auch als Basis für moderne Schlüsseltechnologien, der Antworten liefert auf sehr grundlegende und natürliche Fragen.
- Werkzeugkasten: Mathematik als ein Gebiet, das jeden mit Handwerkszeug ausstattet, um wichtige Probleme im täglichen Leben selbst zu lösen.
- Wissenschaft: Mathematik als lebendiges Forschungsgebiet, in dem Probleme gelöst, Strukturen verstanden und Ideen entwickelt werden.

All diese Aspekte sind lebendig, sie entwickeln und verändern sich mit der Zeit."

Setzt der erste Aspekt die Begriffsreflexion und die Strukturorientierung („Mathematik als Wissenschaft von den Mustern", Devlin 1998) in den Mittelpunkt des Mathematikunterrichts, so sieht der zweite als seine Hauptaufgabe die Anwendungsorientierung und die Entwicklung algorithmischen Denkens. Da die Schulmathematik ohne Anwendung steril ist, Kalkül ohne Begriffsreflexion in Drill ausartet, dürfen die beiden Aspekte nicht als polare Gegensätze verstanden werden. Gleichwohl können viele der diskutierten Reformen und Änderungsvorschläge zum Mathematikunterricht als mitunter in Wellen auftauchende Verstärkungen der einen oder der anderen Sichtweise interpretiert und auch relativiert werden.

Schulmathematik ist gekennzeichnet durch ihre Aufgabenorientierung: Probleme angemessenen Schwierigkeitsgrades sollen mit mathematischen Mitteln gelöst werden. Wegen des Prinzips der Eigentätigkeit des Schülers rangiert Auffindbarkeit der Lösung vor Eleganz der Theorie. Schulmathematik ist nicht Fertigprodukt, sondern Mathematik im Entstehen.[2]

Ein weiteres erklärtes Ziel des Mathematikunterrichts ist die Fähigkeit, zu argumentieren. Dabei ist die „Strenge" der mathematischen Argumentation als ein relativ zum Argumentierenden zu interpretierender Begriff zu sehen. Freudenthal (1973) spricht von den „Stufen der Strenge": „Um in der Strenge fortzuschreiten, muß man an der Strenge, die man im Augenblick pflegt, erst einmal zweifeln. Ohne diesen Zweifel hat man wenig daran, sich höhere Maßstäbe von Strenge auferlegen zu lassen." (S. 142)

Zur Schulmathematik gehört auch die Einführung in die Symbolsprache, jedoch nicht als die Sprache eines kleinen Expertenvolkes, sondern als zweckmäßiges Medium der Kommunikation über mathematische Aktivitäten. Eng mit dem Problem der Strenge verbunden, gibt es daher auch Stufen des Übersetzens von Umgangssprache in Symbolsprache. Die jeweils neue Stufe bedarf der Motivati-

2 Zu den mathematikdidaktischen Prinzipien vgl. S. 28 ff. in diesem Buch.

on. „Der Mathematikunterricht ist demgemäß vom Kindergarten bis zur Hochschule in einem Zug zu konzipieren. Der Weg dazu ist frei, da die Mathematik nicht an ein absolutes Niveau der Strenge und nicht an die symbolische Darstellungsform gebunden ist, sondern sich auf vielfache Weise konkretisieren, elementarisieren und vereinfachen lässt." (Wittmann 2009, S. 28)

1.2 Mathematik in der Lehrerausbildung

Neben die „mathematische Gegenstandsstruktur – das ‚Gemeinte'" treten „die erworbenen Strukturen und Routinen des Lehrers – das ‚Gelehrte'" (Bauersfeld 1976, S. 73) als für den Erfolg des Unterrichts wirksame Faktoren. Welche Mathematik und vor allem wie sie unterrichtet wird, hängt nicht nur von den Vorgaben für ihre Inhalte, sondern von der Ausbildung der Lehrpersonen und diese wiederum von der Institutionalisierung der Lehrerausbildung ab.

„Mit der Herausbildung der Institution Schule im 17./18. Jahrhundert bildete sich gleichzeitig die neue Aufgabe heraus, Gruppen von Schülerinnen und Schülern systematisch zu unterweisen. Entsprechend der Unterscheidung von niederem und höherem Schulwesen entwickelten sich zwei Berufsgruppen mit unterschiedlichen Merkmalen", skizziert Blömeke die Geschichte der Ausbildung dieser beiden Berufsgruppen der Gymnasiallehrer und der Volksschullehrer (Blömeke 2009). Während die Gymnasiallehrerausbildung von Anfang an in den Universitäten erfolgte, hat die Verortung der Lehrerausbildung für die anderen Schulformen eine wechselvolle Geschichte bis hin zu den Pädagogischen Hochschulen der 1960er-Jahre. Seit den 1970er-, insbesondere den 1980er-Jahren wurden die Pädagogischen Hochschulen in allen Bundesländern – bis auf Baden-Württemberg – in die Universitäten integriert.

In diesem institutionellen Prozess vollzog sich gleichzeitig ein Wandel der curricularen Gestaltung der Lehrerausbildung. Die fachliche Ausbildung der Mathematiklehrer an Gymnasien war ursprünglich ausschließlich an der Wissenschaft Mathematik ausgerichtet und nur im Umfang von derjenigen der Diplom-Mathematiker verschieden. Seit den 1960er-Jahren wurden, zunächst nur zögerlich, mathematikdidaktische Veranstaltungen einbezogen. Dagegen orientierte sich die Ausbildung der Volksschullehrer zunächst an der Methodik des Unterrichtens. Die Besonderheiten der Unterrichtsfächer und damit das fachliche Moment werden verstärkt erst in den Pädagogischen Hochschulen in den Blick genommen.

Die Steuerung der Lehrerausbildung an den Hochschulen ist in Deutschland Sache der Bundesländer, wobei die jeweiligen Schulministerien federführend sind. Bis zum Beginn dieses Jahrhunderts erfolgte diese über staatlich erlassene Prüfungsordnungen für das Erste Staatsexamen; diese sind damit zugleich staatliche Vorgaben für die von den Hochschulen zu entwickelnden Curricula.

Mit dem Ziel der Harmonisierung der Studiengänge und -abschlüsse („Bologna-Prozess") ist inzwischen das Erste Staatsexamen ersetzt durch die gestuften

Abschlüsse Bachelor und Master, deren Prüfungsordnungen von den Hochschulen verfasst und im Rahmen eines Akkreditierungsverfahren von einer unabhängigen Akkreditierungsagentur begutachtet werden. Die Kultusministerkonferenz hat „die Notwendigkeit gesehen, ländergemeinsame inhaltliche Anforderungen für die Fachwissenschaften und deren Didaktik zu entwickeln. Die Standards für die Bildungswissenschaften und die Anforderungen für die Fachwissenschaften und Fachdidaktiken sollen eine Grundlage für die Akkreditierung und Evaluierung von lehramtsbezogenen Studiengängen bilden" (KMK 2008). Dabei werden die Lehrämter für die Sekundarstufen gemeinsam, aber getrennt vom Lehramt für die Grundschule behandelt.

Für die einzelnen Unterrichtsfächer werden ein fachspezifisches Kompetenzprofil und die Studieninhalte beschrieben. Für die Mathematik[3] lautet das fachspezifische Kompetenzprofil für die Lehrämter in den Sekundarstufen:

„Die Studienabsolventinnen und -absolventen verfügen über anschlussfähiges mathematisches und mathematikdidaktisches Wissen, das es ihnen ermöglicht, gezielt Vermittlungs-, Lern- und Bildungsprozesse im Fach Mathematik zu gestalten und neue fachliche und fächerverbindende Entwicklungen selbstständig in den Unterricht und in die Schulentwicklung einzubringen. Sie

- können mathematische Sachverhalte in adäquater mündlicher und schriftlicher Ausdrucksfähigkeit darstellen, mathematische Gebiete durch Angabe treibender Fragestellungen strukturieren, durch Querverbindungen vernetzen und Bezüge zur Schulmathematik und ihrer Entwicklung herstellen,
- können beim Vermuten und Beweisen mathematischer Aussagen fremde Argumente überprüfen und eigene Argumentationsketten aufbauen sowie mathematische Denkmuster auf innermathematische und auf praktische Probleme anwenden (mathematisieren) und Problemlösungen unter Verwendung geeigneter Medien erzeugen, reflektieren und kommunizieren,
- können den allgemein bildenden Gehalt mathematischer Inhalte und Methoden und die gesellschaftliche Bedeutung der Mathematik begründen und in den Zusammenhang mit Zielen und Inhalten des Mathematikunterrichts stellen,
- können fachdidaktische Konzepte und empirische Befunde mathematikbezogener Lehr-Lern-Forschung nutzen, um Denkwege und Fehlermuster von Schülerinnen und Schülern zu analysieren, ihren Lernstand und Potenzial einzuschätzen, sie für das Lernen von Mathematik zu motivieren und bei ihren individuellen Lernwegen zu begleiten sowie individuelle Lernfortschritte zu fördern und zu bewerten,

3 Die Entwicklung des Fachprofils Mathematik für die Lehrämter in den Sekundarstufen erfolgte in Zusammenarbeit mit Hans-Dieter Rinkens, Universität Paderborn, Bernd Wollring, Universität Kassel, für die Grundschulbildung in Zusammenarbeit mit Regina Möller, Universität Erfurt, unter Beteiligung der *Fachgesellschaften Deutsche Mathematiker-Vereinigung (DMV), Deutscher Verein zur Förderung des mathematischen und naturwissenschaftlichen Unterrichts (MNU), Gesellschaft für Didaktik der Mathematik (GDM).*

- können differenzierenden Mathematikunterricht auf der Basis fachdidaktischer Konzepte analysieren und planen und auf der Basis erster reflektierter Erfahrungen exemplarisch durchführen,
- können auf der Grundlage ihrer fachbezogenen Expertise hinsichtlich der Planung und Gestaltung eines inklusiven Unterrichts mit sonderpädagogisch qualifizierten Lehrkräften und sonstigem pädagogischen Personal zusammenarbeiten und mit ihnen gemeinsam fachliche Lernangebote entwickeln." (KMK 2008, S. 22)

Hieran schließen sich die für die Lehrerausbildung geforderten Studieninhalte an.

Zeitgleich mit diesen KMK-Vorgaben haben die Fachgesellschaften *Deutsche Mathematiker-Vereinigung (DMV), Deutscher Verein zur Förderung des mathematischen und naturwissenschaftlichen Unterrichts (MNU)* und *Gesellschaft für Didaktik der Mathematik (GDM)* gemeinsam *Standards für die Lehrerbildung im Fach Mathematik* veröffentlicht. Zur Begründung heißt es: „Das Anliegen dieser Empfehlungen ist es, [...] eine Brücke zwischen den Kompetenzprofilen und relevanten mathematischen Inhalten des Studiums [zu] schlagen: Welche Kompetenzen lassen sich in besonderer Weise an welchen Inhalten entwickeln bzw. welchen Beitrag leistet der jeweilige Inhalt zum Kompetenzprofil der angehenden Mathematiklehrkraft? Für die Mathematik als Kernfach der Schule ist es dabei unabdingbar, den Unterricht von der ersten Klasse bis zu den verschiedenen Schulabschlüssen als fortlaufenden Prozess in den Blick zu nehmen." (DMV, GDM & MNU 2008)

1.3 Mathematik in der Bildungsforschung

Bis in die 1990er-Jahre hinein fehlte es in Deutschland an einer systematischen Überprüfung von Erträgen schulischer Bildungsprozesse. Das Hauptaugenmerk lag bis dahin auf der Input-Orientierung, der Entwicklung und Erprobung von Modellen zur Optimierung der Arbeit in Einzelschulen und dem Entwurf didaktischer Modelle und deren Einführung in die Unterrichtspraxis. Seit 1995 wird im vierjährigen Turnus die international vergleichende Schulleistungsstudie *TIMSS (Trends in International Mathematics and Science Study)* von der *IEA (International Association for the Evaluation of Educational Achievement)* durchgeführt, zur Untersuchung der Mathematik- und Naturwissenschaftsleistungen in der Grundschule, in der Sekundarstufe I und II. „In Folge von TIMSS kam es zur so genannten empirischen Wende in der Erziehungswissenschaft, und große Schulleistungsstudien auf regionaler, nationaler und internationaler Ebene wurden initiiert" (Blum et al. 2006, S. 8). Die deutsche „Bildungskatastrophe" komplementierte sich durch die erschreckenden Ergebnisse der *PISA*-Studie 2000, z. B. liegt der Mittelwert der mathematischen Kompetenz im Bereich des *OECD*-Durchschnitts; Spitzenländer hingegen sind mehr als ein Schuljahr weiter. Durch die internationalen Grundschul-Lese-

Untersuchung *IGLU* und ihre nationale Erweiterung *IGLU-E* liegen seit 2006 zum ersten Mal ebenfalls für den Primarbereich repräsentative Daten über die Leistungen auch in Mathematik vor.

Die *TIMSS*-, *PISA*- und *IGLU*-Ergebnisse machten deutlich, dass die bisherige Inputsteuerung nicht zur gewünschten Qualität im Bildungssystem führte. Die *KMK* initiierte 1997 durch den *Konstanzer Beschluss* die heute bundesweit einheitlichen, verbindlichen Bildungsstandards zur Sicherung eines kompetenzorientierten qualitätsvollen Unterrichts und damit gemeinsam vereinbarte Richtlinien für abschlussbezogene Regelstandards[4]. Konzeptionelle Grundlage für den *KMK*-Beschluss war die Expertise *Zur Entwicklung nationaler Bildungsstandards* einer zehnköpfigen Expertengruppe unter Leitung von Klieme (Klieme et al., 2003). Die Bildungsstandards wurden für einige zentrale Fächer eingeführt und beschreiben die fachbezogenen Kompetenzen, die Schülerinnen und Schüler bis zum jeweiligen Abschluss (und zwar für den Grundschulabschluss am Ende von Jahrgangsstufe 4, den Hauptschulabschluss am Ende von Jahrgangsstufe 9 und den mittleren Bildungsabschluss) erwerben sollen.

Um den kontinuierlichen Weiterentwicklungsprozess zu gewährleisten, wurde 2004 von der *KMK* das von den Ländern gemeinsam getragene *Institut zur Qualitätsentwicklung im Bildungswesen (IQB)* an der Humboldt-Universität zu Berlin gegründet. Entgegen bisheriger Curricula, welche eher die Inhalte in den Vordergrund stellten, sollen die Bildungsstandards nun die Kompetenzen fokussieren. Nach Weinert (2001) sind dies „[...] die bei Individuen verfügbaren oder durch sie erlernbaren kognitiven Fähigkeiten und Fertigkeiten, um bestimmte Probleme zu lösen sowie die damit verbundenen [...] Bereitschaften und Fähigkeiten, um die Problemlösungen in variablen Situationen erfolgreich und verantwortungsvoll nutzen zu können“ (S. 27).

Um den Bildungsauftrag und die Bildungsstandards wirksam umzusetzen, bedarf es einer entsprechenden Ausbildung der Lehrpersonen. Erkenntnissen aus der Lehrerbildungsforschung zufolge entscheiden die Vernetzung unterschiedlicher Wissensfacetten und deren situationsspezifische Anwendung über das erfolgreiche berufliche Handeln (Leuchter et al. 2008; Weinert 1996). Für eine solche Vernetzung ist die Integration und Transformation von Wissen notwendig (Weinert & Helmke 1996; Bromme 1997; Schoenfeld 2010; Blömeke et al. 2014; Blömeke, Gustafsson & Shavelson 2015). Solche Umstrukturierungsprozesse geschehen während der Ausbildung und im Laufe der beruflichen Praxis (Liljedahl et al. 2009). Kompetenz ist nach diesem Verständnis als ein mehrstufiges und multidimensionales Konstrukt anzusehen, das sich durch spezifische Lerngelegenheiten und berufliche Praxiserfahrungen weiterentwickelt (Weinert 2001; Berliner 2004; Shavelson 2010; König, Blömeke & Kaiser 2015). Dabei fördert eine kontinuierliche Verarbeitung von Unterrichtserfahrungen durch Reflexion die Differenzierung und Vernetzung von Theoriewissen und begüns-

4 Zu den Bildungsstandards vgl. S. 43–148 in diesem Buch.

tigt so die professionelle Entwicklung (Hart, Alston & Murata 2011; Schön 1983; Ericsson, Krampe & Tesch-Römer 1993; Messner 2007). Die stetige und intensive Reflexion der Handlungen im Unterricht führt zudem zu einer veränderten und verbesserten Praxis (Schön 1983; Bold 2011).

2 Ausgewählte empirische Befunde und ihr Einfluss auf den Bildungsauftrag

Die von Globalisierung und fast unbegrenzter Verfügbarkeit von Informationen geprägte Welt erfordert eine kontinuierlich angepasste Neuorientierung für das Lernen in einem kompetenzorientierten Mathematikunterricht. Die *KMK* hat stets betont, dass die Bildungsstandards nur erste Schritte in einem umfassenden Weiterentwicklungsprozess sind (Blum et al. 2010). Die Befähigung der Schülerinnen und Schüler zum Umgang mit Herausforderungen der heutigen Gesellschaft ist Aufgabe der Schule. Besondere Beachtung bei der Unterrichtsplanung und -gestaltung und in der gesamten Schulkultur finden Themen und Schwerpunkte, die das gegenwärtige und zukünftige Leben der Lernenden berücksichtigen.

Am Beispiel von drei ausgewählten Themen sollen im Folgenden exemplarisch neue Entwicklungslinien im Bereich *Schule und Mathematik* aufgezeigt werden.

2.1 Modellieren als prozessbezogene Kompetenz

Anwendungsorientierung ist einer der zentralen Aspekte des Mathematikunterrichts und immer wiederkehrendes Thema in der didaktischen Diskussion. Der Begriff *Mathematisches Modellieren* selbst kommt erst relativ spät auf und bezeichnet das Übersetzen zwischen Realität und Mathematik (Blum & Niss 1991). Ein mathematisches Modell ist ein absichtlich vereinfachtes und formalisiertes Bild als ein Teil der echten Welt (Niss, Blum & Galbraith 2007). Die Zweckbestimmung der Modelle liegt nicht nur im Beschreiben und Erklären („beschreibende Modelle“), sondern auch im Voraussagen und sogar im Schaffen von Teilen der echten Welt („normative Modelle“). Gemäß Niss und Kollegen (Niss 2003) liegt die Modellierungsfähigkeit darin, eine gegebene reale Situation zu verstehen und die mathematischen Ergebnisse in Bezug auf eine Situation zu interpretieren (Blomhøj & Jensen 2007; Maaß 2006; Kaiser 2007).

Seit den 1970er-Jahren widmet sich die Fachdidaktik der Einbindung von Realkontexten in der Mathematik nicht nur aus inhaltlicher Perspektive, sondern auch mit wissenschaftlichen Werkzeugen (Kaiser-Meßmer 1987). Heute ist das Modellieren ein etabliertes Feld in der didaktischen Forschungswelt; die Relevanz, die die deutsche Community dem Thema zurechnet, wird besonders deutlich durch die „Aufnahme“ in die sechs prozessbezogenen mathematischen Kompetenzen der nationalen Bildungsstandards. Weltweit entwickelt sich die

Fülle an empirischen qualitativen und quantitativen Studien, Best-Practice-Berichten und internationalen Fachtagungen zum Lehren und Lernen von und mit Modellierungsaufgaben fort (für einen Überblick vgl. Borromeo Ferri, Greefrath & Kaiser 2013).

Der Modellierungsprozess ist ein hochkomplexer Vorgang, der von Aufgabe zu Aufgabe und von Aufgabenlöser zu Aufgabenlöser unterschiedlich durchlaufen wird (Borromeo Ferri 2010). Eine Darstellung des Prozesses, wie er idealtypisch und linearisiert durchlaufen werden kann, haben u. a. Blum und Leiss (2005, ähnliche Darstellungen z. B. bei Maaß 2009) vorgestellt und damit zugleich eine Grundlage zur Analyse von Anforderungen an Aufgaben, Anforderungen durch Aufgaben sowie von Bearbeitungsprozessen, Teilleistungsprozessen oder der (Bewertung der) Bearbeitungsqualität geliefert.

Die Kompetenz zu modellieren ist ein längerfristiger Lernprozess, welcher in der Grundschule mit einfachen Modellen beginnt (Greer & Verschaffel 2007; Borromeo Ferri & Lesh 2013; Eilerts & Kolter 2015c). Vorbereitend auf die weiterführende Schule ist es bei Modellierungsaktivitäten in der Primarstufe besonders wichtig, die Schwierigkeiten und Strategien zu identifizieren, an denen in höheren Klassen auf einem höheren Niveau detaillierter weitergearbeitet wird (Schukajlow 2011, Eilerts & Kolter 2015a, b).

In verschiedenen Untersuchungen, insbesondere in der Sekundarstufe I, wird bisher versucht:

- Schwierigkeiten bei der Bearbeitung von Modellierungsaufgaben in konkreten Teilschritten zu lokalisieren (Schukajlow 2006, 2011),
- hilfreiche Strategien zu identifizieren (ebd.),
- diese zu vermitteln (Stillman & Galbraith 1998; Zöttl, Ufer & Reiss 2010),
- das Interventionsverhalten der Lehrpersonen zu analysieren (Leiss 2007, 2010) und zu optimieren (Besser, Tropper & Leiss 2013),
- den Einfluss der Lernumgebung festzustellen (zum Einsatz altersgerechten Materials siehe Kolter & Eilerts 2014; zum Einfluss von Lehr-Lern-Designs sowie Sozialformen siehe Blum & Leiss 2007),
- Modellierungsleistung durch Unterteilung in Teilkompetenzen (Brand 2014) bzw. durch abgestufte Bewertung (Raschmodellierung mit Partial-Credit) genauer messen bzw. durch Betrachtung der Teilleistungen genauer und transparenter bewerten (Leiss & Müller 2008) zu können.

Eine wichtige Rolle beim Erwerb von Modellierungskompetenzen scheinen Strategien, somit das Kennen und korrekte Anwenden hilfreicher Vorgehensweisen, beim Bearbeiten der entsprechenden Aufgaben zu spielen. In gängigen Beschreibungen werden drei Typen von Strategien unterschieden: *Kognitive* Strategien dienen der Informationsaufnahme, -verarbeitung sowie -speicherung und werden gegliedert in Organisations-, Elaborations-, Prüf- und Wiederholungsstrategien. *Metakognitive* Strategien beinhalten Planungs-, Kontroll- und Regulierungskomponenten, die nicht den zu bearbeitenden Inhalt, sondern den Arbeits- bzw. Lernprozess betreffen. Als drittes seien der Vollständigkeit halber die *ressourcenbezogenen* Strategien zur Steuerung von Anstrengung und Aufmerksamkeit, aber auch zur Gestaltung von Zeit, Ort oder von Kooperationen genannt (Weinstein & Mayer 1986).

Ursprünglich als Lernstrategien zum Erwerb neuen Wissens formuliert, eignen sich die o. g. Strategien sehr gut, um das Vorgehen beim Bearbeiten von Modellierungsaufgaben zu beschreiben (Schukajlow 2011): Wiederholungsstrategien (etwa Notieren oder Unterstreichen wichtiger Angaben oder mehrmaliges Lesen der Aufgabenstellung) können beim Verstehen und Strukturieren der Aufgabe hilfreich sein. Elaborationsstrategien, z. B. „das Erinnern einer ähnlichen Aufgabe oder die Suche nach passenden mathematischen Verfahren" (ebd. S. 55) unterstützen den Lösungsprozess bis zur Bildung des mathematischen Modells. Auch Organisationsstrategien betreffen eher den Beginn des Lösungsprozesses, wenn, z. B. durch eine Skizze, die gegebenen Informationen sortiert, Annahmen und Angaben (um-)strukturiert und dadurch die Bildung des Realmodells und/oder des mathematischen Modells erleichtert werden. Neben diesen kognitiven kann auch der Einsatz metakognitiver Strategien einen so komplexen Prozess wie die Bearbeitung einer Modellierungsaufgabe begünstigen, wenn z. B. der Lösungsprozess geplant wird, (Zwischen-)Ziele abgesteckt und (Teil-)Arbeitsschritte bestimmt werden. Die Umsetzung bzw. Erreichung jener Schritte und Ziele unterliegt im Idealfall einer ständigen begleitenden Kontrolle und wird falls nötig während der Bearbeitung oder in einer anschließenden Überarbeitung reguliert.

Auch wenn ein messbarer Einfluss von Strategiekenntnissen auf die Modellierungsleistung bislang nicht bestätigt werden konnte (ebd.), muss aus einer allgemeinpädagogischen Sicht davon ausgegangen werden, dass sie einen wesentlichen Beitrag zum erfolgreichen Modellieren leisten (Schoenfeld 1994).

Das Modellieren ist für Lehrpersonen schwierig, da der Unterricht hierdurch komplexer und weniger vorhersagbar wird und außermathematisches Sachwissen nötig ist (Freudenthal 1973; Pollak 1979; Burkhardt 2004). Das aktuelle Defizit in der Forschung besteht nach Blum[5] darin, ein theoretisch und empirisch fundiertes Kompetenzentwicklungsmodell für die Modellierung zu entwickeln. Erste Ansätze gibt es in dem dänischen *KOM-Projekt* (Blomhøj & Jensen 2007; Niss & Højgaard Jensen 2011).

Inzwischen gibt es eine Fülle erprobter und bewährter Materialien vor allem im Bereich der Sekundarstufe. Von den deutschsprachigen Quellen seien hier nur erwähnt die *MUED-Materialien*, die *ISTRON-Schriftenreihe* bei Franzbecker oder Bücher wie Herget et al. (2001), Blum et al. (2006) oder Maaß (2009). Insgesamt hat sich die Situation im Unterrichtsalltag in den letzten zehn Jahren zugunsten des Modellierens verbessert, insbesondere dank Projekten wie *SINUS*.

5 Hauptvortrag Werner Blum mit dem Titel: *Quality teaching of mathematical modelling – what do we know, what can we do?*, 12th International Congress in Mathematical Education 2012 in Seoul.

Dennoch gibt es aus nationaler und internationaler Perspektive noch immer eine große Lücke zwischen dem Fortschritt der didaktischen Diskussion und der Wirklichkeit des Unterrichts.

2.2 Digitale Medien

Mindestens seit der Jahrtausendwende zeigen internationale Studien wie *PISA* oder *SITES*, dass Deutschland hinsichtlich der schulischen Nutzung digitaler Medien mehr und mehr ins Hintertreffen geraten ist (Eickelmann 2010; Senkbeil & Wittwer 2008). Die *Internationale Computer and Information Literacy Study (ICILS 2013)* der *IEA* belegt erneut, dass digitale Medien in Deutschland im Unterricht weit seltener als in anderen Nationen wie Australien, Kanada, Dänemark, Norwegen oder den Niederlanden eingesetzt werden (Eickelmann et al., 2014). Etwa zehn Prozent der in dieser Studie befragten Achtklässler gab an, nie einen Computer im Unterricht zu nutzen, weitere 35 Prozent nutzen ihn seltener als einmal im Monat (Eickelmann et al., 2014). Damit wird beinahe die Hälfte der Schülerinnen und Schüler in der Schule nach eigenen Aussagen so gut wie nie mit digitalen Medien im Unterricht konfrontiert. Ein ähnliches Bild ergibt sich auch für die Grundschule. Hier zeigen z. B. Analysen auf der Grundlage der internationalen *IGLU*-Studie, dass in der Grundschule 50 Prozent der Viertklässler im Fach Deutsch (Lorenz & Gerick 2014) angeben, nie oder fast nie mit dem Computer zu arbeiten. Für das Fach Naturwissenschaften geben in dieser Studie 60 Prozent der Lehrpersonen an, dass Computer in ihrem Unterricht nicht verwendet werden (Eickelmann & Vennemann 2011). Auf nationaler Ebene werden die Befunde der Studie *ICILS 2013* durch verschiedene Befragungen zur IT-Nutzung in der Schule bestätigt (BITKOM 2011, 2015; Forsa 2014). Nur etwa ein Drittel der von BITKOM (2015) befragten Schülerinnen und Schüler geben an, dass digitale Medien mehrmals in der Woche oder täglich im Unterricht eingesetzt werden. Computer und Interaktive Whiteboards rangieren in ihrer Nutzungshäufigkeit klar hinter nicht-digitalen Medien wie dem klassischen OH-Projektor.

Unbestritten ist, dass den Lehrpersonen eine Schlüsselrolle zukommt, wenn es um den Einsatz von digitalen Medien im Unterricht geht (Bingimlas 2009; Knezek & Christensen 2008). Dabei wird, neben anderen Faktoren, auch in der Aus- und Weiterbildung der Lehrpersonen ein zentraler Faktor gesehen, der den Einsatz digitaler Medien im Unterricht beeinflusst. In Deutschland wird in diesem Zusammenhang seit längerem kritisiert, dass das Lehramtsstudium die Studierenden nur unzureichend auf den Einsatz digitaler Medien im Unterricht vorbereitet (BMBF 2010; Niesyto 2012; Schiefner-Rohs 2012).

Bereits in den 1990er-Jahren werden in Modellversuchen an verschiedenen Universitäten in Deutschland Lehrangebote implementiert, mit denen angehenden Lehrpersonen die notwendigen Kompetenzen für den Medieneinsatz vermittelt werden sollen (Aufenanger 1996; Baacke 1995; Tulodziecki & Blömeke 1997). In diesem Kontext wurde das Konstrukt „medienpädagogische Kompetenz" etabliert, das sich nach Blömeke (2000) in fünf Teilkompetenzen untergliedern lässt:

- die Fähigkeit, Medien didaktisch angemessen in den Unterricht zu integrieren (mediendidaktische Kompetenz),
- die Fähigkeit, Medienthemen entsprechend pädagogischer Leitideen in den Unterricht zu integrieren (medienerzieherische Kompetenz),
- die Fähigkeit von Lehrerinnen und Lehrern zur konstruktiven Berücksichtigung der medienbedingten Lernvoraussetzungen der Schülerinnen und Schüler (sozialisationsbezogene Kompetenz),
- die Fähigkeit zur innovativen Gestaltung der Rahmenbedingungen medienpädagogischen Handelns in der Schule (Schulentwicklungskompetenz) sowie
- die Fähigkeit zum eigenen sachgerechten, selbstbestimmten, kreativen und sozialverantwortlichen Handeln mit Medien (eigene Medienkompetenz).

Die Konzeption von Blömecke wird in der Folge verschiedentlich zur Evaluation von Lehrangeboten für Lehramtsstudierende herangezogen (z. B. Siller 2007). Weiterhin bildet das Konstrukt die Grundlage für neuere Kompetenzmodelle, etwa das *M³K-Modell*, das für drei Inhaltsbereiche (Mediendidaktik, Medienerziehung und Schulentwicklung) jeweils fünf Kompetenzaspekte unterscheidet (Grafe & Breiter 2014; Tiede, Grafe & Hobbs 2015). Auch Tulodziecki (2012) legte eine auf Kompetenzstandards für die Lehrerbildung abzielende Weiterentwicklung des Modells vor.

Im US-amerikanischen Kontext wurden 2008 von der *International Society for Technology in Education (ISTE)* Standards für den Medieneinsatz im Unterricht formuliert und entsprechende Tests und Messinstrumente entwickelt (ISTE 2008). Darüber hinaus formulierten Mishra und Koehler (2009), basierend auf dem Modell des Lehrerwissens von Shulman (1986) das *TPACK-Framework*, ein Wissensmodell für den Medieneinsatz in der Schule. Dieses Modell fügt den Kompetenzbereichen nach Shulman fachliches Wissen (content knowledge), pädagogisches Wissen (pedagogical knowledge) und fachdidaktisches Wissen (pedagogical content knowledge) vier weitere Aspekte hinzu: technologisches Wissen (technological knowledge im Sinne von eigener Medienkompetenz), Wissen über die Bedeutung der Technologie für das Fach (technological content knowledge), mediendidaktisches Wissen (technological pedagogical knowledge) und fachbezogenes mediendidaktisches Wissen (technological pedagogical content knowledge). Das *TPACK-Framework* weist Überschneidungen mit dem Konstrukt der medienpädagogischen Kompetenz auf, fokussiert allerdings stärker mediendidaktische Aspekte. Auch zur Messung der Facetten des *TPACK-Frameworks* liegen verschiedene Instrumente vor, die allerdings überwiegend auf Selbsteinschätzungen beruhen (Schmidt et al. 2009).

Unabhängig und weitgehend unberücksichtigt von den Konzepten medienpädagogischer Kompetenz (Blömeke 2001) wird auf dem Feld der Schulentwicklungsforschung immer wieder festgestellt, dass die Nutzung digitaler Medien nicht allein von den Kompetenzen der Lehrpersonen, sondern auch von ihren medienbezogenen Einstellungen und Selbstwirksamkeitserwartungen abhängt (Korte & Hüsing 2006; Agyei & Voogt 2011). Interessant und anschlussfähig an die oben berichteten Modelle ist z. B. eine Studie von Petko (2012) mit Schweizer Lehrpersonen, welche die Faktoren „Skill", „Will" und „Tool" untersucht. In seiner Analyse zeigte sich, dass sich insbesondere die mediendidaktische Kompetenz sowie eine positive Einstellung zum Mehrwert digitaler Medien im Unterricht positiv auf die Nutzungshäufigkeit digitaler Medien auswirken.

Die beiden Forschungstraditionen zusammenführend lässt sich zunächst konkretisieren, dass die Kompetenzentwicklung von angehenden Lehrpersonen auf verschiedenen Ebenen ansetzen muss: So müssen zum einen Wissen und Fähigkeiten in verschiedenen Inhaltsbereichen angebahnt werden, so wie sie in Modellen der medienpädagogischen Kompetenz beschrieben werden. Bezogen auf die Vermittlung mediendidaktischer Kompetenz erscheint es deshalb notwendig, Konzepte zu entwickeln, die nicht nur theoretisches Grundlagenwissen vermitteln, sondern dieses in Anwendungsfelder einbetten, in denen die (zukünftigen) Lehrpersonen eigene Handlungskompetenzen gewinnen und in der direkten Interaktion mit Schülerinnen und Schülern einerseits Einblick in deren Medienerfahrungen erhalten und, darauf aufbauend, Konzepte für den Unterrichtseinsatz digitaler Medien erproben.

In Modellversuchen zur Vermittlung medienpädagogischer Kompetenz im Lehramtsstudium werden im letzten Jahrzehnt verschiedene Konzepte entwickelt, die eine solche Verknüpfung in Ansätzen beinhalten. So wird an der Technischen Universität Darmstadt im Projekt *ICuM* ein Studienmodul entwickelt, das theoretische Inhalte in Vorlesung und Seminaren vermittelt, um diese dann in einer Projektarbeit anzuwenden. Dabei arbeiten die Studierenden in interdisziplinären Teamstrukturen (Rüsse, Sesink & Trebing 2006). Studierende im *Projekt Lehr@mt* an der Universität Frankfurt besuchen eine Ringvorlesung zum Erwerb theoretischer Kompetenzen und entwickeln in begleitenden Tutorien ein eigenes „digitales Werkstück", das über den hessischen Bildungsserver auch Schulen für die praktische Arbeit im Unterricht zur Verfügung gestellt wird (Bremer 2010). Weitere Beispiele sind die theoretisch gestützte Entwicklung von Online-Kursmodulen (Arnold et al. 2013) oder die Arbeit mit realitätsnahen Videofällen, in denen die Studierenden die Rolle einer Lehrperson übernehmen, welche verschiedene Probleme, die sich beim Einsatz digitaler Medien im Unterricht stellen, lösen soll. Die Lösungsvorschläge der Studierenden werden in Diskussionsforen online und Seminaren offline verglichen und reflektiert (Siller 2007). Eine tatsächliche Integration eigener schulpraktischer Erfahrungen mit dem Medieneinsatz, die nach oben dargestellten Ausführungen zur Kompetenzentwicklung von Lehrpersonen besonders relevant sind, wird in den genannten Modellversuchen allerdings nicht ermöglicht.

Bisher gibt es nur wenige Studien, die sich damit beschäftigen, wie der Erwerb medienpädagogischer Kompetenz im Studium gefördert werden kann. Zu einigen der genannten Modellversuche liegen begleitende Evaluationen vor (z. B. Rüsse et al. 2006), die allerdings überwiegend auf Selbsteinschätzungen von Kompetenzgewinnen und Akzeptanzmessungen der besuchten Lehrveranstaltungen beruhen. Diese zeigen, dass praxisintegrierende Lehrveranstaltungen generell relativ gut akzeptiert und subjektiv als kompetenzförderlich, insbesondere mit Blick auf praktische Handlungskompetenzen wahrgenommen werden. Über die Betrachtung subjektiv eingeschätzter Kompetenzen hinaus gehen die Untersuchung von Siller (2007), die, aus den US-amerikanischen NET-Standards hergeleitete Tests einsetzt, allerdings nur eine relativ kleine Stichprobe betrachtet sowie die Erhebungen zum *M³K-Modell*, in denen auch die Lerngelegenheiten im Studium mit den gemessenen Kompetenzen in Verbindung gebracht werden (Grafe & Breiter 2014).

2.3 Gender(-kompetenz)

Befunde internationaler Leistungsvergleichsstudien (*PISA, TIMSS*) sowie der Schul-, Unterrichts- und Lehrerbildungsforschung (*MT21, TEDS-M, TEDS-LT, TEDS-FU, COACTIV* usw.) zeigen, dass in Deutschland Schulfächer nach wie vor in geschlechterbezogene „Wissens-, Kompetenz- und Interessensreviere" aufgeteilt sind, wobei Mathematik weiterhin als „männliche Domäne" zu charakterisieren ist (vgl. z. B. Blömeke et al. 2008, 2010; Martin et al. 2008; Mullis et al. 2008, 2012; OECD 2007, 2010). Daran haben die zahlreichen Maßnahmen zur Förderung von Mädchen im MINT-Bereich in den letzten Jahren nur wenig verändern können. Ein Grund hierfür könnte sein, dass diese Maßnahmen bislang zu wenig das grundsätzliche Problemfeld „Schule-Unterricht-Lehrpersonen-Lehramtsausbildung" hinsichtlich der Reproduktion von Geschlechterungleichheiten in den Blick genommen haben.

Seit mehr als 20 Jahren betonen Fachdidaktiker(innen) und genderbezogene Schul- und Hochschulforscher(innen), dass neben der Entwicklung und Umsetzung einer geschlechtersensiblen Didaktik in der Mathematik auch die Notwendigkeit einer Sensibilisierung der Lehrenden dieser Fächer hinsichtlich ihres Beitrags zur Inszenierung und Reproduktion geschlechterstereotyper Trennlinien besteht, ohne dass dieser Erkenntnis bislang systematisch in der Lehramtsausbildung an Hochschulen Rechnung getragen worden ist. Geschlechterstereotype Einstellungen, Erwartungen und Zuschreibungen von Lehrpersonen kommt eine zentrale Rolle bei der Entwicklung von Geschlechterunterschieden in den fachbezogenen Selbstkonzepten der Schüler(innen) zu, die als wesentliche Ursachen für den fachspezifischen Geschlechterbias im Kompetenzerwerb sowie für die Wahl der Leistungskurse, Studiengänge und Berufe gelten (vgl. Mischau & Mehlmann 2011; Langfeldt & Mischau 2011). Auch die 2009 erschienene *PISA*-Sonderauswertung hebt den Einfluss geschlechterbezogener Stereotype seitens der Lehrpersonen auf die Leistungsentwicklung von Mädchen und Jungen hervor und kommt zudem zu dem Ergebnis, dass die Institution *Schule* Mädchen und Jungen unterschiedlich fördert und dass Lehrpersonen zur Herstellung von Geschlechtergerechtigkeit weit mehr beitragen können, als dies bislang im Kontext von Reformmaßnahmen zur Schul- und Unterrichtsentwicklung diskutiert wird (vgl. OECD 2009).

Die Integration von Gender(-kompetenz) in die Lehramtsausbildung Mathematik betont deshalb die zentrale Bedeutung von Genderkompetenz als berufsfeldbezogene Schlüsselqualifikation von Mathematiklehrkräften, da das Fehlen dieser Schlüsselkompetenz als ein bedeutender Faktor des „vicious circle" asymmetrischer Geschlechterverhältnisse und einer männlich konnotierten Fachkultur betrachtet werden muss (vgl. z. B. Buchmayer 2008; Budde 2008; Jungwirth & Stadler 2005). Gerade angehende Mathematiklehrkräfte sollten darin geschult werden, in Bezug auf die Fachdidaktik und die Fachinhalte ihres Unterrichtsfachs Genderkompetenz zu erwerben (vgl. Keitel-Kreidt 2007). Nur so wird es möglich sein, die Reproduktion geschlechterbezogener „Interessen-, Kompetenz- und Wissensreviere" in der Schule mittelfristig aufzubrechen und perspektivisch nachhaltig durchbrechen zu können. Dies wäre auch ein wichtiger Schritt zur Überwindung des gender-bias in der Studienfachwahl und letztlich hin zu mehr Chancengleichheit auf dem Arbeitsmarkt.

Von Lehramtsstudierenden der Mathematik ist allerdings nicht zu erwarten, dass sie in ihrer späteren Berufspraxis genderkompetent unterrichten (können), wenn ihnen diese Kompetenz in ihrer Ausbildung an der Hochschule nicht vermittelt wird. Die Integration und nachhaltige Implementierung von Gender(-kompetenz) in die Lehramtsausbildung Mathematik ist somit evident. Obgleich die Vermittlung von Befunden der Geschlechterforschung oder von Genderkompetenz in der Lehramtsausbildung Mathematik inzwischen an vielen Hochschulen in Zielvereinbarungen, Maßnahmenpläne zur Frauenförderung/Gleichstellung oder sogar in Studienordnungen adressiert wird, ist der faktischen Umsetzung in ein entsprechendes Lehrangebot bislang jedoch nur wenig Rechnung getragen worden.

Bereits im Jahre 2001 konstatiert Lemmermöhle, dass eine auf Professionalität ausgerichtete Bildung von Lehrpersonen auf „eine Auseinandersetzung mit den theoretischen Ansätzen und den empirischen Ergebnissen der Geschlechterforschung nur unter Preisgabe ihrer Wissenschaftlichkeit, die pädagogische Praxis nur unter Preisgabe des Demokratieanspruchs verzichten kann" (Lemmermöhle 2001, S. 324). Diese damit ganz allgemein formulierte Herausforderung für die Professionalisierung der Aus- und Weiterbildung von Lehrer(inne)n gilt im Besonderen für das Fach Mathematik. Neben der eigenständigen Relevanz des Faches stellt es nach wie vor – und für die Zukunft sogar vermutlich noch in verstärktem Maße – auch eine „Schlüsseldisziplin" für die Studien- und Berufswahl in naturwissenschaftlich-technischen Fächern und Berufsfeldern dar (vgl. DMV, GDM & MNU 2007).

Im Bereich des Grundschullehramts ist das Fach Mathematik ein in nahezu allen Bundesländern flächendeckendes Pflichtfach, weshalb gerade in dieser Schlüsseldisziplin ein großer Adressatenkreis erreicht wird. Die Integration und Implementierung von Gender(-kompetenz) in die Lehramtsausbildung Mathematik ist daher ein wichtiger und zugleich nachhaltiger bildungspolitischer Schritt zur Überwindung des „heimlichen Lehrplans" in Schulen und damit zur Erhöhung von Chancengleichheit jenseits geschlechterstereotyper „Wissens-, Kompetenz- und Interessensreviere" in der schulischen Bildung, der Hochschulausbildung und auf dem Arbeitsmarkt.

Förderpolitische Ziele wären demnach eine intensive Kooperation und Vernetzung von Expert(inn)en aus den Bereichen der geschlechterbezogenen Schul- und Hochschulforschung, der schulischen und hochschuldidaktischen Praxis sowie der Gleichstellungs-, Bildungs- und Hochschulpolitik, die einen Dialog zwischen Wissenschaft und Praxis initiieren und neue Impulse für eine nachhaltige curriculare Implementierung von Gender(-kompetenz) in die Lehramtsausbildung Mathematik geben könnten. Ein weiteres zentrales Ziel sollte die Generierung allgemeiner Empfehlungen bzw. Leitlinien zur Integration und nachhaltigen Implementation von Gender(-kompetenz) in die Lehramtsausbildung Mathematik darstellen. Diese Empfehlungen/Leitlinien könnten in unterschiedlichen Zusammenhängen (z. B. an Hochschulen, in Fachgesellschaften wie DMV, GDM, MNU oder GFD, in Lehrerbildungszentren oder Kommissionen der Lehrerbildungsgesetze, KMK usw.) als Grundlage zur Initiierung weiterer bildungs- und gleichstellungspolitischer Diskurse und als Orientierung für die Ausgestaltung konkreter Umsetzungsprozesse – z. B. bei der Ausgestaltung von Modulstrukturen im Rahmen neuer Studienordnungen für die Lehramtsstudiengänge an Hochschulen – fruchtbar gemacht werden.

Die angestrebte Neujustierung, Gleichstellung und Geschlechterforschung auch als integralen Bestandteil der Qualitätskriterien für eine zukunftsorientierte akademische Lehre und berufsfeldbezogene Lehramtsausbildung an Hochschulen zu verstehen und zu verstetigen, schließt zudem an (wissenschafts- und gleichstellungs-)politische Vorgaben wie denjenigen der *DFG*, des *Wissenschaftsrates*, der *HRK* oder des *Akkreditierungsrates* an und zielt somit insgesamt auf einen Kulturwandel in Schule, Hochschule und Wissenschaft hin zu mehr Geschlechtergerechtigkeit. Die Entwicklung und Bereitstellung von Empfehlungen/Leitlinien zur Integration und nachhaltigen Implementation von Gender(-kompetenz) in die Lehramtsausbildung Mathematik würde hierfür einen innovativen Beitrag leisten und damit eine längst überfällige und bislang weitgehend vernachlässigte Brücke zwischen Hochschulstrukturreform, Gender Mainstreaming und Professionalisierung der Lehramtsausbildung in der Mathematik darstellen.

Literatur

Agyei, D. D. & Voogt J. M. (2011). Exploring the potential of the will, skill, tool model in Ghana: Predicting prospective and practicing teachers' use of technology. In: Computers & Education, 56(1), 91–100.

Arnold, O., Kilian, L., Thillosen, A. & Zimmer, G. (2013). Handbuch E-Learning. Lehren und Lernen mit digitalen Medien, 3. aktualisierte Auflage. W. Bertelsmann Verlag, Bielefeld.

Aufenanger, S. (1996). Die neuen Medien und die Pädagogik. In: Bildung und Erziehung, 49(4), 449 - 460.

Baacke, D. (1995). Projektbeschreibung. Medienkompetenz in der Lehrerbildung (MeKoLa). Bielefeld: Universität/Fakultät für Pädagogik.

Bauersfeld, H. (1976). Lernprozesse im Mathematikunterricht. In: 3. Internationaler Kongress über Mathematikunterricht. Programmheft Teil II, 71–77.

Berliner, D. C. (2004). Describing the behavior and documenting the accomplishments of expert teachers. In: Bulletin of science, Technology & Society, 24, 200 - 212.

Besser, M., Tropper, N. & Leiss, D. (2013). Lehrern Lehren lehren - Entwicklung und Evaluation von Lehrerfortbildungen zu formativem Assessment. In: G. Greefrath, F. Käpnick & M. Stein (Hrsg.), Beiträge zum Mathematikunterricht, 136 -139. Münster: WTM Verlag.

Bingimlas, K. A. (2009). Barriers to the successful integration of ICT in teaching and learning environments: A review of the literature. In: Eurasia Journal of Mathematics, Science & Technology Education, 5(3), 235 - 245.

BITKOM (2015). Digitale Schule - vernetztes Lernen. Ergebnisse repräsentativer Schüler- und Lehrerbefragungen zum Einsatz digitaler Medien im Schulunterricht. Berlin: BITKOM.

Blömeke, S. (2000). Medienpädagogische Kompetenz: theoretische und empirische Fundierung eines zentralen Elements der Lehrerausbildung. München: Kopaed.

Blömeke, S. (2001). Analyse von Konzepten zum Erwerb medienpädagogischer Kompetenz. Folgerungen aus den Ansätzen von Dieter Baacke und Gerhard Tulodziecki. In: B. Bachmair, D. Spanhel & C. De Witt (Hrsg.), Jahrbuch Medienpädagogik 2, 27– 47. Opladen: Leske+Budrich.

Blömeke, S., Kaiser, G. & Lehmann, R. (2008). Professionelle Kompetenz angehender Lehrerinnen und Lehrer. Münster: Waxmann.

Blömeke, S. (2009). Lehrerausbildung. In: S. Blömeke, Th. Bohl, L. Haag, G. Lang-Wojtasik & W. Sacher (Hrsg.), Handbuch Schule. Theorie - Organisation - Entwicklung, 483 - 490. Bad Heilbrunn/Stuttgart: Klinkhardt/UTB.

Blömeke, S., Kaiser, G. & Lehmann, R. (Hrsg.) (2010). TEDS-M 2008. Professionelle Kompetenz und Lerngelegenheiten angehender Mathematiklehrkräfte für die Sekundarstufe I im internationalen Vergleich. Münster: Waxmann.

Blömeke, S., König, J., Busse, A., Suhl, U., Benthien, J., Döhrmann, M. et al. (2014). Von der Lehrerausbildung in den Beruf - Fachbezogenes Wissen als Voraussetzung für Wahrnehmung, Interpretation und Handeln im Unterricht. In: Zeitschrift für Erziehungswissenschaft, 17(3), 509 - 542.

Blömeke, S., Gustafsson, J.-E. & Shavelson, R. (2015). Beyond dichotomies: competence viewed as a continuum. In: Zeitschrift für Psychologie, 223(1), 3 -13.

Blomhøj, M. & Jensen, T. H. (2007). What's all the fuss about competencies? In: W. Blum et al. (Eds.), Modelling and Applications in Mathematics Education, 45 - 56. New York: Springer.

Blum, W. & Leiss, D. (2005). Modellieren im Unterricht mit der „Tanken"-Aufgabe. In: mathematik lehren, 128, 18 - 22.

Blum, W. & Niss, M. (1991). Applied mathematical problem solving, modelling, applications, and links to other subjects - state, trends and issues in mathematics instruction. Educational Studies in Mathematics, 22(1), 37– 68.

Blum, W., Drüke-Noe, C., Hartung, R. & Köller, O. (2006). Bildungsstandards Mathematik: konkret. Sekundarstufe I: Aufgabenbeispiele, Unterrichtsanregungen, Fortbildungsideen. Berlin: Cornelsen Scriptor.

Blum, W. & Leiss, D. (2007). Investigating quality mathematics teaching - the DISUM Project. In: C. Bergsten & B. Grevholm (Hrsg.), Developing and Researching Quality in Mathematics Teaching and Learning, Proceedings of MADIF 5, 3 -16. Linköping: SMDF.

BMBF – Bundesministerium für Bildung und Forschung (2010): Kompetenzen in einer digital geprägten Kultur – Medienentwicklung für die Persönlichkeitsentwicklung, für die Teilhabe und für die Entwicklung von Ausbildungs- und Erwerbsfähigkeit, Berlin: BMBF (http://www.bmbf.de/pub/kompetenzen_in_digitaler_kultur.pdf, letzter Zugriff: 20.11.2011)
Bold, C. (Hrsg.) (2011). Supporting learning and teaching. New York: Routledge Falmer.
Borromeo Ferri, R. (2010). On the influence of mathematical thinking styles on learners' modelling behaviour. In: Journal für Mathematik-Didaktik, 31(1), 99–118.
Borromeo Ferri, R., Greefrath, G. & Kaiser, G. (2013). Mathematisches Modellieren für Schule und Hochschule: Einführung. In: R. Borromeo Ferri, G. Greefrath, G. Kaiser (Hrsg.), Mathematisches Modellieren für Schule und Hochschule, 1–8. Wiesbaden: Springer Spektrum.
Borromeo Ferri, R. & Lesh, R. (2013). Should interpretation systems be considered to be models if they only function implicitly? In: G. Stillman et al. (Eds.), Teaching mathematical modelling: Connecting to teaching and research practice – the impact of globalisation. New York: Springer.
Brand, S. (2014). Erwerb von Modellierungskompetenzen. Empirischer Vergleich eines holistischen und eines atomistischen Ansatzes zur Förderung von Modellierungskompetenzen. Wiesbaden: Springer.
Bremer, C. (2010). Projekt Lehr@mt: Medienkompetenz als phasenübergreifender Qualitätsstandard in der hessischen Lehrerbildung. In: T. Knaus & O. Engel (Hrsg.), framediale – digitale Medien in Bildungseinrichtungen, 87–97. München: kopaed.
Bromme, R. (1997). Kompetenzen, Funktionen und unterrichtliches Handeln des Lehrers. In: F. E. Weinert (Hrsg.), Psychologie des Unterrichts und der Schule, 177–212. Göttingen/Bern/Toronto/Seattle: Hogrefe.
Buchmayr, M. (Hrsg.) (2008). Geschlecht lernen. Gendersensible Didaktik und Pädagogik. Innsbruck/Wien/Bozen: Studienverlag.
Budde, J. (2008). Mathematikunterricht und Geschlecht. Empirische Ergebnisse und pädagogische Ansätze. Expertise im Auftrag des BMBF. Bonn/Berlin: BMBF.
Burkhardt, H. (2004). Establishing modelling in the curriculum: barriers and levers. In: H. W. Henn & W. Blum (Eds.), ICMI Study 14: Applications and modelling in mathematics education pre-conference Volume, 53–58. University of Dortmund.
Devlin, K. (1998). Muster der Mathematik. Ordnungsgesetze des Geistes und der Natur. Heidelberg: Spektrum Akademischer Verlag.
DMV, GDM & MNU (2007). Für ein modernes Lehramtsstudium im Fach Mathematik. In: DMV-Mitteilungen, 15(3), 146–150.
DMV, GDM & MNU (2008). Standards für die Lehrerbildung im Fach Mathematik. Empfehlungen von DMV, GDM, MNU. In: DMV-Mitteilungen, 16(3), 149–159.
Eickelmann, B. (2010). Digitale Medien in Schule und Unterricht erfolgreich implementieren. Münster: Waxmann.
Eickelmann, B., Schaumburg, H., Drossel, K. & Gerick, J. (2014). Schulische Nutzung von neuen Technologien in Deutschland im internationalen Vergleich. In: W. Bos et al. (Hrsg.), ICILS 2013 – Computer- und informationsbezogene Kompetenzen von Schülerinnen und Schülern der 8. Jahrgangsstufe im internationalen Vergleich, 197–229. Münster: Waxmann.
Eickelmann, B. & Vennemann, M. (2011). Nutzung digitaler Medien im naturwissenschaftlichen Unterricht der Grundschule. In: B. Eickelmann et al. (Hrsg.), Grundschule in der digitalen Gesellschaft. Befunde aus den Schulleistungsstudien IGLU und TIMSS, 73–84. Münster: Waxmann.
Eilerts, K. & Kolter, J. (2015a). Wie modellieren Grundschulkinder? In: R. Rink (Hrsg.), Von guten Aufgaben bis Skizzen zeichnen. Zum Sachrechnen im Mathematikunterricht der Grundschule, 71–84. Hohengehren: Schneiderverlag.
Eilerts, K. & Kolter, J. (2015b). Kognitive und metakognitive Strategien bei der Bearbeitung von Modellierungsaufgaben durch Grundschulkinder. In: G. Kaiser & W. Henn (Hrsg.), Werner Blum und seine Beiträge zum Modellieren im Mathematikunterricht. Springer, Wiesbaden, 119–133.

Eilerts, K. & Kolter, J. (2015c). Modellieren baut Brücken – Eine Kletterwand für Klasse 1 bis 6. In: mathematik lehren, Friedrich Verlag, Heft 192, 20 – 24.

Ericsson, K. A., Krampe, R. T. & Tesch-Römer, C. (1993). The role of deliberate practice in the acquisition of expert performance. Psychological Review, 100, 363 – 406.

Forsa (2014). IT an Schulen. Ergebnisse einer Repräsentativbefragung von Lehrern in Deutschland. Berlin: forsa. (http://www.vbe.de/fileadmin/vbe-pressedienste/Studien/IT_an_Schulen_-_Bericht_gesamt.pdf, letzter Zugriff: 04.05.2016)

Freudenthal, H. (1973). Mathematik als pädagogische Aufgabe. Band 1. Stuttgart: Klett.

Grafe, S. & Breiter, A. (2014): Modeling and measuring pedagogical media competencies of pre-service teachers (M^3K). In: C. Kuhn, T. Miriam &. O. Zlatkin-Troitschanskaia (Hrsg.), Current international state and future perspectives on competence assessment in higher education. KoKoHs Working Papers 6, 76 – 80. Mainz/Berlin: Humboldt University of Berlin, Johannes Gutenberg University Mainz.

Greer, B. & Verschaffel, L. (2007). Modelling competencies – overview. In: W. Blum et al. (Eds.), Modelling and applications in mathematics education, 219 – 224. New York: Springer.

Hart, L. C., Alston, A. S. & Murata, A. (Hrsg.). (2011). Lesson study research and practice in mathematics education. New York: Springer.

Herget, W., Jahnke, T. & Kroll, W. (2001). Produktive Aufgaben für den Mathematikunterricht der Sekundarstufe I. Cornelsen, Berlin.

ISTE (2008). The ISTE NETS and Performance Indicators for Teachers (NETS•T). International Society for Technology in Education. (http://www.iste.org/docs/pdfs/20-14_ISTE_Standards-T_PDF.pdf, letzter Zugriff: 13.04.2016)

Jungwirth, H. & Stadler, H. (2005). Gender-Sensibilisierung von Lehrkräften: Einstieg und organisierte Förderung durch die Fachdidaktik. In: Österreichisches Zentrum für Begabtenförderung und Begabtenforschung (Hrsg.), „Die Forscher/innen von morgen". Bericht des 4. Internationalen Begabtenkongresses in Salzburg, 161–168. Innsbruck u. a.: Studien Verlag.

Kaiser, G. (2007). Modelling and modelling competencies in school. In: C. Haines et al. (Eds.), Mathematical modelling: education, engineering and economics, 110 –119. Chichester: Horwood.

Kaiser-Meßmer, G. (1987). Application-oriented mathematics teaching. In: W. Blum et al. (Eds), Applications and modelling in learning and teaching mathematics, 66 – 72. Chichester: Horwood.

Keitel-Kreidt, C. (2007): Geschlechtererziehung: Der blinde Fleck in der Lehrerinnenaus- und -fortbildung. In: Wissenschaftlerinnen-Rundbrief Freie Universität Berlin (3), 4 –10.

Klieme, E., Avenarius, H., Blum, W., Dobrich, P., Gruber, H., Prenzel, M., Reiss, K., Riquarts, K., Rost, J., Tenorth, H.-E. & Vollmer, H. J. (2003). Zur Entwicklung nationaler Bildungsstandards: Eine Expertise. Berlin: Bundesministerium für Bildung und Forschung.

KMK (2008). Ländergemeinsame inhaltliche Anforderungen für die Fachwissenschaften und Fachdidaktiken in der Lehrerbildung (Beschluss der Kultusministerkonferenz vom 16.10.2008 i. d. F. vom 10.09.2015). (http://www.kmk.org/fileadmin/Dateien/veroeffentlichungen_beschluesse/2008/2008_10_16-Fachprofile-Lehrerbildung.pdf, letzter Zugriff: 13.05.2016)

Knezek, G. & Christensen, R. (2008). The importance of information technology attitudes and competencies in primary and secondary education. In: R. Christensen, G. Knezek & J. Voogt (Hrsg.), International handbook of information technology in primary and secondary education, 321–331. New York: Springer.

König, J., Blömeke, S. & Kaiser, G. (2015). Early career mathematics teachers' general pedagogical knowledge and skills: Do teacher education, teaching experience, and working conditions make a difference? In: International Journal of Science and Mathematics Education, 13(2), 331– 350.

Kolter, J. & Eilerts, K. (2014). „Echtes" Modellieren – auch in der Grundschule!? Explorative Untersuchung mit Schülern der Klassen 1 bis 5. In: J. Roth & J. Ames (Hrsg.), Beiträge zum Mathematikunterricht 2014, 643 – 646. Münster: WTM.

Korte, W. B. & Hüsing, T. (2006). Benchmarking access and use of ICT in european schools 2006. Bonn: Empirica, Ges. für Kommunikations-und Technologieforschung.
Krämer, J., Schukajlow, S., Blum, W., Messner, R. & Pekrun, R. (2011). Mit Vielseitigkeit zum Erfolg? Strategische Unterstützung von Lernenden in einem „methoden-integrativen" Unterricht mit Modellierungsaufgaben. In: R. Haug & L. Holzäpfel (Hrsg.), Beiträge zum Mathematikunterricht 2011, 479 - 482. Münster: WTM.
Langfeldt, B. & Mischau, A. (2011). Genderkompetenz als Bestandteil der Lehramtsausbildung im Fach Mathematik - zu innovativ für deutsche Hochschulen? In: Zeitschrift für Hochschulentwicklung, 6 (3/4), 311 - 324.
Leiss, D. (2007). Hilf mir, es selbst zu tun. Lehrerinterventionen beim mathematischen Modellieren. Hildesheim: Franzbecker.
Leiss, D. & Müller, M. (2008). Offene Aufgaben - auch ein offenes Problem der Bewertung? In: Praxis Schule, 19(5), 13 -17.
Leiss, D. (2010). Adaptive Lehrerinterventionen beim mathematischen Modellieren - empirische Befunde einer vergleichenden Labor- und Unterrichtsstudie. In: Journal für Mathematik-Didaktik, 31(2), 197 - 226.
Lemmermöhle, D. (2001): Gender und Genderforschung als Herausforderung für die Professionalisierung von Lehrerinnen und Lehrern. In: Beiträge zur Lehrerbildung, 19 (3), 324 - 335.
Lenné, H. (1969). Analyse der Mathematikdidaktik in Deutschland. Stuttgart: Klett.
Leuchter, M., Reusser, K., Pauli, C. & Klieme, E. (2008). Zusammenhänge zwischen unterrichtsbezogenen Kognitionen und Handlungen von Lehrpersonen. In: M. Gläser-Zikuda & J. Seifried (Hrsg.), Lehrerexpertise - Analyse und Bedeutung unterrichtlichen Handelns. 165 -185. Münster: Waxmann.
Liljedahl, P., Durand-Guerrier, V., Winsløw, C., Bloch, I., Huckstep, P., Rowland, T. et al. (2009). Components of mathematics teacher training. The professional education and development of teachers of mathematics, 25 - 33.
Lorenz, R. & Gerick, J. (2014). Neue Technologien und die Leseleistung von Grundschulkindern. In: B. Eickelmann, R. Lorenz, M. Vennemann, J. Gerick & W. Bos (Hrsg.), Grundschule in der digitalen Gesellschaft: Befunde aus den Schulleistungsstudien IGLU und TIMSS 2011, 59 - 72. Münster: Waxmann.
Maaß, K. (2006). What are modelling competencies? In: Zentralblatt für Didaktik der Mathematik, 38(2), 113 -142.
Maaß, K. (2009). Mathematikunterricht weiterentwickeln: Aufgaben zum mathematischen Modellieren; Erfahrungen aus der Praxis. Für die Klassen 1 bis 4. Berlin: Cornelsen Scriptor.
Messner, H. (2007). Vom Wissen zum Handeln - vom Handeln zum Wissen: Zwei Seiten einer Medaille. Beiträge zur Lehrerinnen- und Lehrerbildung, 25(3), 364 - 376.
Mischau, A. & Mehlmann, S. (2011). Genderkompetenz für angehende Mathematiklehrkräfte. Konzeption einer Lehrveranstaltung für Lehramtsstudierende des Unterrichtsfachs Mathematik. Soziale Technik. In: Zeitschrift für sozial- und umweltverträgliche Technikgestaltung, 3, 17 -19.
Mishra, P. & Koehler, M. (2006). Technological pedagogical content knowledge: A framework for teacher knowledge. In: The Teachers College Record, 108(6), 1017–1054.
Mullis, I.V.S. et al. (2008): TIMSS 2007. International Mathematics Report. Findings from IEA's Trends in International Mathematics and Science Study at the Fourth and Eight Grades. Chestnuthill, MA: TIMSS & PIRLS International Study Center, Lynch School of Education, Boston College.
Mullis, I.V.S. et al. (2012): TIMSS 2011. International results in mathematics. Chestnuthill, MA: TIMSS & PIRLS International Study Center, Lynch School of Education, Boston College.
Niesyto, H. (2012). Medienpädagogik in der Lehrerbildung in Baden-Württemberg. Konzeptionelle Überlegungen und praktische Schritte zu einer medienpädagogischen Grundbildung. In: R. Schulz-Zander, B. Eickelmann, H. Moser, H. Niesyto & P. Grell (Hrsg.), Jahrbuch Medienpädagogik 9, 333 - 357. Wiesbaden: VS Verlag für Sozialwissenschaften.

Niss, M. (2003). Mathematical competencies and the Learning of mathematics: The Danish KOM Project. In: A. Gagatsis & S. Papastavridis (Eds.), 3rd Mediterranean Conference on Mathematical Education, 115–124. Athens: The Hellenic Mathematical Society.

Niss, M., Blum, W. & Galbraith, P. (2007). Introduction. In: W. Blum et al. (Eds.), Modelling and applications in mathematics education, 3–32. New York: Springer.

Niss, M. & Højgaard Jensen, T. (Eds.) (2011). Competencies and mathematical learning. Roskilde University.

OECD (2007): PISA 2006: Vol. 2 Data. Paris: OECD.

OECD (2009): Equally prepared for life? How 15-year-old boys and girls perform in school. Paris: OECD.

OECD (2010): PISA 2009 Results: What students know and can do. Student performance in reading, mathematics and science. Volume 1. Paris: OECD.

Petko, D. (2012). Hemmende und förderliche Faktoren des Einsatzes digitaler Medien im Unterricht: Empirische Befunde und forschungsmethodische Probleme. In: R. Schulz-Zander, B. Eickelmann, H. Moser, H. Niesyto & P. Grell (Hrsg.), Jahrbuch Medienpädagogik 9, 29–50. Wiesbaden: VS Verlag für Sozialwissenschaften.

Pollak, H. (1979). The interaction between mathematics and other school subjects. In: UNESCO (Ed.), New Trends in mathematics teaching IV, 232–248. Paris.

Rüsse, W., Sesink, W., Trebing, T. & Humanwissenschaften, F. B. (2006). Pilotprojekt „ICuM“: IT-Curriculum zur Förderung der Medienkompetenz in Lehramtsstudiengängen (Mai 2001 – April 2006). Entwicklung, Erprobung und Evaluierung eines Studienmoduls zur Vermittlung von Medienkompetenz in Lehramtsstudiengängen der TU Darmstadt. Abschlussbericht.

Schiefner-Rohs, M. (2012). Verankerung von medienpädagogischer Kompetenz in der universitären Lehrerbildung. In: R. Schulz-Zander, B. Eickelmann, H. Moser, H. Niesyto & P. Grell (Hrsg.), Jahrbuch Medienpädagogik 9, 359–387. Wiesbaden: VS Verlag für Sozialwissenschaften.

Schmidt, D. A., Baran, E., Thompson, A. D., Mishra, P., Koehler, M. J. & Shin, T. S. (2009). Technological pedagogical content knowledge (TPACK) the development and validation of an assessment instrument for preservice teachers. In: Journal of Research on Technology in Education, 42(2), 123–149.

Schön, D. A. (1983). The reflective practitioner: How professionals think in action (Vol. 5126). Basic books.

Schoenfeld, A. H. (1994). Mathematical thinking and problem solving. Hillsdale: Erlbaum.

Schoenfeld, A. H. (2010). How we think: A theory of goaloriented decision making and its educational applications. New York: Routledge.

Schubring, G. (2016). Die Entwicklung der Mathematikdidaktik in Deutschland. In: Mathematische Semesterberichte, 63(1), 3–18.

Schukajlow, S. (2006). Schüler-Schwierigkeiten beim Lösen von Modellierungsaufgaben – Ergebnisse aus dem DISUM-Projekt. In: Beiträge zum Mathematikunterricht 2006, 493–496.

Schukajlow, S. (2011). Mathematisches Modellieren: Schwierigkeiten und Strategien von Lernenden als Bausteine einer lernprozessorientierten Didaktik der neuen Aufgabenkultur. Münster: Waxmann.

Senkbeil, M. & Wittwer, J. (2008). Antezedenzien und Konsequenzen informellen Lernens am Beispiel der Mediennutzung von Jugendlichen. In: Zeitschrift für Erziehungswissenschaft, 10, 107–128.

Shavelson, R. J. (2010). On the measurement of competency. In: Empirical Research in Vocational Education and Training, 1, 43–65.

Shulman, L. S. (1986). Those who understand: Knowledge growth in teaching. In: Educational Reseacher 15 (2), 4–14.

Siller, F. (2007). Medienpädagogische Handlungskompetenzen. Problemorientierung und Kompetenzerwerb beim Lernen mit neuen Medien (Dissertation: Johannes Gutenberg-Universität Mainz, Fachbereich 02: Sozialwissenschaften, Medien und Sport).

Stillman, G. & Galbraith P. (1998). Applying mathematics with real world connections: Metacognitive characteristics of secondary students. In: Educational Studies in Mathematics, 36, 157–195.

Tiede, J., Grafe, S. & Hobbs, R. (2015). Pedagogical media competencies of preservice teachers in Germany and the United States: A comparative analysis of theory and practice. In: Peabody Journal of Education, 90(4), 533 - 545.
Tulodziecki, G. (2012). Medienpädagogische Kompetenz und Standards in der Lehrerbildung. In: R. Schulz-Zander, B. Eickelmann, H. Moser, H. Niesyto & P. Grell (Hrsg.), Jahrbuch Medienpädagogik 9, 271 - 297. VS Verlag für Sozialwissenschaften.
Tulodziecki, G. & Blömeke, S. (1997). Neue Medien - neue Aufgaben für die Lehrerausbildung. Tagungsdokumentation, Gütersloh.
Weinert, F. E. (1996). ‚Der gute Lehrer', ‚die gute Lehrerin' im Spiegel der Wissenschaft. Was macht Lehrende wirksam und was führt zu ihrer Wirksamkeit? In: Beiträge zur Lehrerbildung, 14(2), 141-151.
Weinert, F. E. & Helmke, A. (1996). Der gute Lehrer: Person, Funktion oder Fiktion? In: A. Leschinsky (Hrsg.), Die Institutionalisierung von Lehren und Lernen. Beiträge zu einer Theorie der Schule, 223 - 233. Weinheim: Beltz.
Weinert, F. E. (2001). Concept of competence: a conceptual clarification. In: D. S. Rychen & L. H. Saganik (Hrsg.), Defining and selecting key competencies, 45 - 65. Seattle: Hogrefe & Huber Publishers.
Weinstein, C. E. & Mayer, R. E. (1986). The teaching of learning strategies. In: M. C. Wittrock (Hrsg.), Handbook of research on teaching. A project of the American Educational Research Association, 315 - 327. New York: Macmillan.
Wittmann, E. (1974). Grundfragen des Mathematikunterrichts. Braunschweig: Vieweg.
Ziegler, G. M. (2011). Mathematikunterricht liefert Antworten: Auf welche Fragen? In: Mitteilungen der DMV, 19/2011, 174 -178.
Zöttl, L., Ufer, S. & Reiss, K. (2010). Modelling with heuristic worked examples in the KOMMA Learning Environment. In: Journal für Mathematik-Didaktik, 31(1), 143 -165.

Petra Scherer & Hans-Georg Weigand

Mathematikdidaktische Prinzipien

In der Pädagogik haben didaktische Regeln, Gesetze oder Prinzipien eine lange Tradition, wenn man etwa an das „Prinzip der Naturgemäßheit" nach Johann Amos Comenius (1592–1670) oder das „Prinzip der Anschauung" gemäß Adolph Diesterweg (1790–1866) denkt. Unterrichts- oder didaktische Prinzipien sind Regeln für die Gestaltung und Beurteilung von Unterricht, die auf normativen Überlegungen einerseits und praktischen Unterrichtserfahrungen sowie empirischen Erkenntnissen andererseits aufbauen. Sie beziehen Ergebnisse der psychologischen Lerntheorien ein und stellen Erfahrungen aus der Unterrichtspraxis verdichtet und verkürzt dar. Unterrichtsprinzipien sind sowohl konstruktive Regeln für die Gestaltung von Unterricht als auch Kriterien für die Analyse und Beurteilung von Unterricht. In der mathematikdidaktischen Literatur lässt sich eine Vielzahl didaktischer Prinzipien finden (vgl. etwa Zech 1996; Wittmann 1981; Winter 1991; Krauthausen & Scherer 2007):

- Spiralprinzip
- Genetisches Prinzip
- Sokratisches Prinzip
- Exemplarisches Prinzip
- Prinzip des (gelenkten) Entdeckenden Lernens
- Prinzip der Realitätsnähe oder Lebensnähe
- Prinzip der integrierten Wiederholung
- Prinzip der Isolation der Schwierigkeiten
- Prinzip der Selbsttätigkeit/Prinzip des aktiven Lernens
- Operatives Prinzip
- Prinzip der Variation
- Prinzip der Variation der Veranschaulichungsmittel/Prinzip der adäquaten Visualisierung
- …

Die Anwendbarkeit derartiger didaktischer Prinzipien im Unterricht ist stets in Wechselbeziehung zu Zielen, Wissen und Können der Lernenden zu beurteilen. Ferner muss ein Prinzip im Unterricht stets auch in Beziehung und in Abgrenzung zu anderen Prinzipien gesehen werden.

Im Folgenden sollen einige didaktische Prinzipien herausgestellt werden, die für den Mathematikunterricht als besonders wichtig anzusehen sind.

1 Spiralprinzip und Orientierung an Leitideen

Die Inhalte des Mathematikunterrichts dürfen nicht in unzusammenhängende Gebiete zerfallen, sondern Lernende sollen *Beziehungslinien* oder *-netze* im Mathematiklehrgang erkennen. Derartige „rote Fäden" sollen den Lernenden eine Orientierung in der Stofffülle einer Wissenschaft geben und die Grundzüge oder *Fundamentale Ideen* des Fachs unter einem bestimmten Aspekt aufzeigen. Sie orientieren sich an Begriffen oder Aktivitäten des Mathematikunterrichts, wie etwa Algorithmus, Funktion, Linearität, Invarianz, Approximation oder Modellbildung, bzw. an Prozesszielen wie Argumentieren, Beweisen, Optimieren, Auffinden von Zusammenhängen sowie der Bildung zentraler Begriffe wie Zahl, Funktion, Dreieck oder Kugel. Der amerikanische Entwicklungs- und Kognitionspsychologe Jerome Bruner (1915–2016) geht in seinem Buch „Der Prozess der Erziehung" von der mittlerweile berühmten Hypothese aus, dass auf jeder Entwicklungsstufe jeder Gegenstand in einer intellektuell ehrlichen Form gelehrt werden kann (Bruner 1970, S. 44). Folglich plädiert er für ein *spiraliges Curriculum,* das die Grundbegriffe auf verschiedenen kognitiven und sprachlichen Niveaus bis hin zu abstrakten formalisierten Darstellungen immer wieder aufgreift. Hans Werner Heymann (1996) hat sich ausführlich mit zentralen Ideen für den Mathematikunterricht auseinandergesetzt und er möchte anhand dieser Ideen die „Universalität der Mathematik" (S. 158) und „ihre Bedeutung für die Gesamtkultur" (ebd.) für die Lernenden erfahrbar werden lassen. Er legt einen eigenen Katalog fundamentaler Ideen vor:

- Idee der Zahl,
- Idee des Messens,
- Idee des räumlichen Strukturierens,
- Idee des funktionalen Zusammenhangs,
- Idee des Algorithmus,
- Idee des mathematischen Modellierens.

Die KMK-Standards (2004, 2005, 2015) schließen daran an und orientieren die Inhalte des Mathematikunterrichts an *allgemeinen Kompetenzen* und *Leitideen* oder *inhaltsbezogenen Kompetenzen.* Diese sind weitgehend identisch über den gesamten Mathematiklehrgang hinweg.

Primarstufe	Sekundarstufe I	Oberstufe
▸ Zahlen und Operationen ▸ Raum und Form ▸ Muster und Strukturen ▸ Größen und Messen ▸ Daten, Häufigkeit und Wahrscheinlichkeit	▸ Zahl ▸ Messen ▸ Raum und Form ▸ Funktionaler Zusammenhang ▸ Daten und Zufall	▸ Algorithmus und Zahl ▸ Messen ▸ Raum und Form ▸ Funktionaler Zusammenhang ▸ Daten und Zufall

Abb. 1: Leitideen in den Bildungsstandards für die verschiedenen Schulstufen

Mit Blick auf die Schulrealität ist die entscheidende Frage, wie der Unterricht entlang fundamentaler Ideen, Prinzipien oder Leitlinien auszurichten ist. Lerninhalte lassen sich „intellektuell ehrlich“ bereits früh im Unterricht verdeutlichen, wie etwa das Lösen von Gleichungen auf verschiedenen Niveaus, das Modellieren von Umweltsituationen oder das Arbeiten mit Funktionen. In den internationalen *PISA*-Studien *(Programme in Student Assessment)* werden derartige fundamentale Ideen unter dem Begriff *big ideas* zusammengefasst, worunter fachübergreifende mathematische Konzepte gesehen werden, z. B. „Veränderung und Wachstum“, „Raum und Form“ oder „quantitatives Denken“ (Baumert u. a. 2001).

Im Folgenden soll an einem Begriff die spiralförmige Entwicklung über den gesamten Mathematikunterricht hinweg gezeigt werden (zu weiteren Beispielen vgl. z. B. Hefendehl-Hebeker 2004; Büchter 2014).

Beispiel: Der Kreis

Der Kreis ist ein Prototyp für einen geometrischen Begriff, der sich über das gesamte Mathematik-Curriculum hinweg nach dem Spiralprinzip entwickelt. Dabei lassen sich in allen Jahrgangsstufen immer wieder neue Eigenschaften dieses Begriffs entdecken und Zusammenhänge zu anderen Begriffen aufzeigen (vgl. Weigand 2011). Der Kreis ist einerseits als ein eigenständiges Objekt für sich interessant, es gibt andererseits aber auch viele Gemeinsamkeiten, Wechselbeziehungen und Analogien zu anderen Begriffen wie Strecke, Gerade, Dreieck, Viereck oder Kugel. Kreise sind Quellen für Problemstellungen auf allen Schulstufen und Schwierigkeitsebenen, sie sind ein Übungsfeld für das Begründen und Beweisen, und sie sind schließlich Grundlage ganzer mathematischer Gebiete, wie etwa der Trigonometrie. Darüber hinaus lassen sich mit diesem Begriff wichtige geometrische Sätze formulieren und vielfältige Beziehungen zu außermathematischen Bereichen herstellen (vgl. etwa Glaeser 2007). Das Verständnis dieses Begriffs hinsichtlich Begriffsinhalt und -umfang (Begriffsnetz) wird so sukzessive erweitert.

In der Primarstufe werden – aufbauend auf Umweltbeispielen – geometrische Grunderfahrungen zu diesem Begriff entwickelt. Der Kreis wird als geometrische Form in Abgrenzung etwa zu Dreieck und Viereck kennengelernt und bei Körperformen wie Zylinder, Kegel und Kugel räumlich erkannt. Die Eigenschaften des Kreises werden herausgearbeitet und ebene bzw. räumliche Begriffe thematisiert. Dabei lassen sich insbesondere Objekt-, Eigenschafts- und Relationsbegriffe unterscheiden (vgl. Franke & Reinhold 2016, 125 ff.).

Zu Beginn der Sekundarstufe I – ggf. auch früher – werden Kreise durch Umzeichnen kreisförmiger Gegenstände, dann mithilfe des Zirkels erzeugt, und es werden Symmetrieachsen – etwa durch Falten – erkannt. In vielfacher Weise lassen sich Umweltbezüge herstellen, etwa im Freizeit- und Sportbereich (Fußballfeld, Tennisballdosen, Lampen, Vasen ...), in der Natur (Rasenflächen, Sonne und Mond als zweidimensionale Projektionen ...), in der Technik (Räder bei

Fahrzeugen, Zahnräder, Rotationswalzen ...) oder bei der Darstellung statistischer Auswertungen in den Medien (etwa Wahlergebnisse oder Verteilung von Sitzen einzelner Parteien im Parlament in Kreisdiagrammen). Das führt dann zu einer Definition des Kreises als Menge aller (ebenen) Punkte mit festem Abstand zu einem gegebenen Punkt.

In der oberen Sekundarstufe I wird ein Kreis mit Radius r durch *Umfangs- und Flächenformel erfasst.*

Kreisumfang: $U(r) = 2\pi r$ *Flächeninhalt:* $A(r) = \pi r^2$

Damit treten insbesondere die Kreiszahl π und damit Problemstellungen auf, die Mathematiker Jahrtausende beschäftigt haben, wie etwa die Quadratur des Kreises, oder die auch heute noch herausfordernde Problemstellungen sind, wie etwa die Berechnung möglichst vieler Nachkommastellen der Dezimalbruchentwicklung von π.[1] Obige Kreisformeln lassen sich darüber hinaus auch als funktionale Zusammenhänge interpretieren und bilden Beispiele für proportionale und quadratische Funktionen. Weiterhin werden Kreise durch die Betrachtung von Umkreis und Inkreis eines Dreiecks in Beziehung zu Vielecken gesetzt, was – etwa im Zusammenhang mit der Frage nach Vierecken mit In- oder/und Umkreis – zu einer Klassifikation von Vierecken führen kann (vgl. Weigand 2011).

Dann tritt der Kreis im Rahmen von Konstruktionsaufgaben sowohl als Ausgangsobjekt für Probleme wie auch als Hilfsmittel für die Lösung von Problemen auf, etwa bei der Tangentenkonstruktion an einen Kreis. Es lassen sich zentrale Sätze der Geometrie erschließen, wie der Satz des Thales oder die Satzgruppe des Pythagoras. Und schließlich bildet der Kreis, am Ende der Sekundarstufe I, den Ausgangspunkt für ein neues mathematisches Gebiet, die Trigonometrie.

In der Sekundarstufe II lässt sich der Kreis algebraisch durch eine Gleichung beschreiben. Für alle Punkte auf dem Kreis mit Mittelpunkt (x_0, y_0) und dem Radius $r > 0$ gilt:

Kreis: $(x - x_0)^2 + (y - y_0)^2 = r^2$

Dabei wird auch die Beziehung zur Raumgeometrie deutlich, indem eine Erweiterung dieser Gleichung um eine dritte Koordinate unmittelbar zur Kugelgleichung führt.

Mithilfe der Differenzialrechnung lassen sich weitere Einblicke in die Beziehung zwischen Flächeninhalts- und Umfangsformel eines Kreises gewinnen:

1 Derzeit (2016) liegt der Rekord bei über 13 Billionen Nachkommastellen (http://3.141592653589793238462643383279502884197169399375105820974944592.eu/). Bei diesen Berechnungen liegt die Herausforderung nicht in dem Interesse, die Größe einer bestimmten Nachkommastelle zu kennen, sondern darin, effiziente Algorithmen zu finden, die auch mit hohen Nachkommastellen exakt rechnen. Aufgrund der bekannten Nachkommastellen können heute Algorithmen und Rechenprozessoren dahingehend überprüft werden, ob sie eine bestimmte Stelle der Kreiszahl richtig berechnen.

A'(r) = U(r). Die Interpretation dieser Formeln ist eine gute Möglichkeit, Grundvorstellungen über den Ableitungsbegriff aufzubauen (vgl. etwa Greefrath u. a. 2016, S. 147 ff.).

2 Problemlösender Unterricht und Genetisches Prinzip

Geht man mit Carl Popper (1902–1994) davon aus, dass Leben Problemlösen ist, so ist damit bereits ein wesentlicher Grund für einen *problemlösenden Unterricht* angesprochen: Lebensvorbereitung erfordert einen Unterricht, in dem auf dem begrenzten und überschaubaren Übungsfeld – hier Mathematik – das Lösen von Problemen gelernt werden kann. Allerdings weiß man heute, dass sich der wünschenswerte Transfer der in einem Gebiet erlernten Fähigkeiten auf andere Bereiche nicht von selbst ereignet, sondern eigens erlernt werden muss. Wissen ist an den Kontext gebunden, in dem es erworben wurde, und Wissen steht zunächst auch nur bereichsspezifisch im Rahmen *Subjektiver Erfahrungsbereiche* (Bauersfeld 1983) zur Verfügung. Der Transfer auf andere Gebiete erfordert weiteres Wissen und zusätzliche Fähigkeiten.

Ein weiteres Argument für einen problemlösenden Unterricht ist der Aufbau eines Bildes von Mathematik, in dem Lernende mit mathematischen Begriffen einen Sinn verbinden. Begriffe dürfen nicht leere anschauungslose Objekte sein, sondern Lernende sollen sie als Antworten auf Fragen erkennen, als Lösungen von Problemstellungen, als Hilfsmittel für Problemlösungen und als Ausgangspunkt neuer Fragen und Problemstellungen (Vollrath 2001). Lernende sollen eine Vorstellung davon erhalten, warum Begriffe in der Wissenschaft Mathematik und deren Geschichte überhaupt gebildet worden sind. Dieses Suchen nach dem Ursprung und damit auch nach dem Sinn von Begriffen wird vielleicht am schönsten in dem mittlerweile berühmten Zitat von Otto Toeplitz (1881–1940) aus dem Vorwort zur „Entwicklung der Infinitesimalrechnung“ ausgedrückt.

„Ich sagte mir: all diese Gegenstände der Infinitesimalrechnung ... das bestimmte Integral, der Differentialquotient, ... bei denen nirgends die Frage berührt wird: warum so? wie kommt man zu ihnen? alle diese Requisiten müssen doch einmal Objekte eines spannenden Suchens, einer aufregenden Handlung gewesen sein, nämlich damals als sie geschaffen wurden.“ (1949, V)

Ein Unterricht, der die Begriffsentwicklung im Rahmen der Genese mathematischer Begriffe problematisiert, wird als *historisch-genetischer Unterricht* bezeichnet. Es geht dabei aber nicht um die Geschichte der Mathematik an sich, sondern das Interesse gilt den Fragen und Problemen, die zu den Begriffen führten, es sind die Art und Weise der Lösungssuche, die Begriffe als Antworten auf Fragen erkennen lassen. Der Sinn von Begriffsbildungen konstituiert sich in der Auseinandersetzung mit Problemstellungen der Wissenschaft Mathematik. Das Einbeziehen von historischen Elementen ist aber nur eine Seite des *genetischen Prinzips*. Die andere Seite betont stärker das Anknüpfen an das Vorverständnis und die Erfahrungswelt der Schüler, das Berücksichtigen von Entwicklungs- und Verständnisstufen beim Schüler und das Entwickeln neuer Lerninhalte auf der Basis dieses Vorwissens, was insbesondere das Eingehen auf lernpsychologische Erkenntnisse erfordert.

Das zentrale Anliegen des *genetischen Prinzips* ist es, dass Mathematik nicht als ein Fertigprodukt gelernt wird, sondern dass Lernende einen Einblick in den *Prozess* der Entstehung von Mathematik erhalten (vgl. auch Selter 1997; Leuders et al. 2012). Mathematik ist etwas, bei dem Lernende entdecken oder erfinden können, auch wenn es sich meist oder fast ausschließlich nur um Nacherfindungen handelt.

Im Folgenden sind Beispiele aufgeführt, die eine besondere Berücksichtigung des genetischen Prinzips im Mathematikunterricht nahelegen.[2]

- Entwicklung von Rechengesetzen in der Primarstufe
- Bestimmung der Primzahlen mithilfe des Siebs des Eratosthenes
- Zerlegung von gewöhnlichen Brüchen in Stammbrüche
- Der Satz des Thales
- Der Satz des Pythagoras
- Die Bestimmung des Kugelvolumens nach Archimedes
- Der Zugang zur Differenzialrechnung mithilfe von Differenzenfolgen nach Leibniz
- Die Axiome von Kolmogorov in der Wahrscheinlichkeitsrechnung
- Der Übergang von der Binomial- zur Normalverteilung
- Die Integralrechnung und die Quadratur der Parabel nach Archimedes

3 Entdeckendes Lernen und Produktives Üben

Üben und Wiederholen sind notwendig zur Sicherung und Vertiefung des Gelernten und zur Entwicklung der Fähigkeit, das Gelernte in ähnlichen Situationen anwenden zu können. Üben kann in verschiedenen Formen erfolgen, wie etwa Verständnisübungen, stabilisierendes Üben, operatives Üben, anwendungsorientiertes Üben oder heuristisches Üben (vgl. Zech 1996, S. 208). Üben darf keine isolierte Tätigkeit sein, sondern muss in die Unterrichtskonzeption eingebunden und mit Einsicht verbunden sein. Üben muss ferner regelmäßig stattfinden („Prinzip der konsequenten Wiederholung“) und sollte bereits gelernte Dinge immer wieder in neuen Kontexten aufgreifen („Prinzip der integrierten Wiederholung“). Damit ein Schema erlernt und verfügbar bleibt – es also ein stabiles Wissenselement wird –, muss es in herausfordernden und anregenden Kontexten immer wieder geübt werden („Prinzip der Stabilisierung“).

2 Aufgrund der weitgehenden Bekanntheit dieser Beispiele wird auf eine ausführlichere Darstellung verzichtet. Weitere Hinweise finden sich in Didaktikbüchern Vollrath & Weigand (2006), Weigand (2009) und Greefrath et al. (2016), Tietze & Wolpers (2002), Wittmann (1981) sowie in verschiedenen Schulbuchkonzepten (vgl. Abschnitt 5).

In den letzten Jahrzehnten wurden wiederholt ein Abgehen von kleinschrittig konstruierten Aufgabenplantagen und ein Zuwenden zum Üben als einer sinnvermittelnden Tätigkeit gefordert (Wittmann 1990; Winter 1984). Die Begründung dafür liegt darin, dass stereotypes Üben nicht auf Fehlerursachen eingeht, dass dem Schüler keine konstruktiven Hilfen geboten werden und Verfestigung von Denkfehlern eintreten können. Einem kleinschrittigen Lernen und Üben setzen Wittmann und Müller im Rahmen des *aktiv-entdeckenden Lernen* das *produktive Üben* gegenüber, bei dem Lernabschnitte großzügiger bemessen sind, Aufgaben aus Sinnzusammenhängen entwickelt und den Lernenden Denkleistungen abverlangt werden, die die Eigenverantwortlichkeit für das Lernen fördern. Entdeckendes Lernen und produktives Üben sind in diesem Verständnis nicht voneinander getrennt zu sehen, sondern es wird „entdeckend geübt und übend entdeckt“ (Winter 1984, S. 6 f.). Sinnvolles Üben trägt zur Festigung des Gelernten bei und orientiert sich an dem, was später tatsächlich einmal gebraucht wird. Von produktivem Üben spricht Wittmann (1992, S. 177), „wenn ein Satz von Wissenselementen oder eine Fertigkeit anhand einer *größeren* Zahl *gleichartiger* Aufgaben geübt wird“. Ziel muss es sein, Üben als integrierenden Bestandteil des Unterrichts zu sehen.

Im Zusammenhang mit Üben hat sich in letzter Zeit der Begriff der *Aufgabenkultur* eingebürgert. Insbesondere in dem BLK-Modellversuch *Steigerung der Effizienz des mathematisch-naturwissenschaftlichen Unterrichts* (1998; vgl. auch Demuth u. a. 2011) wurde der Weiterentwicklung der Aufgabenkultur eine bedeutende Rolle zugewiesen. Dabei geht es vor allem um Aufgaben – sogenannte „offene“ Aufgaben – die mehrere Herangehensweisen und Lösungswege erlauben. Eine Möglichkeit, offene Aufgaben zu erhalten, ist es dabei „Aufgaben zu öffnen“, was bedeutet, Aufgabenstellungen im Mathematikunterricht weiter zu fassen, um bspw. vielfältige mathematische Aktivitäten herauszufordern, um dadurch das integrierte Fördern inhaltlicher sowie prozessbezogener Kompetenzen zu unterstützen. Es gilt aber auch, Lernende zu öffnen für eine neue Sichtweise von Mathematik und schließlich Fragestellungen und Lösungswege zu öffnen, zu erweitern und zu verallgemeinern. Viele Beispiele für solche Aufgaben finden sich in der Rubrik „Die etwas andere Aufgabe“ der Zeitschrift *mathematik lehren* in der Zusammenstellung von Aufgaben aus der Zeitung in Herget & Scholz (1998), in Schupp (2002) oder – zum Begriff der „Blütenaufgaben“ – Bruder u. a. (2015). Für den Primarbereich ist in diesem Zusammenhang auch der Begriff der substanziellen Lernumgebungen oder substanziellen Aufgabenformate zu nennen (vgl. z. B. Wittmann 1995; Krauthausen & Scherer 2014).

Beispiel

Eine Zahlenkette besteht in der Basisvariante aus fünf nebeneinanderstehenden Zahlen, wobei mit Ausnahme der ersten beiden, frei zu wählenden Startzahlen eine Zahl jeweils die Summe der beiden vorherigen Zahlen darstellt. Die fünfte Zahl wird als Zielzahl bezeichnet. Also z. B.:

10	4	14	18	32

Dieses substanzielle Aufgabenformat kann in allen Klassenstufen der Grundschule, darüber hinaus auch in der Sekundarstufe I und sogar in der Lehrerbildung eingesetzt werden und bietet reichhaltige Möglichkeiten des produktiven Übens (vgl. z. B. Scherer & Selter 1996; Selter & Scherer 1996).

Eine mögliche Problemstellung wäre, beide Startzahlen so zu wählen, dass eine bestimmte Zielzahl, bspw. 100, erreicht wird bzw. alle Möglichkeiten für diese Zielzahl zu finden.

Ein grundschulgemäßer Zugang besteht im systematischen Probieren. Hat man eine Lösung nahe bei 100 gefunden, so lassen sich durch operatives Variieren weitere Zusammenhänge erkennen. Möglich wäre auch, ausgehend von der gesuchten Zielzahl, im Sinne des Rückwärtsarbeitens Folgerungen für die vorhergehenden Zahlen zu ziehen.

In der Sekundarstufe kann dieses Problem auch in algebraischer Form, u. a. mit einer Erhöhung der Anzahl der Kettenglieder, thematisiert werden (vgl. auch Selter & Scherer 1996):

a	b	a+b	a+2b	2a+3b	3a+5b	5a+8b	...	...

Als Zielzahl einer Kette der Länge *n* ergibt sich die Summe $F_{n-2} \cdot a + F_{n-1} \cdot b$, wobei F_{n-2} und F_{n-1} jeweils aufeinanderfolgende Fibonacci-Zahlen sind. Weil diese stets teilerfremd sind, haben die entsprechenden Gleichungen für jede erdenkliche Zielzahl beliebig viele ganzzahlige Lösungen.

Weitere Übungsaktivitäten, die nicht nur inhaltsbezogene, sondern auch prozessbezogene Kompetenzen fördern und die u. a. auch das operative Prinzip umsetzen (vgl. Abschnitt 4), sind die Folgenden (vgl. Krauthausen & Scherer 2014):

- Was geschieht mit der Zielzahl, wenn man beide Startzahlen um 1, 2, 3 ... erhöht bzw. vermindert?
- Was geschieht, wenn man die beiden Startzahlen vertauscht?
- Was geschieht, wenn beide Startzahlen gleich sind?
- Wie kann ich einen 1er, 2er, 3er- ... Schritt erzeugen? Wie kann ich einen 0-Schritt erzeugen?

4 Das Operative Prinzip

Es war das zentrale Ziel der Überlegungen des Entwicklungspsychologen Jean Piaget (1896–1980), die Genese von Wissen in den Wissenschaften und beim Menschen zu erklären. Nach seiner genetischen Erkenntnistheorie entwickelt sich die Intelligenz etappen-, stufen- oder stadienweise in Wechselwirkung zwischen Mensch und Umwelt, wobei sich Denken in Form von flexiblen Systemen, Mustern oder „kognitiven Schemata“ ausbildet, die die Aktivitäten des Einzelnen steuern.[3] Ausgangspunkt der kindlichen Denkentwicklung sind dabei zunächst an konkreten Objekten vorgenommene reale Handlungen, die durch an Bildern, Zeichen und Symbolen vorgenommene Handlungen erweitert werden, und die sich schließlich über einen Verinnerlichungsprozess als von konkreten Erfahrungen gelöste abstrakte oder formale Handlungen als die eigentlichen Denkoperationen ausbilden. Piaget führt Denken auf menschliche Handlungen zurück: Denken ist verinnerlichtes oder gedachtes Handeln. Kennzeichnend für diese verinnerlichten Handlungen oder – wie Piaget sie nennt – „Operationen“ sind ihre Flexibilität oder Beweglichkeit, d. h. sie sind umkehrbar oder reversibel *(Reversibilität)*, zusammensetzbar oder kompositionsfähig *(Kompositionsfähigkeit)* sowie assoziativ *(Assoziativität)*, d. h. man kann auf verschiedenen Weisen zum Ziel kommen (vgl. Bauer 1993).

Während Piaget die stadienweise Entwicklung der menschlichen Intelligenz als weitgehend konstant und altersspezifisch ansieht, stellt Hans Aebli (1923–1990) – ein Schüler Piagets – stärker die Bedeutung der Erziehungsbedingungen und damit auch die Bedeutung von Unterricht für die Intelligenzentwicklung heraus. Für ihn vollzieht sich die Verinnerlichung einer Operation in drei Hauptstufen (Aebli 2001, S. 102): Ausgehend von der *konkreten Stufe* und dem Arbeiten mit konkreten Gegenständen und Material, wird auf der *figuralen Stufe* mit bildlich dargestellten Gegenständen operiert und auf der *symbolischen Stufe* werden Gegenstände und Operationen durch Zeichen repräsentiert. Entscheidend für den Stufenübergang ist dabei zum einen das *Reflektieren über die eigene Tätigkeit* oder die *Verbalisierung der Handlungen* und zum anderen das *operative Durcharbeiten oder Üben* der entsprechenden Inhalte. Darunter versteht er ein variables, sinnbezogenes Üben, das die Reversibilität, Kompositionsfähigkeit und Assoziativität zu entwickeln sucht. Mit dem *operativen Durcharbeiten* sind vielfältige systematische Veränderungen verbunden: Veränderung der Ausgangssituation, Suche nach alternativen Lösungswegen, Variieren der gesuchten Größen, Variation des Unwesentlichen, d. h. Variieren der Größen, die keinen Einfluss auf die betrachteten Zusammenhänge haben.

Entscheidend für die Denkentwicklung sind die an konkreten, bildlichen und symbolischen Gegenständen ausgeführten Aktivitäten und Handlungen. Der Wissenserwerb erfolgt nicht durch Betrachten oder einfaches Nachahmen („Mathematik ist kein Zuschauersport“), sondern das Operieren mit Objekten. *Konkretes Handeln, zeichnerisches Handeln* und *Handeln in der Vorstellung* sind die *Stufen des Verinnerlichungsprozesses.* Das operative Prinzip leitet einen Unterricht, „der das Denken im Rahmen des Handelns weckt, es als ein System von Operationen aufbaut, und es schließlich wieder in den Dienst des praktischen Handelns stellt“ (Aebli 1985, S. 4). Dieses ist die Grundannahme des operativen Prinzips, das Aebli in die allgemeine Didaktik eingeführt hat.

3 Eine Einführung in die Erkenntnistheorie Piagets findet sich in Wittmann (1981, S. 59 ff.).

Von den Stufen des Verinnerlichungsprozesses sind die *Darstellungsweisen* oder *Repräsentationsmodi* des Wissens und Könnens nach Jerome Bruner zu unterscheiden (vgl. auch Wittmann 1981, 87 ff.): die enaktive Form (Darstellung durch eine Handlung), die ikonische Form (Darstellung durch bildliche Mittel) und die symbolische Form (Darstellung durch Sprache und Zeichen). Man spricht auch vom EIS-Prinzip. Dabei handelt es sich nicht – im Unterschied zu den Stufen der Verinnerlichung nach Aebli – um nacheinander zu durchlaufende Stufen, sondern es sind vielmehr Darstellungsweisen, die wechselseitig aufeinander bezogen sind.

Wittmann (1985) hat das operative Prinzip der Mathematikdidaktik wie folgt formuliert: „*Objekte* erfassen bedeutet, zu erforschen, wie sie *konstruiert* sind und wie sie sich *verhalten*, wenn auf sie *Operationen* (Transformationen, Handlungen, ...) ausgeübt werden. Daher muss man im Lern- oder Erkenntnisprozess in systematischer Weise
(1) untersuchen, welche Operationen ausführbar und wie sie miteinander verknüpft sind,
(2) herausfinden, welche *Eigenschaften* und *Beziehungen* den Objekten durch Konstruktion aufgeprägt werden,
(3) beobachten, welche *Wirkungen* Operationen auf *Eigenschaften* und *Beziehungen* der Objekte haben (Was geschieht mit ..., wenn ...?)“ (ebd., S. 9; Hervorh. i. Orig.).

Beispiel
In der **Primarstufe** kommt das Operative Prinzip etwa beim Erlernen des *Einspluseins* oder des *Einmaleins* zur Anwendung, wenn sich Lernende neue Aufgaben aus bereits bekannten bzw. leichteren Aufgaben (Kernaufgaben) ableiten (vgl. Wittmann & Müller 1990; Krauthausen & Scherer 2007): Wenn etwa bei der Addition bestimmte Verdopplungsaufgaben oder bei der Multiplikation Aufgaben mit dem Faktor 5 bekannt sind, lassen sich die entsprechenden Nachbaraufgaben ableiten und an geeigneten Darstellungen veranschaulichen.

Aus $6 + 6 = 12$ ergibt sich $6 + 7 = 13$. Das Erhöhen eines Summanden um 1 liefert eine Erhöhung des Ergebnisses um 1.
Aus $5 \cdot 7 = 35$ ergibt sich $6 \cdot 7 = 42$. Das Erhöhen des Multiplikators um 1 liefert eine Erhöhung um den Wert des Multiplikanden, hier $1 \cdot 7$.

Das Operative Prinzip kann auch im Rahmen substanzieller Lernumgebungen wie bei den unter Abschnitt 3 illustrierten „Zahlenketten“ in vielfältiger Weise umgesetzt werden. So können operative Veränderungen der Startzahlen hinsichtlich ihrer Wirkung auf die Zielzahl oder auch die weiteren Zahlen einer Zahlenkette untersucht werden. Diese Erkenntnisse wären nicht nur als eigenständige Aufgabenstellung zu sehen, sondern können auch zur Problemlösung, etwa zum Erreichen einer bestimmten Zielzahl genutzt werden (vgl. Scherer & Selter 1996; Selter & Scherer 1996; zu weiteren Aufgabenformaten z. B. Wittmann & Müller 1990; Krauthausen & Scherer 2014).

Beispiel Sekundarstufe I. Das Operative Prinzip bei der Berechnung des Flächeninhalts eines Trapezes[4]: Das Operative Prinzip zielt auf die Ausbildung flexibler oder beweglicher Denkweisen. Dies kann insbesondere durch das Betrachten und Analysieren einer Problemstellung aus verschiedenen Perspektiven erfolgen.

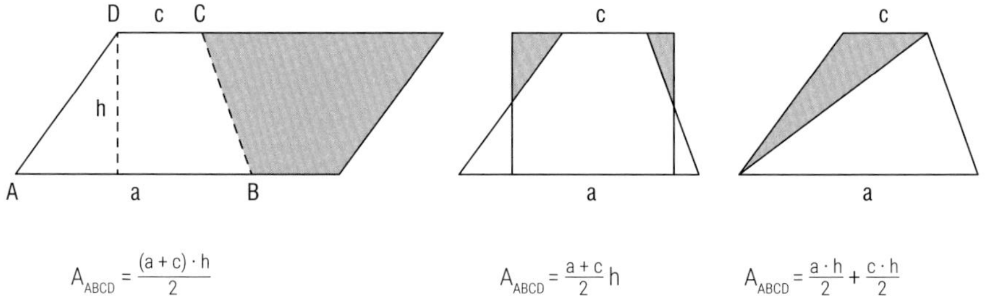

Abb. 2: Verschiedene Zerlegungen eines Trapezes

So kann der Flächeninhalt des Trapezes ABCD hergeleitet werden, indem das Trapez auf verschiedene Weisen in andere – bekannte – flächengleiche Figuren zerlegt oder zu bekannten Figuren ergänzt wird und man sieht, dass es verschiedene Wege gibt zum – gleichen – Ziel zu gelangen. Weiterhin lassen sich Umkehraufgaben stellen: Welche Höhe ergibt sich bei einem Flächeninhalt von ...? Wie ist der Zusammenhang zwischen a und c, wenn Höhe und Flächeninhalt eines Trapezes vorgegeben sind? (Zur Umsetzung vgl. Barzel et al. 2011.)

Dann kann auch die Leitfrage „Was geschieht, wenn ...?“ im Rahmen des Operativen Prinzips gestellt werden. Dabei lassen sich Auswirkungen einer Veränderung der Ausgangswerte – etwa der Seitenlängen oder der Höhe des Trapezes – auf den Flächeninhalt diskutieren. Darüber hinaus lassen sich auch Sonderfälle – etwa die Frage, was passiert, wenn die Seitenlänge c gegen 0 strebt – analysieren.

5 Das Prinzip der Selbsttätigkeit

Viele sogenannte schülerorientierte Arbeitsformen wie problemlösender, entdeckender, Projekt- oder offener Unterricht setzen Eigenaktivitäten oder Selbst-

4 Die für Strecken verwendeten Variablen – hier a, b, c, h – werden für die Bezeichnungen als auch – im Hinblick auf eine übersichtliche Darstellung der Formeln – für die Längen der Strecken verwendet.

tätigkeit des Lernenden voraus.[5] Dabei ist mittlerweile hinlänglich bekannt, dass es zu deren Umsetzung im Unterricht durchdacht geplanter Organisationsformen – man kann auch von „Unterrichtsmanagement“ sprechen – bedarf, bei denen der Lehrkraft vielfältige Aufgaben wie Steuerung, situationsadäquate Hilfe und Unterstützung oder zusammenfassende Strukturierung zukommen. Mit einem auf Selbsttätigkeit aufbauenden Unterricht sind Ziele wie Entwicklung von Selbstständigkeit, kritisches Reflektieren der eigenen Tätigkeit und Motivation durch eigenen Erfolg verbunden. Insbesondere sollten Verständnisfehler produktiv genutzt werden, um Ursachen von Fehlerquellen aufzuspüren, um Beziehungen zu Vorkenntnissen herzustellen, und um durch das Aufzeigen von Konsequenzen aus fehlerhaften Überlegungen bewusst die Widersprüche zu mathematischen Gesetzmöglichkeiten deutlich werden zu lassen.

Nun war Selbsttätigkeit schon häufig eine zentrale Forderung bei Lern- und Bildungsprozessen. So fordert bereits Jean-Jacques Rousseau (1712–1778) Bildung durch „eigene Erfahrung“ des Kindes, Johann Gottfried Herder (1744–1803) betont die Eigentätigkeit des Kindes bei Erziehung und Unterricht, Johann Gottlieb Fichte (1762–1814) sieht alles Denken und Erkennen als „Handeln“ an und stellt deshalb die Selbsttätigkeit heraus, bei Johann Heinrich Pestalozzi (1746–1827) werden Anschauung und Selbsttätigkeit zu den beiden grundlegenden Prinzipien von Unterricht, und Friedrich Fröbel stellt die Selbsttätigkeit in den Mittelpunkt der Erziehung (vgl. Reble 1999). Dann bauen die Reformpädagogik und insbesondere die Arbeitsschulbewegung auf dem Prinzip der Selbsttätigkeit auf. So ist für John Dewey (1859–1952) das selbstständige Denken und Handeln Grundlage allen Lernens, für Georg Kerschensteiner hat das selbständige Erarbeiten zentrale Bedeutung für die Bildung des Menschen (Reble 1999, S. 293) und bei Hugo Gaudig (1860–1923) wird die Selbsttätigkeit zum zentralen Prinzip für alle Unterrichtsfächer.

„In dieser Arbeitsschule soll der Schüler während der gesamten Arbeitsvorgänge selbsttätig sein, selbsttätig beim Zielsetzen, selbsttätig beim Ordnen des Arbeitsganges, selbsttätig bei der Fortbewegung zum Ziel, selbsttätig bei den Entscheidungen an den Kreuzwegen, selbsttätig bei der Kontrolle, bei der Korrektur usw.“ (1911 auf dem Kongress für Jugendbildung und Jugendkunde, zit. nach Reble 1999, S. 298).

Für *Selbsttätigkeit im Mathematikunterricht* hat sich zu Beginn dieses Jahrhunderts vor allem Johannes Kühnel eingesetzt, indem er „Lernorganisation statt direkter Lernsteuerung“ fordert.

Trotz dieser weit zurückreichenden Verankerung dieses Prinzips in der Geschichte der Pädagogik und Mathematikdidaktik, blieb die Bedeutung dieses Prinzips für den realen Mathematikunterricht gering. So stellt bereits Hugo

5 Ausgehend von einer konstruktivistischen Sichtweise, ist Selbsttätigkeit gar die notwendige Voraussetzung für jeglichen Wissenserwerb, da alle Sinneseindrücke letztlich mentale Konstruktionen sind. Gegenüber diesem weiten Begriffsverständnis wollen wir hier aber den Begriff enger eingrenzen.

Gaudig im Jahre 1911 fest, dass zwar „Selbsttätigkeit“ wohl das meistgebrauchte Schlagwort der damaligen Zeit war, dass aber „von den Taten, die dieses Wort fordert, ... nicht allzu viel in der deutschen Schule“ zu spüren sei (Führer 1997, S. 219). Nun hängt die Beurteilung der Wirkung dieses Prinzips im Unterricht vor allem davon ab, was man unter dem Begriff *Selbsttätigkeit* versteht.

Heute gibt es für die Unterrichtspraxis viele konkrete Vorschläge für selbsttätiges Arbeiten im Mathematikunterricht: Etwa *Das Zahlenbuch* (Klett-Verlag) oder der *Zahlenzauber* (Oldenbourg-Verlag) für die Primarstufe, oder für die Sekundarstufen das Projekt *Kosima* (Kontexte für sinnstiftendes Mathematiklernen)[6] mit dem Schulwerk *mathewerkstatt*[7], das *Mathbuch*[8] oder *Neue Wege* (Schroedel-Verlag)[9].

Selbsttätigkeit – als didaktisches Prinzip – ist eine geplante zielorientierte Aktivität. Sie setzt ein anzustrebendes Ziel und Freiräume für das Denken und Handeln voraus, die das Planen, Ausführen und Kontrollieren von Aktivitäten betreffen. So ist etwa das systematische Variieren zum Erkunden von Zusammenhängen eine wichtige selbsttätige Lösungsstrategie. Dabei müssen aber auch mögliche Schwierigkeiten und Grenzen des Prinzips erkannt werden. Es ist nicht möglich, alle im Mathematikunterricht zu vermittelnden Inhalte, die sich im Laufe einer mehrtausendjährigen Geschichte angesammelt haben, selbstständig und selbsttätig zu erarbeiten. Dabei dürfen auch die Nachteile wie höherer Zeitaufwand, Verlust von Kontrolle im Unterricht und die spezifischen Anforderungen und mögliche Benachteiligung schwächerer Schülerinnen und Schüler nicht übersehen werden. Insgesamt ist Selbsttätigkeit stets im Hinblick auf die Zielvorgabe der Stunde oder des Unterrichts und die Einbettung in das – von der Lehrkraft geplante – Lernarrangement zu planen und zu beurteilen.

6 Abschließende Bemerkungen

Didaktische Prinzipien können leicht den Anschein eines veralteten Konzepts erwecken, wenn sie im Zusammenhang mit einem Unterricht gesehen werden, der von einer kleinschrittigen Planbarkeit und einem allzu eng ausgelegten Befolgen vorgegebener Regeln ausgeht. Didaktische Prinzipien müssen aber offen und jeweils situationsadäquat gesehen werden, sie können eine Orientierung für Lehrende darstellen, Unterricht bzw. Unterrichtsschritte zu planen, zu bewerten, zu diagnostizieren und zu analysieren. Es ist einerseits eine Stärke dieser Prinzipien, dass sie inhaltsunabhängig formuliert sind, andererseits können sie im Mathematikunterricht aber nur in Verbindung mit Inhalten angewandt werden.

6 www.ko-si-ma.de

7 www.cornelsen.de/mathewerkstatt-info

8 www.mathbu.ch

9 www.schroedel.de

Dies erfordert mathematisches, pädagogisches, psychologisches, – gelegentlich auch – historisches Wissen, es erfordert eine umfassende didaktische Bildung, um die Prinzipien zieladäquat einsetzen zu können. In gleicher Weise wie allgemeine Kompetenzen den Rahmen vorgeben, in dem sich Inhaltsziele entwickeln können, sind didaktische Prinzipien Leitlinien für eine inhaltliche zielgerichtete Unterrichtsgestaltung. Dabei gilt es stets, in Analogie zu den Kompetenzen oder Unterrichtszielen, neuere Entwicklungen – wie etwa den Einsatz digitaler Technologien – in die Ausgestaltung oder Anwendung dieser Prinzipien im realen Unterricht mit zu bedenken. So verstanden sind didaktische Prinzipien auch oder gerade heute eine wertvolle Hilfe für die Planung und Bewertung von Unterricht.

Literatur

Aebli, H. (1985). Das operative Prinzip. In: mathematik lehren, (11), 4–6.

Aebli, H. (2001). Zwölf Grundformen des Lehrens. 11. Auflage. Stuttgart: Klett.

Barzel, B., Büchter, A. & Leuders, T. (2011). Mathematik Methodik. Handbuch für die Sekundarstufe I und II. 6. Auflage. Berlin: Cornelsen Scriptor.

Bauer, L. (1993). Das operative Prinzip als umfassendes, allgemeingültiges Prinzip für das Mathematiklernen. Didaktisch-methodische Überlegungen zum Mathematikunterricht in der Grundschule. In: ZDM, 25(2), 76–83.

Bauersfeld, H. (1983). Subjektive Erfahrungsbereiche als Grundlage einer Interaktionstheorie des Mathematiklernens und -lehrens. In: H. Bauersfeld (Hrsg.), Lernen und Lehren von Mathematik, 1–56. Köln: Aulis.

Baumert, J. et al. (Hrsg.) (2001). PISA 2000: Basiskompetenzen von Schülerinnen und Schülern im internationalen Vergleich. Opladen: Leske+Budrich.

BLK – Bund-Länder-Kommission (1998). Expertise „Steigerung der Effizienz des mathematisch-naturwissenschaftlichen Unterrichts“. Bonn: BLK. (http://www.blk-bonn.de/papers/heft60.pdf, letzter Zugriff: 23.04.2017)

Bruder, R., Linneweber-Lammerskitten, H. & Reibold, J. (2015). Individualisieren und differenzieren. In: R. Bruder, L. Hefendehl-Hebeker, B. Schmidt-Thieme & H.-G. Weigand (Hrsg.), Handbuch der Mathematikdidaktik, 513–534. Berlin: Springer.

Bruner, J. S. (1970). Der Prozess der Erziehung. Berlin: Berlin Verlag.

Büchter, A. (2014). Das Spiralprinzip. Begegnen – Wiederaufgreifen – Vertiefen. In: mathematik lehren, (182), 2–9.

Demuth, R., Walther, G. & Prenzel, M. (Hrsg.) (2011). Unterricht entwickeln mit SINUS: 10 Module für den Mathematik- und Sachunterricht in der Grundschule. Seelze: Kallmeyer.

Franke, M. & Reinhold, S. (2016). Didaktik der Geometrie. In der Grundschule. 3. Auflage. Berlin: Springer Spektrum.

Führer, L. (1997). Pädagogik des Mathematikunterrichts. Eine Einführung in die Fachdidaktik für Sekundarstufen. Wiesbaden: Vieweg.

Glaeser, G. (2007). Geometrie und ihre Anwendungen in Kunst, Natur und Technik. München: Spektrum Akademischer Verlag.

Greefrath, G., Oldenburg, R., Siller, S., Ulm, V. & Weigand, H.-G. (2016). Didaktik der Analysis – Aspekte und Grundvorstellungen zentraler Begriffe. Berlin: Springer

Hefendehl-Hebeker, L. (2004). Beispiele zum Spiralprinzip. In: G. Krauthausen & P. Scherer (Hrsg.), Mit Kindern auf dem Weg zur Mathematik – Ein Arbeitsbuch zur Lehrerbildung. Festschrift für Hartmut Spiegel, 67–73. Donauwörth: Auer.

Heymann, H. W. (1996). Allgemeinbildung und Mathematik. Weinheim: Beltz.

KMK (Hrsg.) (2004). Bildungsstandards im Fach Mathematik für den Mittleren Schulabschluss. Beschluss vom 4.12.2003. München: Wolters Kluwer.

KMK (Hrsg.) (2005). Bildungsstandards im Fach Mathematik für den Primarbereich. Beschluss vom 15.10.2004. München: Wolters Kluwer.
KMK (Hrsg.) (2015). Bildungsstandards im Fach Mathematik für die Allgemeine Hochschulreife. Beschluss der KMK vom 18.10.2012. Köln: Wolters Kluwer.
Krauthausen, G. & Scherer, P. (2007). Einführung in die Mathematikdidaktik. 3. neu bearbeitete Auflage. Heidelberg: Spektrum.
Krauthausen, G. & Scherer, P. (2014). Natürliche Differenzierung im Mathematikunterricht – Konzepte und Praxisbeispiele aus der Grundschule. Seelze: Kallmeyer.
Leuders, T., Prediger, S., Hußmann, S. & Barzel, B. (2012). Genetische Lernarrangements entwickeln – Vom Möglichen im Unmöglichen bei der Entwicklung der Mathewerkstatt. In: M. Ludwig & M. Kleine (Hrsg.), Beiträge zum Mathematikunterricht, 541–544. Münster: WTM.
Reble, A. (1999). Geschichte der Pädagogik. 19. Auflage. Stuttgart: Klett.
Scherer, P. & Selter, C. (1996). Zahlenketten – ein Unterrichtsbeispiel für natürliche Differenzierung. In: Mathematische Unterrichtspraxis, 17(2), 21–28.
Schupp, H. (2002). Aufgabenvariation im Mathematikunterricht. Hildesheim: Franzbecker.
Selter, C. (1997). Genetischer Mathematikunterricht: Offenheit mit Konzept. In: mathematik lehren, (83), 4–8.
Selter, C. & Scherer, P. (1996). Zahlenketten – Ein Unterrichtsbeispiel für Grundschüler und Lehrerstudenten. In: mathematica didactica, 19(1), 54–66.
Tietze, U., Klika, M. & Wolpers, H. (Hrsg.) (2002). Mathematikunterricht in der Sekundarstufe II. Bd. 3. Didaktik der Stochastik. Braunschweig: Vieweg.
Toeplitz, O. (1949). Die Entwicklung der Infinitesimalrechnung. Berlin: Springer.
Vollrath, H.-J. (2001). Grundlagen des Mathematikunterrichts in der Sekundarstufe. Heidelberg/Berlin: Spektrum.
Vollrath, H.-J. & Weigand, H.-G. (2006). Algebra in der Sekundarstufe, Heidelberg/Berlin: Spektrum.
Weigand, H.-G. (2009). Didaktik der Geometrie für die Sekundarstufe I. Heidelberg/Berlin: Spektrum.
Weigand, H.-G. (2011). Kreis und Kugel – Verbindung zwischen Ebene und Raum. In: mathematik lehren, (165), 2–7
Winter, H. (1984). Begriff und Bedeutung des Übens im Mathematikunterricht. In: mathematik lehren, 4(2), 4–16.
Winter, H. (1991). Entdeckendes Lernen im Mathematikunterricht: Einblicke in die Ideengeschichte und ihre Bedeutung für die Pädagogik. 2. Auflage. Braunschweig: Vieweg.
Wittmann, E. Ch. (1981). Grundfragen des Mathematikunterrichts. Braunschweig/Wiesbaden: Vieweg.
Wittmann, E. Ch. (1985). Objekte – Operationen – Wirkungen: Das operative Prinzip in der Mathematikdidaktik. In: mathematik lehren (11), 7–11.
Wittmann, E. Ch. (1992). Üben im Lernprozeß. In: E. Ch. Wittmann & G. N. Müller (Hrsg.), Handbuch produktiver Rechenübungen, Band 2: Vom halbschriftlichen zum schriftlichen Rechnen, 175–182. Stuttgart: Klett.
Wittmann, E. Ch. (1995). Unterrichtsdesign und empirische Forschung. In: K. P. Müller (Hrsg.), Beiträge zum Mathematikunterricht, 528–531. Hildesheim: Franzbecker.
Wittmann, E. Ch. & Müller, G. N. (1990). Handbuch produktiver Rechenübungen. Bd. 1. Vom Einspluseins zum Einmaleins. Stuttgart: Klett.
Zech, F. (1996). Grundkurs Mathematikdidaktik. 8. Auflage. Weinheim/Basel: Beltz.

Marianne Grassmann & Gesa Ramm

Allgemeine mathematische Kompetenzen, Leitideen und Standards

Im vorliegenden Kapitel steht die Konzeption der Bildungsstandards im Mittelpunkt. Nachdem Ausgangspunkte und Wurzeln der Bildungsstandards in der jüngeren Geschichte kurz betrachtet werden, wird näher auf das Anliegen der Bildungsstandards eingegangen. Es wird herausgearbeitet, dass es nicht um eine Normierung von Lehr-Lernprozessen geht, sondern dass normative Erwartungen an zu vermittelnde Kompetenzen formuliert werden. Es werden die einzelnen Bestandteile – inhaltliche Leitideen und allgemeine mathematische Kompetenzen – charakterisiert, wobei die allgemeinen Kompetenzen Schwerpunkt sind. Die Anforderungen an den Primarbereich und an den Hauptschulabschluss bzw. Mittleren Schulabschluss werden aufgeführt und im Ergebnis eines Vergleichs deutlich gemacht, dass die Kompetenzentwicklung über den gesamten Mathematikunterricht vom ersten Schultag an zu betrachten ist, dass ein Denken in Schulformen nicht angebracht ist. Als letzter Baustein des Konzepts der Bildungsstandards werden die Anforderungsbereiche für Aufgaben dargestellt und alle drei Aspekte zu einem Gesamtmodell zusammengefasst. Abschließend wird kurz diskutiert, wie die Standards in der Schul- und Unterrichtsarbeit zu berücksichtigen sind und einige Kritikpunkte angedeutet.

1 Konzept der Bildungsstandards

Diskussionen um die Ziele des Mathematikunterrichts, die Frage, was ist mathematische Grund- bzw. Allgemeinbildung, sind nicht neu, werden seit den 1990er-Jahren bedingt durch Ergebnisse internationaler Vergleichsuntersuchungen aber verstärkt auch öffentlich geführt (vgl. Katja Eilerts & Hans-Dieter Rinkens in diesem Band S. 7 ff.). Köller verweist im Band 1 der Reihe *Basiswissen Lehrerbildung (Schule und Unterricht, Lehren und Lernen)* in diesem Zusammenhang auf beinahe panische Reaktionen auf veröffentlichte *TIMSS*-Befunde (vgl. Köller 2016, S. 189).

Ein Ergebnis dieser Diskussionen an der Schnittstelle zwischen Wissenschaft und Politik sind die ab 2004 veröffentlichten Bildungsstandards der Kultusministerkonferenz (KMK 2003). Bevor ausführlicher auf Entstehung und Wurzeln eingegangen wird, muss festgehalten werden, dass es sich bei Bildungsstandards um normative Zielgrößen handelt, die zwischen Politik, Wissenschaft und Schulpraxis ausgehandelt werden. An ihre Einführung ist die Erwartung geknüpft, dass sie zur Qualitätsentwicklung und Qualitätssicherung im Unterricht beitragen (vgl. Köller 2016, S. 198).

Ausgangspunkt der Formulierung der Bildungsstandards sind die Ergebnisse internationaler Vergleichsstudien, an denen Deutschland seit *TIMSS* 1995 (vgl. Baumert et al. 1997) wieder regelmäßig teilnimmt. Für den Mathematikunterricht war z. B. festzustellen, dass es eine sehr kleine Spitzengruppe und eine große Risikogruppe gab, dass Schwächen im Anwenden, Erkennen und Nutzen von Zusammenhängen sowie Begründen festzustellen waren. Ausführlich ist das nachzulesen im ersten Band der Reihe *Basiswissen Lehrerbildung* (Köller 2016, S. 189 ff.). Immer wieder wird für Deutschland der Befund bestätigt, dass es einen engen Zusammenhang zwischen der Kompetenzentwicklung der Kinder und ihrer sozialen Herkunft gibt. Die Ergebnisse von *TIMSS* 1997 haben die Politik, die Wissenschaft und die breite Öffentlichkeit alarmiert und ein erstes Resultat waren die mit Beschluss der *KMK* vom 4. Dezember 2003 verabschiedeten Bildungsstandards für den Hauptschulabschluss bzw. Mittleren Schulabschluss in den Fächern Deutsch und Mathematik. Im Jahre 2004 wurden dann die Standards für den Primarbereich ebenfalls für die Fächer Deutsch und Mathematik beschlossen. Verbindlich eingeführt wurden sie zum Schuljahr 2004/05 bzw. zum Schuljahr 2005/06. Damit wurden erste Schritte zu einer kontinuierlichen Weiterentwicklung des Unterrichts getan, deren Umsetzung in der Zwischenzeit u. a. durch Vergleichsarbeiten und den *IQB-Ländervergleich* regelmäßig evaluiert wird (vgl. Köller 2016); die Orientierungen der Bildungsstandards führten zur Weiterentwicklung von Lehr- bzw. Rahmenplänen, Schulbüchern und anderen Lehrmaterialien.

Sind die Bildungsstandards „vom Himmel gefallen"? Oder können **Wurzeln** identifiziert werden, an die bei der Erarbeitung angeknüpft werden konnte? Heinrich Winter hat bereits in den 1970er-Jahren allgemeine Ziele des Mathematikunterrichts formuliert (vgl. Winter 1975), die sich ganz deutlich in den Bildungsstandards niederschlagen. Winters allgemeine Ziele beziehen sich auf

- die Entwicklung der **Argumentationsfähigkeit,** wobei die in den Bildungsstandards formulierte Kompetenz des Kommunizierens hier enthalten ist, denn Winter geht es um die Fähigkeit, sich mit anderen zu verständigen, aber auch um eine „Vorstufe" des Beweisens. In diesem allgemeinen Lernziel sind vielfältige soziale Aspekte enthalten, denn Argumentieren impliziert Zuhören, Akzeptieren oder begründetes Verwerfen anderer Meinungen ebenso wie den Mut, seine Gedanken zu äußern und zu verteidigen;
- die Entwicklung von **Kreativität,** wozu Winter auch das Suchen nach eigenen Lösungswegen, aber auch die Ausdauer, immer neue Wege auszuprobieren, zählt; in den Bildungsstandards finden sich diese Aspekte beim Problemlösen wieder;
- die Entwicklung der **Fähigkeit zum Mathematisieren**, die sich in den Bildungsstandards im Modellieren widerspiegelt;
- die Entwicklung der **geistigen Grundtechniken** Klassifizieren, Ordnen, Generalisieren und Konkretisieren, Analysieren und Formalisieren, die in den

Bildungsstandards zwar nicht explizit erwähnt werden, aber Grundlage für selbstständiges Mathematiktreiben sind.

Schon in den preußischen Richtlinien von 1925 findet man als allgemeines Lehrziel „[...] Erzielung der Fähigkeit, das Mathematische in Form, Maß, Zahl und Gesetzmäßigkeit an den Gegenständen und Erscheinungen der Umwelt zu erkennen und die gewonnene Erkenntnis selbständig anzuwenden [...]" (Lietzmann 1926). Bei Kühnel (1916) kann man weitere „neue" Anregungen finden.

In den 1970er-Jahren gab es in der DDR Überlegungen zur Funktion des Mathematikunterrichts, zu den allgemeinbildenden Zielen dieses Unterrichts. Härtig (1974) stellte mit seiner Arbeitsgruppe Überlegungen „zur Systematisierung des Inhalts von Mathematiklehrgängen" zur Diskussion, in denen Komponenten mathematischer Allgemeinbildung herausgearbeitet werden. Härtig arbeitete heraus, dass jeder Mathematikunterricht neben Faktenwissen auch auf die Entwicklung allgemeiner Denkweisen, die in der Mathematik eine zentrale Rolle spielen, zielt. Bei diesen Denkweisen findet sich – zur semantischen Denkweise gehörig – das Modellieren. Auch das Kommunizieren und Argumentieren findet sich bereits damals in verschiedenen Aspekten, z. B. in der sprachlich-logischen Schulung, wieder. Neben einer „normierten" mathematischen Ausdrucksweise wurde hier stets auch die Nutzung der Umgangssprache im Mathematikunterricht gefordert. Hervorzuheben ist, dass sowohl bei der sprachlich-logischen Schulung als auch bei anderen allgemeinbildenden Zielen wie Vorstellungskraft, Fantasie und Initiative stets eine kontinuierliche Entwicklung ab Klasse 1 angestrebt wurde. Über den Beitrag der Mathematik zur Allgemeinbildung wurde nach der Veröffentlichung von Heymanns Habilitationsschrift *Allgemeinbildung und Mathematik* verstärkt diskutiert (Heymann 1996). Bei all diesen Diskussionen, die einige Wurzeln der Bildungsstandards deutlich machen, ging es stets um die Frage, was soll Mathematikunterricht leisten, welches sind wesentliche Ziele, die alle Schülerinnen und Schüler erreichen sollen. Eingeschlossen ist dabei immer wieder der Streit zwischen Anwendungs- und Strukturorientierung, den wir bereits in der weiter zurückliegenden Geschichte des Mathematikunterrichts finden können.

2 Was sind Bildungsstandards und wozu dienen sie?

Bildungsstandards beschreiben die fachbezogenen und allgemeinen Kompetenzen, die Schülerinnen und Schüler bis zu einem bestimmten Zeitpunkt, Primarstufe, Hauptschulabschluss (HSA) bzw. Mittlerer Schulabschluss (MSA) erreichen sollen. Es handelt sich um Bildungsziele, die die Fachstruktur widerspiegeln, und um übergreifende Bildungsziele einschließlich von Überzeugungen, Einstellungen und Wertehaltungen; aber was bedeutet das, was ist das Neue gegenüber vormals üblichen Lehr- und Rahmenplänen? Das Wort „Kompetenz" stammt vom lateinischen Wort „competere" ab, was so viel bedeutet wie zusammentreffen, passen, ausreichen, zu etwas fähig sein, aber auch zugleich anstreben und wetteifern: Anforderungen und Kind treffen zusammen, sie passen. Ein Kind ist kompetent, eine bestimmte Tätigkeit auszuführen. Damit wird ein ganz wichtiger Aspekt deutlich, Kompetenzen äußern sich in Tätigkeiten, in Handlungen, in denen Schülerinnen und Schüler Leistungsanforderungen bewältigen. Sie werden erworben, um in unterschiedlichen Situationen wirksam werden zu können. Hier kann ein Rückbezug zu Heymann (1996) hergestellt werden, der die Auffassung vertritt, dass Ergebnisse schulischen Lernens handlungsrelevant, praktisch anwendbar sowie persönlich und gesellschaftlich bedeutsam sein sollen. In Anlehnung an Weinert (2002) werden unter Kompetenzen, die bei Individuen auf der Basis von Kenntnissen verfügbaren oder durch sie erlernbaren kognitiven Fähigkeiten und Fertigkeiten zum Lösen von Problemen und Aufgaben sowie die damit verbundenen motivationalen, affektiven und sozialen Bereitschaften und Fähigkeiten, um die Lösungen in variablen Situationen erfolgreich herbeizuführen und verantwortungsbewusst nutzen zu können, verstanden.

Solide Kenntnisse sind die unverzichtbare Basis des Kompetenzerwerbs, aber allein nicht hinreichend. Kompetenzen können nicht auf Fertigkeiten reduziert werden, sondern sie stehen für vernetztes, anwendbares Wissen, das dem Handelnden als solches bewusst ist, es handelt sich also um intentional verfügbares Handlungswissen.

Bildungsstandards erfassen die allgemeinen Bildungsziele in Form von weit gefächerten Kompetenzanforderungen und sind somit insbesondere auf die Inhalte bezogene Leistungserwartungen, also normativ gesetzte Zielgrößen. Die Bildungsstandards sind einerseits als Instrument der Qualitätsentwicklung von Unterricht gedacht und andererseits Basis für Leistungsüberprüfungen, wie sie in zentralen Abschlussprüfungen oder den jährlichen Vergleichsarbeiten zum Ende der Jahrgangsstufe 3 und 8 erfolgen.

3 Konzeption der Bildungsstandards in Mathematik

Die zentralen Inhalte der Mathematik, die fundamentalen Ideen werden in den Bildungsstandards als Leitideen erfasst:

- Diese sind für die Primarstufe: Muster und Strukturen, Raum und Form, Zahlen und Operationen, Größen und Messen sowie Daten, Häufigkeit und Wahrscheinlichkeit.
- Für den HSA/MSA: Zahl, Messen, Raum und Form, funktionaler Zusammenhang, Daten und Zufall.

Hier sind deutliche Überschneidungen erkennbar, die betonen, dass der Mathematikunterricht als Einheit von Klasse 1 bis Klasse 10 zu betrachten ist, dass der Mathematiklehrgang spiralförmig aufgebaut ist.

Zu den einzelnen inhaltlichen Leitideen, zu den Kompetenzen, die in den jeweiligen Inhaltsbereichen zu erwerben sind, gibt es in den folgenden Kapiteln dieses Bandes ausführliche Darstellungen, sodass hier darauf verzichtet werden kann, näher auf diese einzugehen. Eine Ausnahme bildet die Leitidee „Muster und Strukturen“ des Primarbereiches. In den Bildungsstandards für den Primarbereich findet man folgende Ausdifferenzierung zu dieser Leitidee:

Gesetzmäßigkeiten erkennen, beschreiben und darstellen	▸ strukturierte Zahldarstellungen (z. B. Hunderter-Tafel) verstehen und nutzen, ▸ Gesetzmäßigkeiten in geometrischen und arithmetischen Mustern (z. B. in Zahlenfolgen oder strukturierten Aufgabenfolgen) erkennen, beschreiben und fortsetzen, ▸ arithmetische und geometrische Muster selbst entwickeln, systematisch verändern und beschreiben
funktionale Beziehungen erkennen, beschreiben und darstellen	▸ funktionale Beziehungen in Sachsituationen erkennen, sprachlich beschreiben (z. B. Menge – Preis) und entsprechende Aufgaben lösen, ▸ funktionale Beziehungen in Tabellen darstellen und untersuchen, ▸ einfache Sachaufgaben zur Proportionalität lösen

Abb. 1: Leitidee Muster und Strukturen, KMK Bildungsstandards für den Primarbereich S. 13

Hier werden zwei Dinge deutlich. Zum einen dient dies der Vorbereitung der Leitidee funktionaler Zusammenhang in den HSA/MSA-Standards (2. Punkt) und zum anderen handelt es sich um allgemeine, inhaltsübergreifende Aspekte, die in den einzelnen inhaltlichen Leitideen aufzugreifen sind. Diese „Leitidee“ ist den anderen inhaltlichen Leitideen übergeordnet. Müller und Wittmann sprechen in diesem Zusammenhang von Mustern und Strukturen als fachlichem Grundkonzept des Mathematikunterrichts, als Wesen der Mathematik (Müller & Wittmann 2012).

4 Allgemeine mathematische Kompetenzen

Ein zweiter wesentlicher Bestandteil des Kompetenzmodells sind die allgemeinen mathematischen Kompetenzen, mit denen die oben genannten Wurzeln aufgegriffen werden. In der folgenden Tabelle werden die in den Bildungsstandards zu findenden Ausdifferenzierungen der einzelnen allgemeinen, prozessbezogenen mathematischen Kompetenzen für den Primarbereich und den MSA gegenübergestellt. (Die Beschreibungen der allgemeinen Mathematischen Kompetenzen für den HSA sind mit denen des MSA identisch; lediglich das zu erreichende Niveau unterscheidet sich.)

Allgemeine Kompetenz	**Primarbereich**	**MSA**
Problemlösen bzw. Probleme mathematisch lösen (K2)	▸ mathematische Kenntnisse, Fertigkeiten und Fähigkeiten bei der Bearbeitung problemhaltiger Aufgaben anwenden, ▸ Lösungsstrategien entwickeln und nutzen (z. B. systematisch probieren), ▸ Zusammenhänge erkennen, nutzen und auf ähnliche Sachverhalte übertragen	▸ vorgegebene und selbst formulierte Probleme bearbeiten, ▸ geeignete heuristische Hilfsmittel, Strategien und Prinzipien zum Problemlösen auswählen und anwenden, ▸ Plausibilität der Ergebnisse überprüfen sowie das Finden von Lösungsideen und die Lösungswege reflektieren
Kommunizieren (K6)	▸ eigene Vorgehensweise beschreiben, Lösungswege anderer verstehen und gemeinsam darüber reflektieren, ▸ mathematische Fachbegriffe und -zeichen sachgerecht verwenden, ▸ Aufgaben gemeinsam bearbeiten, dabei Verabredungen treffen und einhalten	▸ Überlegungen, Lösungswege bzw. Ergebnisse dokumentieren, verständlich darstellen und präsentieren, auch unter Nutzung geeigneter Medien, ▸ Fachsprache adressatengerecht anwenden, ▸ Äußerungen von anderen und Texte zu mathematischen Inhalten verstehen und überprüfen
Argumentieren bzw. mathematisch Argumentieren (K1)	▸ mathematische Aussagen hinterfragen und auf Korrektheit prüfen, ▸ mathematische Zusammenhänge erkennen und Vermutungen entwickeln, ▸ Begründungen suchen und nachvollziehen	▸ Fragen stellen, die für die Mathematik charakteristisch sind („Gibt es …?" „Wie verändert sich …?" „Ist das immer so …?") und Vermutungen begründet äußern, ▸ mathematische Argumentationen entwickeln (wie Erläuterungen, Begründungen, Beweise), ▸ Lösungswege beschreiben und begründen
Modellieren bzw. mathematisch Modellieren (K3)	▸ Sachtexten und anderen Darstellungen der Lebenswirklichkeit die relevanten Informationen entnehmen, ▸ Sachprobleme in die Sprache der Mathematik übersetzen, innermathematisch lösen und diese Lösungen auf die Ausgangssituation beziehen, ▸ zu Termen, Gleichungen und bildlichen Darstellungen Sachaufgaben formulieren	▸ den Bereich oder die Situation, die modelliert werden soll, in mathematische Begriffe, Strukturen und Relationen übersetzen, ▸ in dem jeweiligen mathematischen Modell arbeiten, ▸ Ergebnisse in dem entsprechenden Bereich oder der entsprechenden Situation interpretieren und prüfen

Darstellen bzw. mathematische Darstellungen verwenden (K4)	▸ für das Bearbeiten mathematischer Probleme geeignete Darstellungen entwickeln, auswählen und nutzen, ▸ eine Darstellung in eine andere übertragen, ▸ Darstellungen miteinander vergleichen	▸ verschiedene Formen der Darstellung von mathematischen Objekten und Situationen anwenden, interpretieren und unterscheiden, ▸ Beziehungen zwischen Darstellungsformen erkennen, ▸ unterschiedliche Darstellungsformen je nach Situation und Zweck auswählen und zwischen ihnen wechseln
Mit Symbolen, formalen und technischen Elementen der Mathematik umgehen (K5)	▸ Tritt im Primarbereich nicht auf.	▸ mit Variablen, Termen, Gleichungen, Funktionen, Diagrammen, Tabellen arbeiten, ▸ symbolische und formale Sprache in natürliche Sprache übersetzen und umgekehrt, ▸ Lösungs- und Kontrollverfahren ausführen

Abb. 2: Allgemeine mathematische Kompetenzen für den Primarbereich und den MSA, KMK-Bildungsstandards für den MSA S. 8 und KMK-Bildungsstandards für den Primarbereich S. 10

Die Reihenfolge der Aufzählung entspricht der, wie sie in den Bildungsstandards für den Primarbereich zu finden ist (vgl. KMK 2004), in den Klammern finden Sie die Reihenfolge wie sie in den Standards des MSA auftritt (vgl. KMK 2004). Diese Kompetenzen, die die Schülerinnen und Schüler in der Regel am Ende der Primarstufe (Jahrgangsstufe 4) bzw. zum Mittleren Schulabschluss bzw. Hauptschulabschluss erworben haben sollen, können nur an den mathematischen Inhalten, die sich in den in den folgenden Abschnitten dargestellten inhaltlichen Leitlinien niederschlagen, entwickelt werden (s. Abb. 3).

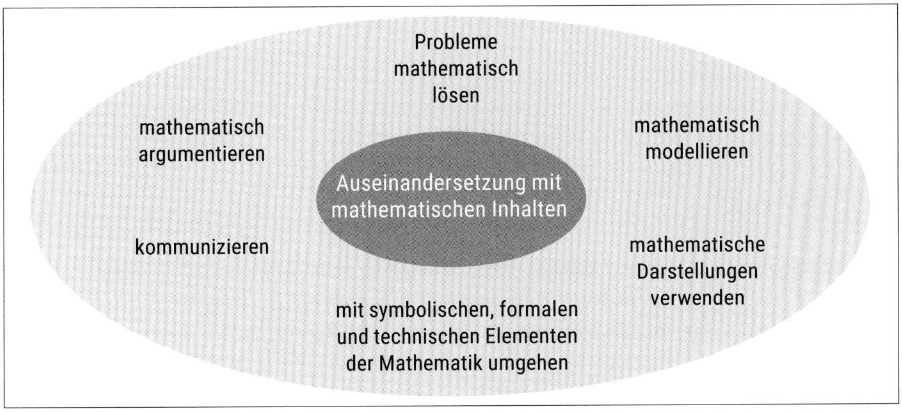

Abb. 3: Allgemeine mathematische Kompetenzen und Leitideen (KMK 2004, S. 7)

Bei der Betrachtung der Formulierungen der Bildungsstandards für die Primarstufe und den MSA können viele Gemeinsamkeiten festgestellt werden, es wird aber deutlich, dass erwartungsgemäß die Anforderungen steigen. So wird beim Argumentieren im Primarbereich vom Suchen nach Begründungen („Wie können diese aussehen?“) gesprochen, während beim MSA von Beweisen die Rede ist. Insgesamt wird aber die angestrebte Kontinuität deutlich, die Entwicklung allgemeiner mathematischer Kompetenzen muss am ersten Schultag der ersten Jahrgangsstufe beginnen. Das trifft ebenso auf die in der Tabelle letztgenannte allgemeine mathematische Kompetenz zu; auch wenn sie für den Primarbereich nicht explizit aufgeführt wird, werden vielfältige Vorbereitungen zur Entwicklung dieser Kompetenz im Primarbereich geleistet. Tabellen und Diagramme werden im Rahmen der Leitidee „Daten, Häufigkeit und Wahrscheinlichkeit“ ausführlich behandelt, Gleichungen werden (inhaltlich) gelöst („Welche Zahl muss zu 7 addiert werden, damit ich 16 erhalte?“), Variablen werden verwendet, auch wenn sie in der Regel nicht durch Buchstaben angegeben werden. („Welche Zahlen können eingesetzt werden? $24 + \square < 51$“).

Zur Illustration sei hier ein Beispiel für eine „kompetenzorientierte Aufgabenstellung“ dargestellt: Überlegen Sie, welche allgemeinen mathematischen Kompetenzen im Rahmen des folgenden Aufgabenfeldes gefördert werden können!

B

Beispiel – ein Problemfeld für Primar- und Sekundarbereich

Summen aufeinanderfolgender Zahlen (Reihenfolgezahlen, Treppenzahlen)

Zum Anfang eine „kleine" Aufgabenstellung:
Wähle dir drei beliebige aufeinanderfolgende Zahlen und bilde die Summe. Kann man diese Summe durch 3 teilen?
Zwei Antworten von **Grundschulkindern:**
Ein Kind notierte: „Ja. Man kann alle teilen."
Dies wurde folgendermaßen illustriert:

1 + 2 + 3 = 6
=
2 + 2 + 2 = 6

Ein anderes: „Egal, welche Zahlen es sind, es sind alle durch 3 teilbar."

Hier wurden nur Beispiele betrachtet. Es gab aber auch Kinder, die die Zahlen mit Plättchen gelegt haben und damit eine anschauliche Begründung geliefert haben.

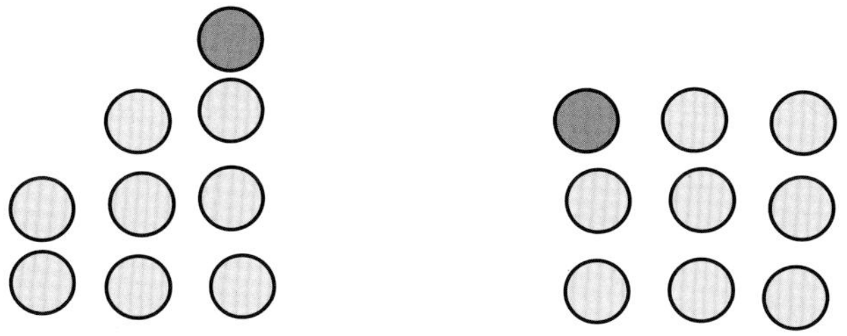

„Den obersten Punkt in der letzten Reihe kann man immer umlegen, dann hat man immer drei gleich hohe Reihen."
Mit konkreten Zahlen kann das symbolisch auch geschrieben werden als: $2+3+4= (2+1) + 3 + (4-1) = 3 \cdot 3 = 9$
Auch in der Sekundarstufe sind derartige Lösungen möglich, hier kann aber mit Blick auf die Variablenverwendung ein „allgemeiner Beweis" erfolgen: Sei n eine beliebige natürliche Zahl, so gilt: $n + (n+1) + (n+2) = 3n + 3 = 3\,(n+1)$ und diese Zahl ist als Vielfaches von 3 durch 3 teilbar. Zum Problemfeld „Reihenfolge- oder Treppenzahlen" sind weitere Aufgabenstellungen denkbar.
Welche Zahlen können als Summen von Reihenfolgezahlen geschrieben werden?
Unten sind Beispiellösungen von Grundschulkindern dargestellt, die die Aufgabe hatten, alle Summen von Reihenfolgezahlen zu finden, die kleiner gleich 25 (bzw. 30) sind. Welche Problemlösestrategien können Sie identifizieren?

Zu diesem Problemkreis haben Grundschulkinder folgende konkrete Aufgabenstellung bearbeitet:
Findet alle Summen von Reihenfolgezahlen, die kleiner oder gleich 25 sind.

Welche Lösungsstrategien erwarten Sie? Wie kann begründet werden, dass wirklich alle möglichen als Summe von Reihenfolgezahlen darstellbaren Zahlen kleiner oder gleich 25 gefunden wurden?[1]
Zunächst gab es Kinder, die die Summen nach der Anzahl der Summanden sortierten. Meist wurde mit Summen von zwei Zahlen und dabei mit der kleinsten Summe begonnen.
Also: 1+2= 3; 2+3=5; 3+4=7; 4+5=9; 5+6=11; 6+7=13; 7+8=15; 8+9=17; 9+10=19; 10+11=21; 11+12=23; 12+13=25 – weitere Summen von zwei aufeinanderfolgenden Zahlen, die kleiner oder gleich 25 sind, kann es nicht geben. Es gab Kinder, die zum Notieren der gefundenen Summen Tabellen anfertigten, wobei diese nach und nach nach rechts erweitert wurde.

1 Da die Kopien der Kinderlösungen sehr schlecht sind, werden die beobachteten Lösungsstrategien verbal beschrieben.

Mit zwei Zahlen	Mit drei Zahlen	Mit vier Zahlen	Mit fünf Zahlen	Mit sechs Zahlen
1+2 =3	1+2+3=6	1+2+3+4=10	1+2+3+4+5=15	1+2+3+4+5+6=21
2+3=5	2+3+4=9	2+3+4+5=14	2+3+4+5+6=20	
3+4=7	3+4+5=12	3+4+5+6=18		
4+5=9	4+5+6=15	4+5+6+7=22		
5+6=11	5+6+7=18			
...	6+7+8=21			
11+12=23				
12+13=25				

Es gab auch Kinder, die die gleiche Strategie verfolgten, ihre Lösungen aber nicht in einer Tabelle notierten.

Eine andere, interessante Strategie verfolgten Kinder, die zunächst alle möglichen Summen notierten, die mit dem Summanden 1 begannen, dann wurde die 1 weggelassen und es folgten alle Summen, die mit dem Summanden 2 begannen. Wobei in der Regel zunächst die größte Summe dargestellt wurde und dann jeweils der letzte Summand weggelassen wurde. Es entstand auf diese Weise z. B. folgende Aufgabenfolge:

1+2+3+4+5+6+=21

1+2+3+4+5=15

1+2+3+4=10

1+2+3=6

1+2=3

2+3+4+5+6=20

2+3+4+5= 14

2+3+4= 9

2+3=5

3+4+5+6+7= 25

hier wurde ein weiterer Summand (7) hinzugefügt, offensichtlich wurde dies getan, nachdem im Kopf ermittelt wurde, dass dies möglich war, die 7 wurde nachträglich „hineingequetscht". Die 7 trat bei den folgenden Aufgaben weiter auf.

3+4+5+6= 18

3+4+5= 12

3+4=7

4+5+6+7=22

4+5+6= 15

4+5=9

5+6+7=18

5+6= 11

6+7+8=21	Hier kann eine weitere Zahl – 8 – hinzugefügt werden.
6+7=13	
7+8+9=24	Hier kann wieder eine Zahl hinzugefügt werden, ohne die Grenze 25 zu überschreiten.
7+8=15	
8+9=17	
9+10=19	
10+11=21	
11+12=23	
12+13=25	

Bei beiden Strategien können sich die Kinder sicher sein, dass sie wirklich alle Lösungen gefunden haben, was sie im Gespräch auch zum Ausdruck brachten.
Im Anschluss an diese Lösungen können weitere interessante Fragen gestellt werden, z. B. für welche Zahlen finden wir mehr als eine Zerlegung in Reihenfolgezahlen, für welche Zahlen finden wir keine Zerlegung in Summen von Reihenfolgezahlen, für welche Zahlen gibt es immer eine solche Zerlegung?

(Zu dieser Aufgabenstellung finden Sie weitere Ausführungen z. B. bei Schwätzer & Selter und bei Heinze.)

Diese Lösungen werden sicher nicht von allen Kindern erreicht, machen aber deutlich, dass Grundschulkinder herausgefordert werden können und müssen, dass im Primarbereich ganz wesentliche Grundlagen für die Entwicklung mathematischer Kompetenzen gelegt werden. Der Austausch über die Lösungen, über das, was die Kinder beim Bearbeiten der Aufgabe herausgefunden haben, ist ein nicht zu vernachlässigender Bestandteil eines kompetenzorientierten Unterrichts. So werden Kommunikation und Argumentation entwickelt und allen Kindern neue Einsichten ermöglicht.

Kompetenzen werden durch die Bearbeitung geeigneter Aufgaben entwickelt. Aufgaben stellen an ihre Bearbeiterinnen und Bearbeiter ganz unterschiedliche Anforderungen, die zum einen durch den mathematischen Inhalt und die Struktur bestimmt werden, zum anderen aber ganz entscheidend von den individuellen Voraussetzungen der Lernenden abhängig sind. In Bezug auf Aufgaben wurden in den Bildungsstandards zunächst gleichermaßen für Primarbereich und den HSA/MSA drei Anforderungsbereiche formuliert, die von den mathematischen Inhalten ausgehen (s. Abb. 4).

Anforderungsbereich „Reproduzieren" (AB I) Dieser Anforderungsbereich umfasst die Wiedergabe und direkte Anwendung von grundlegenden Begriffen, Sätzen und Verfahren in einem abgegrenzten Gebiet und einem wiederholten Zusammenhang.
Anforderungsbereich „Zusammenhänge herstellen" (AB II) Dieser Anforderungsbereich umfasst das Bearbeiten bekannter Sachverhalte, indem Kenntnisse, Fertigkeiten und Fähigkeiten verknüpft werden, die in der Auseinandersetzung mit Mathematik auf verschiedenen Gebieten erworben wurden.
Anforderungsbereich „Verallgemeinern und Reflektieren" (AB III) Dieser Anforderungsbereich umfasst das Bearbeiten komplexer Gegebenheiten u.a. mit dem Ziel, zu eigenen Problemformulierungen, Lösungen, Begründungen, Folgerungen, Interpretationen oder Wertungen zu kommen.

Abb. 4: Anforderungsbereiche für Primarbereich und den HSA/MSA (vgl. KMK 2004, S. 13)

Die knapperen Formulierungen der Anforderungsbereiche für den Primarbereich sind in diesen Formulierungen für den HSA/MSA aufgehoben (vgl. KMK 2005, S. 13).

Zu diesen Anforderungsbereichen sind einige Bemerkungen unerlässlich. Die Anforderungsbereiche beschreiben die kognitiven Anforderungen an Schülerinnen und Schüler bei der Bearbeitung von Aufgaben, resultieren aber nicht aus empirisch validierten Testverfahren. Diese drei Anforderungsbereiche sollen auch nicht steigende Schwierigkeitsgrade widerspiegeln, auch wenn viele leichtere Aufgaben dem Bereich „Reproduzieren" zugeordnet werden können. Die Anforderungsbereiche hatten vorläufigen Charakter (vgl. KMK 2005b, S.17) und sind inzwischen durch die Beschreibung der Kompetenzstufen abgelöst worden, die unter Federführung des *IQB* in der Zwischenzeit entwickelt wurden. Im nächsten Abschnitt wird darauf eingegangen. Die Anforderungsbereiche boten eine Orientierung bei der Entwicklung von Aufgaben, um eine Eindimendsionalität der Anforderungen zu vermeiden und somit eine anspruchsvolle Aufgabenkultur zu entwickeln (vgl. Roppelt & Reiss 2012, S. 41, Walter et al. 2008; Grassmann et al. 2014).

5 Standards und Anforderungsbereiche – das Kompetenzmodell der Bildungsstandards und das Kompetenzmodell des IQB

Als zusammenfassendes Modell für Leitideen, allgemeine Kompetenzen und Anforderungsbereiche kann man sich einen Kompetenzquader vorstellen, der aus vielen kleinen Würfeln besteht und auf dessen drei Achsen die inhaltlichen Leitideen, die allgemeinen mathematischen Kompetenzen und die Anforderungsbereiche für Aufgaben abgetragen sind (s. Abb. 5; vgl. Grassmann et al. 2014, S. 20).

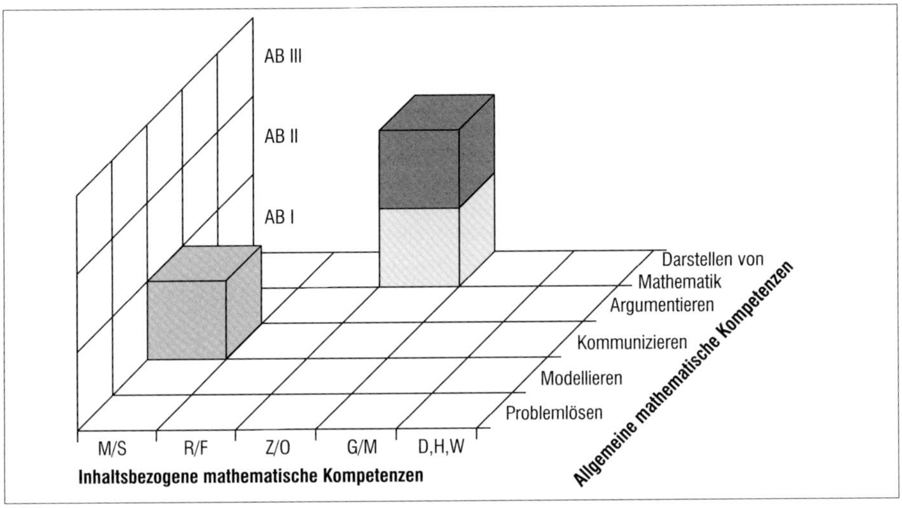

Abb. 5: Anforderungsbereiche, Leitideen und allgemeine mathematische Kompetenzen

Im Unterricht eingesetzte Aufgaben sollten im Sinne einer anspruchsvollen und anregenden Aufgabenkultur eben nicht nur aus den Würfeln in der untersten Schicht stammen. Anzumerken ist noch, dass ein und dieselbe Aufgabe im Verlauf der Lernbiografie der Kinder in unterschiedliche Würfel eingeordnet werden kann. Z. B. ist die „einfache" Aufgabe, „Der Fahrstuhl im Hochhaus fasst 6 Personen. Die 23 Kinder der Klasse 1a, ihre Lehrerin und zwei Väter wollen auf die Aufsichtsplattform fahren. Wie oft muss der Fahrstuhl hochfahren, bis alle oben sind?", eine Aufgabe, die für Schülerinnen und Schüler zu Beginn der Klasse 2 eine Problemaufgabe aus dem Bereich „Zahlen und Rechenoperationen" ist, die dem Anforderungsbereich 2 entspricht. Zu Beginn der Klasse 3 sollte diese Aufgabe eine Routineaufgabe sein, wenn die Division Unterrichtsgegenstand war.

Die Bildungsstandards sollen der Schul- und Unterrichtsentwicklung dienen, sie formulieren Anforderungen an das erwünschte Ergebnis des Lernens in der Schule. Standards setzen normative Erwartungen, standardisieren aber nicht schulische Lehr-Lernprozesse, die von vielfältigen Bedingungen abhängig sind. Die *KMK* hat immer wieder betont, dass es sich bei den zunächst formulierten Standards um Regelstandards handelt, also um Lernergebnisse, die in der Regel zum jeweiligen Zeitpunkt erreicht werden sollen. Wünschenswerte Mindeststandards sollten in einem längeren Prozess der Arbeit mit den Bildungsstandards angestrebt werden (vgl. KMK 2005b S. 14). Dazu sollten die Standards zunächst validiert werden unter Einbeziehung der Wissenschaften und der pädagogischen Praxis. Die entwickelten Kompetenzstufenmodelle für die Primarstufe und den ESA/MSA wurden dementsprechend im Zusammenhang mit den Ländervergleichen in Mathematik überarbeitet, sodass inzwischen Kompetenzstufenmodelle vorliegen, die Mindeststandards, Regelstandards und Optimalstandards ausweisen.

Um das Erreichen der sechs Kompetenzen bei verschiedenen Leitideen und auf der Basis unterschiedlicher Anforderungsbereiche einzuschätzen, entwickelten erfahrene Lehrkräfte Testaufgaben, die alle Dimensionen und Schwierigkeitsgrade abdecken. Die Aufgaben werden von Fachdidaktikerinnen und Fachdidaktikern durchgesehen und auf der Basis einer Erprobung nach wissenschaftlichen Gütekriterien geprüft, bevor sie anhand der Bearbeitung durch repräsentative nationale Schülerstichproben normiert werden. Dabei wird der Maßstab festgelegt, indem der Mittelwert für Schülerinnen und Schüler bei 500 Punkten verankert wird. Auf dieser Grundlage wurden vom *Institut für Qualitätsentwicklung im Bildungswesen* jeweils empirisch fundierte Kompetenzstufenmodelle als Globalmodelle der Mathematik erstellt, die es ermöglichen eine Beurteilung von erreichten Standards für Schülerinnen und Schüler vorzunehmen. Anhand von festgelegten Kriterien sind in dem Modell Mindeststandards, Regelstandards und Optimalstandards definiert (KMK, Universität Kassel & IQB 2008, 2011). Da die Kompetenzstufenmodelle für den Hauptschulabschluss und Mittleren Abschluss im Hinblick auf die inhaltlichen Beschreibungen deckungsgleich sind, die Anforderungen sich lediglich in dem zu erreichenden Niveau unterscheiden, wurde ein integriertes Modell für beide Abschlüsse entwickelt (Abb. 7).

Die Kompetenzstufenmodelle für den Primarbereich und den Hauptschulabschluss bzw. Mittleren Abschluss umfassen jeweils fünf Stufen (vgl. Abb. 6 und Abb. 7). Die Stufe 5 beschreibt dabei den Optimalstandard und die Stufe 2 den Mindeststandard im Primarbereich bzw. für den Mittleren Abschluss. Da die Stufen für den HSA verschoben sind, beschreibt, die Stufe 2 im Modell für den HSA den Regelstandard.

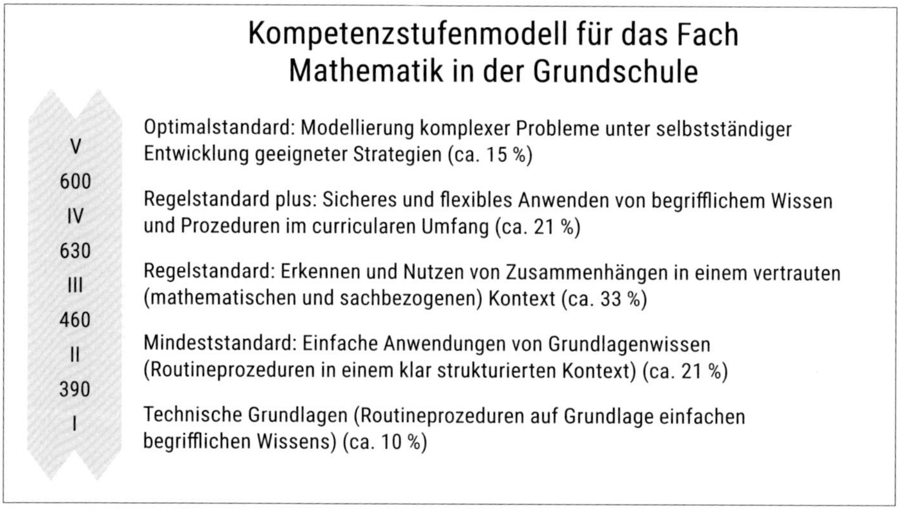

Abb. 6: Kompetenzstufenmodell Mathematik Grundschule (nach KMK, IQB, 2013)

Kompetenzstufen	Punktwerte	Standards Mittlerer Schulabschluss	Standards Hauptschulabschluss
V	675 und darüber	Optimalstandard	
IV	595 bis 674	Regelstandard plus	Optimalstandard
III	515 bis 594	Regelstandard	Regelstandard plus
II	435 bis 514	Mindeststandard	Regelstandard
I.b	355 bis 434		Mindeststandard
I.a	unter 355		

Abb. 7: Kompetenzstufenmodell Mathematik Hauptschulabschluss/Mittlerer Abschluss (aus KMK, IQB, 2013b)

Wenn Bildungsstandards der Entwicklung von Schule und Unterricht dienen sollen, reicht die Formulierung nicht aus, sie müssen den Schul- und Unterrichtsalltag erreichen. Dies gelingt vor allem über die Aufgaben. Welche Chancen eröffnen die Bildungsstandards für die Arbeit in der Schule?

Lehrerinnen und Lehrern können sie als Grundlage für die Analyse, Planung und Evaluation ihrer Unterrichtsarbeit dienen – was berücksichtige ich bereits in meinem Unterricht, was muss ich stärker beachten, welche Potenzen hat der jeweilige Unterrichtsstoff, um die Entwicklung allgemeiner mathematischer Kompetenzen zu fördern? (Hierzu gibt es in den folgenden Abschnitten konkrete Beispiele).

Sie können Ausgangspunkt für die Entwicklung einer anforderungsbezogenen Aufgabenkultur sein, die von den Fachkollegien gemeinsam in Angriff genommen werden sollte – Einzelkämpfer können schnell überfordert werden.

Literaturverzeichnis

Baumert, J., Lehmann, R., Lehrke, M., Schmitz, B., Clausen, M., Hosenfeld, I., Köller, O. & Neubrand, J. (1997). TIMSS – Mathematisch-naturwissenschaftlicher Unterricht im internationalen Vergleich. Opladen: Leske+Budrich.

Blum, W., Düke-Noe, Ch., Hartung, R. & Köller, O. (2008). Bildungsstandards Mathematik: konkret, Sekundarstufe I. Cornelsen: Berlin.

Grassmann, M., Eichler, K.-P., Mirwald, E. & Nitsch, B. (2014) Mathematikunterricht. Band 5 der Reihe „Kompetent im Unterricht der Grundschule“ herausgegeben von A. Kaiser und S. Miller, Hohengehren: Schneider.

Härtig, K. (1974). Zur Systematisierung des Inhalts von Mathematiklehrgängen. In: Wissenschaftliche Zeitschrift der Humboldt-Universität zu Berlin, Mathematik – Naturwissenschaftliche Reihe Heft 5, 459–546.

Heinze, A. (2005). Lösungsverhalten mathematisch begabter Grundschulkinder. Münster: Lit.

Heymann, H. W. (1996). Allgemeinbildung und Mathematik. Studien zur Schulpädagogik und Didaktik Band 13, Weinheim/Basel: Beltz.

KMK (Kultusministerkonferenz) (2003). Vereinbarung über Bildungsstandards für den mittleren Schulabschluss (Jahrgangsstufe 10). (http://www.kmk.org/fileadmin/veroeffentlichungen_beschluesse/2003/2003_12_04-Bildungsstandards-Mittleren-SA.pdf, letzter Zugriff: 20.09.2016)

KMK (2004). Bildungsstandards im Fach Mathematik für den Mittleren Schulabschluss, Beschluss vom 04.12.2003. München: Luchterhand, Wolters, Kluwer.

KMK (2005a). Bildungsstandards im Fach Mathematik für den Primarbereich, Beschluss vom 15.10.2004. München: Luchterhand, Wolters, Kluwer.
KMK (2005b). Bildungsstandards der Kultusministerkonferenz – Erläuterungen zur Konzeption und zur Entstehung. München: Luchterhand, Wolters, Kluwer.
KMK, IQB (2013). Kompetenzstufenmodell zu den Bildungsstandards im Fach Mathematik für den Primarbereich (Jahrgangsstufe 4). (https://www.iqb.hu-berlin.de/bista/ksm, letzter Zugriff: 18.07.2016)
KMK, IQB (2013b). Kompetenzstufenmodell zu den Bildungsstandards im Fach Mathematik für den Hauptschulabschluss und den Mittleren Schulabschluss im Fach Mathematik. (https://www.iqb.hu-berlin.de/bista/ksm, letzter Zugriff: 18.07.2016)
Köller, O. (2016). Schulleistungsuntersuchungen und Bildungsmonitoring. In: J. Möller, M. Köller & Th. Riecke-Baulecke (Hrsg.), Basiswissen Lehrerbildung: Schule und Unterricht Lehren und Lernen, 189 – 205. Seelze: Kallmeyer.
Kühnel, J. (1916). Neubau des Rechenunterrichts. Leipzig: Klinkhardt.
Lietzmann, W. (1926). Methodik des mathematischen Unterrichts I. Teil: Allgemeine Methode und Technik des Unterrichts. Leipzig: Quelle & Meyer.
Müller, G. & Wittmann, E. Ch. (2012). Muster und Strukturen als fachliches Grundkonzept. In: G. Walther, M. van Heuvel-Panhuizen, D. Granzer & O. Köller (Hrsg.), Bildungsstandards für die Grundschule. Mathematik konkret, 42 – 65. Berlin: Cornelsen.
Reiss, K. & Winkelmann, H. (2009). Kompetenzstufenmodelle für das Fach Mathematik im Primarbereich. In: D. Granzer, O. Köller, A. Bremerich-Voss, M. van Heuvel-Panhuizen, K. Reiss & G. Walther (Hrsg.), Bildungsstandards Deutsch und Mathematik. Leistungsmessung in der Grundschule, 120 –141. Weinheim, Basel: Beltz
Roppelt, A. & Reiss, K. (2012). Beschreibung der im Fach Mathematik untersuchten Kompetenzen. In: P. Stanat, H. A. Pant, K. Böhme & D. Richter (Hrsg.), Kompetenzen von Schülerinnen und Schülern am Ende der vierten Jahrgangsstufe in den Fächern Deutsch und Mathematik. Ergebnisse des IQB-Ländervergleichs 2011, 34 – 48. Münster: Waxmann.
Schipper, W. (2005). Rücksicht auf die Bildungsstandards im Fach Mathematik – Jahrgangsstufe 4. In: J. Engel, R. Vogel & S. Wesselowski (Hrsg.), Strukturieren – Modellieren – Kommunizieren. Leitbilder mathematischer und informatischer Aktivitäten, 351– 360. Hildesheim: Franzbecker.
Schwätzer, U. & Selter, Ch. (1998). Summen von Reihenfolgezahlen – Vorgehensweisen von Viertklässlern bei einer arithmetisch substantiellen Aufgabenstellung. In: Journal für Mathematikdidaktik, 19(2 – 3), 123 – 148.
Walther, G., Selter, Ch. & Neubrand, J. (2008). Die Bildungsstandards Mathematik. In: G. Walther, M. van Heuvel-Panhuizen, D. Granzer & O. Köller (Hrsg.), Bildungsstandards für die Grundschule. Mathematik konkret, 16 – 41. Cornelsen: Berlin.
Walther, G., van Heuvel-Panhuizen, M., Granzer, D. & Köller, O. (2008). Bildungsstandards für die Grundschule: Mathematik konkret. Cornelsen: Berlin.
Weinert, F. E. (2002). Leistungsmessung an Schulen. 2. unveränderte Auflage, Weinheim/Basel: Beltz.
Wiese, I. (2016). Kognitive Anforderungen in geometrischen Aufgaben des vierten Schuljahres – Eine Untersuchung zu den Anforderungsbereichen der Bildungsstandards, Dissertation Universität Koblenz-Landau, Standort Landau.
Winter, H. (1975). Allgemeine Lernziele im Mathematikunterricht? In: Zentralblatt für Didaktik der Mathematik, 106 –116.
Winter, H. (1996). Mathematik und Allgemeinbildung. In: Mitteilungen der DMV, Band 4/Heft 2. De Gruyter, Nr. 61, 37– 46
Wittmann, E. Ch. (2011). Vera & Co. Qualitätsabsenkung durch „Qualitätssicherung". In: Mitteilungen der Gesellschaft für Didaktik der Mathematik Heft I, 11–13.

Jürg Kramer, Christoph Selter & Elke Warmuth

Zahlen, Variable und Operationen

Im vorliegenden Kapitel stellen wir den fachdidaktischen Kern von Arithmetik und Algebra im Kontext der schulischen Bildungskette dar. In den ersten beiden Abschnitten „Zahl- und Operationsvorstellungen entwickeln“ und „Mit Zahlen rechnen“ richten wir unseren Blick auf die natürlichen Zahlen und damit cum grano salis auf die Primarstufe, während die folgenden beiden Abschnitte „Zahlbereiche erweitern“ und „Mit Variablen rechnen“ den Zahlbereichserweiterungen sowie der Algebra und damit im Wesentlichen dem weiterführenden Mathematikunterricht gewidmet sind.

1 Zahl- und Operationsvorstellungen entwickeln

Ein zentrales Ziel des Mathematikunterrichts ist die Entwicklung von Zahl- und Operationsvorstellungen. Darunter ist weit mehr zu verstehen als die Zahlbegriffsentwicklung und das erste Rechnen vor und im arithmetischen Anfangsunterricht. Über die Schuljahre hinweg gilt es kontinuierlich und kumulativ, Zahlen und Operationen mit vielfältigen Bedeutungen zu verknüpfen, die verschiedenen Darstellungsformen miteinander zu vernetzen sowie den vorhandenen Beziehungsreichtum von Zahlen und Operationen für das Weiterlernen zu nutzen.

1.1 Zahlvorstellungen

Als erster wichtiger Baustein der Entwicklung von Zahlvorstellungen ist der Erwerb von **Zahlverständnis** zu nennen – eine aspektreiche, komplexe Fähigkeit, die sich aus verschiedenen Komponenten zusammensetzt, die für weiterführende Lernprozesse bedeutsam sind und im Folgenden dargestellt werden (Wittmann & Müller 2004; Schipper 2009, S. 68 ff.).

Das *ordinale Zahlverständnis* meint, dass Zahlen eine Reihe bilden und stellt dieses mithilfe von linearen Repräsentationen dar (Hunderterkette, Zahlenstrahl ...). Das *kardinale Zahlverständnis* versteht Zahlen als Anzahlen und repräsentiert dieses anfänglich in gruppenweisen, später häufig in flächigen Darstellungen (Punktefeldern, Rechtecksdarstellungen ...). Beim *Stellenwertverständnis* geht es nicht um die Zahlen selbst, sondern um ihre Schreibfiguren (vgl. Krauthausen & Scherer 2007, S. 17). Hierzu gehören die Idee der dezimalen Bündelung sowie die Beherrschung der Stellenwertschreibweise von Zahlen (vgl. Schipper, 2009, S. 119): Die „2“ in der „23“ bedeutet etwas anderes als die „2“ in der „230“; außerdem kann man mit Zehnern genauso rechnen wie mit den Einern (3 Zehner plus 4 Zehner sind 7 Zehner.).

Der Erwerb gesicherter Zahlvorstellungen umfasst zum zweiten die **Fähigkeit zum Darstellungswechsel**. Zahlen können bekanntlich in unterschiedlichen Darstellungsformen repräsentiert werden: durch *Handlungen mit Material, bildliche Darstellungen, Darstellungen in Umgangssprache* sowie durch *symbolische Darstellungen*. Diese sind nicht in streng linearer Folge zu durchlaufen. Natürlich sollen die Lernenden im Verlauf ihres Lernprozesses immer souveräner im Umgang mit den symbolischen Darstellungen werden. Aber sie sollten den Bezug zu den nicht-symbolischen Repräsentationen nicht verlieren. Insofern gilt es im Unterricht, die verschiedenen Darstellungsformen immer wieder wechselseitig zu vernetzen, also es den Lernenden sowohl zu ermöglichen, symbolische Darstellungen auf einer ausreichenden Verständnisgrundlage zu erwerben als auch diese immer wieder durch Anregungen zum Darstellungswechsel lebendig zu halten (Kuhnke 2013).

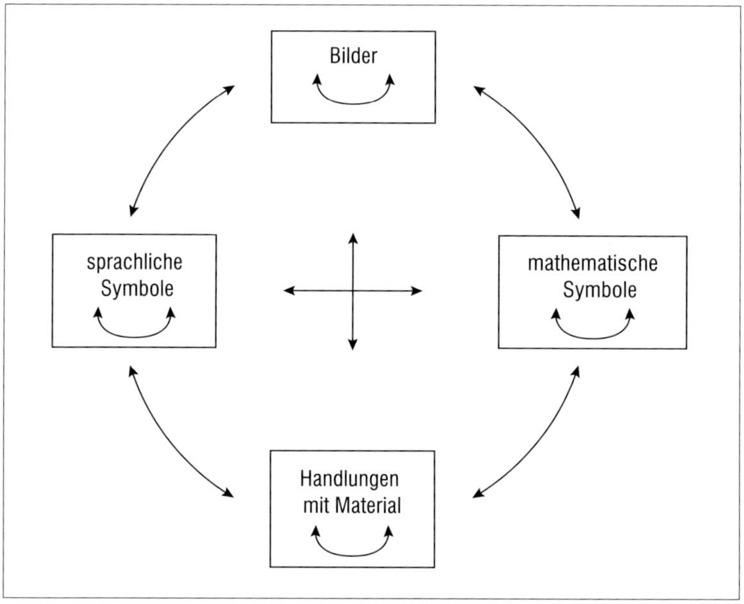

Abb. 1: Darstellungswechsel im Mathematikunterricht (Kuhnke 2013, S. 32)

Als drittes wesentliches Element ist die **Nutzung von Zahlbeziehungen** zu sehen. Die Zahl „8“ beispielsweise ist der Nachfolger der „9“ und der Nachfolger der „7“, das Doppelte der „4“ und die Hälfte von „16“, zwei weniger als „10“ und drei mehr als „5“ usw. Zudem lässt sie sich zerlegen in 4 und 4, in 6 und 2, in 3 und 5 usw. Gerade diese sogenannten Teil-Teil-Ganzes-Zahlbeziehungen (3, 5, 8), also die flexiblen mentalen Zahlvorstellungen, sind für den Unterricht von besonderer Bedeutung (Dornheim 2008, S. 96 ff.; Gaidoschik 2010; Gerster & Schultz 2004, S. 78 ff.; Resnick 1983).

1.2 Operationsvorstellungen

Bei den vier Grundrechenarten kommt es nicht nur darauf an, dass die Schülerinnen und Schüler lernen, diese zunehmend besser zu beherrschen, sondern auch, dass sie zunehmend ausdifferenziertere und sichere Vorstellungen zu den Operationen erwerben.

Hier ist als erstes Element das **Operationsverständnis** zu nennen, also die Fähigkeit, die Bedeutungsvielfalt von Rechenoperationen zu erfassen (Selter et al. 2014): Subtrahieren beispielsweise ist eben nicht nur wegnehmen, sondern auch zurückzählen, weggeben, verlieren, verkürzen, verbrennen, platzen, untertauchen, aufessen etc. pp. Nicht nur diese semantische, sondern auch die strukturelle Vielfalt ist dabei zu beachten. Für die Subtraktion lassen sich hier drei Grundtypen unterscheiden, das Abziehen, das Ergänzen und das Vergleichen (Fromme, Wartha & Benz 2011; Padberg & Benz 2011, S. 115).

Abziehen	**Ergänzen**	**Vergleichen**
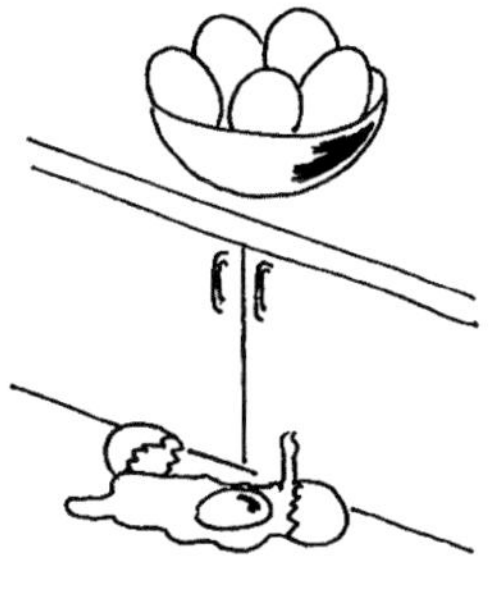		
Torben möchte 6 Eier braten. 1 Ei fällt ihm auf den Boden. Wie viele Eier kann er jetzt noch braten?	Marie hat 8 Puzzleteile zusammengesetzt. Das Bild hat insgesamt 12 Teile. Wie viele Teile fehlen ihr noch?	John hat 9 Fische gefangen. Paula hat 5 Fische gefangen. Wie viele Fische hat John *mehr* gefangen als Paula?

Abb. 2: Grundvorstellungen zur Subtraktion (Quelle: primakom.dzlm.de/352)

Wie bei den Zahl- ist auch bei der Entwicklung von Operationsvorstellungen die **Fähigkeit zum Darstellungswechsel** als zweite wesentliche Komponente zu nennen. Auch nach der Automatisierung der Einmaleinsaufgaben sollten die Lernenden dann beispielsweise in der Lage sein, zu diesem Zahlensatz eine Handlung (nach) zu vollziehen (Legen von 5 mal 4 Plättchen), ein Bild zu deuten oder zu erstellen (5 mal 4 Brötchen) oder eine verbale Darstellung zu interpretieren oder zu erfinden (Paul trinkt jeden Tag 4 Gläser Wasser. Wie viele Gläser Wasser trinkt er in 5 Tagen?). Wichtig bei allen Aktivitäten zum Darstellungswechsel ist es, diese nicht nur durchzuführen, sondern immer auch über diese Aktivitäten zu reflektieren und zu reden (Warum passt das [nicht]? Was ändert sich, wenn ...? etc.).

Als dritte Komponente ist auch hier die **Nutzung von Beziehungen** – hier zwischen Aufgaben – von besonderer Bedeutung für die Entwicklung eines soliden Operationsverständnisses, ohne das sich sichere und flexible Kompetenzen im Rechnen nicht entwickeln können. Grundlegend für die Nutzung der Zahlbeziehungen sind die zentralen Rechengesetze (Kommutativgesetz ($4+3=3+4$), Assoziativgesetz ($8+7=8+2+5$), Distributivgesetz ($13 \cdot 7=10 \cdot 7+3 \cdot 7$) sowie die Konstanzgesetze (etwa: $39+19=40+18$ oder $12 \cdot 25=3 \cdot 100$).

2 Mit Zahlen rechnen

Beim Rechnen mit natürlichen Zahlen wird häufig zwischen dem mündlichen (nur das Ergebnis wird notiert), dem halbschriftlichen (Zwischenrechnungen oder Zwischenresultate werden aufgeschrieben) und dem schriftlichen Rechnen mithilfe der Standardalgorithmen unterschieden (Krauthausen & Scherer 2007, S. 43). Eine andere, auch hier verwendete, Strukturierung differenziert zwischen dem *Schnellen Kopfrechnen,* welches die automatisierten oder die zumindest schnell verfügbaren Elemente des mündlichen Rechnens umfasst, dem *Zahlenrechnen,* welches die strukturell vergleichbaren weiteren Elemente des mündlichen und das halbschriftliche Rechnen beinhaltet, sowie dem *Ziffernrechnen,* welches dem schriftlichen Rechnen entspricht (MSW 2008, S. 58 ff.). Zudem werden in diesem Kapitel die zu dieser Systematik quer liegenden Aspekte des Überschlagsrechnens und des *flexiblen Rechnens* betrachtet. Die Grundaussagen dieses Kapitels lassen sich dabei in drei Worten zusammenfassen: Verständnis, Sicherheit, Flexibilität beim Rechnen.

2.1 Schnelles Kopfrechnen

Schnelles Kopfrechnen (auch Blitzrechnen genannt, vgl. Wittmann & Müller, o. J.) ist ein ökonomisches und mental wenig belastendes Lösungsverfahren, das Kapazitäten nicht nur für die Bearbeitung anspruchsvollerer Aufgaben freihält, sondern auch eine unverzichtbare Grundlage dafür ist, dass die prozessbezogenen Kompetenzen angesprochen werden können. Zudem gilt, dass der Erwerb solcher arithmetischen Basiskompetenzen erfolgreicher und nachhaltiger gelingt, wenn diese beziehungs- und bedeutungsreich behandelt werden (Gaidoschik 2007). Schnelles Kopfrechnen umfasst nicht nur die klassischen Wissenselemente wie die Aufgaben des kleinen Einspluseins oder Einmaleins, sondern beispielsweise auch das schnelle Erfassen von Anzahlen, das Zählen in Schritten oder das Verdoppeln und Halbieren. Nicht zuletzt im Sinne des Spiralprinzips sollte es über die Schuljahre – also auch über die Primarstufe hinweg – kontinuierlich und systematisch in ein Gesamtkonzept des Mathematiklernens integriert werden. Voraussetzung für den Aufbau sicheren und flexiblen Rechnens ist jeweils das Verständnis in die zu erwerbende Fertigkeit, denn ein zu schneller Übergang zur Automatisierung führt in der Regel zu kurzfristigen und vordergründigen „Erfolgen“ (vgl. Krauthausen & Scherer 2007, S. 46). Dem sogeannten *Vier-Phasen-Modell* (Schipper, Wartha & von Schroeders 2011; Wartha & Schulz 2012) folgend, sollte das materialbezogene Denken nach und nach reduziert und das Wissen über Zahlen, Operationen und deren Beziehungen erweitert werden: von konkreten Handlungen an Material über die Beschreibung von Handlungen an zunächst sichtbarem, dann vorzustellendem Material zur Automatisierung mentaler Schemata. Die erforderliche Schulung der Verfügbarkeit und Geläufigkeit sollte also den themenbezogenen Abschluss des Lernprozesses bilden.

2.2 Zahlenrechnen

Zentrale Merkmale des Zahlenrechnens sind das Zerlegen von Aufgaben in leichtere Teilaufgaben, das Rechnen mit Zahlganzheiten statt mit Ziffern und das Ausnutzen von Rechengesetzen für Rechenvorteile (vgl. Wittmann & Müller 1992, S. 20). Einzelne Rechenschritte werden nacheinander ausgeführt, bis am Schluss das Ergebnis ermittelt ist (vgl. Selter 1999, S. 6). Das halbschriftliche Rechnen ist im Wesentlichen durch drei spezifische Charakteristika gekennzeichnet. Die Rechenwege sind im Gegensatz zum Ziffernrechnen erstens nicht normiert; nicht alle wenden dieselbe vorgegebene Vorgehensweise an. Die Notationsweise ist zweitens nicht festgelegt; was genau notiert wird (Rechenwege, Rechenschritte) ist nicht vorgeschrieben. Und welche Lösungsstrategie zum Einsatz gebracht wird, kann drittens zwischen den Kindern differieren, wie auch die folgenden Lösungen zeigen.

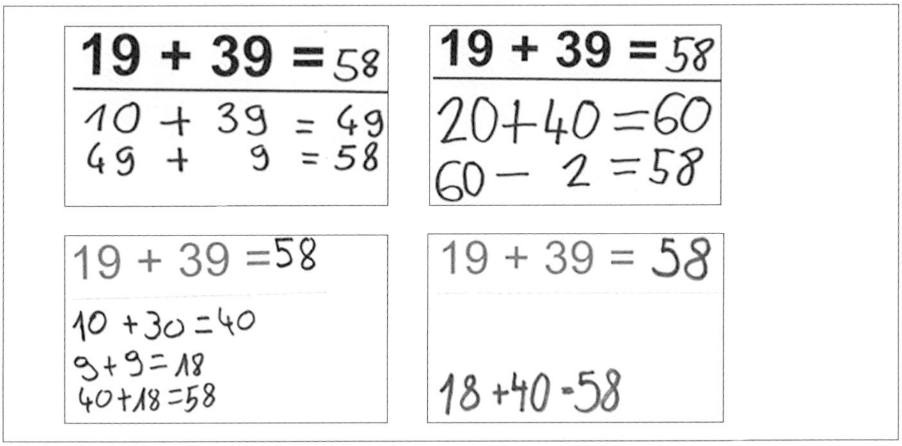

Abb. 3: Unterschiedliche Lösungswege zur Aufgabe „19+39“ (Quelle: http://kira.dzlm.de/061)

Das Zahlenrechnen hat in den letzten gut 20 Jahren unter anderem aus folgenden Gründen an Bedeutung gewonnen (Krauthausen & Scherer 2007, S. 43ff.).

- Die Zahl der Verwendungssituationen der schriftlichen Rechenverfahren ist drastisch zurückgegangen. Dort, wo früher außerhalb der Schule schriftlich gerechnet wurde, kommen heute fast nur noch Computer zum Einsatz.
- Unser Leben ist wie nie zuvor von Zahlen beherrscht. In vielen Alltagssituationen ist es nicht zweckmäßig, weil zu aufwendig, oder nicht machbar, ein ganz genaues Ergebnis zu erhalten. Hier werden Vorgehensweisen des geschickten Rundens oder des geeigneten Schätzens von Zahlwerten benutzt, um überschlagend (im Kopf) zu rechnen.
- Eine Reihe von Untersuchungen (vgl. z. B. Reys & Reys 1986) belegt, dass Kinder und Erwachsene – vor allem im Alltag – Aufgaben häufig auf eigenen Wegen lösen und dabei nicht das in der Schule erlernte Normalverfahren heranziehen.
- Mathematik wird vielfach als Ansammlung von unverstehbaren, geheimnisvollen Regeln gesehen. Das kann auch durch eine starke Ausrichtung auf die schriftlichen Rechenverfahren mit verursacht werden, da diese die Vielfalt, die Eigenständigkeit und die Flexibilität des Denkens auf das Ausführen vorgeschriebener Schritte reduzieren.

2.3 Ziffernrechnen

Ziffernrechnen ist ein anderer Begriff für das Rechnen mithilfe der sogenannten Standardalgorithmen, welche natürlich Konventionen sind – man kann auch anders schriftlich rechnen als mit den allgemein üblichen Verfahren (Krauthausen 1993). Diese werden auch schriftliche Normalverfahren genannt und sind dadurch gekennzeichnet, dass Zahlganzheiten in *Ziffern* zerlegt werden, die dann mithilfe des Einspluseins und des Einmaleins gemäß *genau definierter Regeln* mechanisch zu verknüpfen sind (in der Regel an der Einerstelle beginnend, d. h. von *klein nach groß*). Nach wie vor sollte ihrer verständnisbasierten Behandlung aus guten Gründen im Unterricht eine besondere Rolle zukommen (vgl. Padberg & Benz 2011, S. 219 f.). Denn sie können die Einsicht in das Stellenwertsystem fördern und das Rechnen mit großen Zahlen vereinfachen. Sie sind universell einsetzbar, sie bieten ebenso wie Strategien des halbschriftlichen Rechnens vielfältige Anlässe zum Argumentieren, Analysieren und Vergleichen, sie legen Voraussetzungen für das spätere Rechnen in umfassenderen Zahlbereichen, und Algorithmen bilden eine der zentralen Grundideen der Mathematik. Die schriftlichen Rechenverfahren sollten aber nicht nur – ohne nachzudenken – ausgeführt, sondern auch von den Kindern verstanden werden (KMK 2005, S. 9). Daher sollten sie nach Möglichkeit zu den Strategien des Zahlenrechnens in Verbindung gebracht werden, mit denen die Schülerinnen und Schüler rechnen, wenn die Algorithmen eingeführt werden. Die Abbildung 4 zeigt links die Veranschaulichung der Strategie „Stellenweise Subtraktion mit Eintauschen“ sowie rechts das schriftliche Verfahren des Entbündelns. Im Unterricht wird über Gemeinsamkeiten und Unterschiede gesprochen.

Gewechselt, weggenommen, **verbleibender Rest = Ergebnis**

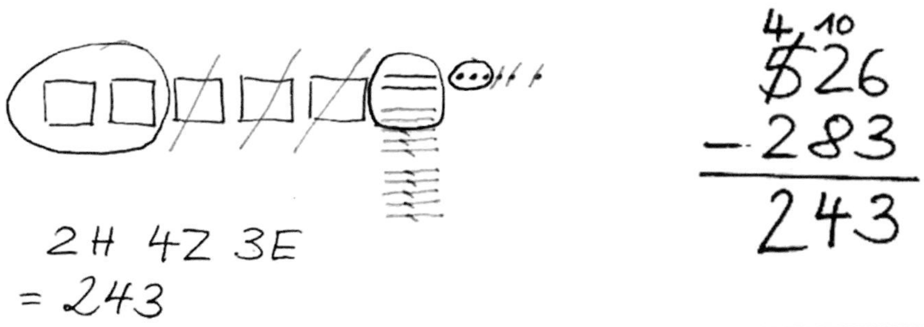

Abb. 4: Halbschriftliche und schriftliche Subtraktion (Quelle: http://pikas.dzlm.de/357)

2.4 Überschlagsrechnen

Das Überschlagsrechnen kann, genau wie das Schätzen und Runden, der „Welt der ungenauen Zahlen“ (vgl. Bönig 2003) zugeordnet werden. Zum einen wird es mit zunehmendem Gebrauch von Taschenrechnern und Computern immer wichtiger, die damit gewonnenen Ergebnisse mit schnellen Größenabschätzungen auf ihre Richtigkeit hin zu überprüfen. Zum anderen sind genaue Rechnungen gar nicht immer nötig, sinnvoll oder gar möglich (van den Heuvel-Panhuizen 2001). So ist Überschlagsrechnen häufig die Rechenmethode, die im Alltag benötigt wird, etwa wenn Angebote beim Einkauf schnell und angemessen verglichen werden müssen. Außerdem ist das Überschlagsrechnen eng verbunden mit dem sogenannten „Zahlensinn“. Auch wenn die Definitionen von Zahlensinn nicht immer einheitlich sind, so kann man allgemein darunter das Wissen über die Beziehung von Zahlen und den kritischen Umgang mit Zahlangaben verstehen (vgl. Lorenz 2005). Gute Fähigkeiten im Überschlagsrechnen sind dabei einerseits Indikator für Zahlensinn (Greeno 1991), zugleich wird ein guter Zahlensinn aber auch als Voraussetzung für das Überschlagsrechnen gesehen (Threadgill-Sowder 1984), sodass man hier von einer wechselseitigen Beziehung ausgehen kann. Das Überschlagsrechnen spielt folglich eine wichtige Rolle für die mathematische Bildung und somit zur Erziehung der Schülerinnen und Schüler zum mündigen Bürger.

Wenn die Schülerinnen und Schüler eine Überschlagsrechnung nicht nur als das „Abspulen der Rundungsregeln“ lernen sollen, ist es wichtig, dass sämtliche Komponenten des Überschlagsrechnens im Unterricht berücksichtigt werden. Dazu gehört im Wesentlichen (vgl. z. B. van den Heuvel-Panhuizen 2001; Hunke 2012; Star et al. 2009):

- das Wissen, wie man überschlägt bzw. wie man die Vereinfachung durchführt;
- das Wissen darüber, welcher Vereinfachungsprozess zu einer leichten Rechnung führt (z. B. Runden oder Abbrechen), denn die Anwendung der konven-

tionellen Rundungsregeln stellt nur eine von vielen Möglichkeiten dar, um eine Aufgabe zu vereinfachen sowie
- das Wissen über Kernideen des Überschlagsrechnens: z. B. Definitionen des Überschlagsrechnens; Auswirkungen des Überschlags (Überschlagsergebnis liegt über/unter genauem Ergebnis).

2.5 Flexibles Rechnen

Unter flexiblem Rechnen versteht man die Fähigkeit zur bewussten oder unbewussten Auswahl oder Entwicklung geeigneter Vorgehensweisen, abhängig von der Aufgabe, dem Individuum und vom soziokulturellen Kontext. Dabei geht der *Strategiewahlansatz* davon aus, dass Strategien als prozedurales Wissen verfügbar sind, sodass beim Lösen einer Aufgabe eine Strategie aus einem vorhandenen Strategierepertoire adaptiv ausgewählt werden kann (vgl. Siegler 1996). Der Strategieemergenzansatz hingegen vermutet, dass Strategien nicht als abrufbares Strategierepertoire im Gedächtnis vorliegen, sondern dass bei jeder Aufgabe auf Basis des konzeptuellen Wissens über Zahlen und Aufgabeneigenschaften ein individueller Rechenweg generiert wird (vgl. Threlfall 2009). Konzeptionelle Aspekte und Merkmale des flexiblen Rechnens sind:
- Aufwertung des Zahlenrechnens, da Zahlbeziehungen, strukturelle Zusammenhänge, Regelhaftigkeiten und Gesetzmäßigkeiten erkannt und genutzt werden können;
- angemessene Vielfalt der Lösungswege beim Zahlenrechnen und Einbeziehung von Mischformen;
- Betonung des geschickten und schätzenden Rechnens: über eine reale Zahl- und Größenvorstellung verfügen, Abschätzen und überschlagen können;
- Schulung der Entscheidungskompetenz bezüglich der Wahl des Rechenweges: Über die Zweckmäßigkeit von Rechenmethoden und Rechenstrategien entscheiden können; schließlich sollten die Schülerinnen und Schüler später weder 7001 – 6999 noch 60.000 : 2 schriftlich rechnen.

Der Mathematikunterricht sollte die Kinder immer wieder zur Reflexion und Kommunikation über Lösungswege und Rechenideen anregen. So wird den Lernenden die Gelegenheit geboten, ihre verschiedenen individuellen Perspektiven darzustellen und zu diskutieren (Rathgeb-Schnierer 2006, S. 44). Die Kinder erhalten somit Einblicke in die unterschiedlichen Lösungswege ihrer Mitschüler und können sich an eleganteren und effizienteren Vorgehensweisen orientieren.

3 Zahlbereiche erweitern

3.1 Motivation und Grundsätzliches

Es gibt außermathematische und innermathematische Gründe, den Bereich der natürlichen Zahlen zu erweitern. Die natürlichen Zahlen reichen zum Beispiel nicht aus, um Temperaturen und Vermögen relativ zu einer Vergleichsmarke (0° C, 0 €) anzugeben, Verteilungsprobleme zu lösen (3 Pizzas gleichmäßig an 4 Kinder verteilen) oder Messungen vorzunehmen, bei denen die zu messende Größe kein ganzzahliges Vielfaches der gewählten festen Vergleichsgröße ist (die Maße eines Fußballtores in der Vergleichsgröße Meter). Innermathematisch stoßen wir beim Lösen von Gleichungen schnell an Grenzen, wenn nur die natürlichen Zahlen zur Verfügung stehen. Vor allem die außermathematischen Anlässe werden in Schullehrbüchern gern genutzt, um die jeweils neuen Zahlen einzuführen. Hier kommt die von Winter (1995, S. 37) geforderte erste Grunderfahrung zum Tragen, die Mathematikunterricht ermöglichen sollte, nämlich „Erscheinungen der Welt um uns, die uns alle angehen oder angehen sollten, aus Natur, Gesellschaft und Kultur, in einer spezifischen Art wahrzunehmen und zu verstehen, […]“.

Nicht nur bei der Einführung, sondern auch bei der Entwicklung des Kalküls ist es geboten, verständnisorientiert vorzugehen. Dabei können außermathematische Bezüge hilfreich sein. Beispielsweise lässt sich die Addition negativer Zahlen mit dem sogenannten Schuldenmodell motivieren. Dies ist eine „konkrete Einkleidung“ (vgl. Walcher & Wittmann 2012, S. 374) des dahinterstehenden mathematischen Programms – des Permanenzprinzips. Es besagt, dass bei der Erweiterung der Zahlbereiche die jeweils bereits geltenden Rechengesetze weiter bestehen bleiben. Manchmal aber gibt es kein geeignetes außermathematisches Modell zur Erklärung. Dann nutzen wir Permanenzreihen, die die mathematischen Muster in den Blick nehmen und eine direkte Verkörperung des Permanenzprinzips darstellen. Ein Beispiel hierfür ist die Vorzeichenregel für die Multiplikation negativer Zahlen. Die Einheit von Verständnis und Kalkül kann am besten gelingen, wenn das Prinzip des aufbauenden fachlichen Lernens nach Wittmann (2014) zugrunde gelegt wird: „Aufbauendes fachliches Lernen heißt nichts anderes als die gewachsenen Strukturen der Mathematik langfristig und stufenübergreifend konsequent zur Geltung zu bringen. Man muss dabei beachten, dass fachliche Strukturen nicht nur Gegenstände sind, die dem Lernen Widerstand entgegensetzen. Sie sind gleichzeitig auch die stärksten Lernhilfen, weil sie das Verständnis fördern. […] Um es an dem obigen Beispiel zu erläutern: Wenn das Einmaleins nicht auf einer fachlichen Grundlage gelernt und gründlich geübt und im Weiteren wach gehalten wird, fehlt weiten Teilen des Mathematikunterrichts der weiterführenden Schulen eine sichere Basis.“

Das Prinzip des aufbauenden fachlichen Lernens steht im besten Einklang mit der zweiten Winterschen Grunderfahrung, die Mathematikunterricht ermöglichen sollte, nämlich „mathematische Gegenstände und Sachverhalte, repräsentiert in Sprache, Symbolen, Bildern und Formeln, als geistige Schöpfungen, als eine deduktiv geordnete Welt eigener Art kennen zu lernen und zu begreifen, [...]“ (Winter 1995, S. 37).

Hefendehl-Hebeker und Schwank (2015, S. 95) ergänzen dies folgendermaßen: „Die historische Entwicklung demonstriert auf eindrückliche Weise, dass Zahlen nicht einfach der Natur oder unaufbereiteten Alltagssituationen entnehmbar sind. Der Umgang mit Zahlen ist eine besondere Leistung der menschlichen Kognition. Soll Kindern der Umgang mit Zahlen einsichtig und verständlich werden, so müssen sie Zahlbegrifflichkeiten erwerben.“

Indem sich Schülerinnen und Schüler immer größere Zahlbereiche begrifflich aneignen, schaffen sie sich *abstrakte* Denkobjekte, lernen, mit ihnen zu operieren *und* damit einen Teil ihrer *realen* Welt zu beschreiben. Wie bei allen Gegenständen des Mathematikunterrichts ist es wichtig, an Vorerfahrungen anzuknüpfen und ausgehend von anschaulichen Objekten behutsam vorzugehen und Gelegenheiten zu geben, dass Lernende schrittweise reichhaltige inhaltliche Vorstellungen aufbauen können, z. B. geometrisch veranschaulicht oder in Beziehung zu außermathematischen Fragen. Eine grundlegende Vorstellung beim Aufbau der Zahlbereiche ist diejenige von der sich schrittweise füllenden Zahlengeraden bis hin zum vorläufigen Höhepunkt, an dem scheinbar keine Lücken mehr vorhanden sind – die rationalen Zahlen liegen ja dicht auf der Zahlengeraden –, aber eine logische Argumentation das Gegenteil beweist.

Zu dem zu entwickelnden *Gefühl für Zahlen* zählt die Fähigkeit, beim Übergang von einem Zahlbereich zu einem größeren die „alten“ Zahlen im „neuen“ Gewande wiederzuerkennen, aber auch vertraute Vorstellungen von Zahlen und Operationen mit ihnen zu modifizieren. Mit den dabei für Lernende auftretenden Hürden haben sich u. a. Hefendehl-Hebeker und Prediger (2006) beschäftigt. Wir thematisieren einige der Probleme bei den jeweiligen Zahlbereichserweiterungen.

3.2 Bruchzahlen

Brüche werden in der Regel in der sechsten, zunehmend aber auch schon in der fünften Klasse in alltagsbezogenen Kontexten als Teile von Ganzen eingeführt. Einfache Brüche wie ½ und ¼ kennen Kinder vielleicht schon aus der Grundschule oder aus dem Alltag. Wenn ein Ganzes in drei gleich große Teile geteilt wird, dann bezeichnet $\frac{1}{3}$ ein dabei erhaltenes Teilstück. Die Vorstellung vom Bruch als Teil eines Ganzen oder mehrerer Ganzer bezeichnet Padberg (2009) als „fundamental für das Verständnis des Bruchzahlbegriffs“. Diese Grundvorstellung wird konkret, anschaulich und experimentell angebahnt und im Verlauf der Bruchrechnung ausgebaut und durch weitere Grundvorstellungen ergänzt.

Die ersten symbolischen Operationen mit Brüchen sind das Erweitern und Kürzen, das durch Verfeinern bzw. Vergröbern der Einteilung einsichtig gemacht wird. Dem entspricht auf hochschulmathematischer Ebene die Äquivalenzklassenbildung. Jede Äquivalenzklasse beschreibt eine Bruchzahl. Brüche sind Repräsentanten von Bruchzahlen. Die von den natürlichen Zahlen her gewohnte Eindeutigkeit der Darstellung (im Stellenwertsystem) geht verloren. Eine Bruchzahl kann durch unendlich viele Brüche dargestellt werden, zu jeder Stelle am Zahlenstrahl gehören unendlich viele Brüche. Mithilfe ihrer Repräsentanten können die Bruchzahlen auf dem Zahlenstrahl veranschaulicht werden. Die kleinere Bruchzahl liegt links von der größeren. Der Bruchzahl $\frac{a}{1}$ wird dieselbe Stelle am Zahlenstrahl zugeordnet wie der natürlichen Zahl a. Auf hochschulmathematischer Ebene wird die Menge der natürlichen Zahlen isomorph in die Menge der Bruchzahlen der Gestalt $\frac{a}{1}$ mit $a \in \mathbb{N}$ eingebettet. Es besteht kein struktureller Unterschied zwischen diesen Mengen. Im Gefolge dessen können wir $\frac{a}{1}$ und a identifizieren. Vertiefend kann am Zahlenstrahl die Dichtheit der Bruchzahlen exemplarisch thematisiert werden, indem man nach Bruchzahlen fragt, die zwischen zwei gegebenen Bruchzahlen liegen bzw. zwischen 0 und einer gegebenen positiven Bruchzahl. Dies kann zu der Erkenntnis fortgeführt werden, dass es keine kleinste positive Bruchzahl gibt.

Beim Addieren und Subtrahieren von Bruchzahlen können auf dem Weg über gleichnamige Repräsentanten die von den natürlichen Zahlen bekannten Vorstellungen vom Hinzufügen bzw. Wegnehmen beibehalten werden.

Die Multiplikation zweier Bruchzahlen wird in der Regel mit dem „von-Ansatz" eingeführt: $\frac{m}{n} \cdot \frac{p}{q} = \frac{m}{n}$ von $\frac{p}{q} = \frac{m \cdot p}{n \cdot q}$. Hinter dieser Festlegung steckt strukturell das Ziel, im Bereich der Bruchzahlen die Gleichung $a \cdot x = 1$ eindeutig lösen zu können. Der „von-Ansatz" lässt sich – einmal postuliert – auf rechnerischem oder zeichnerischem Wege realisieren. Zur Rechtfertigung des Postulats schreibt Padberg (2009, S. 108): „Bei der rechnerischen wie zeichnerischen Ebene bleibt das zentrale *Problem* die Gleichsetzung von *mal* und *von*. Dass diese Gleichsetzung zu sinnvollen Ergebnissen im Sinne des Permanenzprinzips führt, kann man im Nachhinein belegen mithilfe von Gleichungsketten, Flächeninhaltsberechnungen, Sachaufgaben (etwa über den Zusammenhang von Menge und Preis oder Zeit und Weg)." Der von-Ansatz entfaltet seine Wirkung gewissermaßen in umgekehrter Richtung in der Wahrscheinlichkeitsrechnung im Zusammenhang mit mehrstufigen Vorgängen, die durch Baumdiagramme beschrieben werden können. Die Wahrscheinlichkeit eines Pfades ergibt sich als Produkt der Wahrscheinlichkeiten entlang dieses Pfades. Hier werden von Stufe zu Stufe *Anteile von* Chancen gebildet und dies erfolgt durch Multiplikation.

Für die Multiplikation von Bruchzahlen muss die bisherige Vorstellung, wonach Multiplikation immer vergrößert, aufgegeben werden. Dies stellt für Lernende eine Hürde ebenso dar wie die Tatsache, dass beim Dividieren von Bruchzahlen der Quotient größer als der Dividend sein kann. Um Letzteres zu verstehen, ist die Vorstellung einer Division $\frac{4}{9} : \frac{1}{6}$ als Ausmessen (Wie oft passt $\frac{1}{6}$ in $\frac{4}{9}$?) nützlich, aber dennoch nicht unmittelbar und ohne geometrische Veranschaulichung womöglich gar nicht einsichtig. Malle (2004) nennt als weitere

Grundvorstellungen zur Division von Bruchzahlen das Teilen bzw. Verteilen („$\frac{4}{9}$ Liter Saft sollen auf 2 Personen verteilt werden. Wie viel Liter erhält jeder?"). Er ist aber der Meinung, dass für Divisionen vom Typ $\frac{4}{9} : \frac{3}{5}$ „keine sinnvolle Grundvorstellung existiert. Diese Division kann daher nur als formale Rechnung betrachtet werden, die nach bestimmten Regeln ausgeführt werden kann. Grundvorstellungen haben ihre Grenzen, das Formale trägt weiter als sie."

Aus dem Alltag vertraute Brüche sind diejenigen mit dem Nenner 100, nämlich die Prozente. Prozente verkörpern die Grundvorstellung von Bruchzahl als relativer Anteil: 20% von 500 €. Sie sollten also in das Themengebiet Bruchrechnung integriert werden, damit Lernende mit verschiedenen Darstellungsformen vertraut werden und lernen in Anwendungssituationen die zugrundeliegende Struktur zu erkennen.

Brüche mit einer Zehnerpotenz (mit positivem Exponenten) im Nenner heißen Zehnerbrüche. Zehnerbrüche lassen sich mithilfe der nach rechts erweiterten Stellenwerttafel als Dezimalbrüche schreiben:

$$\frac{a}{b} = q_0{,}q_1q_2 \dots q_n = q_0 + \frac{q_1}{10} + \frac{q_2}{10^2} + \dots + \frac{q_n}{10^n}.$$

Diese Darstellung ist sogar eindeutig.

Nur wenige Bruchzahlen lassen sich allerdings als *endliche* Dezimalbrüche[1] darstellen. Es sind nämlich genau diejenigen, bei denen in der Schreibweise als gekürzter gemeiner Bruch der Nenner nur aus den Primfaktoren 2 und 5 besteht. Mithilfe des Divisionsalgorithmus kann aber auch jeder andere gemeine Bruch in einen Dezimalbruch umgewandelt werden. Die resultierenden Dezimalbrüche haben unendlich viele Ziffern (brechen also nicht ab) und sind periodisch. Die Periode ist entweder rein wie z. B. $\frac{1}{3} = 0{,}\bar{3}$ oder gemischt wie z. B. $\frac{1}{12} = 0{,}08\bar{3}$. Beim Divisionsalgorithmus tritt im Ergebnis keine Neunerperiode auf. Die Frage, welche Bedeutung dem Objekt $0{,}\bar{9}$ zukommt, wird im Abschnitt *Reelle Zahlen* beantwortet.

Gemeiner Bruch und Dezimalbruch sind verschiedene Darstellungen derselben Bruchzahl und sollten deshalb immer wieder miteinander in Beziehung gesetzt werden, vor allem, wenn sich aus der jeweils anderen Darstellung Vorteile ziehen lassen.

Die Rechenoperationen mit endlichen Dezimalbrüchen können z. B. durch Rückgriff auf die Stellenwerttafel und den quasikardinalen Aspekt oder durch Rückgriff auf Zehnerbrüche eingeführt werden (siehe z. B. Padberg 2009). Periodische Dezimalbrüche werden mittels Runden durch endliche Dezimalbrüche angenähert, mit denen dann gerechnet werden kann.

1 Wir sprechen im Folgenden der sprachlichen Einfachheit halber von Dezimalbrüchen statt von „Dezimalbruchdarstellungen von Bruchzahlen".

3.3 Negative Zahlen

Die negativen Zahlen werden in der Schule eingeführt, indem Kontexte aufgezeigt werden, in denen die positiven Bruchzahlen zur Beschreibung nicht ausreichen. Ein geeigneter Kontext ist das Messen von Temperaturen mit der Celsius-Skala.

1 A Bestimme von Ort zu Ort die Temperaturunterschiede.

B Wie gross ist die maximale Temperaturdifferenz zwischen zwei Orten?

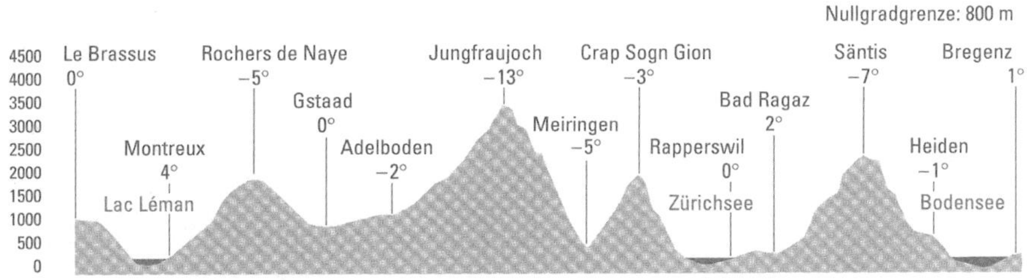

Abb. 5: Hinführung zu den negativen Zahlen (Quelle: mathbu.ch 7, schulverlag blmv AG, 2006, S. 66)

Der Zahlenstrahl wird zur Zahlengeraden ausgebaut. Zu jeder Zahl gibt es genau eine Gegenzahl, die man durch Spiegelung an der Null erhält. Die negativen Zahlen liegen links von der Null. Dies entspricht einem der möglichen hochschulmathematischen Wege, nämlich der Erweiterung der Bruchzahlen durch Anbau, der zu jeder positiven Bruchzahl (positiven rationalen Zahl) q ein entsprechendes negatives Element $-q$ (negative rationale Zahl) konstruiert, von dem sich dann erweist, dass es die eindeutige Lösung der Gleichung $q + x = 0$ ist und auf dem nach links zur Zahlengerade fortgesetzten Zahlenstrahl symmetrisch zu q liegt. Bezeichnen wir die Menge aller positiven Bruchzahlen mit $\mathbb{Q}^+$ und die Menge aller negativen rationalen Zahlen mit $\mathbb{Q}^-$, so wird die Menge aller rationalen Zahlen als Vereinigungsmenge $\mathbb{Q} = \mathbb{Q}^+ \cup \{0\} \cup \mathbb{Q}^-$ definiert. Der Vorteil dieses Weges ist, dass die Bruchzahlen „bleiben, was sie sind" (vgl. Padberg, Danckwerts & Stein 1995, S. 154) und nicht isomorph in den neuen Zahlbereich eingebettet werden müssen. Dafür müssen schwerfällige Beweise der Assoziativgesetze und des Distributivgesetzes in Kauf genommen werden. Für den zweiten Weg der Zahlbereichserweiterung, nämlich den Weg von $\mathbb{N}$ über $\mathbb{Z}$ nach $\mathbb{Q}$, spricht der Wunsch, die Addition vor der Multiplikation umkehrbar machen zu wollen. Dies erfolgt durch „Neubau" mittels Äquivalenzklassenbildung.

Die Rechenoperationen werden so festgelegt, dass sie die bisherigen Operationen fortsetzen, die Eigenschaften wie Kommutativgesetze, Assoziativgesetze und Distributivgesetze fortgelten und nun die Subtraktion uneingeschränkt ausführbar ist. Zwangsläufig muss dabei für die Multiplikation $(-q) \cdot (-r) := q \cdot r$ für alle $q, r \in \mathbb{Q}^+$ festgesetzt werden. Hefendehl-Hebeker und Schwank (2015, S. 103) bemerken dazu: „Rechnungen wie (–5) – (–7) = +2 oder (–1) · (–1) = +1 lassen sich jedoch nicht mehr ohne zusätzliche Kunstgriffe durch lebensweltlich geprägte Handlungsvorstellungen oder einfache Bewegungsmuster auf der Zahlengeraden begründen. Hier wird ein formales Operationsverständnis auf der Basis des Prinzips der Permanenz formaler Gesetze unumgänglich. Dies schließt ein, dass im Rahmen der Algebra das Minuszeichen schließlich als Inversionszeichen und nicht mehr als Vorzeichen verstanden wird: $-a$ ist die Gegenzahl von a, aber nicht unbedingt eine negative Zahl." Sehr wahrscheinlich ist dieses formale Operationsverständnis der Grund dafür, dass die Operationen mit den negativen Zahlen in den meisten Bundesländern erst in der Klasse 7 eingeführt werden.

3.4 Reelle Zahlen

Obwohl die Menge $\mathbb{Q}$ dicht auf der Zahlengeraden liegt, gibt es noch Lücken. Eine der Lücken kann man konstruktiv füllen, indem man von 0 aus die Länge x der Diagonalen in einem Quadrat der Seitenlänge 1 abträgt. Diese Länge erfüllt nach dem Satz des Pythagoras die Gleichung $1^2 + 1^2 = x^2$. Durch einen Widerspruchsbeweis zeigt man, dass $\sqrt{2}$ nicht das Quadrat einer rationalen Zahl sein kann. Wir können die irrationale Zahl aber beliebig genau durch rationale Zahlen annähern:

$$
\begin{gathered}
1^2 = 1 < 2 < 2^2 = 4 \\
1{,}4^2 = 1{,}96 < 2 < 1{,}5^2 = 2{,}25 \\
1{,}41^2 = 1{,}9881 < 2 < 1{,}42^2 = 2{,}0164 \\
1{,}414^2 = 1{,}999396 < 2 < 1{,}415^2 = 2{,}002225 \\
\ldots
\end{gathered}
$$

Die reellen Zahlen sind diejenigen Objekte, die alle Lücken in der Zahlengeraden füllen. Jedem Element der Menge $\mathbb{R}$ kann schließlich eineindeutig ein Punkt auf der Zahlengeraden zugeordnet werden. Das Beispiel $\sqrt{2}$ weist auf eine der möglichen Konstruktionen von $\mathbb{R}$ hin: die Konstruktion mithilfe von rationalen Intervallschachtelungen. Anknüpfend an die Darstellung von rationalen Zahlen als endliche oder periodische Dezimalbrüche kann man beweisen, dass jeder reellen Zahl eineindeutig ein Dezimalbruch zugeordnet werden kann, wenn man Dezimalbrüche ausschließt, die ab einer gewissen Stelle nur aus Neunen bestehen (Neunerende). Handelt es sich um eine irrationale Zahl, ist dieser Dezimalbruch nicht abbrechend und nichtperiodisch. Dezimalbrüche mit Neunerende müssen wegen der Eineindeutigkeit ausgeschlossen werden. Beispielsweise stellen $0{,}\bar{9}$ und 1 dieselbe Zahl dar. Dies zeigt man auf hochschulmathematischem Weg durch folgende Grenzwertbetrachtung:

$$0{,}\bar{9} = \lim_{n \to \infty} \sum_{k=1}^{n} \frac{9}{10^k} = \frac{9}{10} \cdot \lim_{n \to \infty} \sum_{k=0}^{n} \left(\frac{1}{10}\right)^k = \frac{9}{10} \cdot \lim_{n \to \infty} \frac{1 - \left(\frac{1}{10}\right)^{n+1}}{1 - \frac{1}{10}} = 1.$$

Auf Schulniveau kann eine redliche Argumentation nur die sein, die den infinitesimalen Sachverhalt in den Blick nimmt. Wir verweisen dazu auf Danckwerts und Vogel (2006, S. 27).

4 Mit Variablen rechnen

4.1 Strukturierte Arithmetik

Denkhandlungen, die dazu führen, von konkreten Zahlen unabhängige Muster in arithmetischen Termen zu erkennen, bezeichnet Hefendehl-Hebeker (2008) als strukturierte Arithmetik. Fischer, Hefendehl-Hebeker & Prediger (2010) illustrieren solche Denkhandlungen am Beispiel einer Punktmusterfolge und kommen zu dem Schluss: „Wer die Mühen des inhaltlichen Denkens am Beispiel erlebt hat, kann die zentrale Idee des algebraischen *Kalküls* würdigen: Wenn man semantisch anspruchsvolle, aber wiederkehrende Denkschritte durch feste Regeln schematisieren kann, wird es möglich, Denkoperationen mit Zahlen oder Termen durch rein syntaktische Denkoperationen (z. B. Rechnungen oder Umformungen) zu ersetzen, die unabhängig von Interpretationen der Zeichen durch ausschließliche Beachtung festgelegter Regeln vollzogen werden können." Berlin (2010) formuliert als Konsequenz aus ihrer empirischen Untersuchung: „1. Arithmetik in der Grundschule sollte auch unter der Perspektive ‚strukturelle Arithmetik' unterrichtet werden, damit die Grundlagen für das Algebralernen gelegt werden. Dabei sollten solche Aktivitäten wie Erkennen von Mustern und Beziehungen, strukturelles Beschreiben der Beobachtungen sowie das arithmetisch-strukturelle Argumentieren initiiert werden."

4.2 Übergang zur Algebra (Variable, Terme und Gleichungen)

In der algebraischen Formelsprache werden statt Wortvariablen, die in der Umgangssprache vorkommen (irgendein, Sache, Ding ...), Buchstabenvariablen verwendet. Für das Erlernen der elementaren algebraischen Sprache und den verständigen Umgang damit erscheint es sinnvoll, vor allem folgende Aspekte von Variablen zu unterscheiden, nämlich den *Gegenstandsaspekt*, den *Einsetzungsaspekt, den Veränderlichenaspekt* und den *Kalkülaspekt* (vgl. Malle 1993). Beim Gegenstandsaspekt steht die Variable für eine feste oder veränderliche unbekannte Zahl, etwa in der Formel für den Umfang eines Kreises mit dem Radius r. Denkt man dabei an einen beliebigen, aber festen Kreis, so betont man die statische Seite der Variablen r. Fragt man danach, wie sich der Umfang U eines Kreises ändert, wenn der Radius r wächst, so nimmt man eine dynamische Sicht ein und ist damit beim Veränderlichenaspekt. Gleichzeitig kann die Formel unter dem Einsetzungsaspekt betrachtet werden, bei dem die Variable als Platzhalter verstanden wird, für den man Zahlen einsetzen kann. Der für Lernende anspruchsvollste Aspekt ist der Kalkülaspekt, der zum Tragen kommt, wenn mit Variablen nach syntaktischen Regeln formal, d. h. ohne ihnen eine inhaltliche Bedeutung zu geben, operiert wird wie z. B. beim äquivalenten Umformen von Gleichungen. Damit Lernende diesen Aspekt als großen Vorteil der Mathematik verstehen und nutzen können, ist es – wie in 4.1 angedeutet – wichtig, sie frühzeitig an Elemente algebraischen Denkens fachlich aufbauend heranzuführen.

Terme sind Rechenausdrücke, die aus Zahlen, Variablen, Operationszeichen (z. B. +, -, ·, :) Vorzeichen, Bruchstrichen, Potenzen, Klammern, Betragszeichen, Funktionssymbolen (z. B. $\sqrt{}$, sin ...) gebildet werden. Präziser kann ein Term auf rekursivem Weg definiert werden. Setzt man in einem Term für jede Variable einen Wert aus dem jeweiligen Variablengrundbereich ein, so nimmt der Term einen bestimmten Wert an. Terme können in äquivalente (wertgleiche) Terme umgeformt werden. Mit dem Ziel, den Aufbau inhaltlicher Vorstellungen von Termen und Gleichungen zu fördern, betrachten Zwetzschler et al. (2013, S. 142) daneben die Beschreibungs- und Umformungsgleichheit von Termen.

Verbindet man zwei Terme durch ein Gleichheitszeichen, so entsteht eine Gleichung. Eine Gleichung mit einer Variablen x zu lösen, heißt alle Einsetzungen für x zu finden, sodass die Terme links und rechts des Gleichheitszeichens denselben Wert annehmen und somit eine wahre Aussage entsteht. Alle diese Einsetzungen bilden die Lösungsmenge der Gleichung. Äquivalente Umformungen einer Gleichung sind solche, die die Lösungsmenge nicht verändern.

4.3 Der Prozess-Objekt-Aspekt von Gleichungen

Schwierigkeiten von Lernenden mit Gleichungen rühren aus der für sie neuen Bedeutung des Gleichheitszeichens. Bei arithmetischen Aufgaben steht das Gleichheitszeichen links vom Ergebnis. Es wirkt als Aufforderung, etwas auszurechnen und das Ergebnis rechts vom Gleichheitszeichen zu notieren. Rüede (2015) hat untersucht, wie Novizen und Experten beim Umformen von algebraischen Termen und Lösen von Gleichungen vorgehen. Auf einer frühen Stufe des algebraischen Denkens überwiegt der Prozess- oder Verfahrensgedanke. Der Lernende versucht, die in den Termen vorkommenden Operationen auszuführen, er versteht – wie bisher – den Term als Aufforderung „etwas zu rechnen", z. B. Klammern aufzulösen. Im Verlaufe des Algebraunterrichts sollen Lernende dazu befähigt werden, Termbausteine und Gleichungen als Ganzes, als Objekte mit einer bestimmten Struktur wahrzunehmen und das Gleichheitszeichen in seiner neuen Rolle als Relationszeichen zu verstehen. Sie sollen über Verfahren der Umstrukturierung verfügen, die es ermöglichen, über die Lösbarkeit von Gleichungen zu entscheiden und gegebenenfalls die Lösungsmenge zu bestimmen. In funktionalen Zusammenhängen sollen Lernende Gleichungen in der Rolle als Funktionsgleichung (x ist gegeben, $y = f(x)$ ist gesucht) und als Mittel zur Beschreibung besonderer Punkte des Funktionsgraphen (y ist gegeben, x ist gesucht, z. B. Schnittpunkte mit der x-Achse) wahrnehmen und verstehen.

4.4 Lösen linearer und quadratischer Gleichungen

Eine Gleichung der Form $ax + b = 0$ *mit* $a \neq 0$ heißt lineare Gleichung, weil die Variable x nur in der ersten Potenz auftritt. Die Variablen a und b haben den Charakter von Parametern. Die einzige Lösung der Gleichung ist $x = -\frac{b}{a}$. Quadratische Gleichungen haben die allgemeine Form $ax^2 + bx + c = 0$ mit $a \neq 0$. Üblicherweise wird die Lösbarkeit und die Lösungsformel für die äquivalente Gleichung $x^2 + px + q = 0$ behandelt, die sich nach Division durch a ergibt. Die Diskriminante $D = \left(\frac{p}{2}\right)^2 - q$ entscheidet über die Anzahl der Lösungen. Für $D < 0$ hat die Gleichung keine, für $D = 0$ genau eine und für $D > 0$ zwei reelle Lösungen, nämlich $x_{1,2} = -\frac{p}{2} \pm \sqrt{D}$ (p-q-Formel). Für $D = 0$ fallen diese beiden Lösungen zusammen zu $x = -\frac{p}{2}$. Gleichungen kann man je nach Komplexitätsgrad auf verschiedene Weisen lösen: inhaltlich, durch systematisches Probieren kombiniert mit strukturellen Überlegungen, graphisch, durch Anwenden von Äquivalenzumformungen, mithilfe von Lösungsformeln und näherungsweise numerisch. Im Unterricht sollten Lernende durch entsprechende Aufgabenformate veranlasst werden, die verschiedenen Lösungsverfahren flexibel einzusetzen. Sie sollten bei einer quadratischen Gleichung der Gestalt $(x+2)^2$ eben nicht auf die p-q-Formel hinarbeiten, sondern die Termstruktur auf der linken Seite erkennen und die Umkehroperation anwenden. Ebenso kann die Untersuchung der Lösbarkeit mit Wissen über quadratische Funktionen verknüpft werden, indem die Lage des entsprechenden Graphen im Koordinatensystem durch Übergang zur Scheitelpunktform untersucht wird.

Auch bei Graphen von Polynomen höheren als zweiten Grades stellt sich die Frage nach deren Nullstellen und führt auf eine neue Problematik, nämlich die Frage: Kann man diese Nullstellen durch eine geschlossene Formel darstellen. Dies ist eine inhaltliche Frage, die neue Felder in der mathematischen Erkenntniswelt eröffnet. Darüber hinaus führt die Suche nach Nullstellen – bereits bei quadratischen Gleichungen – zu einer weiteren Zahlbereichserweiterung – die komplexen Zahlen kommen ins Spiel.

Literatur

Berlin, T. (2010). Algebra erwerben und besitzen. Eine binationale empirische Studie in der Jahrgangsstufe 5. Universität Duisburg-Essen: Duepublico. Dissertation.

Bönig, D. (2003). Schätzen – der Anfang guter Aufgaben. In: S. Ruwisch & A. Peter-Koop (Hrsg.), Gute Aufgaben im Mathematikunterricht der Grundschule, 102–110. Offenburg: Mildenberger.

Danckwerts, R. & Vogel, D. (2006). Analysis verständlich unterrichten. Heidelberg: Spektrum.

Dornheim, D. (2008). Prädiktion von Rechenleistung und Rechenschwäche: Der Beitrag von Zahlen-Vorwissen und allgemein-kognitiven Fähigkeiten. Berlin: Logos.

Fischer, A., Hefendehl-Hebeker, L. & Prediger, S. (2010). Mehr als Umformen: Reichhaltige algebraische Denkhandlungen im Lernprozess sichtbar machen. In: Praxis der Mathematik in der Schule 52(33), 1–7.

Fromme, M., Wartha, S. & Benz, C. (2011). Tragfähiges Operationsverständnis durch flexible Übersetzungen – Grundvorstellungen zur Subtraktion. In: Grundschulmagazin 4, 35–40.

Gaidoschik, M. (2007). Rechenschwäche vorbeugen. Horneburg: Persen.
Gaidoschik, M. (2010). Wie Kinder rechnen lernen – oder auch nicht. Frankfurt: Peter Lang.
Gerster, H.-D. & Schultz, R. (2004). Schwierigkeiten beim Erwerb mathematischer Konzepte im Anfangsunterricht. (http://opus.bsz-bw.de/phfr/volltexte/2007/16/pdf/gerster.pdf, letzter Zugriff: 24.05.2016)
Greeno, J. G. (1991). Number Sense as Situated Knowing in a Conceptual Domain. In: Journal for research in mathematics education 22(3), 170–218.
Hefendehl-Hebeker, L. (2008). Wege zur Formelsprache. In: Rektor der Universität Duisburg-Essen (Hrsg.), Unikate Universität Duisburg-Essen 33, 66–71.
Hefendehl-Hebeker, L. & Prediger, S. (2006). Unzählig viele Zahlen: Zahlbereiche erweitern, Zahlvorstellungen wandeln. In: Praxis der Mathematik in der Schule 48(11), 1–7.
Hefendehl-Hebeker, L. & Schwank, I. (2015). Arithmetik: Leitidee Zahl. In: R. Bruder, L. Hefendehl-Hebeker, B. Schmidt-Thieme & H.-G. Weigand (Hrsg.), Handbuch der Mathematikdidaktik, 77–115, Berlin Heidelberg: Springer Spektrum.
Heuvel-Panhuizen, M. v. d. (2001). Estimation. In: Dies. (Hrsg.), Children learn Mathematics, 173–202. Utrecht: Freudenthal Institute.
Hunke, S. (2012). Überschlagsrechnen in der Grundschule – Lösungsverhalten von Kindern des vierten Schuljahres bei direkten und indirekten Überschlagsfragen. Wiesbaden: Springer.
Krauthausen, G. (1993). Kopfrechnen, halbschriftliches Rechnen, schriftliche Normalverfahren, Taschenrechner: Für eine Neubestimmung des Stellenwertes der vier Rechenmethoden. In: Journal für Mathematikdidaktik 14 (3/4), 189–219.
Krauthausen, G. & Scherer, P. (2007). Einführung in die Mathematikdidaktik. München: Elsevier.
KMK (2005). Bildungsstandards in Mathematik für den Primarbereich. München: Luchterhand.
Kuhnke, K. (2013). Vorgehensweisen von Grundschulkindern beim Darstellungswechsel. Eine Untersuchung am Beispiel der Multiplikation im 2. Schuljahr. Wiesbaden: Springer.
Lorenz, J. H. (2005). Die Entwicklung von Zahlensinn. In: Grundschule Mathematik 4, 4–5.
Malle, G. (1993). Didaktische Probleme der elementaren Algebra. Wiesbaden: Vieweg.
Malle, G. (2004). Grundvorstellungen zu Bruchzahlen. In: mathematik lehren 123, 4–8.
MSW (2008). Richtlinien und Lehrplan Mathematik. Frechen: Ritterbach.
Padberg, F. (2009). Didaktik der Bruchrechnung. Heidelberg: Spektrum Akademischer Verlag.
Padberg, F. & Benz, Ch. (2011). Didaktik der Arithmetik. Heidelberg: Spektrum.
Padberg, F., Danckwerts, R. & Stein, M. (1995). Zahlbereiche – Eine elementare Einführung. Heidelberg: Spektrum.
Rathgeb-Schnierer, E. (2006). Kinder auf dem Weg zum flexiblen Rechnen. Hildesheim: Franzbecker.
Resnick, L. B. (1983). A developmental theory of number understanding. In: H. P. Ginsburg (Hrsg.), The development of mathematical thinking, 109–151. New York: Academic Press.
Reys, B. J. & Reys, R. E. (1986). One point of view: Mental computation and computational estimation – Their time has come. In: Arithmetic Teacher 33(7), 4–5.
Rüede, C. (2015). Strukturierungen von Termen und Gleichungen. Wiesbaden: Springer.
Schipper, W. (2009). Handbuch für den Mathematikunterricht an Grundschulen. Hannover: Schroedel.
Schipper, W., Wartha, S. & Schroeders, N. v. (2011). BIRTE 2. Bielefelder Rechentest für das zweite Schuljahr. Handbuch zur Diagnose und Förderung. Hannover: Schroedel.
Selter, Ch. (1999). Flexibles Rechnen statt Normierung auf Normalverfahren! In: Die Grundschulzeitschrift 125, 6–11.
Selter, Ch. (2017). Guter Mathematikunterricht. Konzeptionelles und Beispiele aus dem Projekt PIKAS. Berlin: Cornelsen.
Selter, Ch., Prediger, S., Nührenbörger, M. & Hußmann, S. (2014). Mathe sicher können. Natürliche Zahlen. Berlin: Cornelsen.

Siegler, R. S. (1996). Emerging minds. The process of change in children's thinking. New York: Oxford Univ. Press.
Star, J. R., Rittle-Johnson, B., Lynch, K. & Perova, N. (2009). The Role of Prior Knowledge in the Development of Strategy Flexibility: The Case of Computational Estimation. In: ZDM 41(5), 569 – 579.
Threadgill-Sowder, J. (1984). Computational Estimation Procedures of School Children. In: Journal of Educational Research 77(6), 332 – 336.
Threlfall, J. (2009). Strategies and flexibility in mental calculation. In: ZDM 4(5), 541 – 555.
Walcher, S. & Wittmann, E. Ch. (2014). „Minus mal minus". Zum Fundament der COACTIV-Studie. In: Der mathematische und naturwissenschaftliche Unterricht 64(6), 371 – 377.
Wartha, S. & Schulz, A. (2012). Rechenproblemen vorbeugen. Berlin: Cornelsen.
Winter, H. (1995). Mathematikunterricht und Allgemeinbildung. In: Mitteilungen der Gesellschaft für Didaktik der Mathematik 61, 37 – 46.
Winter, H. (1999). Mehr Sinnstiftung, mehr Einsicht, mehr Leistungsfähigkeit, dargestellt am Beispiel der Bruchrechnung. Manuskript, RWTH Aachen. (www.matha.rwth-aachen.de/de/lehre/ss09/sfd/Bruchrechnen.pdf, letzter Zugriff: 01.05.2016)
Wittmann, E. Ch. & Müller, G. N. (1992). Handbuch produktiver Rechenübungen, Bd. 2: Vom halbschriftlichen zum schriftlichen Rechnen. Stuttgart: Klett.
Wittmann, E. Ch. & Müller, G. N. (2004). Das Zahlenbuch, Bd. 1: Lehrerhandbuch. Leipzig: Klett.
Wittmann, E. Ch. & Müller, G. N. (o. J.). Blitzrechenoffensive. (http://www.mathematik.uni-dortmund.de/didaktik/mathe2000/pdf/Blitzrechenoffensive.pdf, letzter Zugriff: 24.05.2016)
Wittmann, E. Ch. (2012). Von allen guten Geistern verlassen. Fehlentwicklungen des Bildungssystems am Beispiel Mathematik. In: Profil. Das Magazin für Gymnasium und Gesellschaft (6), 20 – 30.
Zwetzschler, L. & Prediger, S. (2013). Der lange Weg zum Herstellen von Beziehungen. Fachdidaktische Entwicklungsforschung zur Gleichwertigkeit algebraischer Terme. In: M. Komorek & S. Prediger (Hrsg.), Der lange Weg zum Unterrichtsdesign: Zur Begründung und Umsetzung genuin fachdidaktischer Forschungs- und Entwicklungsprogramme, 141–156. Münster u. a.: Waxmann.

Andreas Filler & Marcus Nührenbörger

Messen

Der Kompetenzbereich „Größen und Messen“ (Grundschule) bzw. „Messen“ (Sekundarstufe) stellt eine Verbindung zwischen der konkreten Erfahrungswelt der Lernenden (der Sachwelt) und der Mathematik her. Insbesondere durch den Umgang und das Arbeiten mit Größen kann Kindern bereits früh die gesellschaftliche Bedeutung der Mathematik bzw. die Bedeutung von Mathematik für das eigene Leben bewusstgemacht werden. Während in der Grundschule primär der Fokus auf die Kernkompetenzen „Größenvorstellungen besitzen“ und „mit Größen in Sachsituationen umgehen“ gelegt wird, greifen die Sekundarstufen das Wissen über den Umgang und das Messen mit Einheiten auf und führen dieses weiter aus auf das „Messen“ durch Berechnen von Größen und auf metrische Aspekte der analytischen Geometrie sowie die Bestimmung von Maßen durch Integration.

Der Kompetenzbereich des Messens verbindet arithmetisch-algebraische und geometrische Kompetenzen. Einerseits werden Zahlen im Kontext von Größen als Maßzahlen genutzt, um Objekte in Relation zu einer Größe zu beschreiben. Die Lernenden erhalten somit eine spezifische Vorstellung, die für das Verständnis der Zahlen wiederum genutzt werden kann. Beispielsweise scheinen Längen eng mit abstrakten Zahlvorstellungen verbunden zu sein. So stellen sich viele Menschen Zahlen linear in Längenrelationen zueinander vor (Lorenz 2012). Andererseits erhalten Maßzahlen in Form von Längen-, Flächen- oder Winkelangaben bzw. Angaben zu Rauminhalten ihre Bedeutung (Peter-Koop & Nührenbörger 2008).

B

Geometrische Vorstellungen helfen, um zu erkennen, dass die Beziehungen zwischen aufeinander folgenden Flächenmaßen nicht mit dem Faktor 10, sondern mit dem Faktor 100 ausgedrückt werden: $1\ m^2 \neq 10\ dm^2$, da sich 10 Dezimeterquadrate nicht zu einer quadratischen Fläche anordnen lassen. „Ein Meterquadrat (...) gibt der schwierigen Einheit »m^2« damit eine elementare geometrische Form“ (Schwarzkopf 2013, S. 11).

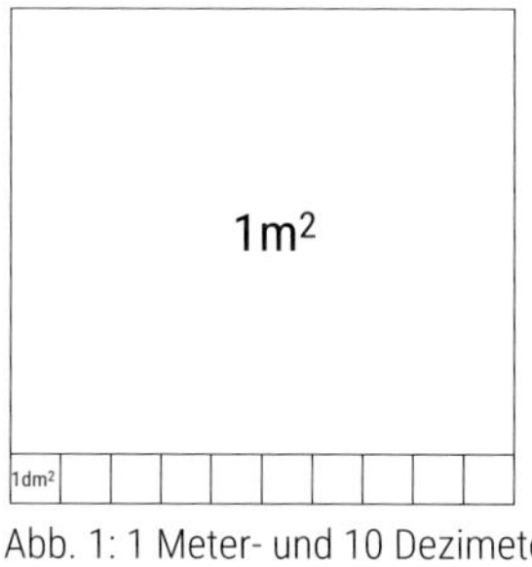

Abb. 1: 1 Meter- und 10 Dezimeterquadrate

Da in der Sekundarstufe der Prozess des Messens insbesondere auf die geometrischen Größen „Längen“, „Flächen“ und „Volumina“ konzentriert wird, werden im vorliegenden Beitrag diese Größen explizit thematisiert. Daneben lernen Schülerinnen und Schüler auch das Messen im Zusammenhang mit weiteren Größen wie

Zeitspannen oder Massen/Gewichten sowie auch mit den Größen Geldwerte, Temperatur oder den gemischten Größen wie Geschwindigkeiten kennen.

Mathematisch gesehen kann eine Größe als abstraktes Modell beschrieben werden, das eine gemeinsame Eigenschaft mehrerer Objekte umfasst: So können beispielsweise verschiedene Gegenstände oder Lebewesen wie z. B. eine Tafel, eine Klassenzimmertür und eine Lehrkraft unter der gemeinsamen Eigenschaft der „Länge“ verglichen werden. Diese „produktive Diskontinuität“ (Schwarzkopf 2006) zwischen Lebenswelt und Mathematik bietet die Grundlage für das Verständnis von Größen. Zu einer Größe gehören Objekte mit der gleichen Länge einer bestimmten Klasse, die mit einer Größenangabe (z. B. 2 m oder auch 20 dm, 200 cm ...) bezeichnet werden; ganz unabhängig davon, wie verschieden sie sind. Die Größenangabe besteht stets aus einer Maßzahl und einer Maßeinheit, wobei diese in Abhängigkeit zur gewählten Einheit variieren kann.

„Dieser Umstand, dass ein und dieselbe Größe mit verschiedenen ‚Namen‘ versehen werden kann, ist für die Schülerinnen und Schüler eine neue Erkenntnis, die zunächst auf die Besonderheiten des Umwandelns, nämlich die Wahl der Maßeinheit, zurückgeführt wird. Diese neue und zunächst eingegrenzte Erkenntnis erhält jedoch eine tragende, weitreichende Bedeutung im Rahmen der Zahlbereichserweiterungen in der Sekundarstufe, in deren Zusammenhang nun auch ‚unbenannte Zahlen‘ unterschiedliche ‚Namen‘ erhalten können.“ (Franke & Ruwisch 2010, S. 180)

Einer Klasse an Repräsentanten gehören letztlich nur die Objekte mit der entsprechenden Größe an, die als Repräsentanten einer Größe äquivalent in Relation zueinanderstehen (z. B. Tafelbreite und Türhöhe). Die Äquivalenzrelation ist reflexiv, symmetrisch und transitiv. Die Repräsentanten anderer Klassen (z. B. der Lehrer für die Klasse 1,75 m) stehen in Ordnungsrelation zueinander (und somit irreflexiv, asymmetrisch und transitiv).

Größe	Repräsentant	Äquivalenzrelation	Ordnungsrelation
Längen	Stäbe, Wegstrecken	ist so lang wie ...	ist kürzer/länger als ...
Flächeninhalte	Flächen, ebene Figuren, Grundstücke ...	ist deckungsgleich zu ... hat denselben Flächeninhalt wie ...	hat weniger/mehr Fläche als ... hat einen kleineren/größeren Flächeninhalt als ...
Volumina	Gefäße, Körper ...	fasst genauso viel wie ...	fasst weniger/mehr Volumen als ...

Abb. 2: Beispiele an Äquivalenz- und Ordnungsrelationen zwischen Repräsentanten von Größen

1 Umgang mit Einheiten

Eine wesentliche Voraussetzung für verständiges Messen stellen Fähigkeiten des Vergleichens sowie Kenntnisse und Vorstellungen über spezifische Einheiten dar. Abbildung 3 gibt eine Übersicht der Maßeinheiten zu den Größen Längen, Flächeninhalte und Volumina sowie deren Beziehungen zur Basiseinheit zueinander wieder (in fett die in der Grundschule thematisierten Einheiten). Beziehungen zwischen Maßeinheiten sind stets dezimal strukturiert. Gleichwohl ist das Umwandeln für Kinder nicht einfach (auch für Erwachsene oftmals nicht, wenn diese nach eher unüblichen Umwandlungen gefragt werden, wie z. B. Hektar in Quadratkilometer). „Der Hinweis, mit Zehnerzahlen zu multiplizieren oder zu dividieren, stellt keine weiterführende Hilfe dar (...). Die Schwierigkeit ergibt sich einerseits aus den ‚Positionen' der beteiligten Einheiten in der Reihung, aber auch aufgrund des Umstands, dass längst nicht alle Zehnerpotenzen in jedem Größenbereich sinnvoll belegt sind." (Franke & Ruwisch 2010, S. 196)

Größe	**Kleinere Einheiten**	**Basiseinheit**	**Größere Einheiten**
Längen	$\frac{1}{10}$ m = **1 dm (Dezimeter)** $\frac{1}{100}$ m = **1 cm (Zentimeter)** $\frac{1}{1000}$ m = **1 mm (Millimeter)**	**1 m**	10 m =1 dam (Dekameter) 100 m = 1 hm (Hektometer) **1.000 m = 1 km (Kilometer)**
Flächen-inhalte	$\frac{1}{100}$ m^2 = 1 dm^2 (Quadratdezimeter) $\frac{1}{10.000}$ m^2 = **1 cm^2** (Quadratzentimeter) $\frac{1}{1.000.000}$ m^2 = 1 mm^2 (Quadratmillimeter)	**1 m^2** (in der Grundschule: **Meterquadrat)**	100 m^2 = 1a (Ar) bzw. 1dam^2 (Quadratdekameter) 10.000 m^2 = 1 ha (Hektar) bzw. 1 hm^2 (Quadrathektometer) 1.000.000 m^2 = 1 km^2 (Quadratkilometer)
Volumina	$\frac{1}{1.000}$ m^3 = 1 dm^3 (Kubikdezimeter) $\frac{1}{1.000.000}$ m^3 = 1 cm^3 (Kubikzentimeter) $\frac{1}{1.000.000.000}$ m^3 = 1 mm^3 (Kubikmillimeter)	1 m^3 = 1kl	1.000 m^3 = 1 dam^3 (Kubikdekameter) 1.000.000 m^3 = 1 hm^3 (Kubikhektometer) 1.000.000.000 m^3 = 1 km^3 (Kubikkilometer)
	$\frac{1}{10}$ l = 1 dl (Deziliter) $\frac{1}{100}$ l = 1 cl (Zentiliter) $\frac{1}{1.000}$ l = **1 ml (Milliliter)**	**1 l** = 1 dm^3	10 l = 1 dal (Dekaliter) **100 l = 1 hl (Hektoliter)** 1.000 l = 1 kl (Kiloliter)

Abb. 3: Maßeinheiten und ihre Beziehungen zu ausgewählten Größen (fett markiert sind gebräuchliche Einheiten)

Erste Einsichten in das Prinzip des Messens[1] gewinnen Kinder zunächst über das qualitative Vergleichen. Mit ungefähr drei Jahren erkennen sie, dass Objekte Eigenschaften besitzen, die einzelnen Größen zugeordnet werden können. Erkenntnisse werden anfangs über die Wahrnehmung gewonnen. Diese erlauben den Kindern, Einschätzungen über Längen oder Volumina vorzunehmen und diese auch mit anderen zu vergleichen (Clements & Bright 2003). Piaget, Inhelder & Szeminska (1974) stellten heraus, dass die Entwicklung der kindlichen Messfähigkeiten und -einsichten in besonderer Weise durch zwei Prinzipien gekennzeichnet ist:

- Invarianz: Eine Größe bleibt erhalten; z. B. bleibt die Länge eines Seiles erhalten, egal, ob dies bogenförmig oder gestreckt vorliegt.
- Transitivität: Eigenschaften können übertragen werden; z. B. wenn gilt, Seil A ist länger als Seil B und Seil B ist länger als Seil C, dann ist auch Seil A länger als Seil C.

Lange Zeit bezog sich der Einstieg in die Thematisierung des Messens im Mathematikunterricht der Grundschule primär auf diese zwei Prinzipien. Ähnlich der kulturhistorischen Entwicklung des Messens wurden erst nach Aktivitäten des direkten und indirekten Vergleichens sowie des Messens mit nichtstandardisierten Einheiten abstraktere Messprozesse mit konventionellen Einheiten und den Umgang mit Messinstrumenten thematisiert (s. hierzu Franke & Ruwisch 2010).

Ging Piaget noch davon aus, dass die Einsicht in die zwei Prinzipien eine notwendige Voraussetzung für ein Verständnis des Messens sei, zeigte sich in der Folge, dass diese nicht für alle Kinder als eine solche Voraussetzung gilt (vgl. Clements & Bright 2003, Nührenbörger 2002). Vielmehr lernen Kinder bereits in frühen Entwicklungsjahren auch Maßeinheiten, darauf bezogene Messvorgänge und Umrechnungen sowie das Messen mit Messinstrumenten kennen. Battista (2006) unterscheidet daher am Beispiel der Größe Längen zwei erst einmal unterschiedliche Denkprozesse, die sich nicht stufig hintereinander, sondern parallel zueinander entwickeln:

Das qualitative Vergleichen („nonmeasurement reasoning“) und das quantitative, mit Maßzahlen und -einheiten verknüpfte Vergleichen, also das Messen („measurement reasoning“). Beim qualitativen Vergleichen kann die Phase des ganzheitlich-visuellen Vergleichens von Einsichten in Teil-Ganzes-Beziehungen und deren Nutzen unterschieden werden ebenso wie die Erkenntnis, dass Längen auch gedreht oder verschoben werden können. Hingegen ist auf der Ebene des Messens der Ausgangspunkt das Zählen von Einheiten: Die Kinder zählen, wie oft eine Einheit abgetragen wird, ohne darauf zu achten, ob die Einheit konstant bleibt oder beim Messprozess korrekt hintereinandergelegt wird (s. hierzu

1 Zu unterscheiden sind grundsätzlich die Messgrößen von sogenannte Zählgrößen wie Geldwerte, die durch das Abzählen von Objekten erfasst werden. Im Gegensatz zu den Messgrößen wie Längen, Zeitspannen, Gewichte (Masse) oder Rauminhalte sind die Repräsentanten von Geldwerten nicht beliebig unterteilbar, auch gibt es keine standardisierten konstanten Maßeinheiten.

auch Benz, Peter-Koop & Grüßing 2015). Allerdings ist Messen nicht gleichzusetzen mit Zählen. Es folgt vielmehr drei grundlegenden Ideen über wiederholbare, zerlegbare und zählbare Einheiten.

Drei grundlegende Ideen des Messens

- Auswahl einer Einheit, die unabhängig von Zeit und Raum ist und die in Beziehung zum zu messenden Objekt gesetzt wird.
- Quantitatives Vergleichen der Einheit mit dem zu messenden Objekt durch einen Prozess des Vervielfachens der Einheit unter Beachtung der Messregeln (im Kontext von Längen z. B. Abtragungen ohne Zwischenräume und Überlappungen) und des gleichzeitigen Zählens der Anzahl an Einheiten. Hierbei erfahren die Lernenden, dass Messen kein Zählen von Objekten ist, sondern im Sinne des Aufteilens verstanden werden muss. („Wie oft passt die gewählte Einheit?")
- Zerlegen in systematisch feinere Einheiten, wenn keine natürliche Maßzahl das zu messende Objekt völlig erfassen kann (und dies unter Beachtung der situativ relevanten Bedingungen für die Grenzen der Präzision), und Verrechnen der unterschiedlichen Einheiten. Für das Verständnis der Beziehungen zwischen Einheiten und Untereinheiten sind zwei Erkenntnisse bedeutsam: a) die größere Einheit benötigt man stets in der kleineren Anzahl und b) die Beziehungen zwischen den Einheiten sind dezimal strukturiert.

In der Grundschule sollten die Kinder daher lernen, Repräsentanten zu vergleichen unter Verwendung von Relationsbegriffen ebenso wie Objekte auszumessen unter Verwendung typischer Einheiten zu spezifischen Größen und deren Benennungen und Beziehungen untereinander (Grassmann 2013).

Die Verknüpfung von zwei Einheiten wird einerseits über eine gemischte Schreibweise aufgegriffen (z. B. 2 m 5 cm). Andererseits lernen die Schülerinnen und Schüler frühzeitig die im Alltag gebräuchliche Kommaschreibweise im Umgang mit Größen kennen (insbesondere bei Geldwerten). Diese propädeutische Behandlung von Dezimalbrüchen bietet gewiss zahlreiche Chancen, um Alltagsvorstellungen aufzugreifen und auszudifferenzieren. Allerdings finden sich in der Grundschule auch Vorschläge, die Kommaschreibweise als Sortentrennung zu erklären. Diese sind kritisch zu sehen, da inhaltliche Vorstellungen über die Beziehungen zwischen den Einheiten unterdrückt und Fehlvorstellungen ausgebaut werden, wie das folgende Beispiel verdeutlichen mag:

3,8 m = 3 m 8 dm, 3,80 m = 3 m 80 cm und 3,800 m = 3 m 800 mm.

Obwohl alle Längenangaben gleich sind, bestehen in der Vorstellung der Sortentrennung deutliche Unterschiede. Kinder stehen vor dem Problem, dass sie weniger die Gleichheit erkennen, als vielmehr grundlegende Unterschiede zwischen den Größenangaben. Dies führt langfristig womöglich zu entsprechenden Komma-Trennt-Fehlvorstellungen; in dem Sinne, dass 3,8 m weniger sei als 3,80 m, da die Nachkommazahl größer erscheint. Darüber hinaus wird das Verständnis für den Zusammenhang zwischen den Maßeinheiten durch eine zu strikte Vorstellung des Trennens behindert: Maßeinheiten stehen im Kontext von Größen in spezifischen Relationen zueinander, die explizit zu beachten sind.

Um Kenntnisse über Beziehungen zwischen einzelnen Einheiten und somit über die Umwandlungszahlen zu erhalten, ist es notwendig, neben der Einbindung in reichhaltige Sachsituationen auch produktive Übungen zum Größenbereich anzubieten (Wollenweber 2016). Von besonderer Bedeutung für den Aufbau eines flexiblen „Kommaverständnisses im Umgang mit Größen" ist die Stellenwerttafel, da diese die zentralen Beziehungen (z. B. Nachbareinheiten oder die Multiplikation und Division mit 10 (100, 1000) in Verbindung mit Dezimalzahlen) herausstellt (Steinbring 1993, Franke & Ruwisch 2010).

2 Grundvorstellungen aufbauen

Im Anfangsunterricht der Grundschule werden einerseits Geldwerte und die Repräsentanten Euro und Cent thematisiert, andererseits als erste bürgerliche Größen Zeitspannen und Längen. Diese drei Größen werden in den weiteren Schuljahren spiralig thematisiert und um die Größen Gewichte/Masse, Rauminhalte (Volumina) und Flächeninhalte erweitert. Das Umwandeln von einer Maßeinheit in die andere geht oftmals einher mit den arithmetischen Kenntnissen über den erforderlichen Zahlenraum. Beispielsweise werden Beziehungen zwischen Meter und Zentimeter (Zahlenraum bis 100) im 2. Schuljahr thematisiert, während die Beziehungen zwischen Meter und Kilometer oder Millimeter erst zum Thema des 3. Schuljahres werden (Zahlenraum bis 1.000).

Größe	1.–2. Schuljahr	3.–4. Schuljahr	5.–6. Schuljahr
Längen	m, cm	mm, km (dm)	dm
Flächeninhalte		Meterquadrate	km^2, h, a, m^2, dm^2, cm^2, mm^2
Rauminhalte		l, ml (hl)	mm^3, cm^3, dm^3, m^3, km^3
Gewichte		g, kg, t, mg	
Zeitspannen	h, min, Tag, Woche, Monat, Jahr	s	ms

Abb. 4: Systematische Behandlung von Größen in den einzelnen Schuljahren

Franke und Ruwisch (2010, S. 183) weisen allerdings darauf hin, dass Lernende bereits vor der arithmetischen Auseinandersetzung mit den jeweiligen Zahlenräumen mit einzelnen Größen Erfahrungen sammeln. „Vielfältige Vergleiche von Objekten, ohne dass deren Zusammenhang für alle zahlenmäßig beschrieben werden muss, sind für den Aufbau von Größenvorstellungen zentral und bereits vor der Arbeit mit den jeweiligen Maßeinheiten möglich." Zudem können grundlegende Erfahrungen über den Vergleich von Maßzahlen bereits in der ersten Klasse dazu führen, dass die Lernenden zwei Maßeinheiten (wie Euro und Cent, Meter und Zentimeter oder Stunde und Minute) nicht als getrennte, sondern aufeinander bezogene Einheiten erkennen, ohne diese zugleich arithmetisch im Detail beschreiben zu können.

Grundvorstellungen über Größen, sogenannte Stützpunktvorstellungen (Winter 1992), stellen das Rückgrat für die Auswahl passender Messinstrumente und Maßeinheiten in einer Messsituation dar ebenso wie für Messaktivitäten in Abwesenheit von konventionellen Messwerkzeugen, in denen mit Einheitsrepräsentanten gemessen wird oder geeignete Schätzungen vorgenommen werden. Die Entwicklung von Stützpunktvorstellungen bedarf eines Zusammenspiels zwischen expliziten Messprozessen mit konkreten Repräsentanten und konventionellen Messinstrumenten auf der einen Seite und gezielten Anregungen zur Verinnerlichung von Messerfahrungen auf der anderen Seite (Winter 1992). Im Unterricht sollten die Lernenden daher einen großen Fundus an Repräsentanten zu den Standardeinheiten kennen und in verschiedenen Situationen auch nutzen lernen. Die Vorstellungen sind sowohl inhaltsreich und bildlich fassbar zu entwickeln, damit sie flexibel in verschiedenen Mess- und Schätzsituationen zur Geltung kommen und in Beziehung zu anderen Vorstellungen gesetzt werden können. Die Abbildung 5 gibt einen Überblick über mögliche Repräsentanten für Einheiten, die langfristig wie das kleine Einmaleins von allen Lernenden verfügbar sein sollten.

Größe	**Einheit**	**Repräsentant**
Längen	1 mm	1-Cent-Münze (Dicke), Durchmesser eines Stecknadelkopfes, Abstand zwischen zwei mm-Strichen auf dem Lineal
	1 cm 5 cm 10 cm 20 cm	Breite von zwei Kästchen im Heft, Fingerbreite, Abstand zwischen zwei Zahlen auf dem Lineal Streichholzlänge Fingerspanne Handspanne
	1 m 2 m 4 m 100 m 400 m	Länge des Tafellineals, Türbreite (Klassenzimmer), Höhe der Wandtafel Türhöhe Länge eines Kleinwagens Länge eines Fußballfeldes Runde im Stadion
	1 km 1.000 km	zweieinhalb Runden auf dem Sportplatz, eine Viertelstunde wandern Entfernung München – Hamburg
Flächeninhalte	$1 cm^2$	vier Karokästchen (als 2x2-Quadrat), Daumennagel
	$1 dm^2$	eine Tafel quadratische Schokolade
	$1 m^2$ $2 m^2$ $10 m^2$ $50 m^2$	seitlicher Tafelflügel Bett Kinderzimmer Klassenraum

Volumina	1 ml 2 ml 200 ml 750 ml	Wassertropfen Aromafläschchen Wasserglas Flasche Wasser (kleinere)
	1 l 5 l 10 l 200 l	Packung Milch, Messbecher, Flasche Wasser (größere) Kleiner Eimer Großer Eimer Badewanne

Abb. 5: Beispiele an Standardrepräsentanten von Größen (Franke & Ruwisch 2010, S. 236)

Die Stützpunktvorstellungen sollen den Lernenden helfen, in Sachsituationen angemessen mit Näherungswerten zu rechnen und dabei Größen begründet zu schätzen. Selbstverständlich können die Stützpunktvorstellungen je nach sozialem und kulturellem Kontext, in dem sich die Kinder befinden, variieren. Stützpunktvorstellungen werden umso bewusster, je produktiver diese in Messsituationen zum Einsatz kommen können und je variabler diese die produktiven Diskontinuitäten zwischen Lebenswelt und Mathematik aufgreifen.

Da Maße nicht immer genau anzugeben sind, kommt sogenannten „Intervallvorstellungen" eine besondere Bedeutung zu – d. h. Kinder gewinnen Vorstellungen über ungefähre Größen.

weniger als 10 g	10 g – 100 g	100 g – 1000 g (1 kg)	1 kg – 10 kg
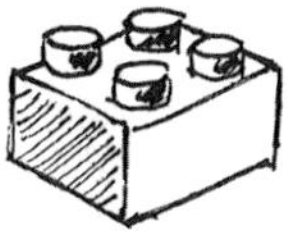			
Legostein	Brötchen	Lesebuch	Tornister

Abb. 6: Größenintervalle (aus: Schipper, Dröge & Ebeling 2000, S. 212; s. auch Franke & Ruwisch 2010, S. 238)

Inwieweit sich eine gewählte Intervalleinteilung als hinreichend erweist oder eine weitere Untergliederung sinnvoll erscheint, ist einerseits kontextspezifisch, andererseits von den bereits vorhandenen Größenvorstellungen der Kinder abhängig. „In jedem Fall erwerben die Schülerinnen und Schüler Stützpunktvorstellungen nicht durch einmaliges Messen oder durch Auswendiglernen einer der vorangegangenen Tabellen. Diese sind in vielfältigen Übungen zu festigen und beim Schätzen und Lösen von Sachaufgaben als Vergleichsgrößen heranzuziehen“ (Franke & Ruwisch 2010, S. 238). Hier bieten sich insbesondere zahlreiche Messaktivitäten an, die ausgestellt oder mithilfe von sogenannten Stützpunktplakaten dokumentiert werden.

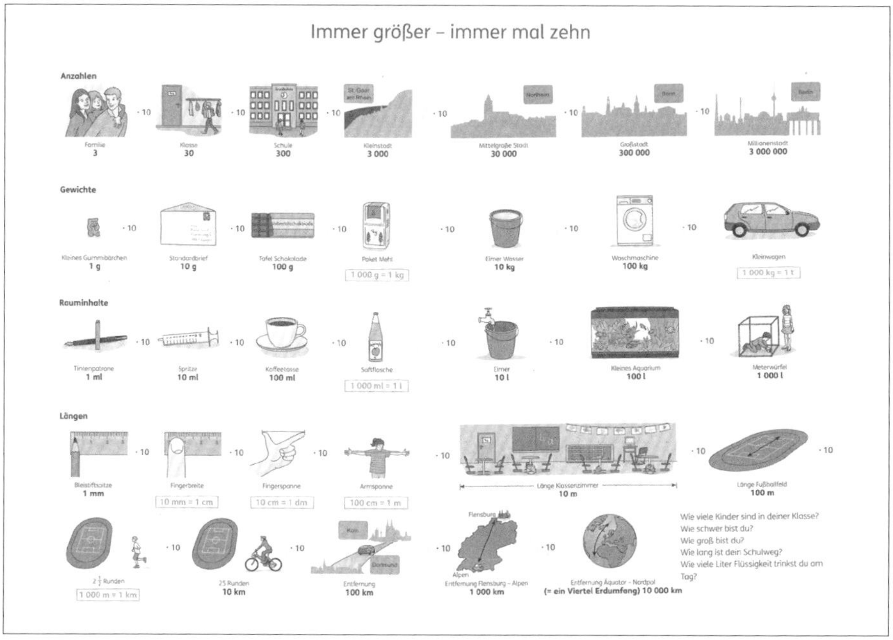

Abb. 7: Stützpunktplakat (Wittmann & Müller 2013, S. 4 f.)

3 „Messen durch Berechnen“ in der Sekundarstufe I

Die Leitidee Messen kommt in der Sekundarstufe I vor allem in Bezug auf geometrische Größen zum Tragen (Flächeninhalte und Umfänge geometrischer Figuren, Volumina und Oberflächeninhalte von Prisma, Pyramide, Zylinder, Kegel, Kugel und daraus zusammengesetzten Körpern sowie Längen- und Winkelbestimmung mithilfe des Satzes des Pythagoras und trigonometrischer Formeln), siehe KMK (2004, S. 10 f.).

Kuntze (2009, S. 159 ff.) benennt die folgenden *Aspekte des Messens*:

- *Vergleichsaspekt* (Vergleichen von zwei Größen),
- *Messen-durch-Auslegen-und-Zählen-Aspekt* (Auslegen von Längen, Flächen und Volumina mit Objekten ausgezeichneter Größe wie Einheitsstrecken, -quadraten, -würfeln),
- *Messgerät-Aspekt* (direktes Ablesen von Messwerten),
- *Messen-als-Berechnen-Aspekt* (die zu bestimmenden Größen werden aus anderen Größen berechnet).

Der Vergleichsaspekt umfasst (in einem etwas weiteren Sinne) auch das *Zerlegen und Ergänzen* von Figuren, um Figuren unbekannten Flächeninhalts in Figuren umzuwandeln, deren Flächeninhalt bekannt ist.

B

Flächeninhalt eines Trapezes

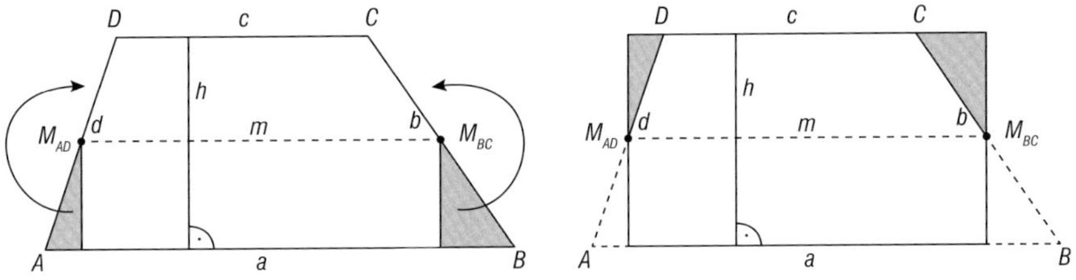

Abb. 8: Bestimmung des Flächeninhalts eines Trapezes durch Zerlegung/Ergänzung zu einem Rechteck

Zur Bestimmung des Flächeninhalts eines Trapezes mit den parallelen Seiten a und c bildet man die Mittelpunkte der beiden anderen Seiten und fällt davon die Lote auf die längere der beiden parallelen Seiten.* Man erhält zwei Dreiecke, die man „abschneidet", um 180° dreht und so verschiebt, dass die verbleibende „Restfigur" des Trapezes zu einem Rechteck ergänzt wird. Dessen Flächeninhalt ist gleich dem des Trapezes und berechnet sich als Produkt der Länge der Mittellinie des Trapezes und seiner Höhe. Die Länge der Mittellinie des Trapezes ist der Mittelwert der Längen der parallelen Seiten, $m = \frac{a+c}{2}$, sein Flächeninhalt beträgt also $A = \frac{a+c}{2} \cdot h$.

*Sollte einer der Winkel zwischen der längeren parallelen Seite und den benachbarten Seiten stumpf sein, so fällt man das Lot auf die gegenüberliegende parallele Seite und „schneidet" dort ein Dreieck ab.

Neben dem Zerlegen/Ergänzen und dem damit möglichen Vergleichen des Flächeninhalts eines Trapezes mit dem eines Rechtecks kommt bei dem obigen Beispiel auch der „Messen-als-Berechnen-Aspekt" zum Tragen, der verstärkt in den Vordergrund tritt, wenn die Höhe des Trapezes nicht bekannt ist und auch nicht unmittelbar gemessen werden kann oder soll. Hierzu können dann (gegen Ende der Sekundarstufe I) trigonometrische Beziehungen in rechtwinkligen Dreiecken (falls ein Winkel bekannt ist) und zusätzlich der Kosinussatz (wenn nur die Seitenlängen bekannt sind) genutzt werden.

B

Bestimmung des Flächeninhalts eines Trapezes, dessen Höhe nicht gegeben ist

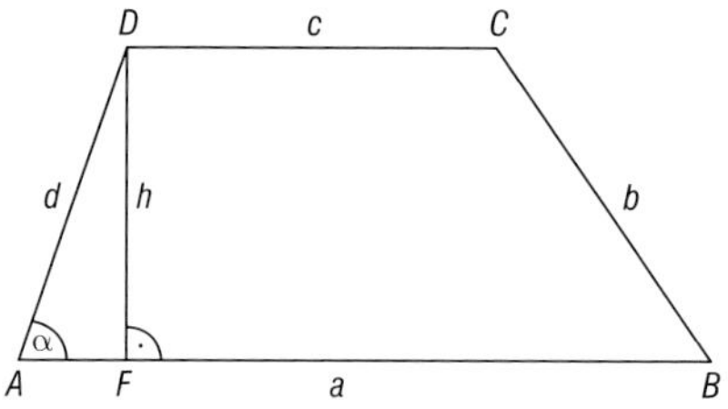

Abb. 9: Berechnung der Höhe im Trapez

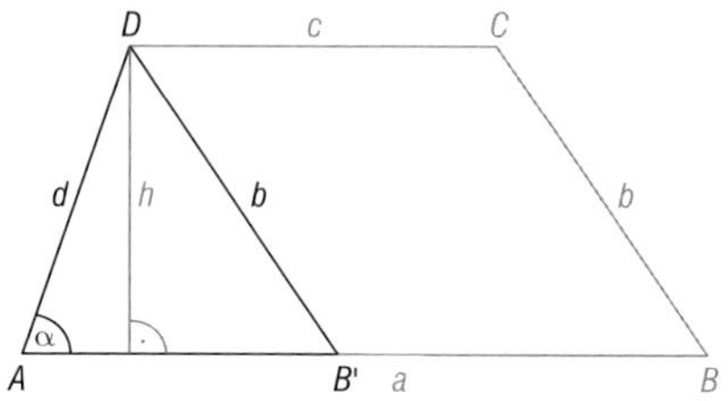

Abb. 10: Berechnung eines Winkels aus den Seitenlängen

Ist ein Winkel des Trapezes bekannt (z. B. der Winkel α bei A), so ermittelt man die Höhe als Seite des rechtwinkligen Dreiecks ΔAFD (siehe Abb. 9): $h = d \cdot \sin \alpha$. Damit erhält man für den Flächeninhalt des Trapezes $A = \frac{a+c}{2} \cdot d \cdot \sin \alpha$.
Falls kein Winkel des Trapezes bekannt ist, so kann ein solcher aus den vier Seitenlängen ermittelt werden. Dazu verschiebt man eine der nicht parallelen Seiten um die Differenz der Längen der parallelen Seiten so, dass ein Dreieck entsteht, dessen Seitenlängen die beiden Längen der nicht parallelen Seiten sowie die Differenz der Längen der parallelen Seiten des Trapezes sind (Abb. 10). Nach dem Kosinussatz gilt:
$b^2 = d^2 + (a - c)^2 - 2d(a - c) \cos \alpha$ bzw. $\cos \alpha = \frac{d^2 + (a - c)^2 - b^2}{2d\,(a - c)}$.

Eine Ausnahme unter den in der Sekundarstufe I betrachteten ebenen Figuren stellt der Kreis dar, der nicht geradlinig begrenzt ist und daher eine Zerlegung und Ergänzung zu Figuren bekannten Flächeninhalts nicht zulässt. Daher kann sein Flächeninhalt (und damit auch die Zahl π) nur näherungsweise bestimmt werden. Hierfür kommen in der Schule unterschiedliche Vorgehensweisen zum Einsatz, wovon die (in Bezug auf die nötigen mathematischen Voraussetzungen) einfachste den „Messen-durch-Auslegen-und-Zählen-Aspekt“ aufgreift und gleichzeitig die Idee des „Messens durch infinitesimales Ausschöpfen“ vorbereitet, die konsequent aber erst in der Sekundarstufe II umgesetzt werden kann (siehe den letzten Abschnitt in diesem Kapitel).

B

Näherungsweise Bestimmung des Kreisflächeninhalts durch Auszählen von Millimeterquadraten
Kreise (ggf. verschiedenen Durchmessers) werden auf Millimeterpapier gezeichnet, und es wird jeweils gezählt, wie viele Millimeterquadrate vollständig innerhalb eines Kreises liegen und wie viele notwendig sind, um den Kreis vollständig zu überdecken. Damit lassen sich die Flächeninhalte von Kreisen (mit Radius r) und Quadraten (mit Seitenlänge $2r$) vergleichen. Dabei werden folgende Erkenntnisse gewonnen:

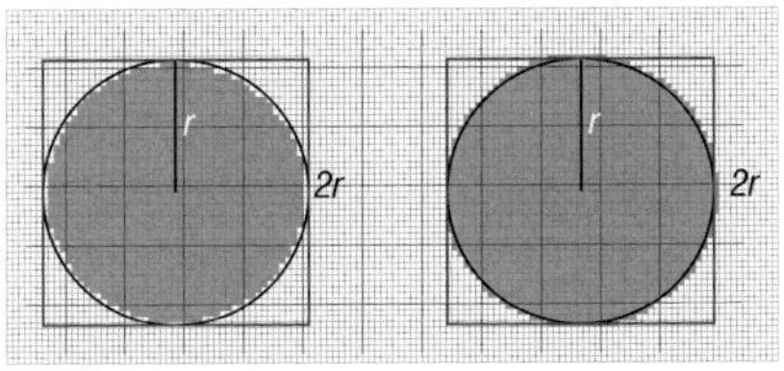

Abb. 11: Annähern eines Kreises durch Millimeterquadrate

- Das Verhältnis der Flächeninhalte zwischen Quadraten und einbeschriebenen Kreisen hängt nicht vom Radius ab. Da für die Flächeninhalte der Quadrate $A = 4r^2$ gilt, ist auch der Kreisflächeninhalt proportional zum Quadrat des Radius: $A_{\odot} \sim r^2$.
- Der Anteil der Flächeninhalte der Kreise an denen der entsprechenden Quadrate ist etwas größer als drei Viertel. Somit ist der Flächeninhalt eines Kreises mit dem Radius r etwas größer als $3r^2$.

Man erhält auf diese Weise einen (recht groben) Näherungswert für die Zahl π mit $A_{\odot} = \pi r^2$. Genauere Näherungswerte müssen mitgeteilt werden, ebenso die Tatsache, dass π keine rationale Zahl ist. Außer der in dem obigen Beispiel beschriebenen Annäherung des Kreisflächeninhalts gibt es noch eine Reihe weiterer Möglichkeiten, diesen näherungsweise zu ermitteln, u. a. durch dem Kreis einbeschriebene n-Ecke (s. Kuntze 2009, S. 180). Einen umfassenden Überblick über Wege der Kreisberechnung in der Schule enthält (Fricke 1983, S. 132–161).

Bei *Volumenberechnungen* sollten Schülerinnen und Schüler unbedingt eine Systematik der in der Sekundarstufe I behandelten Körper erkennen. Die folgende Tabelle zeigt, dass es nicht nötig ist, vier Volumenformeln für Prismen, Zylinder, Pyramiden und Kegel auswendig zu lernen, wenn die „Verwandtschaften" zwischen diesen Körpern erkannt werden. Die Kugel nimmt allerdings eine gewisse Sonderstellung unter den in der Sekundarstufe I betrachteten Körpern ein (s. Fricke 1983, S. 297–319).

	Körper mit geradlinig begrenzten Grundflächen		Körper mit Kreisen als Grundflächen	
▸ Körper mit kongruenten und parallelen Grund- und Deckflächen sowie parallelen Mantellinien	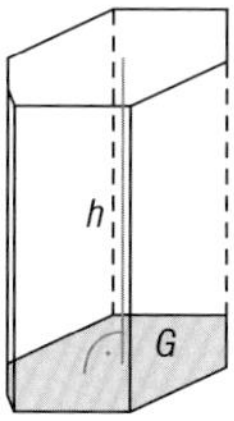	Prisma $V = G \cdot h$ G – Flächeninhalt der Grundfläche h – Höhe	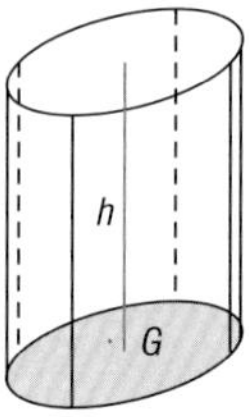	Zylinder $V = G \cdot h$ $= \pi \cdot r^2 \cdot h$
▸ Körper ohne Deckflächen und mit Mantellinien, die sich in einer Spitze treffen	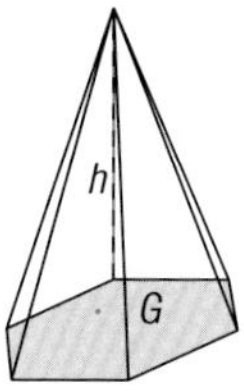	Pyramide $V = \frac{1}{3} \cdot G \cdot h$	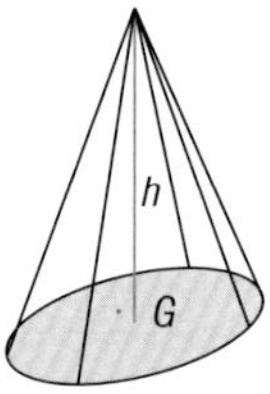	Kegel $V = \frac{1}{3} \cdot G \cdot h$ $= \frac{\pi}{3} \cdot r^2 \cdot h$

Abb. 12: Prismen, Pyramiden, Zylinder und Kegel sowie ihre Volumina

Dass das Volumen eines Prismas oder eines Zylinders gleich dem Produkt des Flächeninhalts der Grundfläche mit der Höhe ist, kann auf anschaulichem Wege leicht plausibel gemacht werden (Aufeinanderlegen „dünner" Prismen bzw. Zylinder mit gleichen Grundflächen, Zusammensetzen von Körpern mit Teilen der Grundfläche und gleicher Höhe – also Anknüpfen an das Zerlegen/Ergänzen ebener Figuren). Weniger selbstverständlich ist der Faktor $\frac{1}{3}$ für die Volumina von Pyramiden und Kegeln gegenüber Prismen bzw. Zylindern – viele Schülerinnen und Schüler äußern als erste Vermutung, dass dieser Faktor $\frac{1}{2}$ sein müsste. Eine Möglichkeit, den Faktor $\frac{1}{3}$ plausibel zu machen, ist das Zusammensetzen von 6 (sehr speziellen) Pyramiden zu einem Würfel.

B

Es wird eine Pyramide mit quadratischer Grundfläche betrachtet, deren Höhe gleich der halben Länge der Seite der Grundfläche ist: $h = \frac{a}{2}$.
Weiterhin wird ein Würfel der Kantenlänge a betrachtet. Seine Raumdiagonalen zerlegen den Würfel in sechs kongruente Pyramiden (in Abb. 13 ist die „vordere" Pyramide weggelassen, da sie zu viel verdecken würde).
Es gilt also für das Volumen der Pyramide:

$$v = \frac{1}{6} \cdot a^3 = \frac{1}{3} \cdot a^2 \cdot \frac{a}{2} = \frac{1}{3} \cdot G \cdot h$$

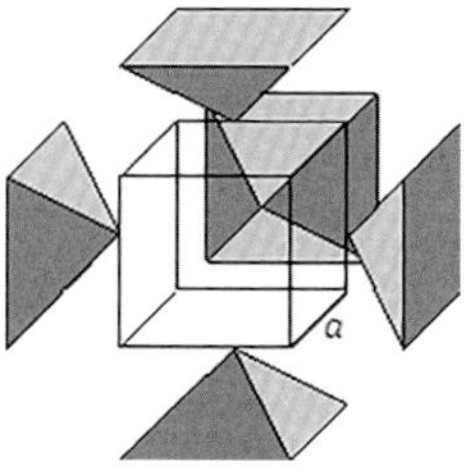

Abb. 13: Zusammensetzen eines Würfels aus sechs Pyramiden.

Eine durchaus umstrittene Frage besteht darin, wie konsequent im Unterricht der Sekundarstufe I bei Berechnungen mit *Maßeinheiten* gearbeitet werden soll. Für die Grundschule ist diese Frage klar zu beantworten: Die Schülerinnen und Schüler müssen Vorstellungen bezüglich der Einheiten erwerben, und dieser Lernprozess ist zu Beginn der Sekundarstufe I noch nicht abgeschlossen. Hingegen wäre das Rechnen mit Maßeinheiten in der Integralrechnung oder der analytischen Geometrie in der Sekundarstufe II nicht sinnvoll. Somit muss also im Verlauf der Sekundarstufe I ein Übergang vom Rechnen mit Einheiten zum einheitenlosen Rechnen gefunden werden. Ein von Kuntze (2009, S. 172) vorgeschlagener Weg besteht darin, zunächst konsequent Einheiten zu betrachten und diese später in innergeometrischen Kontexten wegzulassen. Für Anwendungskontexte ist allerdings weiterhin die Verwendung von Einheiten mindestens in dem Sinne notwendig, dass die Ergebnisse (ggf. auch, nachdem Berechnungen einheitenlos vorgenommen wurden) mit den zugehörigen Maßeinheiten angegeben werden.

4 Messen in der analytischen Geometrie

In der Sekundarstufe II erweitert „die Leitidee Messen [] das Bestimmen und Deuten von Größen aus der Sekundarstufe I um infinitesimale, numerische und analytisch-geometrische Methoden" (KMK 2012, S. 23). Wir gehen hier auf Aspekte des Messens in der analytischen Geometrie und in der Analysis ein, zur Leitidee Messen in der Stochastik siehe z. B. Leuders (2015, S. 48 ff.).

Die grundlegende Idee der analytischen Geometrie ist das *Koordinatisieren*, d. h. die Beschreibung von Punkten durch Zahlenpaare (in der Ebene) bzw. -tripel (im Raum). Damit rückt der *Messen-als-Berechnen-Aspekt* innerhalb der Leitidee Messen noch stärker in den Vordergrund als in der Sekundarstufe I.

Während einfache Abstandsberechnungen (wie in dem Beispiel S. 92) noch mit elementaren koordinatengeometrischen Methoden möglich sind, stoßen diese bei komplexeren Abstandsbestimmungen (z. B. zwischen Punkten, Geraden und Ebenen) sowie bei der Winkelmessung an Grenzen. Daher liegt dem größten Teil der analytischen Schulgeometrie die *Vektorrechnung* zu Grunde. Das wesentliche Konstrukt, das die „Messung" (Berechnung) von Abständen/Längen sowie Winkeln erlaubt, ist das *Skalarprodukt von Vektoren.* Es wird in der Schule unter arithmetischen und/oder geometrischen Zugängen eingeführt (s. Henn & Filler 2015, S. 195 ff.), wobei in jedem Falle folgende Eigenschaften herausgearbeitet werden:

- Das Skalarprodukt zweier als Zahlenpaare bzw. -tripel aufgefasster Vektoren $\vec{u}=\begin{pmatrix}u_1\\u_2\end{pmatrix}, \vec{v}=\begin{pmatrix}v_1\\v_2\end{pmatrix}$ bzw. $\vec{u}=\begin{pmatrix}u_1\\u_2\\u_3\end{pmatrix}, \vec{v}=\begin{pmatrix}v_1\\v_2\\v_3\end{pmatrix}$, ist die Summe der Produkte der einander entsprechenden Komponenten: $\vec{u}\cdot\vec{v}=u_1v_1+u_2v_2$ bzw. $\vec{u}\cdot\vec{v}=u_1v_1+u_2v_2+u_3v_3$
- Das Skalarprodukt $\vec{u}\cdot\vec{v}$ zweier Vektoren ist das Produkt ihrer Beträge (Längen) und des Kosinus des von ihnen eingeschlossenen Winkels: $\vec{u}\cdot\vec{v}=|\vec{u}|\cdot|\vec{v}|\cdot\cos\angle(\vec{u},\vec{v})$

B

Abstand zweier Punkte in der Ebene und im Raum

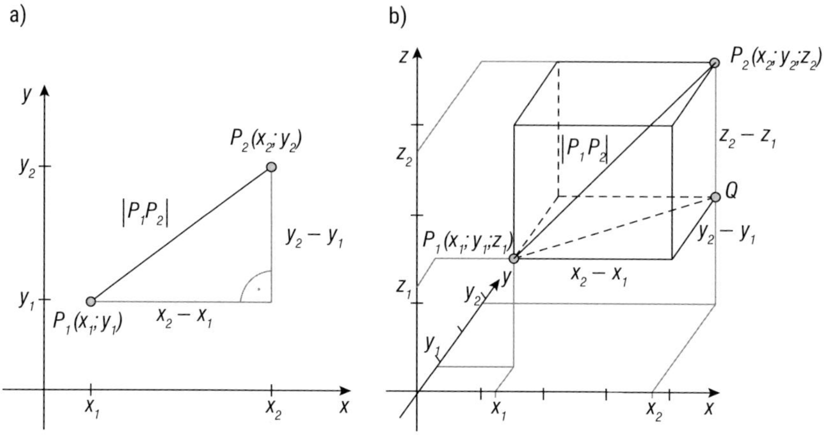

Abb. 14: Abstand zweier Punkte a) in der Ebene, b) im Raum

Für den Abstand $|P_1P_2|$ zweier Punkte $P_1(x_1; y_1)$ und $P_2(x_2; y_2)$ der Ebene gilt nach dem Satz des Pythagoras $|P_1P_2|^2 = (x_2 - x_1)^2 + (y_2 - y_1)^2$ (siehe Abb. 14a), also

$$|P_1P_2| = \sqrt{(x_2 - x_1)^2 + (y_2 - y_1)^2}.$$

Zwei Punkte $P_1(x_1; y_1; z_1)$ und $P_2(x_2; y_2; z_2)$ des Raumes bestimmen einen Quader mit zu den Koordinatenachsen parallelen Kanten, in dem sie Endpunkte einer Raumdiagonalen sind (siehe Abb. 14). Durch zweimalige Anwendung des Satzes des Pythagoras erhält man zunächst $|P_1Q|^2 = (x_2 - x_1)^2 + (y_2 - y_1)^2$ und damit

$$|P_1P_2| = \sqrt{(x_2 - x_1)^2 + (y_2 - y_1)^2 + (z_2 - z_1)^2}.$$

In der/dem mit einem kartesischen Koordinatensystem versehenen Anschauungsebene/-raum sind die beiden Darstellungen äquivalent (s. Henn & Filler 2015, S. 199ff.), sodass sich mithilfe des Skalarprodukts Winkel zwischen Vektoren berechnen lassen:

$$\cos\angle(\vec{u}, \vec{v}) = \frac{\vec{u} \cdot \vec{v}}{|\vec{u}| \cdot |\vec{v}|} = \frac{u_1v_1 + u_2v_2}{\sqrt{u_1^2 + u_2^2} \cdot \sqrt{v_1^2 + v_2^2}} \text{ bzw. } \frac{u_1v_1 + u_2v_2 + u_3v_3}{\sqrt{u_1^2 + u_2^2 + u_3^2} \cdot \sqrt{v_1^2 + v_2^2 + v_3^2}}$$

Damit kann z. B. der Winkel zwischen zwei Geraden berechnet werden, die durch Parameterdarstellungen gegeben sind. Allerdings ist zu beachten, dass der Winkel zwischen zwei Vektoren größer als 90° sein kann, während als Schnittwinkel zweier Geraden derjenige Winkel zwischen ihnen aufgefasst wird, der nicht größer als 90° ist (s. Abb. 15).

B

Für den Winkel zwischen den Richtungsvektoren der sich schneidenden Geraden

$g: \vec{x} = \begin{pmatrix} -0,5 \\ 2 \\ 3,5 \end{pmatrix} + t \begin{pmatrix} 1,25 \\ -0,5 \\ -1 \end{pmatrix}$ und $h: \vec{x} = \begin{pmatrix} 0,5 \\ -1 \\ 0 \end{pmatrix} + s \begin{pmatrix} 0,75 \\ 1 \\ 0,75 \end{pmatrix}$

ergibt sich:

$$\cos\alpha = \frac{1,25 \cdot 0,75 - 0,5 \cdot 1 - 1 \cdot 0,75}{\sqrt{1,25^2+0,5^2+1} \cdot \sqrt{0,75^2+1+0,75^2}} \approx -0,1278$$

und somit $\alpha \approx 97,3°$. Der Schnittwinkel der Geraden g und h ist jedoch nicht größer als 90°. Er berechnet sich als Differenz zwischen 180° und α:
$\angle(g,h) \approx 180° - 97,3° = 82,7°$.*

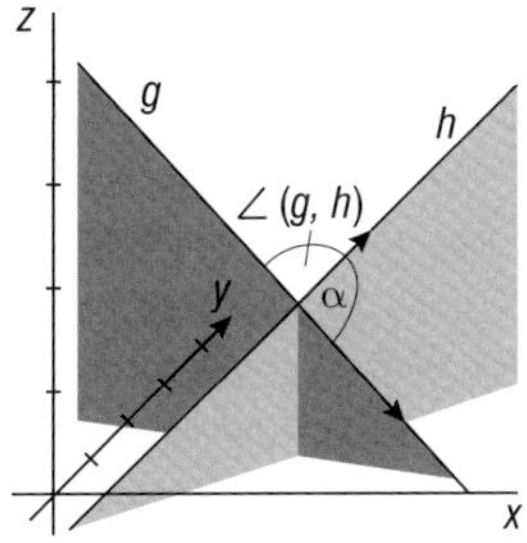

Abb. 15: Winkel zwischen zwei Geraden im Raum

*Anstatt zunächst den Winkel zwischen den Richtungsvektoren zu berechnen und diesen eventuell von 180° zu subtrahieren, kann auch mit dem Absolutbetrag des Skalarprodukts gerechnet werden, womit man unmittelbar den Winkel zwischen den Geraden erhält.

Für Berechnungen von Winkeln zwischen Ebenen sowie zwischen Geraden und Ebenen werden unter Nutzung der Tatsache, dass das Skalarprodukt zwischen orthogonalen, d. h. senkrechten, Vektoren Null ist, *Normalenvektoren* (Vektoren, die auf Geraden in der Ebene bzw. auf Ebenen im Raum senkrecht stehen) betrachtet. Für Abstandsberechnungen Punkt-Gerade und Punkt-Ebene ist es zudem zweckmäßig, Geraden bzw. Ebenen durch *Normalengleichungen* zu beschreiben (s. Henn & Filler 2015, S. 213 ff.).

Grundsätzlich ist es bei den verschiedenen Abstands- und Winkelberechnungen, die in der Schule durchgeführt werden, essenziell, dass Schülerinnen und Schüler

- das notwendige mathematische „Handwerkszeug" (Vektorrechnung einschließlich Skalarprodukt, Normalenvektoren und -gleichungen) rechnerisch beherrschen und damit geometrische Vorstellungen verbinden sowie
- lernen, (raum-)geometrische Überlegungen anzustellen, wie sich Abstände und Winkel bestimmen, d. h. in gedanklichem Sinne „messen" lassen.

Soll beispielsweise der Abstand eines Punktes *P* von einer Ebene *E* im Raum bestimmt werden, so ist von der Frage auszugehen, wie man diesen Abstand mithilfe eines Lineals oder Maßbands *messen* könnte. Gedankliche und/oder materielle Experimente führen zu dem Schluss, dass man dazu das Maßband an *P* befestigt und so zu *E* zieht, dass es auf der Ebene senkrecht steht. Der Abstand von *P* zu *E* ist somit die Länge der Lotstrecke von *P* auf *E*. Aufgrund der Tatsache, dass ein Normalenvektor der Ebene *E* zugleich Richtungsvektor des Lotes ist, lässt sich damit der gesuchte Abstand – unter Nutzung des o. g. „Handwerkszeugs" berechnen (s. z. B. Henn & Filler 2015, S. 214).

Da räumliche Vorstellungen eine Grundvoraussetzung für eine auf Verstehen basierende Durchführung von Abstands- und Winkelberechnungen bilden, sollten hierzu auch Veranschaulichungsmittel genutzt werden, wozu Computervisualisierungen, vor allem aber „anfassbare" räumliche Modelle gehören (s. z. B. Henn & Filler 2015, S. 170 f.).

5 Integralrechnung

Die Leitidee Messen ist sowohl bei der Einführung des Integralbegriffs als auch bei Anwendungen der Integralrechnung von zentraler Bedeutung. Bei der Begriffsentwicklung stehen zwei Aspekte im Vordergrund:

- Integrieren als Rekonstruieren von Beständen aus Änderungsraten,
- Integral als orientierter Flächeninhalt.

Beide Aspekte sind in enger Verbindung zu sehen. Danckwerts und Vogel (2006) weisen allerdings unter Bezugnahme auf empirische Untersuchungen darauf hin, dass eine zu frühe Betonung von Flächenberechnungen dazu führen kann, dass Schülerinnen und Schüler Integrale mit Flächeninhalten „verwechseln" und keine für ein Verständnis des Integralbegriffs ausreichenden Vorstellungen von *orientierten* Flächeninhalten erlangen. Sie plädieren für „Integrieren als Rekonstruieren" als primären Zugang, um tragfähige Grundvorstellungen des Integralbegriffs aufzubauen. Ein paradigmatisches Beispiel bilden die Betrachtung von Zu- bzw. Abflussraten und die Ermittlung von Füllständen (s. Beispiel, S. 95).

In analogen Beispielen für die Rekonstruktion von Beständen aus Änderungsraten werden zurückgelegte Wege oder mit einem Aufzug erreichte Höhen aus gegebenen (vorzeichenbehafteten) Geschwindigkeiten ermittelt. Mit derartigen Beispielen ermitteln Schülerinnen und Schüler erste (sehr einfache) Integrale, wobei durch die Betrachtung nicht konstanter Änderungsraten, die z. B. durch stückweise lineare Funktionen beschrieben werden (s. z. B. Danckwerts & Vogel 2006, S. 98), Verallgemeinerungen möglich sind.

Das Beispiel auf Seite 95 führt (wie auch analoge Beispiele) – u. a. wegen des hergestellten Bezugs zu orientierten Flächeninhalten – zu einer Exaktifizierung des Integralbegriffs hin. Da sich Flächeninhalte, die durch Funktionsgraphen begrenzt sind, im Allgemeinen nicht mehr (s. Beispiel S. 95) „einfach ausrechnen" lassen, kommt hier nun die Idee des *„Messens durch infinitesimales Ausschöpfen"* (Leuders 2015, S. 43) zum Tragen: Man nähert Flächeninhalte durch Unter- und Obersummen an. Dazu wird das Intervall, über dem der (orientierte) Flächeninhalt zwischen einem Funktionsgraphen und der x-Achse berechnet werden soll, in Teilintervalle unterteilt, wobei man in der Schule nahezu ausschließlich gleich

B

In eine Badewanne wird 6 Minuten lang Wasser eingelassen, wobei 25 Liter Wasser pro Minute durch den Hahn fließen. Danach wird das Wasser wieder ausgelassen, wobei 60 Liter Wasser pro Minute abließen.
Wie viel Wasser befindet sich zu jedem Zeitpunkt in der Wanne?

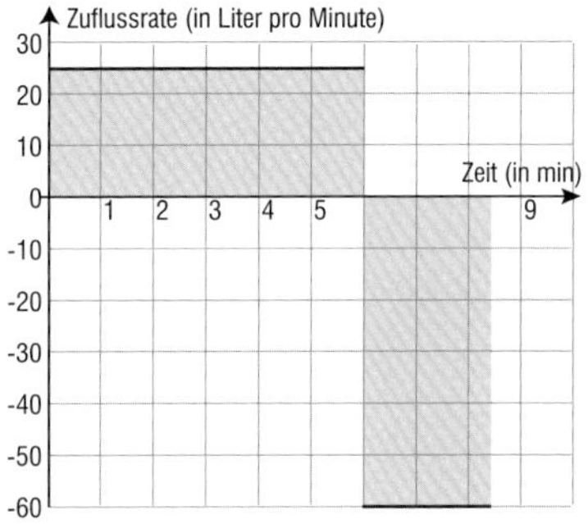

Abb. 16: Zeitlicher Verlauf der Änderungsrate

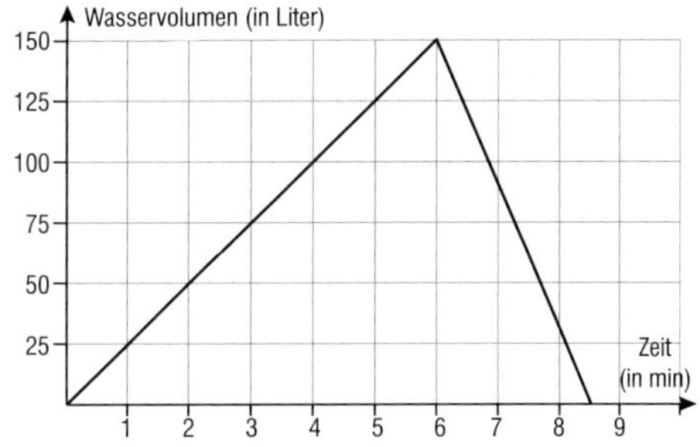

Abb. 17: Zeitlicher Verlauf des Bestands

Es lässt sich leicht herausarbeiten, dass während der ersten 6 Minuten das in der Wanne befindliche Wasservolumen gleich dem Produkt aus der Zuflussrate und der verstrichenen Zeit, in dem hier betrachteten Beispiel also $25 \frac{\mathrm{l}}{\mathrm{min}} \cdot t$, ist und dass sich nach 6 Minuten 150 l Wasser in der Wanne befinden. Danach fließen davon pro Minute 60 l ab (bis die Wanne leer ist), das vorhandene Volumen lässt sich also durch $150\,\mathrm{l} - 60 \frac{\mathrm{l}}{\mathrm{min}} \cdot t$ ausdrücken. Der Zusammenhang zu Flächeninhalten wird deutlich (s. Abb. 16) – Produkte von Zahlen wurden bereits in früheren Schuljahren durch Flächeninhalte veranschaulicht. Zusammengefasst lassen sich die Funktionen, welche die Zuflussrate und das Volumen beschreiben, folgendermaßen darstellen (unter Weglassung der Einheiten):

$$z(t) = \begin{cases} 25 & \text{für } 0 \le t \le 6 \\ -60 & \text{für } 6 < t \le 8{,}5 \end{cases} \qquad V(t) = \begin{cases} 25 \cdot t & \text{für } 0 \le t \le 6 \\ 150 - 60 \cdot t & \text{für } 6 < t \le 8{,}5 \end{cases}$$

lange Teilintervalle betrachtet, d. h. äquidistante Zerlegungen vornimmt. Über jedem Teilintervall werden das Maximum und das Minimum der Funktionswerte bestimmt – auch dies stellt eine gewisse Einschränkung gegenüber der Definition des Riemann-Integrals (bei der Infima und Suprema genutzt werden, siehe z. B. Deiser 2012, S. 15–22) dar, die sich aber aufgrund der Stetigkeit der in der Schule betrachteten Funktionen nicht auswirkt. Die Untersumme berechnet sich als Summe der Produkte der Minima der Funktionswerte über den Teilintervallen mit den Intervalllängen, die Obersumme analog mit den Maxima der Funktionswerte.

B

Annäherung des Flächeninhalts zwischen dem Graphen der Funktion f mit $f(x) = x^2$ und der x-Achse über dem Intervall [0; 1] durch Ober- und Untersummen über zehn gleich langen Teilintervallen

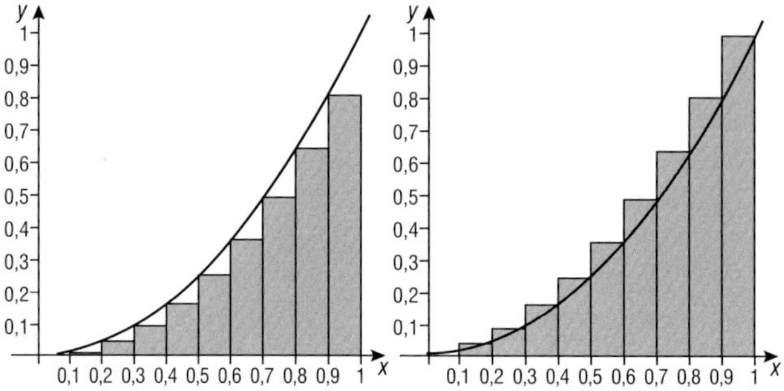

Abb. 18: Unter- und Obersummen

Untersumme: $\underline{S} = 0^2 \cdot 0{,}1 + 0{,}1^2 \cdot 0{,}1 + 0{,}2^2 \cdot 0{,}1 + \dots + 0{,}8^2 \cdot 0{,}1 + 0{,}9^2 \cdot 0{,}1 \approx 0{,}285$

Obersumme: $\overline{S} = 0{,}1^2 \cdot 0{,}1 + 0{,}2^2 \cdot 0{,}1 + 0{,}3^2 \cdot 0{,}1 + \dots + 0{,}9^2 \cdot 0{,}1 + 1^2 \cdot 0{,}1 \approx 0{,}385$

Die Untersumme entspricht dem Flächeninhalt der Treppenfigur in der linken Abbildung, die Obersumme dem Flächeninhalt der Treppenfigur in der rechten Abbildung.

Anhand des Beispiels wird anschaulich deutlich (und kann auch rechnerisch unter Nutzung von Summenformeln nachvollzogen werden), dass sich Unter- und Obersummen beliebig weit einander annähern, wenn man die Längen der Teilintervalle genügend verkleinert. Lässt man diese unendlich klein werden, so konvergieren Unter- und Obersummen (bei Riemann-integrierbaren Funktionen, die in der Schule ausschließlich betrachtet werden) gegen denselben Wert. Bei gleich langen Teilintervallen eines endlichen Intervalls $[a; b]$ gilt also: $\lim_{n\to\infty} \underline{S}\,(f, [a; b], n) = \lim_{n\to\infty} \overline{S}\,(f, [a; b], n)$. Damit ist das bestimmte Integral $\int_a^b f(x)\mathrm{d}x$ einer Funktion f über einem Intervall definiert, mit dem sich (mithilfe des Zusammenhangs zwischen Integral und Ableitung) Flächeninhalte „messen" (berechnen) lassen. Dabei ist allerdings zu beachten, dass das Integral orientierte Flächeninhalte angibt, die nur dann mit den tatsächlichen Flächeninhalten zwischen Funktionsgraphen und der -achse übereinstimmen, wenn alle Funktionswerte über dem jeweils betrachteten Intervall positiv sind. Anderenfalls sind die Werte der Integrale über Teilintervallen mit negativen Funktionswerten zu subtrahieren.

Neben Flächeninhalten lassen sich durch Integrale auch Volumina von Rotationskörpern (Körpern, die durch Rotation von Funktionsgraphen um eine Koordinatenachse entstehen) bestimmen (s. z. B. Danckwerts & Vogel 2006, S. 120 ff.), was nach den Bildungsstandards für Kurse auf erhöhtem Anforderungsniveau vorgesehen ist (KMK 2012, S. 23). Eine schulübliche außermathematische Anwendung der Integralrechnung ist die mechanische Arbeit bei veränderlicher Kraft; auch hierbei wird der Bezug zur Leitidee Messen deutlich.

Bei der Behandlung der Integralrechnung wird rückblickend deutlich, wie sich grundlegende Aspekte des Messens von der Grundschule bis in die Sekundarstufe II erstrecken, etwa das „Messen durch Auslegen und rechnendes Zählen" vom Auslegen von Rechtecken mittels Zenti- oder Dezimeterquadraten bis hin zum infinitesimalen Ausschöpfen. Diese Idee reicht sogar weit über die Schulmathematik hinaus und findet in der Hochschulmathematik ihre Fortsetzung, Exaktifizierung und Verallgemeinerung in der Integrations- und Maßtheorie.

Literatur

Battista, M. T. (2006). Understanding the Development of Students' Thinking about Length. In: Teaching Children Mathematics, 13(3), 140 – 146.

Benz, Ch., Peter-Koop, A. & Grüßing, M. (2015). Frühe mathematische Bildung. Heidelberg: Springer Spektrum.

Clements, D. H. & Bright, G. (Hrsg.) (2003). Learning and Teaching Measurement. Reston: The National Council of Teachers of Mathematics.

Danckwerts, R. & Vogel, D. (2006). Analysis verständlich unterrichten. Heidelberg: Spektrum.

Deiser, O. (2012). Analysis 2. Heidelberg: Springer Spektrum.

Franke, M. & Ruwisch, S. (2010). Didaktik des Sachrechnens in der Grundschule Heidelberg: Spektrum.

Fricke, A. (1983). Didaktik der Inhaltslehre. Stuttgart: Klett.

Grassmann, M. (2013). Größen und Messen. In: Grundschule (2), 6 – 8.

Henn, H.-W. & Filler, A. (2015). Didaktik der Analytischen Geometrie und Linearen Algebra. Heidelberg: Springer Spektrum.

KMK (Hrsg.) (2004). Bildungsstandards im Fach Mathematik für den Mittleren Schulabschluss. Beschluss der Kultusministerkonferenz vom 04.12.2003. München: Wolters Kluwer.

KMK (Hrsg.) (2012). Bildungsstandards im Fach Mathematik für die Allgemeine Hochschulreife. Beschluss vom 18.10.2012. (http://www.kmk.org/fileadmin/veroeffentlichungen_beschluesse/2012/2012_10_18-Bildungsstandards-Mathe-Abi.pdf, letzter Zugriff: 18.05.2016)

Kuntze, S. (2009). Flächeninhalt und Volumen. In: H.-G. Weigand et al. (Hrsg.), Didaktik der Geometrie für die Sekundarstufe I, 157–185. Heidelberg: Spektrum.

Leuders, T. (2015). Die Leitidee Messen. In: W. Blum, S. Vogel, C. Drüke-Noe & A. Roppelt (Hrsg.), Bildungsstandards aktuell: Mathematik in der Sekundarstufe II, 41 – 50. Braunschweig: Schroedel.

Lorenz, J. H. (2012). Kinder begreifen Mathematik. Frühe mathematische Bildung und Förderung. Stuttgart: Kohlhammer.

Nührenbörger, M. (2002). Denk- und Lernwege von Kindern beim Messen von Längen. Theoretische Grundlegung und Fallstudien kindlicher Längenkonzepte im Laufe des 2. Schuljahres. Hildesheim: Franzbecker.

Peter-Koop, A. & Nührenbörger, M. (2008). Größen und Messen. In: G. Walther, M. van den Heuvel-Panhuizen, D. Granzer & O. Köller (Hrsg.), Bildungsstandards für die Grundschule: Mathematik konkret, 89 – 117. Berlin: Cornelsen Scriptor.

Piaget, J., Inhelder, B. & Szeminska, A. (1974). Die natürliche Geometrie des Kindes. Stuttgart: Klett.

Schipper, W., Dröge, R. & Ebeling, A. (2000). Handbuch für den Mathematikunterricht. 4. Schuljahr. Hannover: Schroedel.

Schwarzkopf, R. (2006). Elementares Modellieren in der Grundschule. In: A. Büchter, H. Humenberger, S. Hußmann & S. Prediger (Hrsg.), Realitätsnaher Mathematikunterricht – vom Fach aus und für die Praxis, 95–105. Hildesheim: Franzbecker.
Schwarzkopf, R. (2013). Größen: Messen, Rechnen, Schätzen – grundlegende Einsichten in der Grundschule. In: Grundschulmagazin (5), 7–12.
Steinbring, H. (1993). „Kann man auch ein Meter mit Komma schreiben?“ – Konkrete Erfahrungen und theoretisches Denken im Mathematikunterricht der Grundschule. In: mathematica didactica, 16. Jg., Bd. 2, 30–55.
Winter, H. (1992). Sachrechnen in der Grundschule. Problematik des Sachrechnens; Funktionen des Sachrechnens; Unterrichtsprojekte. Berlin: Cornelsen Scriptor.
Wittmann, E. Ch. & Müller, G. N. (2013). Das Zahlenbuch. Leipzig: Klett.
Wollenweber, T. (2016). Dezimalzahlen im Kontext von Größen im Mathematikunterricht der Grundschule. In: A. S. Steinweg (Hrsg.), Inklusiver Mathematikunterricht. Bamberg: UBP.

Ulrich Kortenkamp & Bernd Wollring

Raum und Form

Die Leitidee *Raum und Form* deckt gemeinsam mit der Leitidee *Messen* weite Teile der Schulgeometrie ab. Der Fokus liegt hierbei auf axiomatischer, begriffsbildender und konstruktiver Geometrie und legt die Grundlage für das Problemlösen bei geometrischen Fragestellungen und darüber hinaus für allgemeinere Fragestellungen in der Mathematik. Wie alle Leitideen kann sie nicht isoliert betrachtet werden, ohne Querbezüge in alle anderen Bereiche, insbesondere das Messen, kann sie nicht ausgestaltet werden. Prominentes Beispiel ist der Kreis als Form, der über ein Abstandsmaß definiert ist. Wir gehen im Folgenden auf einige ausgewählte Aspekte ein, eine umfassendere Darstellung und verbindende Hinweise zur Didaktik der Geometrie finden sich unter anderem in den Standardwerken Franke & Reinhold 2016, Holland 1996, Kadunz & Sträßer 2009 und Weigand et al. 2014. Eine Übersicht über die Entwicklungen in der Geometriedidaktik bietet der umfangreiche Artikel von Graumann et al. (1996).

1 Zwei zentrale Begriffe

Der Inhaltsbereich *Raum und Form* erfordert in allen Schulformen und darüber hinaus in allen Studien der MINT-Fächer und vieler anderer zwei zentrale geometrische Kompetenzen: *Raumvorstellung* und *Darstellungskompetenz.*

Raumvorstellung ist in der psychologischen Literatur und der darauf bezogenen fachdidaktischen Literatur differenziert ausgearbeitet (siehe etwa Rost 1977), teils so differenziert, dass das zentrale Anliegen für die Unterrichtsplanung nicht mehr recht deutlich wird. Unter Verwenden eines unscharfen, aber illustrativen Begriffs von Piaget (vgl. Piaget & Inhelder 1971) kennzeichnen wir Raumvorstellung zentral durch die Fähigkeit des mentalen Operierens mit Gestalten:

Raumvorstellung ist die Kompetenz, räumliche Objekte verinnerlicht zu sehen (also auch, wenn sie materiell nicht vorliegen), verinnerlicht zu bewegen (das nennen wir „konkrete" Raumvorstellung) und verinnerlicht zu vergrößern und zu verkleinern (das nennen wir „magische" Raumvorstellung).

Räumliche Objekte bezeichnet dabei nicht nur zweidimensionale Figuren oder dreidimensionale Körper, sondern je nach Kontext auch andere Objekte, auch abstraktere. Das Vergegenwärtigen dieser Objekte schließt die Fähigkeit ein, daran *Prozesse* durchzuführen, wobei *konkrete* Raumvorstellung Prozesse meint, die mit materiell realisierten Objekten tatsächlich möglich sind und *magische* Raumvorstellung solche, die zwar vorstellbar, aber mit materiellen Objekten zumindest im Rahmen der vorliegenden Erfahrungen nicht möglich sind.

Raumvorstellung ist ein zutiefst mathematischer Begriff, der über die körperliche und sinnliche Wahrnehmung des realen Raumes, wie sie zum Beispiel im Sport oder in der Kunst vermittelt wird, weit hinausgeht: Entscheidend für den Begriff der Raumvorstellung ist nicht nur die Kompetenz mit den Objekten überhaupt mental zu operieren, sondern auch *bewusst über das real Erfahrene und Erfahrbare hinausdenken* zu können. Das entspricht etwa den Vorstellungen, die man sich im Zusammenhang mit Märchen oder Fantasiegeschichten bildet, ebenso den Vorstellungen, die man sich bildet, wenn man aus genormten Steinen ein komplexes und kunstvolles Bauwerk errichtet. Geometrische Lernumgebungen lassen sich daher nach Auffassung der Autoren gut anhand der Frage taxieren: *Was trägt diese Lernsituation zum Fördern der Raumvorstellung bei?*

„Geo-Metrie", dem Wort nach erschlossen, bezeichnet ebenfalls eine Aktivität, die wir im Sinne einer Kompetenz kennzeichnen: Sie besteht darin „die Welt vermessen zu können", das bedeutet das Wort. Angemessen erweitert: Geometrische Kompetenz besteht darin, im Rahmen einer Kommunikation eine bestimmte Gestalt für einen Partner angemessen kennzeichnen zu können, und zwar so, dass mit dieser Kennzeichnung die Gestalt identifiziert oder hergestellt werden kann. Eine solche Kennzeichnung kann etwa ein Text sein, eine Liste von kennzeichnenden Messwerten oder ein Bauplan.

In diesem Sinne besteht **geometrische Kompetenz** darin, Gestalten durch Pläne zu beschreiben zu können und solche Pläne lesen und deuten zu können.

So ist der Inhaltsbereich *Geometrie* in besonderer Weise prädestiniert, die prozessbezogene allgemeine mathematische Kompetenz des Kommunizierens zu fördern. Ein dazu kennzeichnender Aufgabentyp, der sich adaptiv vom ersten Grundschuljahr bis zur gymnasialen Oberstufe und darüber hinaus einsetzen lässt, sind sogenannte „Zeichendiktate" oder „Baudiktate". Das sind Rekonstruktionsdialoge, die unter bestimmte Bedingungen gestellt sind, etwa Konstruktionsbeschreibungen, bei denen gefordert ist, einem Partner am anderen Ende einer Telefonleitung das Herstellen einer bestimmten Zeichnung zu beschreiben. Konstruktiv nutzen lassen sich dabei Spielerfahrungen: Das Spiel *Schiffe versenken* ist nach wie vor weit verbreitet und stellt einen klassischen Rekonstruktionsdialog unter Einbeziehen von Koordinaten dar. Man sollte in der Schule den Mut haben, es in zahlreichen Varianten häufiger zu spielen. Der Kommunikationsaspekt erschließt zudem die moderne, durch digitale Medien geprägte Welt. Wie kann man Bauwerke, Zeichnungen, reale Situationen in 140 Zeichen auf Twitter beschreiben? Eine Fotografie kann leicht ein Abbild der Situation erstellen, welches im Endeffekt nur eine gute Darstellung von gemessenen Helligkeits- und Farbwerten ist. Die Abstraktion, also das gezielte Entfernen von irrelevanten Informationen und die Beschreibung über formalisierte Beschreibungen, hat eine andere Qualität als ein solches „Messen". Schließlich ist es dann auch möglich, gar nicht realisierte oder noch nicht einmal realisierbare geometrische Objekte zu beschreiben und mit ihnen zu operieren.

2 Begriffsbildung und Sprache

Für geometrische Begriffe gilt mehr als für andere das klassische Statement von Piaget: „Begriffe sind verinnerlichte Handlungen." Eine der dabei auftretenden zentralen Schwierigkeiten besteht darin, diese Handlungen in Sprache zu fassen.

Dabei sind verschiedene Sprachräume denkbar, die unterschiedliche Kontexte und Situationen bezeichnen:

- Da ist zunächst die *geometrische Fachsprache,* die so bereinigt ist, dass sie fehlerfrei funktioniert, aber auch dadurch gekennzeichnet, dass sie für einen bestimmten Expertenkreis gedacht, abstrakt und im Alltag ungewohnt ist, zumindest ungewohnter als die gegenstandsbezogene Sprache alltäglicher Kontexte.
- Demgegenüber steht eine *Unterrichtssprache,* die dadurch gekennzeichnet ist, dass die verwendeten Worte durch die aktuelle Situation mitbestimmt und möglicherweise in ihrer Bedeutung in der konkreten Situation vereinbart sind.

Solche Sprachsituationen sind bei der Grundlegung geometrischer Sprache notwendig und anzuerkennen. Ein elementares Beispiel: Im Englischen unterscheidet man *dice* und *cube.* Das erste bezeichnet den Spielwürfel mit seinen stochastischen Eigenschaften, das zweite die geometrische Gestalt. Das deutsche Wort *Würfel* dagegen kennzeichnet gerade nicht die geometrische Gestalt, sondern primär die stochastische Symmetrie. Christoph Selter berichtete einem der Autoren, ein Grundschulkind habe in einem geometrischen Kontext den Würfel mit dem Wort „Sechs-Quadrat" gekennzeichnet, eine geniale situative Wortschöpfung, die der griechischen Kennzeichnung *Hexaeder* entspricht.

Auch für andere geometrische Begriffe lohnt sich der Blick in andere Sprachen. Das deutsche Drei*eck* ist im Englischen, Französischen und anderen Sprachen ein tri*angle,* wobei *angle* auf Deutsch als Winkel übersetzt würde – ein Hinweis darauf, dass man Winkel in Ecken findet. Das Viereck wird aber meist nicht als quadr*angle,* sondern als quadri*lateral* bezeichnet, und damit wird die „Vierseitigkeit" und nicht die „Vierwinkligkeit" betont.

Entscheidend an der Sprache in der Geometrie ist, dass im Unterricht nicht nur die sprachlichen Werkzeuge zum Kennzeichnen der Objekte bereitzustellen sind, sondern insbesondere angemessene Werkzeuge zum *Kennzeichnen der Prozesse,* etwa im Sinne der Kongruenzabbildungen und der Ähnlichkeitsabbildungen. Sträßer (2015) fasst dies gekonnt zusammen: „Insofern lohnt es sich, nach wünschbaren geometrischen Grundvorstellungen zu individuellen Begriffen von Geometrie und der gesellschaftlichen Nutzung, insbesondere in der sozialen Interaktion zu fragen. Hier kann man beim gegenwärtigen Erkenntnisstand wohl annehmen, dass Begriffe wie Passung, Symmetrie, Parallelität, Orthogonalität, Maßbegriffe, Kontinuität, Invarianz und Algorithmus eine wesentliche Rolle spielen."

Üblicherweise werden die in der Geometrie zu erwerbenden Begriffe über Begriffsbildungsprozesse angeregt oder vermittelt. Die rein mathematische Sichtweise einer Festlegung durch Definitionen ist didaktisch weder ausreichend noch umsetzbar. So gibt es zum Beispiel nicht nur *eine* „richtige" Definition des Winkelbegriffs, sondern deren mehrere, die alle gemeinsam den Begriff des Winkels erschließen (Freudenthal 1973; Krainer 1990). Die Beschreibung von Phänomenen über geeignete Mathematisierungen geht daher immer einher mit dem Aufbau von *Grundvorstellungen*. Diese bieten eine „Sinnkonstitutierung durch Anknüpfung an bekannte Sach- und Handlungszusammenhänge", den „Aufbau entsprechender (visueller) Repräsentationen oder ‚Verinnerlichungen', die operatives Handeln auf der Vorstellungsebene ermöglichen" und die Fähigkeit zur Anwendung des Begriffs (vom Hofe 1995). Geeignete Begriffsbildungsprozesse und Stufenmodelle beschreiben zum Beispiel Weigand et al. (2014). Das bekannteste Stufenmodell zum Begriffslernen in der Geometrie sind wohl die fünf Niveaustufen der van Hieles, (gut dargestellt etwa bei Franke & Reinhold 2016): *(0) anschauungsgebundenes Denken, (1) Geometrisch-analysierendes Denken, (2) Geometrisch-abstrahierendes Denken, (3) Geometrisches Schließen, (4) Strenge, abstrakte Geometrie*. Dieses Modell wurde bereits mehrfach empirisch bestätigt, insbesondere wurde dabei nachgewiesen, dass die Lernenden diese Stufen im Denkprozess wirklich durchlaufen und normalerweise keine Stufen überspringen können (z. B. Mayberry 1983), auch wenn die Argumentation der Lernenden durchaus auf mehreren Stufen stattfindet (Gutiérrez, Jaime & Fortuny 1991). Zu beachten ist jedoch, dass ein sinnvolles Deuten der Stufen nicht eine Stufung bei den Lernenden im Sinne zunehmenden Alters meinen kann, sondern eine Stufung im Sinne zunehmender Komplexität der Aufgaben, die sie mit ihren Kompetenzen lösen können.

3 Konstruieren

Klassische euklidische Geometrie in der Schule stellt als Ausgangsobjekte für Konstruktionen Geraden und Kreise zur Verfügung, sprachlich gekennzeichnet meist durch die Werkzeugbegriffe „Zirkel" und „Lineal". Gemeint ist eigentlich eine Rahmung möglicher Argumentationen, deren Ausgangspunkt die Axiome des Euklid bilden. Die daraus entstandene Tradition des Zeichnens ist als alleiniges Darstellungsmittel nach Auffassung der Autoren für die Anliegen des Geometrieunterrichts nicht immer von optimalem Nutzen. Felix Klein (1907) beschreibt einen propädeutischen Geometriekurs, der selbstverständlich das Zeichnen von Figuren und das Messen beinhaltet. Er weist aber darauf hin, dass diese Tätigkeiten nur vorbereitend sind und der Unterricht unbedingt in den Händen eines Mathematikers liegen muss, da es nicht um die Fertigkeit des sauberen Zeichnens, sondern um die argumentative Grundlage des späteren Geometrieunterrichts geht. Dabei spielt auch das Messen eine entscheidende Rolle, das heute zwar eine eigene

Leitidee darstellt, aber untrennbar mit dem Aufbau von Raumvorstellungen verknüpft ist. Eine frühzeitige systematische Erschließung der Umwelt und die zeichnerische und schriftliche Erfassung derselben können den Aufbau von Raumvorstellung unterstützen.

Denn die zentralen Anforderungen bei gezeichneter Geometrie bestehen darin, dass man sich die Konstruktion zunächst mental vergegenwärtigen muss und dann erst in der Zeichnung niederlegen kann. Dabei ist zwar Raumvorstellung erforderlich, aber sie wird bereits ausgeprägt eingefordert und nicht durch geeignete Flexibilität der Lernumgebung in ihrer Bildung unterstützt. Vielmehr sollten geometrische Lernumgebungen im Ganzen gekennzeichnet sein durch eine *Balance von Spielraum und Dokument* und durch ein geeignetes Repertoire von unterstützenden vorkonstruierten Teilfiguren.

B

Einer der Autoren experimentiert seit einigen Jahren mit folgender Aufgabe: „Eine Tür ist 1 Meter breit und 2 Meter hoch, ein Regal ist 2,05 Meter hoch, 20 cm tief und 3 Meter breit. Passt es durch die Tür?"

Die Erfahrung lehrt, dass Schüler und Studierende erhebliche Schwierigkeiten mit dieser Aufgabe haben, selbst in Examensklausuren finden sich etwa 80 % nicht korrekte Lösungen. Zwei davon zeigt Abbildung 1.

Abgesehen davon, dass die Studierenden häufig versuchen die Aufgabe gezielt als Aufgabe zum Satz des Pythagoras zu verorten, besteht das Hauptproblem darin, dass sie sich die für die Lösung notwendige Bewegung des Regals zunächst vorstellen müssen, um sie dann erst zeichnen zu können. Ist diese Vorstellung unangemessen oder falsch, so ist auch die entsprechende Zeichnung anschließend mit formalen und quantitativen Methoden nicht mehr korrekt auswertbar. Mit dem entscheidenden Impuls sich die Tür und das Regal passend auf Kästchenpapier zu zeichnen, auszuschneiden und übereinander zu bewegen, können auch Grundschulkinder die Aufgabe auf dem Niveau einer Erkundung lösen und Studierende eine korrekte Skizze zur anschließenden quantitativen Betrachtung erstellen. Spielräume sind die geeignete Unterstützung zum Ausbilden von Raumvorstellung, Aufgaben ohne Spielräume fordern diese Raumvorstellung zumeist bereits ausgeprägt ein.

Ein *Spielraum* ist dabei der Bereich, in dem die Figuren veränderbar zu handhaben sind, wenngleich dies zumeist einhergeht mit einer flüchtigen Darstellung und der Tatsache, dass verschiedene Zustände zeitlich sequenziell aufeinander folgen.

Demgegenüber steht das *Dokument* als Bereich, in dem Ergebnisse fixiert und damit zur Übersicht festgehalten sind. Dort treten die Objekte nicht mehr veränderbar, dafür aber auch nicht flüchtig und zumeist räumlich simultan, also vergleichbar nebeneinander auf.

Diese klassische Arbeitssituation aus Spielraum und Dokument ist gegeben beim Nutzen von Werkzeug-Software zur dynamischen Darstellung geometrischer Objekte. Den Spielraum bildet die Bildschirmdarstellung, gekennzeichnet durch ein Repertoire von Teilfiguren und Verfügbarkeiten. Das Dokument bildet die gespeicherte Datei, gekennzeichnet in erster Linie durch ihre Nichtflüchtigkeit und ihre Vergleichbarkeit mit anderen Dateien.

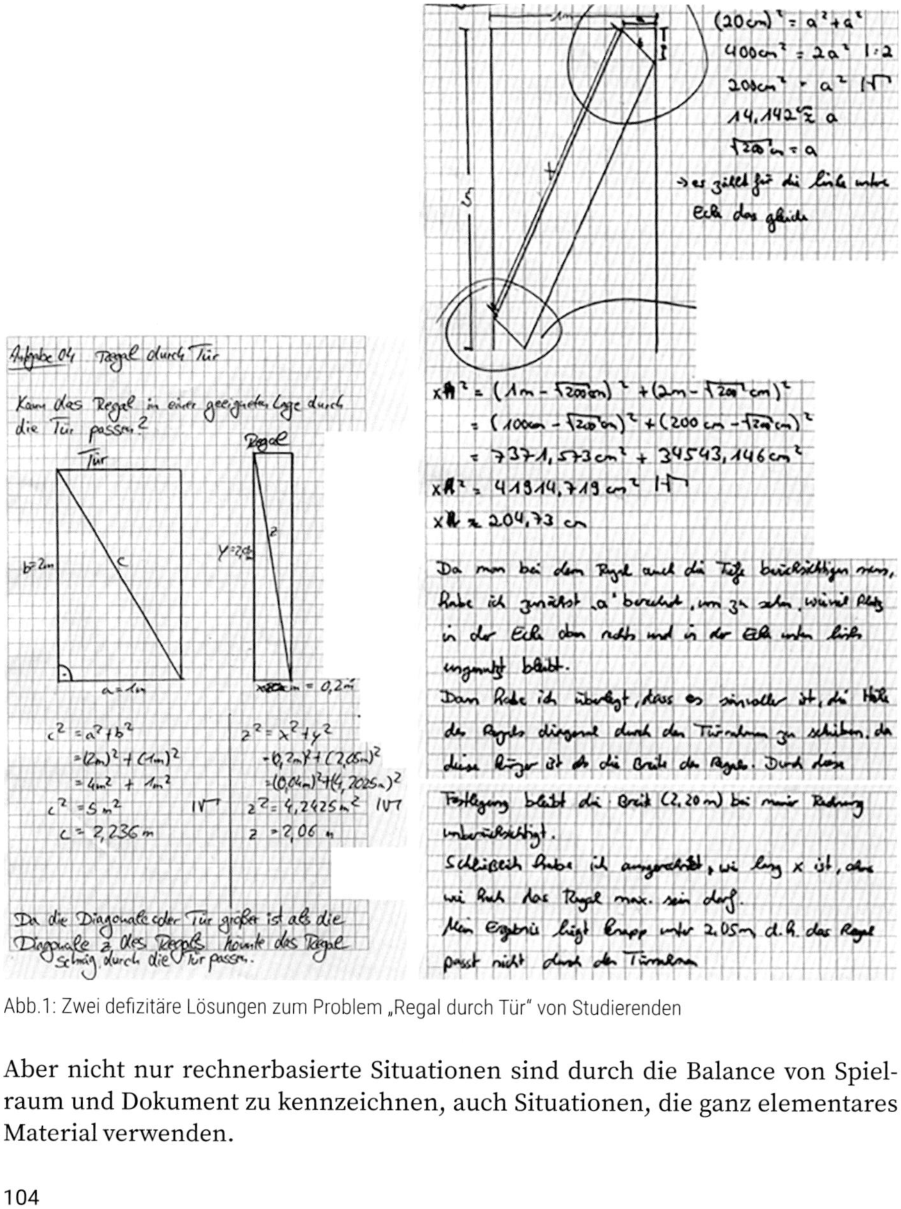

Abb. 1: Zwei defizitäre Lösungen zum Problem „Regal durch Tür" von Studierenden

Aber nicht nur rechnerbasierte Situationen sind durch die Balance von Spielraum und Dokument zu kennzeichnen, auch Situationen, die ganz elementares Material verwenden.

B

Um in einem experimentellen Zugang verschiedene Würfelnetze, möglichst alle, zu finden, kann man potenzielle Würfelnetze aus Papier ausschneiden, auf ihre Eigenschaft Würfelnetz zu sein, experimentell prüfen und anschließend so ordnen, dass „gleiche" Netze auf denselben Stapel kommen. Dann versucht man diese Stapel in einer Mindmap so zu arrangieren, dass ein System erkennbar wird, mit dem man ggf. fehlende finden kann. Dies kennzeichnet einen Spielraum. Ein Dokument wird daraus, wenn man dieses Arrangement der Würfelnetze durch Zeichnen oder Kleben auf einem Poster fixiert. Dann aber kann es wiederum nötig sein, dieses Poster durch Zerschneiden wieder zu einem Spielraum zu machen und nach geändertem Arrangieren durch neues Fixieren wieder zu einem Dokument.

Ebenso strukturiert wie Lernumgebungen, die durch *Dynamische Geometriesoftware (DGS)* gekennzeichnet sind, ist eine Lernsituation, bei der durch Legen von Figuren komplexere zusammengesetzte Figuren erstellt oder geändert werden sollen. Solche Lernumgebungen findet man in der Praxis häufig. Zu kritisieren ist allenfalls, dass manche dieser Lern- oder Spielsituationen einen zu starken einseitigen Akzent auf den Spielraum setzen, sodass relevante Zwischenergebnisse in der Flüchtigkeit verlorengehen können. Den Autoren sind zum Beispiel experimentelle Lernsituationen zum „Soma-Würfel" bekannt, kaum aber dazu passende Bau- und Strategie-Dokumente.

Kennzeichnend für geeignete Konstruktionsumgebungen in der Schule sehen wir daher gerade die *Balance von Spielraum und Dokument,* sodass auf der einen Seite flexibel konstruiert werden kann und auf der anderen Seite gegen die Flüchtigkeit Konstruktions- und Strategieergebnisse bewahrt werden. Es ist daher nicht ausreichend, etwa allein fertige elektronische Arbeitsblätter für die Arbeit mit Geometriesoftware zu verwenden, sondern die Schülerinnen und Schüler müssen auch in den allgemeinen Gebrauch dieser digitalen Werkzeuge eingeführt werden, um sie als Spielraum nutzen zu können. Einen Überblick über existierende Systeme für dynamische Geometrie findet man z. B. in *Madipedia* (2016). Alle diese Systeme sind prinzipiell für die Nutzung als Spielraum geeignet, sie haben jedoch verschiedene Schwerpunkte. So ist beispielsweise *GeoGebra* (IGI o. J.) sehr gut geeignet, typische Themen der Schulgeometrie in Arbeitsblättern aufzubereiten und analytisch-funktional zu betrachten, hingegen bietet Cinderella (Richter-Gebert & Kortenkamp 2006) einen Zugang über nicht-euklidische Geometrien und komplexe Zahlen, der im Schulkontext weniger verankert ist, aber in der Sekundarstufe II Spielräume zum Übergang an die Hochschule bietet. Für eine umfassende didaktische Sicht auf Konstruktionen im Wechselspiel zwischen Spielraum und Dokument ist es notwendig, diese Vielfalt zu akzeptieren und die verschiedenen digitalen Werkzeuge gezielt zur Schaffung von Lerngelegenheiten einzusetzen.

4 Beziehungen

Beziehungen zwischen geometrischen Gestalten sind vielfältig. Sinnvoll erscheint den Autoren das Differenzieren zwischen *Beziehungen in der Lage*, *Beziehungen in Bezug auf Gestalten* und *Beziehungen in Bezug auf Maße*. Alle diese Beziehungen zu charakterisieren erfordert, ein sorgsames Ausbauen der dazu gehörenden Sprache. Ausgehend von zunächst individuellen und subjektiven sprachlichen Kennzeichnungen, ist darauf hinzuwirken, dass diese Sprache zunehmend funktionalen Charakter erhält und somit für deutungssichere Verständigung sorgt.

- *Beziehungen in der Lage* zu kennzeichnen, erfordert Kompetenzen, die in den Bildungsstandards Mathematik für den Primarbereich unter *räumliche Orientierung* subsumiert sind. Im Sinne des Darstellens sowohl von Objekten als auch von Prozessen sollten Beziehungskennzeichnungen wie „neben", „über", „rechts" usw. nicht nur im Sinne von Ortsbeschreibungen, sondern auch im Sinne von Bewegungsrichtungen flexibel und sicher in der Sprache beherrscht werden.
- *Beziehungen in Bezug auf Gestalten* kennzeichnen komplexe geometrische Objekte dadurch, dass sie als zusammengesetzt aus weniger komplexen bis hin zu elementaren Teilen gesehen werden. Dies erfordert zum einen die Kompetenz, komplexe Gestalten in der Wahrnehmung differenziert in verschiedene Teil-Gestalten auflösen zu können als auch die Kompetenz, dabei gewisse Abstraktionen vorzunehmen, um so etwa eine differenzierte räumliche Gestalt global durch eine oder mehrere elementarere Formen zu kennzeichnen.
- *Beziehungen aufgrund von Maßen* spielen eine Rolle, wenn geometrische Gestalten mit quantitativen Werkzeugen gekennzeichnet werden. Vergleiche von Maßen aufgrund von Messprozessen bilden hier den Ausgangspunkt, etwa bei konkreten Passungsproblemen, bei denen es „auf den Zentimeter ankommt". Aber auch und vorwiegend beim Schätzen von Maßen spielen sie eine Rolle, denn dabei ist nicht Raten gefragt, sondern strategisches, mentales Operieren mit Gestalten, etwa indem man sich die Länge eines bislang nicht bekannten Gebäudes dadurch schätzend vergegenwärtigt, dass man mental Autos, die einem bekannt sind, daneben aufstellt und so zu einem begründeten Schätzwert findet. In diesem Zusammenhang von besonderem Interesse ist das Ändern von Maßen bei Ändern der Gestalt, insbesondere bei Ändern der Größe der Gestalt.

Eine der zentralen Lernumgebungen, die hier Sensibilitäten schafft, sind Spiele und Erkundungen zum *Fröbel-Würfel* und anderen Würfeln, die aus kleineren Würfeln entstehen. Sie belegen anschaulich das unterschiedliche Wachsen von Längen, Flächeninhalten und Rauminhalten beim Vergrößern geometrischer Objekte im Sinne zentrischer Streckungen, die für die meisten konkreten Gestalten genauso gelten wie für Würfel (siehe Abb. 2).

Abb. 2: Fröbel-Würfel

5 Problemlösen

Die üblichen charakterisierenden Ansätze aufnehmend – wenn auch leicht vereinfachend – und verdichtend sehen die Autoren verschiedene Formen des Problemlösens für den Mathematikunterricht als geeignet und notwendig. Man könnte sich diese Formen auf einer Skala in Gestalt einer Strecke vorstellen, deren linker Randpunkt durch „Problemlösen N“ (Nutzen) gekennzeichnet ist und der rechte Randpunkt durch „Problemlösen E“ (Entwickeln und Experimentieren). Problemlösen N meint ein Problemlösen, bei dem ein ausgearbeitetes Lösungsmuster genutzt wird und die adäquate Problemlösekompetenz darin besteht, den Typ des Problems zu identifizieren, ein oder das Lösungsmuster zu kennen und das Muster mit dem Problem in Verbindung zu bringen. Problemlösen E dagegen liegt vor, wenn es noch kein ausgearbeitetes Lösungsmuster gibt oder zumindest keines in der Arbeitssituation zur Verfügung steht. In diesem Fall ist ein experimentelles Herangehen sinnvoll und angemessen, das sich vom zunächst weniger systematischen hin zum systematischen Probieren entwickeln sollte.

Problemlösen bezeichnet die Fähigkeit, Lösungen von mathematischen Problemen zu erarbeiten, dabei verschiedene Wege zu erproben und schließlich Lösungsversuche und Lösungsverfahren planen zu können.

Problemstellungen im Unterricht kann man daher sinnvollerweise so formatieren, dass man nicht oder nicht nur eine Lösung angibt, sondern einen *Lösungsplan*, ein systematisches Konzept, mit dessen Hilfe man eine Lösung finden kann. Das weist in der Regel auch auf das typische des gestellten Problems hin und über seine Beispielhaftigkeit hinaus. Geometrische Aufgaben sind zum Problemlösen in der Regel gut geeignet, weil das Experimentieren mit den geometrischen Figuren bei geeigneten technischen Voraussetzungen oft leichter und Erfolg versprechender ist als das Experimentieren mit den formalen Strukturen der Arithmetik und Algebra.

B

Der Aufgabensammlung von Herget (Herget et al. 2001) entnehmen wir die Anregung zu folgender Aufgabe: „Gegeben sind zwei System-Bausteine (Abb. 3). Wie viele Bauwerke kann man daraus bauen?"

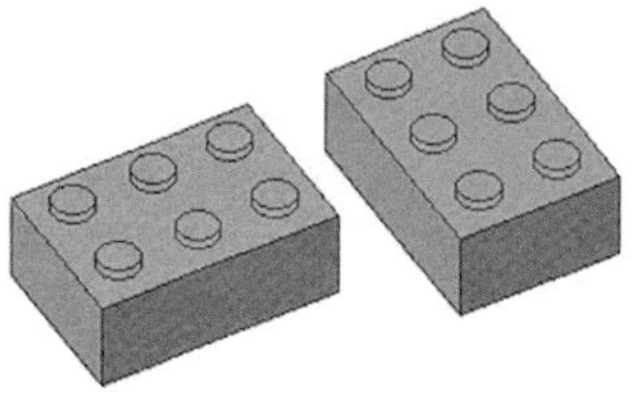

Abb. 3: Die gegebenen zwei System-Bausteine

Abgesehen davon, dass die Aufgabe ein großes Differenzierungspotenzial aufweist, etwa durch Variieren der Knopfzahl, regt sie schon allein durch ihre scheinbar offene Formulierung dazu an, die Problemstellung zum Zwecke der Machbarkeit auszuschärfen: Zu klären ist, was ein Bauwerk ist, und zu klären ist, wann zwei Bauwerke gleich sind und wann nicht. Deutlich wird, dass die Aufgabe den Inhaltsbereich Kongruenz ebener und räumlicher Figuren betrifft.

Die Lösung „16" allein ist nicht informativ. Vielmehr interessieren der Prozess und die Wegmarken beim Lösen. Reflexionen dazu kann man anregen, indem man zu der gegebenen Aufgabe eine Meta-Aufgabe stellt, eine „Aufgabe zur Aufgabe", die gezielt nach Strategien fragt.

Eine solche Meta-Aufgabe könnte hier heißen: „Du hast zum Lösen dieser Aufgabe drei Helfer. Was sollen die tun?" Gefragt sind damit eine Gliederung der Strategie und eine „Perspektive von oben auf die Strategie".

Eine denkbare Lösung dieser Meta-Aufgabe ist folgende: „Zunächst lassen wir nur Bauwerke zu, die dadurch entstehen, dass man einen Stein auf den anderen steckt und dass die langen Kanten der Steine entweder senkrecht oder parallel sind.

- Helfer 1 soll alle Bauwerke suchen, bei denen die langen Kanten der Steine zueinander senkrecht sind,
- Helfer 2 soll alle Steine suchen, bei denen die langen Kanten der Steine parallel sind,
- Helfer 3 soll alle Bauwerke aussortieren, die von den beiden anderen Helfern doppelt gebaut wurden.

Alle drei gemeinsam sollen die Bauwerke oder Darstellungen davon so arrangieren, dass deutlich wird, dass es alle sind."

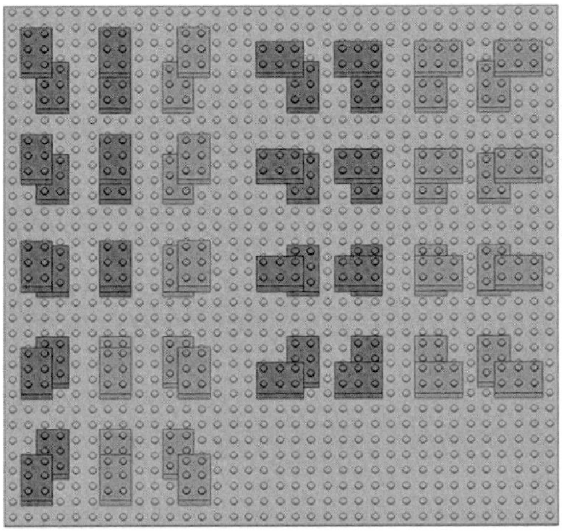

Abb. 4: Die 16 Bauwerke aus den gegebenen zwei System-Bausteinen, dunkel gefärbt

Eine mögliche Lösung zeigt Bild 4: Die Bilder sind mit der Werkzeugsoftware *BlockCAD* erstellt (Isaksson 1998, 2005; Wollring 2014).

Die Aufgabe zeigt ein Experimentieren in einer strukturierten Arbeitssituation, in der Spielraum und Dokument zu organisieren sind.

6 Verknüpfende Sichtweise – ein Beispiel aus der Sekundarstufe

Der Aufbau von Begriffen in der Geometrie kann mit der Untersuchung von Beziehungen von geometrischen Objekten untereinander problemorientiert erfolgen. Exemplarisch sei hier die Erarbeitung des Begriffs „Parallelogramm" genannt. In Kortenkamp und Dohrmann (2016) wird Unterrichtsmaterial vorgestellt, mit dem verschiedene Konstruktionen für Parallelogramme erkundet werden. Dabei wird Parallelität von Geraden zum einen als eine Relation zwischen Geraden aufgefasst, zum anderen als eine Abstands-Eigenschaft von Punkten der einen Geraden zu einer anderen, und schließlich als eine Konstruktionsvorschrift, die entweder mit einem DGS (Parallele zu einer Geraden), über eine parallelentreue Abbildung oder auch über Parallelenstreifen händisch durchzuführen ist. Weiterhin ist noch eine weitere Maßbeziehung über den Vergleich von Stufenwinkeln möglich.

Alle diese Eigenschaften können mit der heuristischen Strategie des *Rückwärts*-Arbeitens auch an fertigen Zugfiguren im DGS entdeckt werden. Dafür sind geeignete vorbereitete Arbeitsblätter mit benutzbaren Werkzeugen zum Konstruieren und Messen als Spielräume geeignet. Nachdem diese Eigenschaften herausgearbeitet wurden, kann ohne vorgegebenes Arbeitsblatt – entweder auf Papier, mit Materialien, oder elektronisch im DGS – eine Konstruktionsbeschreibung erarbeitet werden, indem nach und nach *vorwärts* die notwendigen geometrischen Basisobjekte (Punkte und Strecken) oder geeignete Hilfsobjekte (z.B. Kreise oder Senkrechte) den Eigenschaften eines Parallelogramms folgend hinzugefügt werden. Auch hier zeigt sich wieder die Lösung von vorgegebenen Arbeitsblättern hin zu offenen Gestaltungsräumen; im Blick bleibt aber stets das finale Dokument, welches die Zusammenhänge und Arbeitsschritte beschreibt und als Produkt des Lernprozesses bestehen bleibt.

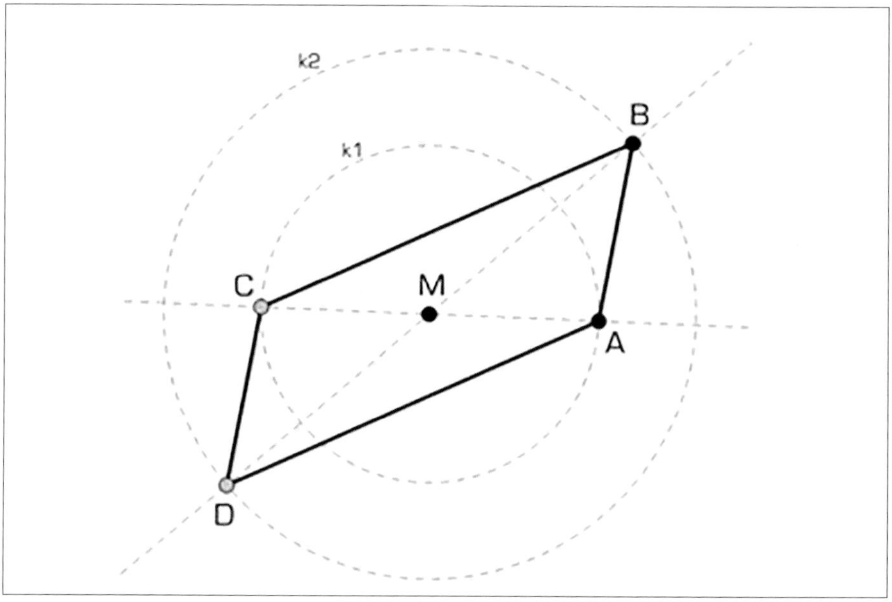

Bild 5: Eine punktsymmetrische Sicht auf das Parallelogramm (aus Kortenkamp & Dohrmann 2016).

7 Perspektiven

Angesichts der vielen Berufsfelder, in denen Geometrie eine Rolle spielt, fällt auf, dass die Schulcurricula fast aller Schulformen mit Ausnahme der beruflichen, der Geometrie nicht den Raum (!) geben, den sie verdient, insbesondere wenn man berücksichtigt, dass viele Menschen in konstruierenden Berufen flexibel mit präzise gekennzeichneten zwei- und dreidimensionalen Figuren und Objekten mental umgehen müssen. Man kann ironisch sagen: „Der Unterschied zwischen Ingenieuren und Meistern besteht darin, dass Meister Teile zusammenbauen, die es gibt, Ingenieure dagegen Teile zusammenbauen, die es (noch) nicht gibt." Notwendig erscheint ein „Ingenieur-Akzent" in der Schulmathematik. Auffallend ist in diesen Berufsfeldern der häufige Einsatz komplexer auf die jeweilige Aufgabenstellung bezogener Software zur 2D- und zur 3D-Geometrie.

Denkbar erscheint den Autoren, dass im künftigen Mathematikunterricht insbesondere 3D-Software und damit mögliche elementare wie komplexe Konstruktionen einen deutlich größeren Raum einnehmen als derzeit. Leider sind die bisherigen Entwicklungen für den Schulbereich nicht besonders durch die Nachfrage ermutigt. Die Autoren halten es für zweckmäßig, angehende ebenso wie erfahrene Lehrkräfte zu Entwicklungen ihres Geometriecurriculums in diese Richtung zu ermutigen. Interessante Ansätze hierzu gibt es in Österreich, die regelmäßig auf Tagungen in Strobl berichtet werden (www.geometry.at/strobl).

Literatur

Bender, P. & Schreiber, A. (1985). Operative Genese der Geometrie. Wien: Hölder-Pichler-Tempsky, Reprint (2012): Berlin: epubli GmbH.

Bruder, R., Hefendehl-Hebeker, L., Schmidt-Thieme, B. & Weigand, H. G. (Hrsg.) (2015). Handbuch der Mathematikdidaktik. Berlin, Heidelberg: Springer Spektrum.

Franke, M. & Reinhold, S. (2016). Didaktik der Geometrie. 3. Auflage. Berlin, Heidelberg: Springer Spektrum.

Freudenthal, H. (1973). Mathematik als pädagogische Aufgabe. Bände I und II. Stuttgart: Klett.

Graumann, G., Hölzl, R., Krainer, K., Neubrand, M. & Struve, H. (1996). Tendenzen der Geometriedidaktik der letzten 20 Jahre. In: Journal für Mathematikdidaktik 17 (96), 3/4, 163 – 237.

Gutiérrez, A., Jaime, A. & Fortuny, J. M. (1991). An Alternative Paradigm to Evaluate the Acquisition of the van Hiele Levels. In: Journal for Research in Mathematics Education, 22(3), 237. http://doi.org/10.2307/749076

Herget, W., Jahnke, T. & Kroll, H. (2001). Produktive Aufgaben für den Mathematikunterricht in der Sekundarstufe I. Berlin: Cornelsen.

Hiele, P. M. van (1957). De problematik van het inzicht: Gedemonstreerd aan het inzicht van schoolkinderen in meetkunde-leerstof. Dissertation, Universität Utrecht.

Hiele, P. M. van (1967). Piagets Beitrag zu unserer Einsicht in die kindliche Zahlbegriffsentwicklung, In: K. Odenbach (Hrsg.), Rechenunterricht und Zahlbegriff, Braunschweig: Westermann, 105 – 131.

Hiele-Geldof, D. van (1957). De Didaktiek van de meetkunde in de eerste klas van het V.H.M.O. Dissertation, Universität Utrecht.

Hofe, R. vom (1995). Grundvorstellungen mathematischer Inhalte. Heidelberg: Spektrum.

Holland, G. (1996). Geometrie in der Sekundarstufe. 2. Auflage. Heidelberg: Spektrum.

Isaksson, A. (1998, 2005). BlockCAD, Version 3.19. www.blockcad.net, zuletzt gesehen am 4.3.2014

IGI (o. J.). GeoGebra. Computersoftware. http://www.geogebra.org.

Kadunz, G. & Sträßer, R. (2007). Didaktik der Geometrie in der Sekundarstufe I. Hildesheim/Berlin: Franzbecker.

Klein, F. (1907). Vorträge über den Mathematikunterricht an den höheren Schulen. Bearbeitet von Rud. Schimmack. Leipzig: B. G. Teubner.

KMK (2005). Bildungsstandards Mathematik für den Primarbereich. Beschluss vom 15.10.2004. München: Luchterhand.

Kortenkamp, U. & Dohrmann, Chr. (2016). Vorwärts-Rückwärts zum Begriff. In: mathematik lehren (196). Seelze: Friedrich-Verlag.

Krainer, K. (1990). Lebendige Geometrie. Überlegungen zu einem integrativen Verständnis von Geometrieunterricht anhand des Winkelbegriffes. Dissertation an der Uni Klagenfurt. Frankfurt a. M.: Peter Lang.

Lehrer, R. & Chazan, D. (1998). Designing Learning Environments for Developing Understanding of Geometry and Space. Mahwa (New Jersey), London: Lawrence Erlbaum Associates.

Lester, F. K. jr. (Ed.) (2007). Second Handbook of Research on Mathematics Teaching and Learning. NTCM, Information Age Publishing Inc.
Madipedia (2016). DGS. In: Madipedia. URL: http://madipedia.de/wiki/DGS.
Mayberry, J. (1983). The van Hiele levels of geometric thought in undergraduate preservice teachers. In: Journal for Research in Mathematics Education, 14, 58 - 69.
Piaget, J. & Inhelder, B. (1971). Die Entwicklung des räumlichen Denkens beim Kinde. Stuttgart: Klett-Cotta.
Richter-Gebert, J. & Kortenkamp, U. H. (2012). The Cinderella. 2 Manual - Working with the Interactive Geometry Software. Berlin, Heidelberg: Springer-Verlag.
Rost, D. (1977). Raumvorstellung. Weinheim: Beltz.
Senechal, M. & Fleck, G. (Eds.) (1988). Shaping Space: A Polyhedral Approach. Boston, Basel: Birkhäuser.
Sträßer, R. (2015). Grundbegriffe, Grundvorstellungen und Nutzungen der Geometrie. In: M. Ludwig, A. Filler & A. Lambert (Hrsg.), Geometrie zwischen Grundbegriffen und Grundvorstellungen. Wiesbaden: Springer Spektrum.
Heuvel-Panhuizen, M. van den & Buys, K. (Eds.) (2005). Young Children Learn Measurement and Geometry. Utrecht: Freudenthal Institute, Utrecht University.
Vollrath, H.-J. (1995). Modelle langfristigen Lernens von Begriffen im Mathematikunterricht. In: Mathematik in der Schule 33, 460 - 472.
Weigand, H.-G., Filler, A., Hölzl, R., Kuntze, S., Ludwig, M., Roth, J., Schmidt-Thieme, B. & Wittmann, G. (2014). Didaktik der Geometrie für die Sekundarstufe I. Berlin, Heidelberg: Springer Spektrum.
Wollring, B. & Rinkens, H. D. (2008): Raum und Form. In: G. Walther, M. van den Heuvel-Panhuizen, D. Granzer & O. Köller (Hrsg.), Bildungsstandards für die Grundschule: Mathematik konkret, 118–140. Berlin: Cornelsen Verlag Scriptor.
Wollring, B. (2014). Prozessbezogene Kompetenzen - illustriert durch prototypische Aufgaben mit der Werkzeug-Software BlockCAD In: S. Ladel & Chr. Schreiber (Hrsg.), Von Audiopodcast bis Zahlensinn. Münster WTM Verlag.

Stephan Hußmann & Ralph Schwarzkopf

Funktionaler Zusammenhang

Funktionen sind mathematische Objekte, die gleichermaßen in der anwendungsorientierten, wie in der reinen Mathematik eine fundamentale Rolle spielen. Entsprechendes Gewicht haben sie im Mathematikunterricht, in dem die Lernenden exemplarisch mit den elementaren Funktionstypen und deren Anwendungen in Kontakt kommen. Funktionen fließen aber auch schon in den Mathematikunterricht ein, lange bevor sie für die Lernenden mit einem Namen versehen und als eigenständige Objekte behandelt werden. So liefern funktionale Zusammenhänge sowohl für die operative Durchdringung mathematische Strukturen wie auch für die mathematische Beschreibung der gegenseitigen Abhängigkeit von Größen einen wichtigen Stützpfeiler für den Mathematikunterricht von der ersten Klasse an.

Der Mathematikunterricht zu funktionalen Zusammenhängen bleibt vielen Lernenden als der Unterricht in Erinnerung, bei dem es um lineare, quadratische, trigonometrische Funktionen ging, mit denen man Schnittpunkte berechnet, Terme umformt und Graphen zeichnet. In der gymnasialen Oberstufe wird die Arbeit mit funktionalen Zusammenhängen fortgesetzt in der Analysis. Von den Konzepten der Analysis bleiben meist nur das Ableitungskalkül und der Teil der Integralrechnung in Erinnerung, mit dem man markante Punkte, Flächen und gegebenenfalls Volumina bestimmen kann.

Allerdings ist dies eine eingeschränkte Sichtweise auf Funktionen. Zudem spielen funktionale Zusammenhänge im Mathematikunterricht schon eine wichtige Rolle, noch lange bevor die Funktionen als eigenständige mathematische Objekte in ihrer symbolischen Darstellung mit ihren je spezifischen Eigenschaften explizit behandelt werden. Sie durchziehen als grundlegende Leitidee den Mathematikunterricht im Sinne einer spezifischen Denkweise, mit der man Konzepte von Veränderung und Abhängigkeit beschreiben kann, sowohl im Rahmen der innermathematischen Begriffsbildung als auch zur Modellierung von Anwendungssituationen.

Daher sollte man in der Primarstufe und Sekundarstufe I Erfahrungen ermöglichen und Vorstellungen initiieren, um Konzepte wie „Abhängigkeit“, „Veränderung“ und „Bilanzierung“ als Kernideen des funktionalen Denkens zu etablieren, sowohl hinsichtlich der fachlichen Bildungsziele des Mathematikunterrichts als auch als Basis eines verstehensorientierten Umgangs mit realen Phänomenen.

***Funktionales Denken* als Leitidee von der Primarstufe bis zur gymnasialen Oberstufe, um**

- Abhängigkeiten qualitativ und quantitativ zu beschreiben
- Typen von Veränderung in verschiedenen Darstellungen anzugeben
- Anwendungssituationen zu modellieren

1 Vorstellungen zu Funktionen

Funktionales Denken ist hilfreich, um spezifische Zusammenhänge zu betrachten, explizit darzustellen und zu analysieren, bei denen mehr als eine Größe eine Rolle spielt. Es geht nicht mehr darum, eine einzelne Größe – beispielsweise Körpergrößen, Gewichte oder Geschwindigkeiten – zu messen und darzustellen, sondern diese in spezifischen Situationen in Beziehung zu setzen, um Zusammenhänge zwischen den Größen besser zu verstehen, z. B. inwiefern die Geschwindigkeit beim 100-m-Lauf von der Körpergröße oder vom Gewicht abhängt. In diesem Sinne wird mit dem Funktionsbegriff eine Abhängigkeit von Größen thematisiert, deren Zusammenhang auf einer eindeutigen Zuordnung beruht.[1] Bei der Betrachtung solcher Situationen treten unterschiedliche Grundvorstellungen in den Vordergrund, mit denen einzelne Aspekte der Situation fokussiert werden können (Vollrath 1989; Confrey & Smith 1995; Dubinsky & Harel 1992; Malle 2000, Leuders & Prediger 2005):

- Die *Zuordnungsvorstellung* lenkt die Aufmerksamkeit auf die Abbildung einer Menge auf eine andere. In diesem Sinne beschreibt $y=f(x)$ eine Beziehung, in der es für jedes Element $x \varepsilon A$ genau ein $x \varepsilon B$ gibt. Typische Situationen: Einem Ort ist eine Temperatur zugeordnet oder einer Zeit ein bestimmter Sonnenstand.
- Die *Kovariationsvorstellung* fokussiert, in welcher Weise sich zwei Größen miteinander verändern. Typische Situationen: Je höher der Ort liegt, desto niedriger der Luftdruck (vgl. Abb. 1 oben).
- Mit der *Objektvorstellung* betrachtet man einen gegebenen Zusammenhang als Ganzes. Typische Situationen: Der Verlauf von Tageslängen zeigt ein periodisches Muster (vgl. Abb. 1 unten).

1 Eine Zuordnung muss nicht zwangsläufig eindeutig sein. „Abhängigkeiten, bei denen eine Größe schon aufgrund der anderen Größe eindeutig festliegt, nennt man funktionale Abhängigkeiten" (Lengnink 2005, S. 16).

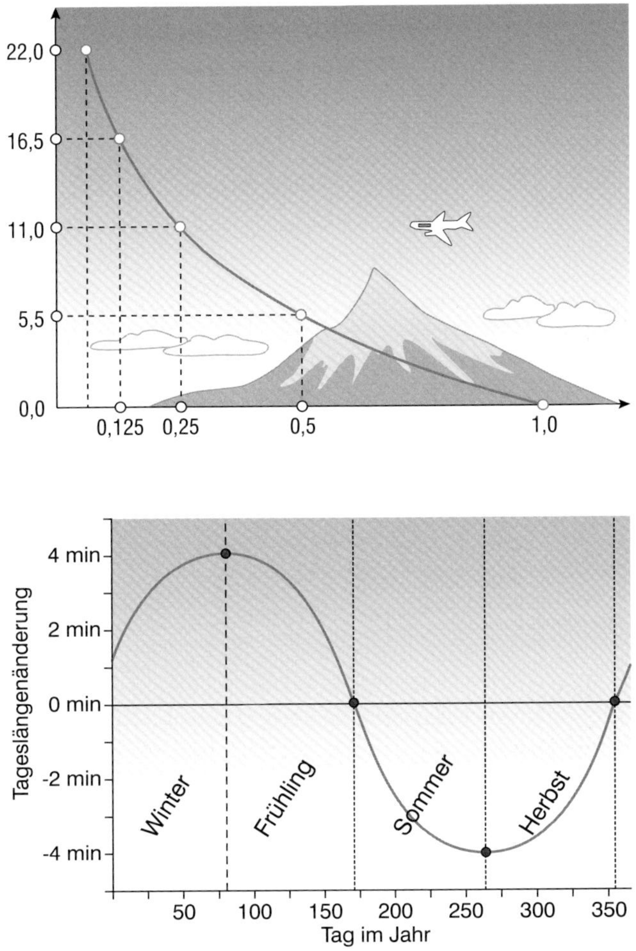

Abb. 1: Luftdruck- und Tageslängenänderung

Um Veränderungs- und Wachstumsprozesse zu verstehen, ist die Kovarationsvorstellung von zentraler Bedeutung, denn die Qualität der Veränderung ist ein zentrales Charakteristikum, um Arten von Veränderungs- und Wachstumsprozessen und damit auch die assoziierten Funktionstypen zu unterscheiden. Dennoch sind die anderen beiden Grundvorstellungen bedeutsame Aspekte für ein umfassendes Funktionsverständnis.

So ist die Zuordnungsvorstellung ein wichtiger Meilenstein bei der Entwicklung des Zahlbegriffs, genauer bei der Entwicklung eines kardinalen Verständnisses von den Zahlen (vgl. z. B. Hasemann & Gasteiger 2014, S. 48 ff.).

Bereits die Frage, ob in einem Raum mehr Kinder als Stühle vorhanden sind (Abb. 2), ist nur auf der Basis funktionaler Zuordnungen zu beantworten.

Abb. 2: Anzahlvergleich (aus Wittmann & Müller 2012, S. 14)

Naheliegend ist, beide Mengen einzeln abzuzählen und anschließend die Anzahlen miteinander zu vergleichen – eine Fähigkeit, die bei den meisten Kindern bereits im Vorschulalter verfügbar ist. Streng genommen wird hierbei schon eine Funktion konstruiert zwischen einer Menge von Objekten und der Zahlwortreihe: Gegeben ist eine Menge M von Objekten und eine natürlich Zahl n. Findet man eine Funktion mit Definitionsmenge und Zielmenge M, die sowohl injektiv (d. h. verschiedenen Elementen der Definitionsmenge werden auch verschiedene Elemente der Zielmenge zugeordnet) als auch surjektiv (d. h. alle Elemente der Zielmenge werden auch einem Element der Definitionsmenge zugewiesen) ist, dann enthält die Menge M genau n Elemente.

Es wäre aus heutiger Sicht ein absurder Gedanke, auf diese Weise den Kindern das Zählen beibringen zu wollen – entsprechende Versuche sind bekanntlich im didaktischen Programm der „Neuen Mathematik“ in den 1970er-Jahren gescheitert. Gleichwohl funktioniert das Zählen gemäß dieser Idee einer bijektiven (also injektiven und surjektiven) Funktion von einer Teilmenge der natürlichen Zahlen in eine Menge von Objekten: Jedem der Zahlwörter muss genau ein Objekt (in der Regel durch Antippen oder beiseite Schieben) zugeordnet werden – dabei beginnt man in der Zahlwortreihe mit 1 und hält sich an die Reihenfolge der Zahlwörter. Sofern man jedes der Objekte berücksichtigt und keines der Objekte verschiedenen Zahlwörtern zuordnet, gibt das zuletzt genannte Zahlwort die Anzahl der zu zählenden Gegenstände an. Die Idee einer statischen Zuordnung spiegelt sich also schon im Aufbau grundlegender Zählkompetenzen, in den sogenannten „Zählprinzipien“ wider (vgl. z. B. Krauthausen und Scherer 2007, S. 12, eine Vertiefung findet sich in Hasemann & Gasteiger 2014).

1.1 Änderungen und Abhängigkeiten betrachten

In der Grundschule und im frühen Sekundarstufenunterricht schlagen sich funktionale Zusammenhänge vor allem in der Idee des *funktionalen Denkens* nieder, also im „Denken in funktionalen Zusammenhängen, bei dem das Änderungsverhalten der beteiligten Größen im Mittelpunkt steht“ (Büchter 2011, S. 17). Eine wichtige theoretische Grundlage des Mathematikunterrichts ist dementsprechend das *operative Prinzip:* „Objekte erfassen bedeutet zu erforschen, wie sie konstruiert sind und wie sie sich verhalten, wenn auf sie Operationen ausgeübt werden“ (Wittmann 1985).

Im Arithmetikunterricht zeigt sich dieser Fokus beispielsweise darin, dass mithilfe der Kovariationsvorstellung nicht mehr nur die einzelnen Objekte (also die Zahlen), sondern deren Veränderung bei Einwirkung einer Operation analysiert werden, wodurch exemplarische Zahlenwerte durchaus für Begründungen genutzt werden können, die allgemeinen Charakter und damit algebraischen Status erlangen. Wittmann und Müller (1988) sprechen dabei von *operativen Beweisen*: Das funktionale Denken fungiert hier als Methode der algebraischen Erkenntnisgewinnung mit arithmetischen Ausdrucksmitteln (vgl. Steinweg 2013, S. 197 ff.).

Im Vordergrund steht dabei die initiierte Analyse von Mustern und Strukturen durch das operative Durcharbeiten der Rechenoperationen, wie etwa in der folgenden Serie von Multiplikationsaufgaben (vgl. Wittmann & Müller 2008, S. 57):

1 · 1 = 1	2 · 2 = 4	3 · 3 = 9	4 · 4 = 16	5 · 5 = 25	...
0 · 2 = 0	1 · 3 = 3	2 · 4 = 8	3 · 5 = 15	4 · 6 = 24	...

Abb. 3: Funktionales Denken in operativen Serien der Multiplikation

Bei diesen Aufgabenserien handelt es sich – funktional formuliert – um zwei Folgen, also um Funktionen mit dem Definitionsbereich der natürlichen Zahlen. Nun kann man diese tabellarische Darstellung der Funktionen auf mindestens zwei Weisen lesen – horizontal ergeben sich zwei Folgen von Multiplikationsaufgaben (oben die Quadratzahlen, darunter die sogenannten Rechteckzahlen), vertikal interpretiert sieht man zusammenpassende Aufgabenpaare: Die untere Aufgabe ergibt sich aus der Oberen durch Erhöhung des Multiplikanden und Verringerung des Multiplikators um jeweils 1. Es zeigt sich, dass sich die Ergebnisse der Aufgabenpaare – zumindest in den Beispielen – ebenfalls immer um 1 unterscheiden.

Dieser Zusammenhang kann mit grundschulgemäßen Mitteln begründet werden. Die figurierten Muster (Abb. 4), an denen exemplarisch der allgemeine Zusammenhang gezeigt werden kann, sind die grundschulgemäßen Darstellungen dieser Funktionen. Sie werden so gewählt, dass sie möglichst gut zu den Grundideen der herangezogenen Rechenoperationen passen, im obigen Fall werden rechteckige Muster zur Darstellung der Multiplikation genutzt.

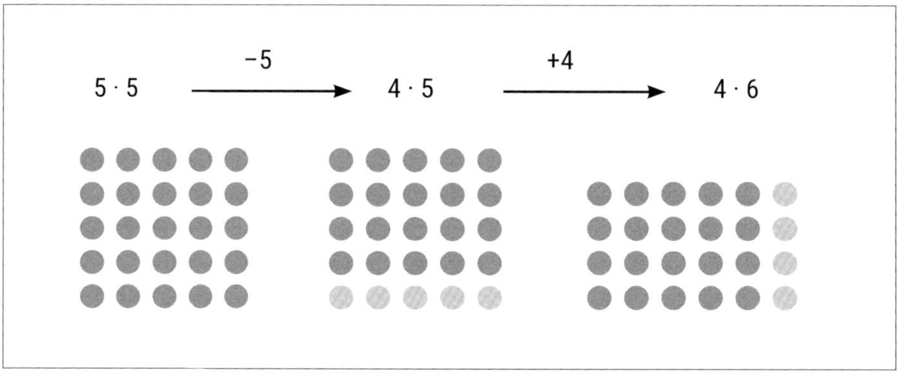

Abb. 4: Funktionale Zusammenhänge in operativen Päckchen

Natürlich sind die Quadratzahlen an sich schon ein überaus interessanter Untersuchungsgegenstand, einerseits mit Blick auf die Ziele der Grundschule wegen ihrer regelmäßigen geometrischen Gestalt, andererseits natürlich mit Blick auf die Sekundarstufe wegen der wichtigen Rolle, die den quadratischen Funktionen zugewiesen werden.

Es lohnt sich für die Grundschule, wenn man ihren Aufbau unter Berücksichtigung des Änderungsverhaltens betrachtet und mit den Kindern die Reihe über die ersten n ungeraden Zahlen – also die Summen, die sich durch sukzessive Addition der ersten ungeraden Zahlen ergeben – ansieht (Abb. 5). Für die Kinder besteht das Potenzial dieses Vergleiches darin, dass sie die ihnen bekannten Quadratzahlen als Werte der berechneten Funktion unterstellen und die überraschende Entdeckung machen können, dass die ungeraden Zahlen mit den Quadratzahlen zusammenhängen. Dies ist eine Erkenntnis, die in der Sekundarstufe wieder aufgegriffen werden sollte, um zu verstehen, dass das Änderungsverhalten von quadratischen Funktionen linear ist.

$$1 \xrightarrow{+3} 4 \xrightarrow{+5} 9 \xrightarrow{+7} 16 \xrightarrow{+9} 25 \ldots$$

Abb. 5: Die Summen der ersten ungeraden Zahlen

Auch hier ist die Gewinnung von Einsicht in diese Regelmäßigkeit durch eine Analyse der funktionalen Zusammenhänge möglich, indem die Variation der Werte von einem Reihenglied zum nächsten strukturiert (figuriert oder symbolisch) dargestellt wird (Abb. 6): Man beschränkt die Beschreibung also nicht auf einzelne Figuren, sondern konzentriert sich auf die Regelmäßigkeiten, die der Änderung von Figur zu Figur unterliegt. So sieht man an den Beispielen (Abb. 6), dass man an die quadratische Plättchenfigur zu 3 · 3 von oben eine Zeile aus 3 Plättchen anfügt, wodurch die Spalten um ein Plättchen länger werden. Zur Erzeugung des nächsten Quadrats braucht es also zusätzlich von rechts noch eine um 1 längere Spalte. Man kann also aus der Darstellung einer Quadratzahl eine Darstellung der nächsten Quadratzahl erzeugen, indem man Plättchen entsprechend der doppelten Kantenlänge der ersten Figur und ein Plättchen zusätzlich anlegt. Das entspricht genau der zur Quadratzahl passenden ungeraden Zahl.

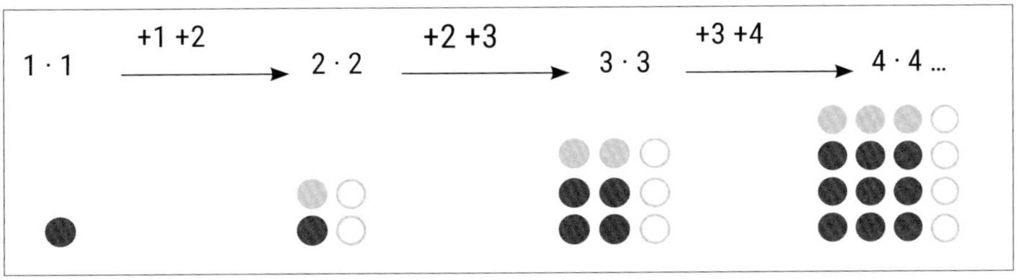

Abb. 6: Operative Analyse der Summen über die ersten ungeraden Zahlen

Funktionale Zusammenhänge dienen im Sinne der Strukturorientierung der Grundschule also vor allem dazu, algebraische Zusammenhänge mit arithmetischen Mitteln zu beschreiben und zu begründen. Sie werden weniger als eigenständige Objekte herangezogen, sondern dienen als Denkwerkzeuge für die algebraisch orientierte Erkenntnisentwicklung in der Arithmetik. Hierbei ist vor allem die Grundvorstellung der Kovariation tragend, die es erlaubt, in konkreten Beispielen Operationen darzustellen, die allgemeinen Charakter haben. In diesem Übergang von den Objekten zu den Wirkungen ausgeübter Operationen liegt die epistemologische Funktion des funktionalen Denkens im Arithmetikunterricht, der auf diese Weise oder „dadurch“ eine gewisse algebraische Qualität erreichen soll.

In der Sekundarstufe I wird die Idee der algebraischen Erkenntnisgewinnung weiter systematisiert, u. a. in dem die algebraischen Werkzeuge durch Symbole dargestellt werden und so als eigenständige und allgemeine Objekte genutzt werden können. Zudem stellt die Kovariationsvorstellung einen erweiterten Blick auf Anwendungen zur Verfügung als es mit der Zuordnungsvorstellung möglich ist. Es können nicht nur einzelne Werte in funktionalen Zusammenhängen bestimmt werden, wie z. B. „Wann ist der längste Tag?“ oder „Wie groß ist der Luftdruck auf einer Höhe von 2 000 m?“, sondern es können auch Fragen nach der Qualität der Abhängigkeit von zwei Größen, wie „Wann ändert sich die Tageslänge am schnellsten?“ oder „Sinkt der Luftdruck bei gleicher Höhenveränderung immer gleich?“ bestimmt werden.

Die Frage nach der spezifischen Qualität von Änderungs- und Wachstumsprozessen öffnet gleichermaßen den Blick auf die Funktionstypen, wie die Suche nach geeigneten Kontexten und Anwendungssituationen. Nach einer Diskussion tragfähiger Kontexte und Anwendungssituationen für das Lehren und Lernen von Funktionen, werden diese für ausgewählte Funktionstypen weiter konkretisiert.

1.2 Tragfähige Kontexte und Anwendungssituationen

Das Denken in Funktionen ist wie kaum ein anderes Thema eng mit Anwendungssituationen verknüpft. Mit ihnen lassen sich Zusammenhänge zwischen mehreren Größen gut erfassen, darstellen und damit genauer verstehen. So findet sich in den Bildungsstandards für die Grundschule – wie auch für die Sekundarstufe I – der Anspruch, dass die Schüler/-innen „Funktionale Beziehungen erkennen, beschreiben und darstellen", d. h. – auf die Grundschule bezogen – sie sollen

- funktionale Beziehungen in Sachsituationen erkennen, sprachlich beschreiben (z. B. Menge – Preis) und entsprechende Aufgaben lösen,
- funktionale Beziehungen in Tabellen darstellen und untersuchen,
- einfache Sachaufgaben zur Proportionalität lösen.

Insbesondere zusammengesetzte Größen (zum Beispiel Geschwindigkeit) werden hier nicht als Quotienten, sondern als Größenpaare (zum Beispiel „Zeit – Strecke") dargestellt, die zueinander in Abhängigkeit stehen.

Hier sollen die Kinder lernen, Größenpaare zueinander in Beziehung zu setzen und diese Beziehungen grafisch darzustellen bzw. aus einfachen grafischen Darstellungen Beziehungen abzulesen. Einfache Beispiele stammen etwa aus dem Bereich des Einkaufens, wo Preis und Ware proportional zueinander in Beziehung gesetzt wird (s. z. B. Franke & Ruwisch 2010, S. 47 ff.).

Anwendungsorientierung steht jedoch nicht selten in der Gefahr, mathematische Aufgaben nur einzukleiden. Nicht nur hinsichtlich der Sinnstiftung für die Lernenden sollte der Kontext ernst genommen werden, d. h. er muss für die Lernenden relevante Fragen aufwerfen, die sie mit den entsprechenden mathematischen Werkzeugen auch weitgehend – im Sinne des genetischen Lernens (Freudenthal 1991) – eigenständig beantworten können. Dabei ist es wichtig, sich auf wenige, ergiebige und paradigmatische Kontexte zu konzentrieren, um tragfähige *Kernideen* von Funktionen zu entwickeln. So lässt sich beispielsweise im Kontext „Sport" die Abhängigkeit von Größen zueinander erkunden, sowohl am eigenen Leib wie auch in verschiedenen mathematischen Darstellungen (s. Abb. 7). Die mathematischen Darstellungen dienen dazu, Muster zu erkennen oder Prognosen aufzustellen.

Ordnen A

Wie kann man Zusammenhänge zwischen Größen erfassen, beschreiben und darstellen?

1 **Die Abhängigkeit von Größen beschreiben**

a) Beim Sport interessiert, wie sich der Pulsschlag verändert.
Wenn man Zusammenhänge zwischen zwei Größen (hier Zeit und Puls) beschreiben will, kann man sie in einer Tabelle eintragen. Dann muss man festlegen, welche Größe die erste und welche die zweite ist.
Die Tabelle zeigt den Zusammenhang „Anzahl der Pulsschläge in Abhängigkeit von der Zeit“:

erste Größe →	**Zeit in s**	0	30	60	90	120	150
zweite Größe →	**Anzahl der Pulsschläge**	65	73	85	100	105	110

Gut zu wissen
Man schreibt die Werte zu einer Größe entweder in eine Spalte oder wie hier in eine Zeile.

Gib jeweils an, welche Größe bei den folgenden Versuchen die erste (die unabhängige) und welche die zweite (die abhängige) Größe ist.
(1) Wie viel Meter weit springen Personen mit verschiedenen Körpergrößen beim Standweitsprung?
(2) Wie viel Kilometer weit ist man in einer bestimmten Zeit gelaufen?
(3) Welchen Puls hat man bei einer bestimmten Laufgeschwindigkeit?

Abb. 7: Abhängigkeiten von Größen beschreiben (aus Barzel et al. 2014, S. 36 © 2014 Cornelsen Verlag GmbH, Berlin)

Authentische Kontexte müssen nicht notwendigerweise der Lebenswelt entnommen sein. Zentral ist, dass die mathematischen Aktivitäten, die zur Bewältigung der Aufgaben genutzt werden, authentisch sind. Jedoch führt ein authentischer Kontext allein noch nicht zwangsläufig zu den gewünschten authentischen mathematischen Tätigkeiten. Hier bedarf es beispielsweise Kernideen, die den Kontext, die Mathematik und die Lernendenperspektive miteinander verbinden bzw. dem Lernenden helfen, den Kontext für die Mathematik zu erschließen. Eine Kernidee repräsentiert den inhaltlichen Kern des mathematischen Gegenstands. Sie kann eine oder mehrere (Vorschau-)Fragen umfassen, welche aus der Vorschauperspektive der Schülerinnen und Schüler den Lernprozess initiieren (Gallin & Ruf 1994) und zu (Rückschau-)Antworten hinführen, die die zugrundeliegenden Ideen, Prinzipien und den Stellenwert der zu lernenden mathematischen Begriffe, Verfahren und Zusammenhänge erfassen (Leuders et al. 2011, S. 8). Für das funktionale Denken sind dies Fragen wie „Wie kann ich Zusammenhänge zwischen Größen erfassen, beschreiben und darstellen?“ oder „Wie kann ich aus wenigen gegebenen Werten weitere Werte voraussagen?“. Die Antworten auf diese Kernfragen führen beispielsweise auf die Kernidee „Mit Tabellen, Funktionsgraphen und Termen kann man funktionale Zusammenhänge beschreiben, mit deren Hilfe man durch Hoch- und Runterrechnen, Ablesen oder Termumformungen weitere Werte bestimmen kann.“

1.3 Funktionstypen

Durch Kernideen wird der Lernprozess ausgehend von für die Lernenden relevanten Fragen in authentischen Kontexten strukturiert. Eine Ausdifferenzierung der Kernideen führt auch zu einer Ausdifferenzierung entlang unterschiedlicher Funktionstypen. Dies wird im Folgenden an exemplarisch ausgewählten Funktionstypen illustriert.

Lineare und proportionale Funktionen

Linearität bedeutet, dass die gleiche additive Änderung der Argumente die gleiche additive Änderung der Funktionswerte bewirkt. Diese Eigenschaft lässt sich als Wirkung der Änderung des Arguments auf den Funktionswert ($f(x+\Delta x)=f(x)+a\cdot\Delta x$) oder als konstanter Differenzenquotient

$$\left(\frac{\Delta f(x))}{\Delta x}=\frac{f(x_2)-f(x_1)}{x_2-x_1}=a=const\right)$$

beschreiben. Das Verständnis der konzeptionellen Ideen beider Eigenschaften ist maßgeblich für das Verstehen von Linearität, es bleibt leider häufig bei den Lernenden zugunsten der rezeptiven Nutzung des Funktionsterms im Hintergrund.

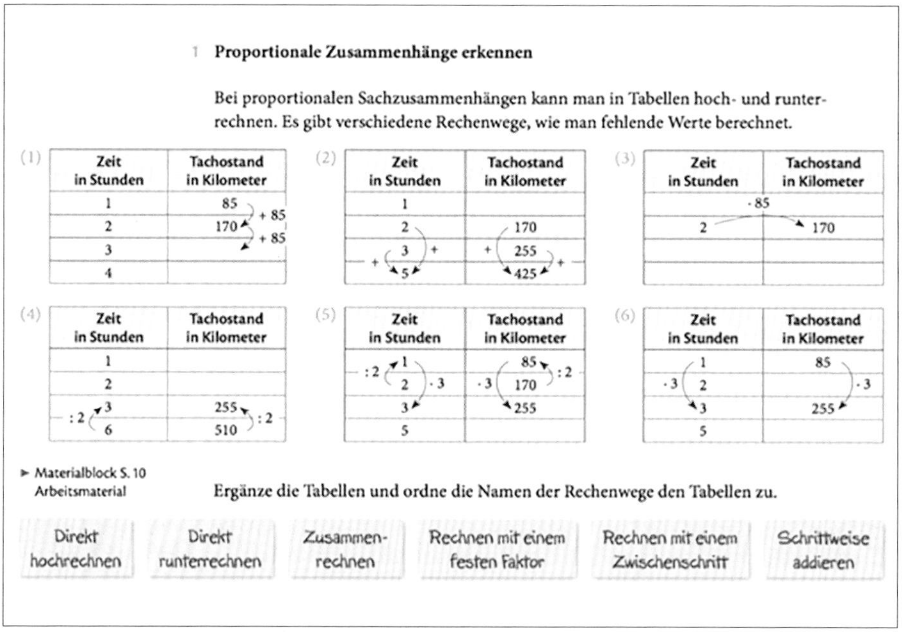

1 **Proportionale Zusammenhänge erkennen**

Bei proportionalen Sachzusammenhängen kann man in Tabellen hoch- und runterrechnen. Es gibt verschiedene Rechenwege, wie man fehlende Werte berechnet.

(1)

Zeit in Stunden	Tachostand in Kilometer
1	85
2	170
3	
4	

(2)

Zeit in Stunden	Tachostand in Kilometer
1	
2	170
3	255
5	425

(3)

Zeit in Stunden	Tachostand in Kilometer
2	170

(4)

Zeit in Stunden	Tachostand in Kilometer
1	
2	
3	255
6	510

(5)

Zeit in Stunden	Tachostand in Kilometer
1	85
2	170
3	255
5	

(6)

Zeit in Stunden	Tachostand in Kilometer
1	85
2	
3	255
5	

▸ Materialblock S. 10 Arbeitsmaterial

Ergänze die Tabellen und ordne die Namen der Rechenwege den Tabellen zu.

Direkt hochrechnen | Direkt runterrechnen | Zusammenrechnen | Rechnen mit einem festen Faktor | Rechnen mit einem Zwischenschritt | Schrittweise addieren

Abb. 8: Funktionale Zusammenhänge in Minitabellen (aus Hußmann et al. 2015, S. 16 © 2015 Cornelsen Verlag GmbH, Berlin)

Proportionale Funktionen sind – als spezielle lineare Funktionen – nicht nur durch ihr konstantes additives Änderungsverhalten charakterisiert. Vielmehr ist zusätzlich die Wirkung der Änderung des Arguments auf den Funktionswert wesentlich: $f(x+\Delta x)=f(x)+f(\Delta x)$. Das hat bedeutsame Auswirkungen auf das Eigenschaftsspektrum beider Funktionstypen. Während lineare Funktionen durch ihr additives Änderungsverhalten charakterisiert sind, sind proportionale Funktionen zudem quotientengleich, verhältnisgleich und vervielfachungsgleich, was z. B. an den möglichen Rechenwegen in proportionalen und linearen Tabellen sichtbar wird (vgl. Abb. 8, nur das „Schrittweise Addieren" lässt sich auch für alle lineare Zusammenhänge nutzen).

Da Lernende dazu neigen, proportionale Strategien – wie die Rechenwege in Tabellen – auch für nicht proportionale Zusammenhänge zu nutzen, sollten die Zusammenhänge zwischen beiden Funktionstypen im Unterricht entsprechend erarbeitet werden. Neben einer Würdigung von Wachstumsprozessen mit negativer Änderung und der Verwendung von grafischen, tabellarischen und symbolischen Darstellungsmitteln sollten die Funktionstypen entsprechend kontrastiert werden. Das bedeutet beispielsweise, dass in jeder Darstellung die Eigenschaften von linearen und proportionalen Funktionen gegenübergestellt werden.

Auf die Kernfrage, wie kann man aus wenigen Werten weitere Werte bestimmen, lässt sich aus der Perspektive der linearen Funktionen antworten: Für lineare (proportionale) Zusammenhänge kann ich mithilfe einer festen (additiven) Änderung und einem Startwert (in Null) alle weiteren Werte bestimmen.

Geeignete Kontexte für proportionale Funktionen findet man überall dort, wo die Vielfalt der Rechenwege genutzt werden kann (vgl. Abb. 8) und die feste Änderung eine kontextuelle Bedeutung erhält. Dies ist z. B. der Fall, wenn man in einem Größenbereich zwischen verschiedenen Einheitensystemen umrechnet, z. B. Euro in Dollar oder Meilen in Kilometer. Oder wenn man Preise vergleicht, bei denen unterschiedliche Informationen vorliegen, z. B. bei der Frage, ob die Schokolade zu 200 g für 3 € preiswerter ist als die zu 300 g für 4 €. Hier können Strategien zum Kopfrechnen direkt auf den oben dargestellten Rechenwegen aufbauen. Die Fokussierung auf die Rechenwege, die feste Änderung und das Kopfrechnen legt es nahe, proportionale Zusammenhänge – sowohl in der Primarstufe als auch in der Sekundarstufe – in tabellarischen Darstellungen zu erschließen.

Bei den linearen Funktionen rückt die feste (additive) Änderung noch stärker in den Blick, wie auch der Startwert, der nun nicht mehr den Wert 0 annehmen muss. Da Funktionen insbesondere nützlich sind, um Anwendungssituationen zu modellieren, können in diesem Themenfeld erste Erfahrungen gesammelt werden, um zwischen Modell und Realität zu unterscheiden. Ein exemplarischer Kontext wäre die Funktionsweise eines Routenplaners, mit dem die zentrale Kernfrage nach weiteren Werten aufgegriffen werden kann. Mit der Durchschnittsgeschwindigkeit als Modellannahme, um Reisezeiten zu bestimmen, kommt dem festen additiven Zuwachs eine besondere Rolle zu. Mit ihm lässt sich hypothetisch die Ankunftszeit bestimmen, auch wenn die tatsächliche Fahrt aufgrund von Geschwindigkeitsschwankungen davon abweicht. Mit der Gegenüberstellung von gefahrener Strecke und Tachostand lassen sich proportionale und nicht proportionale Zusammenhänge direkt gegenüberstellen (vgl. Abb. 9) und gewinnbringend für die Begriffsentwicklung nutzen.

Zeit (in h)	Strecke (in km)	Tachostand (in km)
0	0	50
1	120	170
3	360	410
4	480	530
5	600	650

Abb. 9: Kontrastrierung von linearen und proportionalen Zusammenhängen (vgl. Hußmann & Richter 2014; Richter 2014)

Nicht tragfähige Vorstellungen, mit denen möglichst jeder Zusammenhang proportional gedeutet wird (vgl. Abb. 10), können auf diese Weise infrage gestellt werden.

Zeit (in h)	Strecke (in km)
0	
1	180
2	300
3	
5	
10	
20	

Hier gibt es drei unterschiedliche Durchschnittsgeschwindigkeiten: 180 km/h, 150 km/h und 120 km/h, je nachdem, worauf man schaut.

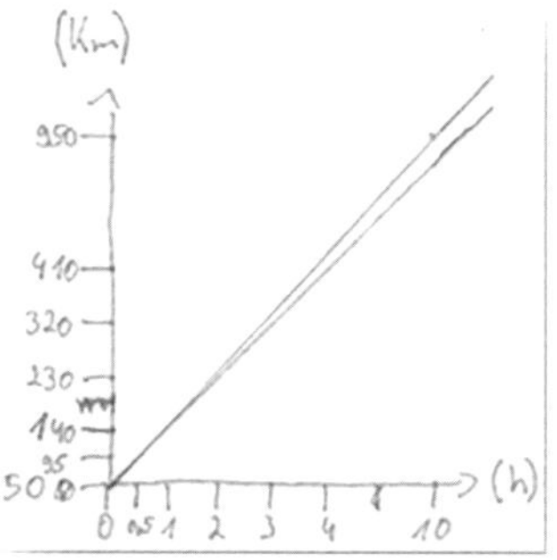

Abb. 10: Nicht tragfähige Vorstellungen zur Linearität (vgl. Hußmann und Richter 2014, Richter 2014)

Quadratische Funktionen

Quadratische Funktionen können hinsichtlich ihres Änderungsverhalten und ihrer figuralen Darstellung schon in der Primarstufe und frühen Sekundarstufe thematisiert werden (vgl. S. 118). Diese Vorerfahrungen können zur Charakterisierung dieses Funktionentyps, aber auch später in der Analysis zur Entwicklung eines fundierten Verständnisses von Änderungsraten genutzt werden. Eine erste Annäherung über das Änderungsverhalten ist jedoch problematisch, da die explizite Darstellung einer quadratischen Funktion nur schwierig aus dem Änderungsverhalten herzuleiten ist. Die Beschreibung von Wurfbahnen bzw. Fallbewegungen oder die Analyse von Beschleunigungsvorgängen liegt hier näher, da der quadratische Ausdruck aus der Physik entliehen, wenn auch im Sinne einer Kontextauthentizität nur bedingt erschlossen werden kann. Die Verwendung von explizit gegebenen quadratischen Funktionen zur Modellierung von Kurvenverläufen ist ein zentraler Zugang zu diesem Funktionstyp. Insbesondere das Verständnis der einzelnen Parameter ist hier maßgeblich, um die reale Situation und das mathematische Modell aufeinander zu beziehen, aber auch operative Beziehungen innerhalb der Darstellungen zu verstehen.

Eine Herausforderung für die Lernenden liegt hingegen in einem anderen Bereich: der Deutung einer quadratischen Funktion als geometrisches Objekt (Objektvorstellung) und als funktionales Objekt (hier im Sinne der Zuordnungsvorstellung). Sobald die Lernenden die Parabel als grafische Darstellung von quadratischen Funktionen kennengelernt haben, deuten sie diese vielfach auch in diesem Repräsentationstyp. Dies wird insbesondere dann sichtbar, wenn die Veränderung, z. B. des Terms $x^2 + 3$ zu $(x - 4)^2 + 3$, als Verschiebung nach links gedeutet wird. Dies ist auch naheliegend für die Lernenden, da die Addition der 3 in dem Term die Verschiebung der Parabel nach oben induziert. Der Grund hierfür liegt darin, dass die Addition von 3 tatsächlich eine direkte Aktion auf dem Objekt, das man als Parabel deuten kann, darstellt. Die Subtraktion von 4 hingegen ist jedoch eine Aktion auf dem Argument der Funktion, das man sich im Sinne der Zuordnungsvorstellung so vorstellen kann: der Wert der Ausgangsfunktion an der Stelle 7 entspricht dem Wert der verschobenen Funktion an der Stelle 11. Für viele Schüler/-innen ist es nicht augenscheinlich klar, wann sie die Objekt- und wann sie die Zuordnungsvorstellung nutzen können. Wenn jedoch im Unterricht das operative Prinzip hinsichtlich der Auswirkungen auf die Objekte in verschiedenen Darstellungen genutzt wird, lässt sich möglicherweise ein Verständnis für diese Zusammenhänge aufbauen (vgl. z. B. Abb. 11) – hierbei kann auf einen authentischen Anwendungskontext verzichtet werden, die Beziehungen der Repräsentationsformen der Funktion besitzen in sich ausreichend explorativen Charakter.

Aufgabe: Stelle das Gleichungspäckchen in Graph und Tabelle dar. Beschreibe, was sich verändert und was dir auffällt, wenn die hellgrauen Zahlen größer werden. Erkläre mithilfe von Term und Tabelle, warum sich die Parabel mal nach links und mal nach rechts verschiebt.

Gleichung
$y=(x-2)^2+3$
$y=(x-1)^2+3$
$y=(x)^2+3$
$y=(x+1)^2+3$

Tabelle x	$y=(x-2)^2+3$	$y=(x-1)^2+3$	$y=(x)^2+3$
-2			
-1			
0			
1			
2			

Abb. 11: Operative Päckchen und Darstellungswechsel bei den quadratischen Funktionen

Die Herausforderung wie auch das Potenzial des Zusammenspiels von geometrischer und funktionaler Sichtweise zeigt sich auch in der sehr schönen Anwendung, die Form z. B. einer Satellitenschüssel mit einer Parabel zu modellieren. Hier stehen geometrische Argumente, wie Symmetrie bei Achsenspiegelungen im Vordergrund, die verwendet werden, um zu zeigen, dass ein Parabolspiegel ein (durchaus authentisches) Objekt ist, mit dem sich der Nutzen von quadratischen Funktionen zeigen lässt. Jedoch ist der Weg von diesem Phänomen zum expliziten mathematischen Term eine große Herausforderung für die Schüler/-innen, sodass es sich anbietet, diesen Zusammenhang als Anwendung und nicht als Einstieg zu nutzen.

Exponentialfunktionen

Als vierter Funktionentyp wird hier die exponentielle Funktion kurz vorgestellt. Sie ist von besonderer Bedeutung, da sie sich nicht mehr durch ein rein additives, sondern durch ein vorrangig multiplikatives Änderungsverhalten auszeichnet, wobei insbesondere das „proportionale" Änderungsverhalten zum letzten Funktionswert kennzeichnend ist, z. B. $1{,}4^2=1{,}4+0{,}4\cdot 1{,}4$ oder $1{,}4^3=1{,}96+0{,}4\cdot 1{,}96$ (vgl. Abb. 12b). Lernende sehen aber nicht selten – bedingt durch ihre Vorerfahrungen – eine rein additive Änderung (vgl. Abb. 12a), je nach Kontext eine prozentual-additive Änderung (vgl. Abb. 12c), und sie sollen zudem irgendwann auch die feste multiplikative Änderung (vgl. Abb. 12d) sehen (vgl. Hußmann & Prediger 2016).

x	y
1	1
2	1,4
3	1,96
4	2,744

a) +0,4	b) +0,4 · 1	c) +40%	d) · 1,4
+0,56	+0,4 · 1,4	+40%	· 1,4
+0,784	+0,4 · 1,96	+40%	· 1,4

Abb. 12: Änderungsverhalten in exponentiellen Wachstumsprozessen

Zur Erschließung von Exponentialfunktionen bieten sich reale Kontexte an, da vielfältige Anwendungen existieren. So ist bei Kontexten wie dem Zinseszins, in denen das prozentuale Wachstum eine Rolle spielt, der prominente Zugriff der Lernenden die (proportional-)additive Deutung, was auch durch die kontextbedingten Formulierungen (bspw. „das Kapitel wächst jedes Jahr um 40%", „es kommen jedes Jahr 40% hinzu") nahegelegt wird. Durch den Fokus auf die additive Änderung fällt es vielen Lernenden entsprechend schwer, den Wachstumsfaktor (im Beispiel 1,4) adäquat zu interpretieren.

Um diese Schwierigkeiten zu umgehen, bietet es sich an – wie bei den proportionalen und linearen Funktionen –, beide Sichtweisen (die proportional-additive und die proportional-multiplikative Änderung) aufzugreifen, denn insbesondere durch Rückgriff auf die Vorerfahrungen aus der Prozentrechnung lassen sich die Änderungen mithilfe der Darstellung des Prozentstreifens vereinen (vgl. Abb. 13).

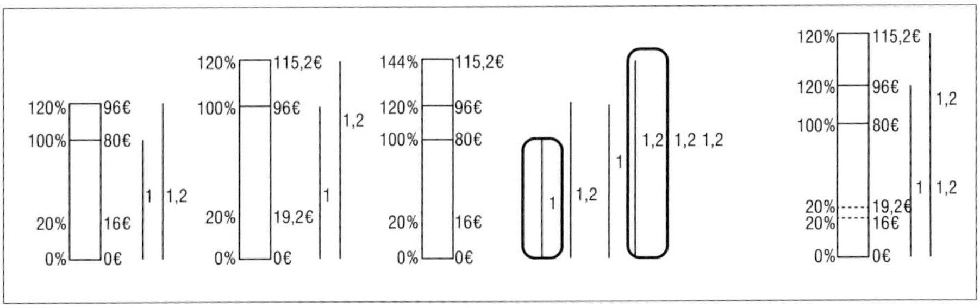

Abb. 13: Proportional-additive und multiplikative Änderungen mit dem Prozentstreifen vereinen (vgl. auch Hußmann & Prediger 2016, Thiel-Schneider [in Vorbereitung])

Drei Aspekte des Prozentstreifens sind dabei zentral: Erstens wird das sich ändernde Ganze in den Blick gerückt und dadurch erklärt, warum die additiven Teile immer größer werden, obwohl der Prozentsatz sich nicht ändert (in den ersten drei Bildern in Abb. 13 sieht man zum einen das sich ändernde Ganze (100%) und zum anderen das größer werdende Teilstück, das oben ergänzt wird). Zweitens kann der Streifen wie ein Gummiband betrachtet werden, das in die Länge gezogen wird, so dass die 100% ihren Bezugspunkt dynamisch ändern (in Abb. 13 ist dies insbesondere der Schritt vom ersten zum zweiten Bild, wie auch die Doppelbezeichnung von 100% und 120 im letzten Bild). Drittens sieht man in dem Aufeinanderlegen der Prozentstreifen in den Einzelschritten, dass dies einer Multiplikation der Wachstumsfaktoren entspricht (dies sollen die roten Rahmungen der Wachstumsfaktoren neben dem dritten Bild verdeutlichen). Die analoge Darstellung mit positiv-ganzzahligen Wachstumsfaktoren kann am Prozentstreifen sichtbar werden lassen, dass ein Verdopplungsprozess einem Zuwachs von 100% bzw. 1 entspricht.

Für die Schüler/-innen, die die gymnasiale Hochschulreife anvisieren, sollte diesem ersten Zugang via Zinseszins eine Thematisierung vorrangig funktionaler Aspekte folgen. Die Fokussierung auf funktionale Aspekte kann genutzt werden, die unterschiedlichen Funktionstypen sowohl strukturorientiert als auch anwendungsorientiert zu vergleichen und zu kontrastieren, indem man z. B. die Funktionstypen nach ihrem Änderungsverhalten vergleicht und diese Typisierung nutzt, um Anwendungssituationen ebenfalls mit Blick auf unterschiedliches Änderungsverhalten zu charakterisieren.

1.4 Erste Zugänge zur Analysis

Dieser in der Sekundarstufe entwickelte rote Faden des Änderungsverhaltens lässt sich für einen tragfähigen Zugang zur Analysis weiter nutzbar machen. Hinsichtlich des mathematischen Kerns in verschiedenen Darstellungen, hinsichtlich des Kontextes als Modellierungssituationen sowie als Bedeutungsträger von Funktionen. Dabei werden die Konzepte der Änderung und der Abhängigkeit weiter präzisiert und einer quantitativen Bestimmung zugänglich gemacht. Allerdings steigt mit der Betrachtung von Grenzwerten und den infinitesimalen Strukturen der theoretische Anspruch an die Lernenden beträchtlich. Wie lassen sich die Erfahrungen und Erkenntnisse aus dem Umgang mit Funktionen für die Analysis fruchtbar machen, ohne sie mit den begrifflichen Schwierigkeiten der neuen Aspekte zu belasten? Einen geeigneten Weg zeigt die qualitative Analysis auf (vgl. z. B. Hußmann 2010; Hahn & Prediger 2004; Blum 2000; Danckwerts &Vogel 1992; Fischer 1982). „Qualitative Analysis stützt sich vorrangig auf grafische und verbale Repräsentationen und dient als „Brille", um Veränderungen ihrer Qualität nach zu erfassen" (Hußmann 2010, S. 4). Dieser Zugang knüpft an die oben aufgeführten Ideen an, indem zum Beispiel proportionale, antiproportionale, lineare oder quadratische Veränderungen grafisch dargestellt oder verbal beschrieben werden. Dazu werden markante Stellen nicht mithilfe des Ableitungskalküls definiert, sondern als charakteristische Stellen in Änderungsprozessen. „Ein Wendepunkt kann zum Beispiel dadurch charakterisiert sein, dass der Bestand vor und hinter dem Wendepunkt wächst, das Änderungsverhalten der Änderung des Bestandes aber vor dem Wendepunkt sinkt und danach wieder steigt" (ebd., S. 5). Liegen bereits die oben genannten Erfahrungen mit verschiedenen Funktionstypen vor, so kann diese verbale Beschreibung zu einem differenzierten Verständnis der unterschiedlichen Ebenen wie Bestand, Änderung und Änderung der Änderung führen, die maßgeblich sind für die ganze Analysis. Denn die Ableitung lässt sich gleichermaßen als Kovariation der Funktion f und als Zuordnung bezüglich der Ableitungsfunktion f' verstehen. Diese Konzepte legen das inhaltliche und vorstellungsbasierte Fundament für die Analysis, die mit ihrem analytischen Zugriff den großen Entwicklungsschritt der lokalen Berechenbarkeit von Änderungsverhalten bereitstellt, aber auch immer wieder in der Gefahr steht, das „Verständnis" auf das regelgeleitete Agieren mit Termen zu reduzieren.

Und genau dieser Gefahr soll begegnet werden, durch die konsequente Verfolgung der oben genannten drei Leitideen funktionalen Denkens: Abhängigkeiten qualitativ und später quantitativ zu beschreiben, Typen von Veränderung in verschiedenen Darstellungen anzugeben und Anwendungssituationen zu modellieren.

Literatur

Barzel, B., Jaschke, T. & Missale, B. (2014). Leistungskurven im Sport – Zusammenhänge zwischen Größen untersuchen. In: T. Leuders, S. Hußmann, B. Barzel & S. Prediger (Hrsg.), mathewerkstatt. Klasse 7. Berlin: Cornelsen.

Blum, W. (2000). Perspektiven für den Analysisunterricht. In: Der Mathematikunterricht 46 (4–5), 5–17.

Büchter, A. (2011). Funktionales Denken entwickeln – von der Grundschule bis zum Abitur. In: A. S. Steinweg (Hrsg.), Medien und Materialien. Tagungsband des AK Grundschule in der GDM 2011, 9–24. Bamberg: University of Bamberg Press.

Büchter, A. & Henn, W. (2010). Elementare Analysis. Heidelberg: Spektrum.

Confrey, J. & Smith, E. (1994). Exponential functions, rates of change, and the multiplicative unit. In: Educational Studies in Mathematics, 26(2–3), 135–164.

Danckwerts, R. & Vogel, D. (1992). Quo vadis, Analysisunterricht? In: Der mathematisch-naturwissenschaftliche Unterricht 45(6), 370–374.

Dubinsky, E. & Harel, G. (1992). The nature of the process conception of function. In: G. Harel & E. Dubinsky (Eds.), The concept of function: Aspects of epistemology and pedagogy, 85–106. Washington: Mathematical Association of America.

Fischer, R. (1982). Sinn mathematischer Inhalte und Begriffsentwicklungen im Analysisunterricht. In: Journal für Mathematikdidaktik 3 (3/4), 265–294.

Freudenthal, H. (1991). Revisiting Mathematics Education. China Lectures, Kluwer, Dordrecht.

Gallin, P. & Ruf, U. (1994). Ein Unterricht mit Kernideen und Reisetagebuch. In: mathematik lehren 64, 51–57.

Hahn, S. & Prediger, S. (2004). Vorstellungsorientierte Kurvendiskussion – Ein Plädoyer für das Qualitative. In: Beiträge zum Mathematikunterricht 2004, Franzbecker, Hildesheim, 217–220.

Hußmann, S. (2010). Veränderung verstehen – aus qualitativer Sicht. In: Praxis der Mathematik in der Schule 31, 4–8.

Hußmann, S. & Prediger, S. (2016). Specifying and structuring mathematical topics – a four-level approach for combining formal, semantic, concrete, and empirical levels exemplified for exponential growth. In: Journal für Mathematikdidaktik 37, 33–67.
Hußmann, S., Mühlenfeld, U., Richter, V. & Witzmann, C. (2015). Voraussagen mit dem Routenplaner – Mit Funktionen modellieren. In: S. Hußmann, T. Leuders, S. Prediger & B. Barzel (Hrsg.), mathewerkstatt. Klasse 8. Cornelsen: Berlin.
Hußmann, S. & Richter, V. (2012). ‚Wieso kann ein Navi so genau rechnen?' Mit linearen Funktionen modellieren. In: Praxis des Mathematikunterrichts. 54, No. 44, 15–19.
Franke, M. & Ruwisch, S. (2010). Didaktik des Sachrechnens in der Grundschule. Heidelberg: Spektrum.
Hasemann, K. & Gasteiger, H. (2014). Anfangsunterricht Mathematik. Berlin, Heidelberg: Springer.
Krauthausen, G. & Scherer, P. (2007). Einführung in die Mathematikdidaktik. München: Spektrum.
Lengnink, K. (2005). „Abhängigkeiten von Größen" – zwischen Mathematikunterricht und Lebenswelt. In: Praxis der Mathematik in der Schule 2, 13–19.
Leuders, T. & Prediger, S. (2005). Funktioniert's – Denken in Funktionen. In: Praxis der Mathematik in der Schule 47, 2, 1–6.
Leuders, T., Hußmann, S., Barzel, B. & Prediger, S. (2011). „Das macht Sinn!" Sinnstiftung mit Kontexten und Kernideen. In: Praxis der Mathematik in der Schule 53(37), 2–9.
Malle, G. (2000). Zwei Aspekte von Funktionen: Zuordnung und Kovariation. In: mathematik lehren, 103, 8–11.
Richter, V. (2014). Routen zum Begriff der linearen Funktion Entwicklung und Beforschung eines kontextgestützten und darstellungsreichen Unterrichtsdesigns zum Begriff ‚lineare Funktion'. In: S. Hußmann, M. Nührenbörger, S. Prediger & C. Selter (Hrsg.) (2014), Dortmunder Beiträge zur Entwicklung und Erforschung des Mathematikunterrichts. Wiesbaden: Springer Spektrum.
Schwarzkopf, R. (2015). Argumentationsprozesse im Mathematikunterricht der Grundschule: Ein Einblick. In: A. Budke et al. (Hrsg.), Fachlich argumentieren lernen. Didaktische Forschungen zur Argumentation in den Unterrichtsfächern, 31–45. Münster: Waxmann.
Steinweg, A. S. (2013). Algebra in der Grundschule. Heidelberg: Springer.
Thiel-Schneider, A. (in Vorb.). Eine Lernprozessstudie zu Lernpfaden zum exponentiellen Wachstum. Dissertation in Vorbereitung, TU Dortmund.
Vollrath, H.-J. (1989). Funktionales Denken. In: Journal für Mathematik-Didaktik, 10 (1), 3–37.
Wittmann, E. Ch. (1985). Objekte – Operationen – Wirkungen: Das operative Prinzip in der Mathematikdidaktik. In: mathematik lehren. H. 11, 7–11.
Wittmann, E. Ch. & Müller, G. N. (1988). Wann ist ein Beweis ein Beweis. In: P. Bender (Hrsg.), Theorie und Praxis. Festschrift für Heinrich Winter, 237–257. Berlin: Cornelsen.
Wittmann, E. Ch. & Müller, G. N. (2008). Muster und Strukturen als fachlicher Hintergrund. In: G. Walter et al. (Hrsg.), Bildungsstandards für die Grundschule: Mathematik konkret, 42–65. Berlin: Cornelsen Skriptor.
Wittmann, E. Ch. & Müller, G. N. (2009). Das Zahlenbuch. Handbuch zum Frühförderprogramm. Stuttgart/Leipzig: Klett.
Wittmann, E. Ch. & Müller, G. N. (2012). Das Zahlenbuch 1. Stuttgart/Leipzig: Klett.
Wittmann, E. Ch. & Müller, G. N. (2013). Das Zahlenbuch 3. Stuttgart/Leipzig: Klett.

Andreas Eichler & Hedwig Gasteiger

Daten und Zufall

Statistische Informationen kritisch beurteilen zu können, ist eine Fähigkeit, die man sich von verantwortungsvollen, mündigen Jugendlichen oder Erwachsenen wünschen würde. Voraussetzung dafür ist ein umfassendes Verständnis zu Wahrscheinlichkeit, zu Häufigkeiten oder zur Rolle des Stichprobenumfangs. Dieses Verständnis kann bereits frühzeitig angebahnt, auf Erfahrungen mit Zufallsexperimenten gestützt und mit theoretischem Hintergrundwissen erweitert werden. Gerade der Themenbereich *Daten und Zufall*, in dem sich zum Teil hartnäckig Fehlvorstellungen halten, verlangt einen stringenten Aufbau von der Primarstufe bis in die höheren Schuljahrgänge und eine wohlüberlegte Elementarisierung der komplexen Inhalte, um anschlussfähiges Lernen der Inhalte garantieren zu können.

1 Wozu Daten und Zufall?

„Die Fähigkeit, mit Daten umzugehen – sie zu verstehen, zu verarbeiten, ihnen Aussagen zu entnehmen, sie zu visualisieren und zu kommunizieren – das werden in den nächsten Jahrzehnten Schlüsselqualifikationen sein und das nicht allein auf professionellem Niveau, sondern auch auf Niveau der Grundschule wie der Sekundarstufen und im Bereich des Studiums." (Varian 2009; Übersetzung der Autoren)

Was hier fast wie die Auflistung von Kompetenzen in Curricula oder in den *KMK*-Bildungsstandards klingt, ist die Aussage eines Top-Managers von Google vor wenigen Jahren. Nimmt man noch die Fähigkeit hinzu, systematisch Daten zu erheben, so sind tatsächlich alle Schritte eines Datenzyklus von der Erhebung bis zur Präsentation von Ergebnissen (vgl. Wild & Pfannkuch 1999) genannt, die den Bereich Daten in den Bildungsstandards aller Schulstufen ausmachen (KMK 2004, 2005, 2015). Der Zufall selbst wird in dem Zitat zwar nicht genannt, aus einer datenorientierten Perspektive gehört aber der Zufall bzw. die mathematische Modellierung des Zufalls zur Fähigkeit, mit statistischen Daten operieren zu können, unmittelbar dazu und ist dadurch mitgedacht.

Die von Hal Varian nicht formulierte Begründung, warum die genannten Fähigkeiten wichtig sind, kann mit der Omnipräsenz von Daten in Entscheidungsprozessen unserer modernen Welt begründet werden (Eichler & Vogel 2013). Ob man nun die Steuerung der Finanzwirtschaft, die Zuteilung staatlicher Ressourcen an Städte und Kreise auf der Basis von Volkszählungen oder den medizinischen Fortschritt nimmt: Man wird kaum einen Bereich finden, bei dem nicht statistische Daten und deren häufig auf der Wahrscheinlichkeitstheorie beruhende Verarbeitung eine wesentliche Rolle spielen. Das bedeutet, dass sowohl die aktive Beteiligung an Entscheidungen in unserer Welt, wie auch die kritische Begleitung dieser, Fähigkeiten im Bereich *Daten und Zufall* voraussetzen.

Wie die dafür notwendigen Fähigkeiten im Bereich *Daten und Zufall* von der Primarstufe bis zum Schulabschluss aufgebaut werden könnten, werden wir – ausgehend von drei Perspektiven auf anschlussfähiges Lernen (Abschnitt 2) – in diesem Beitrag exemplarisch diskutieren. Leitend ist dabei, wie Schülerinnen und Schüler Fragen an eine mit Unsicherheit behaftete Welt stellen und wie sie diese mit den ihrem Bildungsstand entsprechenden Methoden der Statistik und Wahrscheinlichkeitsrechnung in altersspezifischer Form beantworten können.

2 Fachlich anschlussfähiges Lernen von der Primarstufe bis ins Erwachsenenalter

Während beispielsweise bei Lerninhalten der Arithmetik ein stringenter Aufbau von ersten Erfahrungen in der Grundschule bis hin zum Sekundarstufenniveau für viele auf der Hand liegt, scheint es gerade bei der Leitidee *Daten und Zufall* eine große Herausforderung zu sein, Unterricht für alle Jahrgangsstufen so zu planen, dass anschlussfähiges Lernen möglich wird. Die Forderung nach Anschlussfähigkeit umfasst dabei drei Perspektiven, die des Faches, die der Schülerinnen und Schüler und die der Lehrkräfte.

Ist die fachliche Zielperspektive klar – z. B. eine kritische Beurteilung von statistischen Daten –, stellt sich die Frage, wie in diesem Fall von „oben nach unten“ eine *sachgerechte Elementarisierung* aussehen kann. Welche Inhalte müssen und können in den jeweils vorangehenden Schuljahren vorbereitet werden, damit junge Erwachsene die angestrebte Kompetenz wirklich entwickeln können. Umgekehrt muss der Unterricht zur Leitidee *Daten und Zufall* bereits in der Primarstufe so geplant werden, dass den Schülerinnen und Schülern trotz Elementarisierung ein *bruchfreies fachliches Weiterlernen* ermöglicht wird. Unterricht muss – auch wenn Inhalte auf einem didaktisch reduzierten Niveau bearbeitet werden – die breite Struktur des fachlichen Inhalts in den Blick nehmen (Bruner 1999, S. 31).

Aus Sicht der Schülerinnen und Schüler zeigt sich erfolgreiches, „anschließendes“ Lernen, wenn sie *erkennen, wie Inhalte aufeinander aufbauen,* wie sich ihr Wissen weiterentwickelt bzw. sie zunehmend kompetenter werden. Dann ist ihnen in der Reflexion auch immer wieder ein *Blick* dahin *zurück* möglich, *wo Inhalte noch sicher verstanden wurden.* Dieser kann sich gerade im Bereich *Wahrscheinlichkeit,* in dem sich zahlreiche Fehlvorstellungen teilweise hartnäckig halten, als hilfreich erweisen, um neue Gedanken weiterzuentwickeln.

Die Lehrkraft schließlich kann anschlussfähiges Lernen unterstützen, indem sie basierend auf fachlichem, fachdidaktischem und psychologischem Wissen den Lernstand bzw. die Lernvoraussetzungen der Schülerinnen und Schüler analysiert und etwaige Fehlvorstellungen erkennt. Erst dann können die nächsten unterrichtlichen Schritte – im Sinne der „Zone der nächsten Entwicklung“ (Vygotsky 1978) – so geplant und unterrichtlich umgesetzt werden, dass intuitive Zugänge von fachlich durchdrungenen Konzepten abgelöst werden können.

Wie die unter Abschnitt 1 geschilderte Zielvorstellung konkret und unter Berücksichtigung der drei hier aufgezeigten Perspektiven verwirklicht werden kann, zeigen die beiden folgenden Beispiele, die jeweils das Lernen von der Primarstufe bis ins Erwachsenenalter durchdenken. Aufgezeigt wird einmal, wie ausgehend von der Primarstufe die Durchdringung und zunehmende Formalisierung des Wahrscheinlichkeitsbegriffs unterrichtlich umgesetzt werden kann. Das zweite Beispiel führt aus, wie vom Ziel, statistische Daten zu erfassen und sachgerecht zu interpretieren, rückläufig gedacht und dadurch mehr und mehr elementarisiert eine solide Basis für diese Kompetenz gelegt werden kann. Es werden dabei exemplarisch häufige Fehlvorstellungen in den Blick genommen. Die fachlichen Inhalte können zum Teil mit Verweisen auf weiterführende Literatur nur angedeutet werden.

3 Erwerb des Wahrscheinlichkeitsbegriffs

Überlegungen, wie man sich dem Erwerb des Wahrscheinlichkeitsbegriffs in der Primarstufe annähern kann, erfordert zunächst, sich mit zentralen Begriffen auseinanderzusetzen. Wahrscheinlichkeit zu definieren, ist nicht so einfach, da der Begriff im Alltag, in den Medien, in wissenschaftlichen Arbeiten oder in der Mathematik verwendet wird, aber jeweils an ganz unterschiedliche Deutungen und Vorstellungen gebunden ist (vgl. Büchter & Henn 2007, S. 159). Hawkins und Kapadia (1984, S. 349 f.) unterscheiden verschiedene Definitionen von Wahrscheinlichkeit: die theoretische Wahrscheinlichkeit, die unter der Annahme der Gleichwahrscheinlichkeit von Ereignissen eingeschätzt wird, die frequentistische Wahrscheinlichkeit, die sich als Schätzwert durch die Beobachtung von relativen Häufigkeiten bei Zufallsexperimenten ergibt, die subjektive Wahrscheinlichkeit, die oftmals auf persönlichen Überzeugungen beruht und die formale Wahrscheinlichkeit, durch die axiomatisch die Wahrscheinlichkeit erst definiert ist. Diese verschiedenen Aspekte zu vernetzen, fachlich zu integrieren und subjektive Überzeugungen zu reduzieren, ist eine zentrale Aufgabe, der sich Unterricht bereits ab der Primarstufe widmen kann und sollte. Gerade, um etwaigen Fehlvorstellungen frühzeitig zu begegnen, ist es wichtig, die Vorkenntnisse zu kennen, mit denen Kinder in die Schule kommen.

Vorkenntnisse

Empirische Erkenntnisse zeigen, dass sich bei Kindern im Vorschulalter oftmals noch kein Wahrscheinlichkeitsverständnis im oben geschilderten Sinne zeigt, sondern zunächst ein animistisches Verständnis vorherrschend ist (Wollring 1994). In diesem Fall nehmen Kinder z. B. an, es existiere ein Wesen, das mehr oder weniger willkürlich oder auch absichtlich den Ausgang einer stochastischen Situation bestimmt. Auch wenn diese Vorstellungen „kindgemäße Bausteine ‚aktiver individueller Sinnkonstruktion'" sind (Wollring 1994, S. 32), so sind sie fachlich nicht unmittelbar anschlussfähig. Verfestigen sich diese, kann es schwierig werden, ein frequentistisches, theoretisches oder formales Verständnis von Wahrscheinlichkeit aufzubauen.

Zu Begriffen, wie z. B. *möglich, unmöglich, wahrscheinlich,* die im Kontext Zufall und Wahrscheinlichkeit verwendet werden, haben Kinder im Vorschulalter hingegen oft schon ganz konkrete Vorstellungen. Allerdings zeigen sich Schwierigkeiten in der Abgrenzung von unwahrscheinlich zu unmöglich. Ein beträchtlicher Anteil vierjähriger Kinder erachtet unwahrscheinliche Ereignisse, wie etwa vom Blitz getroffen zu werden oder ein Krokodil unter dem Bett zu finden, als unmöglich (Shtulman & Carey 2007).

Grundbegriffe der Wahrscheinlichkeit

Begriffe wie *wahrscheinlich, unwahrscheinlich, sicher,* zu denen die Kinder bereits Vorwissen mitbringen, können ein guter Ansatzpunkt für die Annäherung an den Wahrscheinlichkeitsbegriff sein. Da diese aber im Alltag Verwendung finden und Wahrscheinlichkeit in Alltagskontexten individuell sehr verschieden interpretiert werden kann, ist es wichtig, in der Primarstufe zunächst ein gemeinsames Vokabular abzusichern, mit dem man sich über Wahrscheinlichkeit verständigen kann. Im Sinne eines fast „philosophischen" Zugangs kann zunächst gemeinsam reflektiert oder ausgehandelt werden, welche Ereignisse wirklich als sicher, als möglich oder als unmöglich gelten.

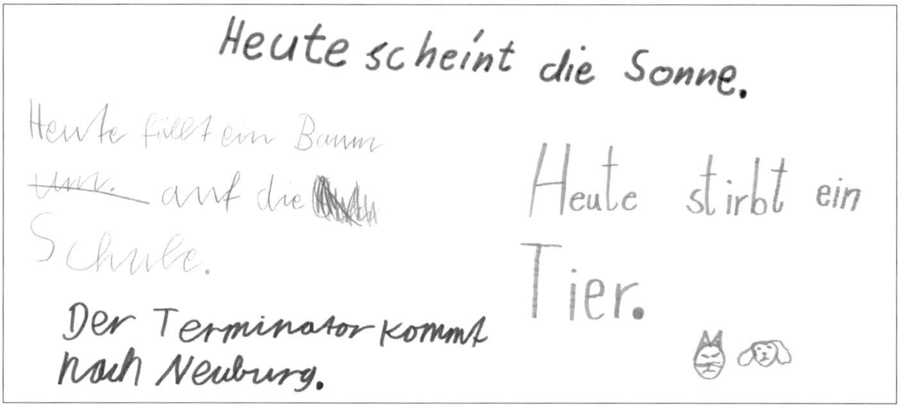

Abb. 1: Schüleräußerungen (Klasse 3) zu den Begriffen unmöglich, möglich, sicher[1]

1 Schülerlösungen von Hans Hüttinger, GS Neuburg an der Donau

Für die Kinder einer dritten Klasse (vgl. Abb. 1) ist es sicher, dass heute die Sonne scheint und möglich, dass ein Tier stirbt. Sie sahen es als unmöglich an, dass der Terminator in die Heimatstadt kommt, aber auch, dass ein Baum auf die Schule fällt - wenngleich letzteres vielleicht doch eher unwahrscheinlich ist und nicht unmöglich (s. Abschnitt Vorwissen).

Über diese drei Grundbegriffe der Wahrscheinlichkeit hinaus ist es sinnvoll, auch die Begrifflichkeiten *wahrscheinlich, wahrscheinlicher als, unwahrscheinlich* oder *unwahrscheinlicher als* zu thematisieren. Zwar handelt es sich hier nicht um Grundbegriffe der Wahrscheinlichkeitsrechnung - so kann *wahrscheinlich* kein Zahlenwert zugeordnet werden - allerdings kennen die Kinder diese Begriffe in ihrer alltagssprachlichen Verwendung. Sie hören Aussagen wie: „Wahrscheinlich regnet es heute noch", oder „Es ist unwahrscheinlich, dass wir es heute noch schaffen, in die Bücherei zu gehen". Wenn Kinder Zufallsexperimente durchführen und überlegen, wie wahrscheinlich es sein könnte, dass ein bestimmtes Ereignis eintritt oder nicht, werden diese Begriffe verwendet. Aus diesem Grund sollten sie bereits früh bewusstgemacht und reflektiert werden, auch um gegebenenfalls späteren sprachlichen Schwierigkeiten vorzubeugen, die sich vor allem bei in Textform präsentierten Stochastikaufgaben immer wieder ergeben können. Eine Möglichkeit ist, die Kinder beurteilen zu lassen, wie wahrscheinlich bestimmte Ereignisse sein könnten, bzw. sie aufzufordern, zu überlegen, welche Ereignisse wahrscheinlich, sehr unwahrscheinlich, sicher, möglich oder unmöglich sind. Die Gespräche, die sich daraus ergeben, setzen Aushandlungsprozesse in Gang, schulen die Argumentationsfähigkeit der Kinder und man wird sich nicht immer auf einen absolut passenden Begriff einigen können. Sie sensibilisieren die Kinder für die Verwendung dieser Begrifflichkeiten und schulen die Fähigkeit, die Eintrittswahrscheinlichkeit verschiedener Alltagsereignisse kritisch zu beurteilen.

Über einfache Zufallsexperimente zu einem umfassenderen Verständnis von Wahrscheinlichkeiten

Das Verständnis für Wahrscheinlichkeit und die verwendeten Begrifflichkeiten kann durch einfache Zufallsexperimente gestützt und vertieft werden. Diese können gegebenenfalls auch dazu beitragen, dass Kinder von einem animistischen oder subjektiven Wahrscheinlichkeitsverständnis zu einer eher frequentistischen Wahrscheinlichkeitsauffassung gelangen. Eine mögliche Aufgabenstellung hierzu wäre das Ziehen aus verschiedenen Säckchen mit jeweils zehn Murmeln in rot und blau. Die Kinder sammeln Erfahrungen dazu, wann es unmöglich oder sicher oder eher unwahrscheinlich ist, eine rote Kugel zu ziehen. Um sich einen Überblick über die einzelnen Ziehungen zu verschaffen, ist eine Dokumentation sinnvoll. Dabei werden erste Erfahrungen mit der Darstellung von Daten gemacht. Man kann verschiedene Darstellungen vergleichen und dann zum Schluss kommen, dass eine Strichliste bereits deutlich übersichtlicher ist, als sich immer zu notieren: rot, blau, rot, rot ... Eine weiterführende Aufgabe zur Sicherung der Begriffe kann sein: „Du hast blaue und rote Kugeln. Fülle einen Beutel mit zehn Kugeln so, dass es sicher, möglich, eher unwahrscheinlich, ... ist, eine rote Kugel zu ziehen. Überprüfe: Ziehe mindestens 30-mal.“

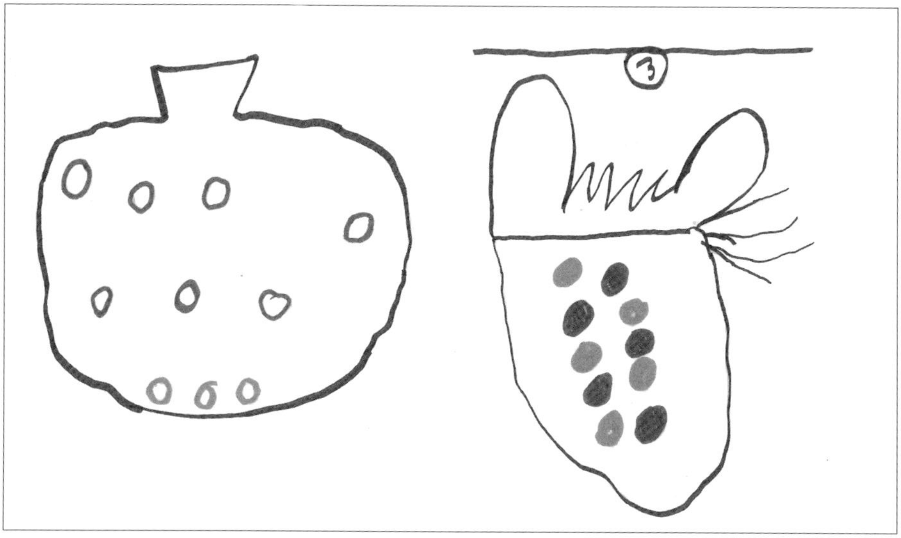

Abb. 2: Beutelfüllungen zweier Kinder zur Aussage: Es ist möglich, eine rote Kugel zu ziehen (linker Beutel: drei rote unten, 7 blaue. rechter Beutel: immer rot blau im Wechsel nebeneinander).

Bei Abbildung 2 sieht man, dass diese zwei Kinder ein sehr unterschiedliches Verständnis von *möglich* haben. Während im linken Bild die Vermutung naheliegt, dass dieses Kind den Begriff schon so versteht, dass *möglich* auch kleine Wahrscheinlichkeiten umfasst, lässt das zweite Bild eher vermuten, dass *möglich* mit *gleichwahrscheinlich* gleichgesetzt wird. Bilder wie diese geben einen Gesprächsanlass, der bereits die Bedeutung von Stichprobenlängen in den Fokus rücken kann: „Stell dir vor, du ziehst 1000-mal. Ist es möglich, dass du eine rote Kugel ziehst, auch wenn nur drei im Beutel sind? Ist es denn auch möglich, dass du gleich beim ersten Mal eine rote Kugel erwischst?“ Intuitiv fordert das Ereignis „Ziehen einer roten Kugel“ bei diesem Beutel, die Länge der Stichprobe in die Diskussion mit einzubinden.

Die Begriffe können dann bei der Beurteilung anderer Zufallsexperimente angewandt werden. Welche Würfelergebnisse sind möglich, sicher, unmöglich? Wie muss ein Glücksrad gefärbt sein, dass blau genauso oft kommen kann wie rot? Auch Zufallsexperimente, bei denen man nicht annimmt, dass alle möglichen Ereignisse mit gleicher Wahrscheinlichkeit eintreten, sollten durchgeführt werden. Hier bieten sich z. B. „Würfel“-Experimente mit einem Riemerquader an (s. Abb. 3). Annahmen darüber, welche Ereignisse wahrscheinlicher bzw. weniger wahrscheinlich sind, lassen sich in diesem Fall geometrisch begründen.

Abb. 3: Riemerquader

Über relative Häufigkeiten zu Wahrscheinlichkeiten in der Sekundarstufe I

Die qualitativen Erfahrungen der Primarstufe können in der Sekundarstufe I systematisiert werden. Dabei kann zunächst der theoretische mit dem frequentistischen Wahrscheinlichkeitsbegriff verknüpft werden. Tatsächlich entwickelt sich bei Kindern im Alter der Sekundarstufe I die auf Spiel-Erfahrung beruhende Einsicht, dass die Symmetrie eines Würfels eine Gleichwahrscheinlichkeit der Augenzahlen nahelegt. Diese Gleichwahrscheinlichkeit sorgt dafür, dass die Häufigkeiten für das Auftreten der Augenzahlen auf lange Sicht zumindest annähernd gleich verteilt sind. Mit den Wahrscheinlichkeiten wird also mehr oder weniger explizit eine Prognose zukünftiger Häufigkeiten verbunden.

Diese Einsichten können mit Versuchen weiter unterstützt werden. Beispielsweise wird in Gruppen eine gewisse Anzahl von Versuchen (Werfen eines Würfels), beispielsweise 100 Versuche, ausgeführt. Das Ergebnis der Versuche wird auf zweierlei Art ausgewertet. Die Gruppen zählen die Anzahl der Sechsen und bestimmen die relative Häufigkeit der Sechsen. Ein Ergebnis ist in Abbildung 4 bei 25 Gruppen zu sehen, in dem die relativen Häufigkeiten in einem bestimmten Bereich schwanken. Die zweite Art der Auswertung ist die Kumulierung: Der erste Wert ist die relative Häufigkeit der Sechs für die erste Gruppe, der zweite Wert die relative Häufigkeit in den ersten beiden Gruppen zusammen, dann der ersten drei Gruppen zusammen usw. (Abb. 4). Bei den kumulierten Daten erkennt man die Stabilisierung der relativen Häufigkeit (empirisches Gesetz der großen Zahlen). Noch etwas ist bei der Kumulation erkennbar, nämlich das Phänomen der Annäherung der relativen Häufigkeiten an die angenommene Wahrscheinlichkeit.

Dass die Streuung der Anteile der Sechs umso kleiner ist, je größer die Wurfserie ist (Eichler & Vogel 2011), nehmen wir im nächsten Abschnitt noch einmal auf. Wichtig bei der Betrachtung der Stabilisierung der relativen Häufigkeiten des Würfels ist hier die Erfahrung, dass wenige Versuche noch keine Stabilisierung ergeben, also ein Gesetz der kleinen Zahlen eine Fehlvorstellung ist. Diese Fehlvorstellung wird von Schülerinnen und Schülern wie auch Erwachsenen je-

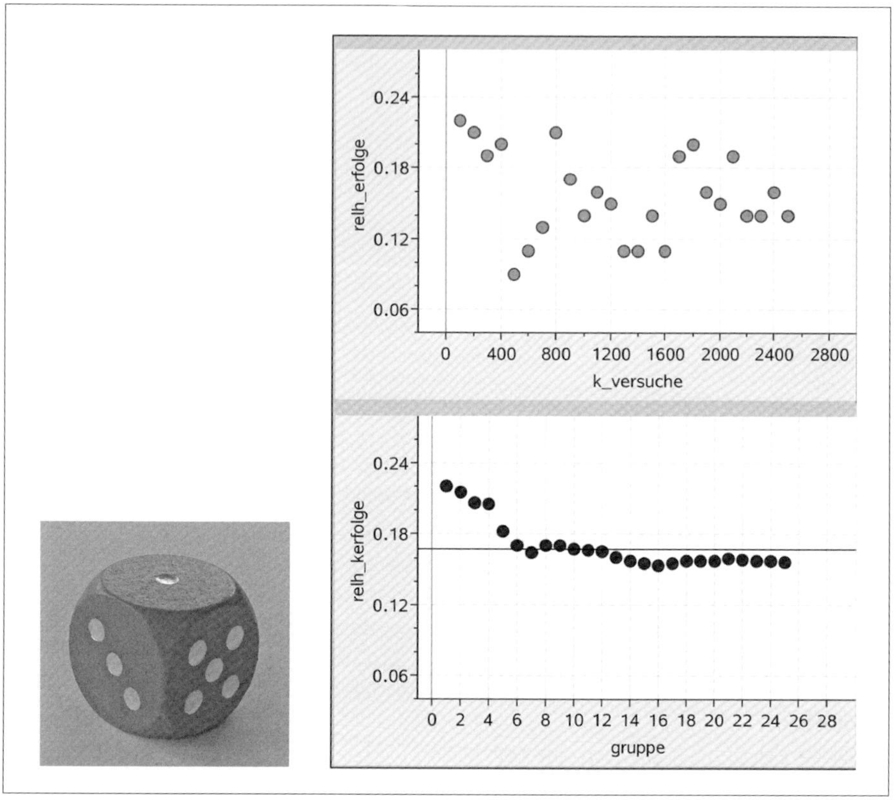

Abb. 4: Würfel und Anteile der Sechsen bei jeweils 100 Würfen (oben) sowie die sich in der Nähe von 1/6 stabilisierenden relativen Häufigkeiten für die Augenzahlen Sechs

doch häufig ausgedrückt (Eichler & Vogel 2013). Weiterhin wird so erfahren, dass die Annäherung an die vermutete Wahrscheinlichkeit häufig, aber eben nicht immer, stattfindet bzw. sich die relativen Häufigkeiten lokal auch wieder von der vermuteten Wahrscheinlichkeit wegbewegen.

Mit der Erfahrung zum empirischen Gesetz der großen Zahlen kann der frequentistische Wahrscheinlichkeitsbegriff aufgebaut werden. So kann die Erfahrung, dass sich die relativen Häufigkeiten zumeist in der Nähe der einem Zufallsgenerator innewohnenden Wahrscheinlichkeit stabilisieren, genutzt werden, um Wahrscheinlichkeiten für Ereignisse wie etwa den Augenzahlen beim Würfeln eines Riemer-Quaders zu ermitteln (Abb. 5). Wichtig ist hier die Erkenntnis, dass der frequentistische Ansatz in der Realität eigentlich der vorherrschende ist, da die Symmetrie, die beim normalen Würfel im Modell vorliegt, nur speziellen, ganz überwiegend im Glücksspielbereich einzuordnenden Zufallsexperimenten vorbehalten ist.

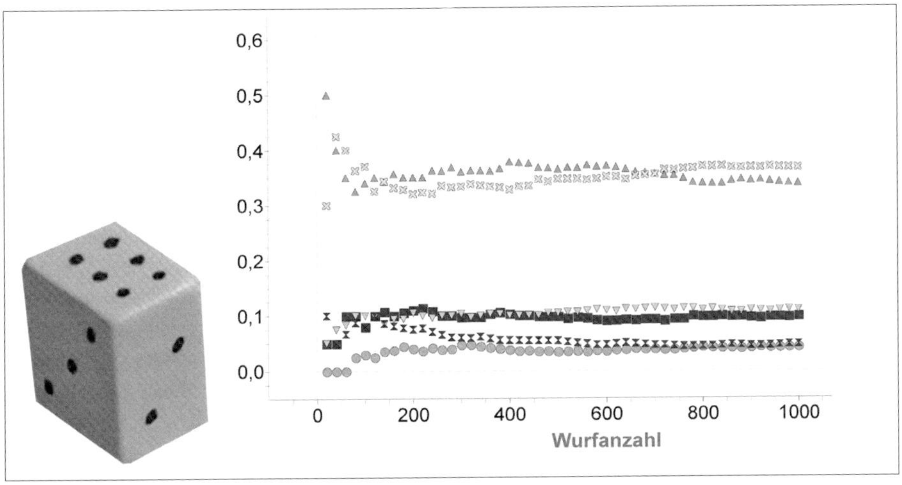

Abb. 5: Riemerquader und sich stabilisierende relative Häufigkeiten für alle Augenzahlen des Quaders

Erweiterungen des Wahrscheinlichkeitsbegriffs

Zwei substantielle Erweiterungen des Wahrscheinlichkeitsbegriffs sind möglich. Die erste Erweiterung betrifft den Ausbau der eher beliebig wirkenden subjektiven Wahrscheinlichkeit (s. o.) zu einer auf Informationsverarbeitung beruhenden subjektivistischen Wahrscheinlichkeit. Möglich wäre das etwa in einem spielerischen Kontext (vgl. Riemer 1991; Eichler & Vogel 2013): Eine Spielleitung wählt verdeckt ein Wurfgerät aus und zwar entweder den Riemerquader oder den normalen Würfel.

Wirft nun die Spielleitung (verdeckt) das ausgesuchte Wurfgerät einmal und es fällt beispielsweise die 3, so verweist das eher auf den Riemerquader, bei dem die 3 wahrscheinlicher ist als beim normalen Würfel. Fällt die 1, ist man stärker geneigt, an den normalen Würfel zu glauben, fallen zwei Einsen (stochastisch unabhängig) nacheinander, so wird die Gewissheit für den normalen Würfel noch größer usw. Mathematisch lassen sich die Wurf-Ergebnisse mit der Formel von Bayes verarbeiten, wodurch sich der Gewissheitsgrad Schritt für Schritt von der subjektiven Erstvermutung abkoppelt. Das ist der Ansatz, eine subjektivistische Wahrscheinlichkeit zu entwickeln (Abb. 6). In der Grafik wird für jeden Wurf eine Wahrscheinlichkeit (als Grad der Gewissheit) für die beiden Hypothesen „Es ist der Riemerquader" (quader) und „Es ist der normale Würfel" (normal) angegeben. Vor dem ersten Wurf sind beide Wahrscheinlichkeiten gleich, nämlich 0,5, danach ist die unterschiedliche, auf der Verarbeitung der Wurfergebnisse mit der Formel von Bayes beruhende Entwicklung der Wahrscheinlichkeiten dargestellt.

Informationen können auf gleiche Weise verarbeitet werden, wenn etwa Diagnosetests, deren positives oder negatives Ergebnis einem Würfelwurf gleicht, darauf verweisen, wie wahrscheinlich das Vorliegen einer Krankheit ist (krank

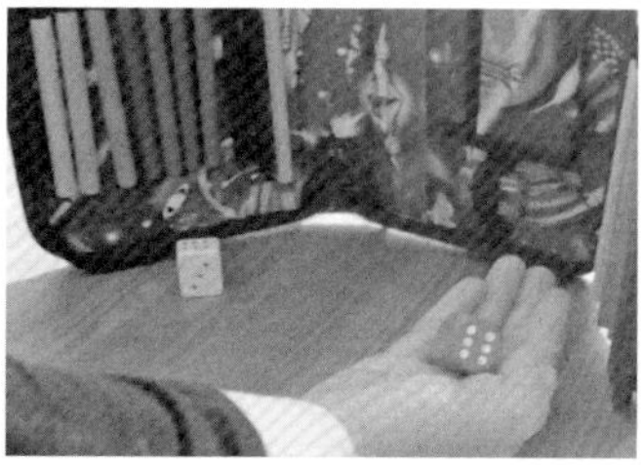

Augenzahl	1	2	3	4	5	6
Wahrscheinlichkeit	$\frac{1}{6}$	$\frac{1}{6}$	$\frac{1}{6}$	$\frac{1}{6}$	$\frac{1}{6}$	$\frac{1}{6}$
Wahrscheinlichkeit	0,05	0,1	0,35	0,35	0,1	0,05

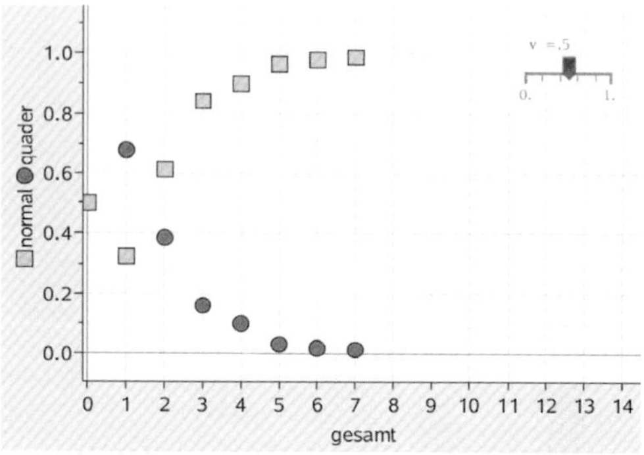

Abb. 6: Schrittweise Verarbeitung der Würfelergebnisse 3-1-1-5-6-5-2 mit der Formel von Bayes, um zu ermitteln, welches Wurfgerät (normaler Würfel, Riemerquader) von einer Spielleitung gewählt wurde.

und gesund entsprechen dabei strukturell dem Vorliegen zweier verschiedener Wurfgeräte). Die subjektivistische Wahrscheinlichkeit ist damit nicht nur ein Spielprodukt, sondern ein in der Realität verwendbares Verfahren.

Bei allen drei Wahrscheinlichkeitsansätzen wird implizit als gegeben angenommen, was eine Wahrscheinlichkeit eigentlich ist. Klären könnte man - im Sinne einer zweiten Erweiterung - diesen Begriff mit der axiomatischen Definition der Wahrscheinlichkeit als einer speziellen Funktion. Die Klärung, die am Ende der Betrachtung von Wahrscheinlichkeiten stehen könnte, kann sinnvoll der Hochschulmathematik überlassen werden, während in der Schule neben der stückweisen Erweiterung des Wahrscheinlichkeitsbegriffs die Anwendung von Wahrscheinlichkeiten insbesondere in der Verarbeitung von Daten besteht, die wir rückwärts schreitend im folgenden Abschnitt diskutieren.

4 Kritische Begleitung von Entscheidungsprozessen

In der Shell-Studie von 2015, in der 2558 Jugendliche der Altersstufe 12 – 25 zu verschiedenen Themen befragt wurden, ist die Statistik in Abbildung 7 zur Einstellung gegenüber der Zuwanderung enthalten.

Analysefähigkeiten nach der Schulzeit

Eine gewünschte inhaltliche Kurzanalyse der Statistik aus der Shell-Studie könnte etwa folgendermaßen lauten: „Die Einstellungen von Heranwachsenden scheinen sich stark zu verändern, möglicherweise abhängig von äußeren Faktoren. Zumindest sind die Häufigkeiten zu den Messzeitpunkten statistisch auffällig unterschiedlich, wobei die Repräsentativität der Daten in der Studie postuliert wird." Wie aber kommt man auf der Basis der Schulstochastik zu so einer Analyse? Wir werden dazu rückwärts bis zum Beginn in der Primarstufe skizzieren, welche Erkenntnisschritte für Schülerinnen und Schüler wichtig sind, um ähnlich kritisch reflektieren zu können.

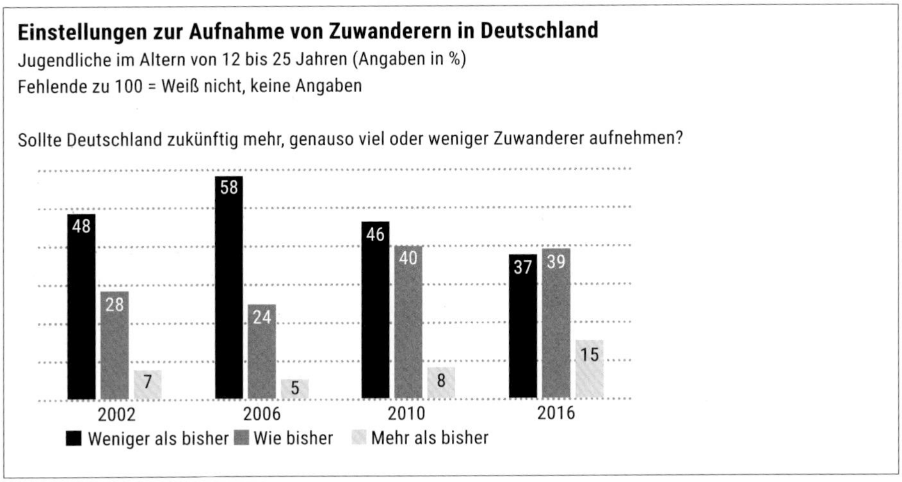

Abb. 7: Einstellung zur Aufnahme von Zuwanderern (Shell-Studie 2015, o. S.)

Datenkritik in der Sekundarstufe II

Zuwanderung ist sicher ein Thema, zu dem eine sachgerechte Interpretation von Statistiken im Gegensatz zum Postulieren von Überzeugungen angebracht ist. Dieses Ernstnehmen von Daten, das Wild und Pfannkuch (1999) als zentralen Aspekt statistischen Denkens nennen, ist auch in die Bildungsstandards für die gymnasiale Oberstufe eingegangen (Biehler & Eichler 2015). Ein Aspekt dazu ist etwa das kritische Hinterfragen der Stichprobe, mit der hier auf die Gesamtheit der Heranwachsenden geschlossen wurde. Die Shell-Studie gibt an, eine repräsentative Stichprobe im Umfang von 2 558 Jugendlichen befragt zu haben. Repräsentativität ist ein Begriff, der in der Sekundarstufe II als ideale, aber nur theoretisch erreichbare Eigenschaft von Stichproben, die alle Eigenschaften der Grundgesamtheit in gleicher Verteilung repräsentiert, thematisiert werden sollte. Ebenso ist es eine mögliche Erfahrung für Schülerinnen und Schüler, dass eine Zufallsstichprobe eine Möglichkeit darstellt, Repräsentativität anzunähern (vgl. Biehler & Eichler 2015).

Interpretation von Daten in der Sekundarstufe II

Angenommen, die Wahrscheinlichkeit p für die Einstellung „Es sollten weniger Zuwanderer nach Deutschland kommen" („weniger") wäre 2015 die gleiche wie auch 2010, so ließe sich ein Prognoseintervall für die Häufigkeit der Einstellung „weniger" bei 2 558 befragten Personen angeben. Umgekehrt könnte zu dem Umfrageergebnis von 2015 ($h = 0{,}37$) ein Konfidenzintervall angenähert werden. In beiden Fällen ließe sich eine nützliche Näherung $p \pm \frac{1}{\sqrt{2558}} \approx p \pm 0{,}02$ für das

Prognoseintervall und $h \pm \frac{1}{\sqrt{2558}} \approx h \pm 0{,}02$ für das Konfidenzintervall verwenden[2]. Aus Platzgründen kann diese Näherung hier nicht hergeleitet werden (vgl. etwa Biehler et al. 2015), bei der die Normalverteilung und zusätzlich eine weitere Abschätzung verwendet wird.

Aus dem ersten Intervall folgt: Würde man die Hypothese p = 0,46 (Umfrageergebnis 2010) anhand der Ergebnisse von 2015 testen, so wäre der Annahmebereich eine 2%-Umgebung um 46%. Der Wert für 2015 liegt außerhalb der Umgebung, und kann daher als statistisch auffällig (signifikant) bezeichnet werden. Umgekehrt ergäbe sich zu dem Umfrageergebnis von 2015 (h = 0,37) als Konfidenzintervall ein 2%-Intervall um 37% für die Einstellung „weniger", in dem der 2010 ermittelte Anteil nicht vorhanden ist. Beide Varianten des statistischen Schlusses führen zu der am Anfang gegebenen Aussage über die Statistik, dass die Änderung des Anteils systematisch und nicht allein zufällig zustande gekommen ist.

Die Logik des Hypothesentests, der in der Schule in der Regel den Parameter p einer Binomialverteilung betrifft, wird häufig in dem Sinne falsch verstanden, dass die Hypothese eine Wahrscheinlichkeit hat, z. B. von weniger als 5% und deswegen abgelehnt wird (Krauss & Wassner 2001). Tatsächlich ist eine Hypothese wahr oder falsch und es wird beurteilt, ob das Ergebnis einer Datenerhebung (hier die 37% Zustimmung zu „weniger" im Jahr 2015) zu einer hypothetisch angenommenen Verteilung, hier die Binomialverteilung mit dem p = 0,46 aus dem Jahr 2010 und dem n = 2558 aus dem Jahr 2015 passt. Abbildung 8 veranschaulicht deutlich, dass die Häufigkeit von 37% nicht zu der Hypothese zum wahren Anteil von 46% passt.

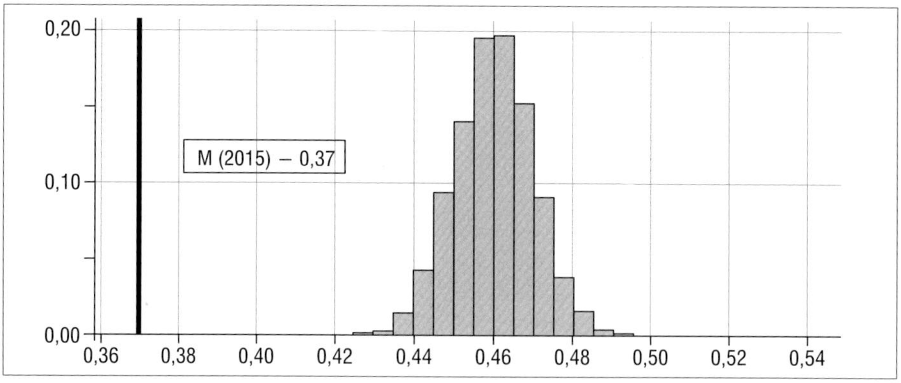

Abb. 8: Prognose der relativen Häufigkeiten für eine binomialverteilte Zufallsgröße mit p = 0,46 und n = 2558

Im Zusammenhang mit dieser Diskussion ist auch der Vergleich zwischen einem „objektiven" Ansatz, bei dem Hypothesen bewertet, aber nicht mit Wahrschein-

2 Die Intervalle beruhen beide auf einer Sicherheitswahrscheinlichkeit von 95 %.

lichkeitswerten belegt werden und einem subjektivistischen Ansatz, bei dem Hypothesen mit subjektiven oder subjektivistischen Wahrscheinlichkeiten eingeschätzt werden, möglich.

Bei der Bildung von Konfidenzintervallen besteht weiterhin häufig der Fehlschluss, dass diese einen wahren Parameter mit einer gewissen Wahrscheinlichkeit enthielten. Dagegen enthält ein Konfidenzintervall den wahren Parameter p oder eben nicht. Da die auf der Basis von Häufigkeiten ermittelten Intervalle aber zufällig sind, weil die Häufigkeiten zufällig in einer Stichprobe entstehen, enthält ein gewisser Prozentsatz der Intervalle – würde man diese häufiger konstruieren – den wahren Parameter (in ca. 95 % der gebildeten Konfidenzintervalle, wenn man das Konfidenzniveau auf 95 % setzt).

Verteilungen in der Sekundarstufe II

Alle Überlegungen zu Konfidenz- oder Sicherheitsintervallen basieren in der Sekundarstufe II auf Verteilungen. Die stochastische Welt der Sekundarstufe II ist hier in erster Linie beschränkt auf die Binomialverteilung, die die Verteilung für die einfachst denkbaren Experimente mit nur zwei Ausgängen und stochastisch unabhängigen Wiederholungen ist. Obwohl sich mit dieser Verteilung alle Inhalte der Stochastik in der Sekundarstufe II behandeln lassen, auch die Bearbeitung von Konfidenzintervallen oder Hypothesentests, kann die Thematisierung der Normalverteilung hilfreich sein, mit der sich die Binomialverteilung unter relativ schwachen Voraussetzungen gut approximieren lässt. Beispielsweise können zum Teil komplexe Berechnungen für Konfidenzintervalle oder auch Hypothesentests durch Abschätzungen auf der Basis der Normalverteilung fast zu Kopfrechenaufgaben werden.

Zusammenhang Stichprobengröße und Streuung in der Sekundarstufe II

Die Erkenntnis, dass – sofern die Daten gut bzw. repräsentativ sind – große Stichproben Häufigkeiten in der Nähe des zugrundeliegenden wahren Anteils zu einer Eigenschaft (bzw. der Wahrscheinlichkeit für diese Eigenschaft) erzeugen, während in kleinen Stichproben relative Häufigkeiten und Wahrscheinlichkeiten deutlich auseinanderklaffen können, wird in der Sekundarstufe II mit dem $1/\sqrt{n}$-Gesetz untersucht. Das Gesetz hat eine recht anschauliche geometrische Deutung: Je größer der Umfang der Stichprobe, desto geringerer die Wahrscheinlichkeit, dass der Abstand von der Wahrscheinlichkeit und der Häufigkeit eines Ereignisses einen bestimmten Wert überschreiten.

Wir veranschaulichen das am Beispiel eines Multiple-Choice-Tests, der bei jeder Frage nur das Ankreuzen von richtig und falsch ermöglicht. Wir simulieren dabei eine Person, die fortwährend die Antworten eines Tests rät und zwar 1 000-mal in einem Test mit zehn Fragen und ebenfalls je 1 000-mal in einem Test mit 40, 160 und 640 Fragen. In Abbildung 9 ist der Anteil der richtig geratenen Antworten getrennt nach dem Test mit den verschiedenen Frageanzahlen dargestellt.

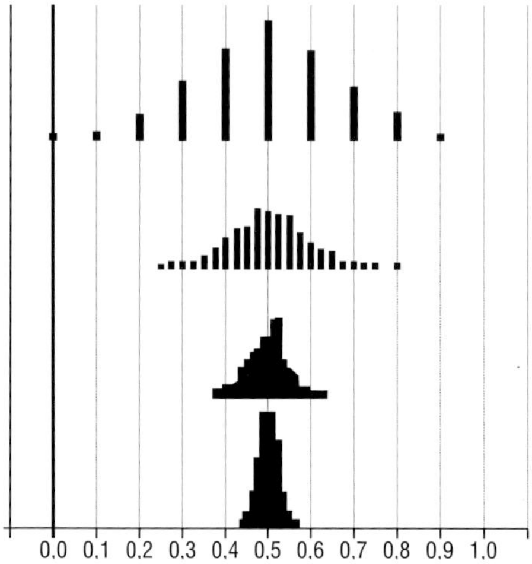

Abb. 9: Anteile der richtig geratenen Antworten Multiple-Choice-Tests mit 10, 40, 160 und 640 Fragen, die von einer Person je 1 000-mal (simuliert) geraten werden.

Man erkennt, dass die Abweichung vom erwarteten Anteil umso geringer ist, je größer die Stichprobe ist, das heißt, je mehr Fragen gestellt wurden. Quantifizierend wird bei der Vervierfachung der Stichprobe die Streuung halbiert. Diese Verkleinerung der relativen Streuung bei Vergrößerung der Stichprobe ist häufig Bestandteil von Testaufgaben, die konstant Fehlvorstellungen von Schülerinnen und Schülern (allgemeiner von Versuchspersonen) provoziert hat (vgl. Prömmel 2013). In einem Testkontext lautet eine solche Aufgabe folgendermaßen: „In einem Multiple-Choice-Test sollen die Fragen mit richtig oder falsch beantwortet werden. Test 1 umfasst 10 Fragen, Test 2 umfasst 20 Fragen. Bei welchem Test ist ihrer Meinung nach die Wahrscheinlichkeit größer, durch Raten mehr als 60% richtige Antworten zu erreichen? Begründen Sie Ihre Antwort.“

Tatsächlich beantworten viele Schülerinnen und Schüler diese Frage damit, dass die Wahrscheinlichkeiten gleich sind, da die prozentuale Abweichung gleich ist (Abb. 10).

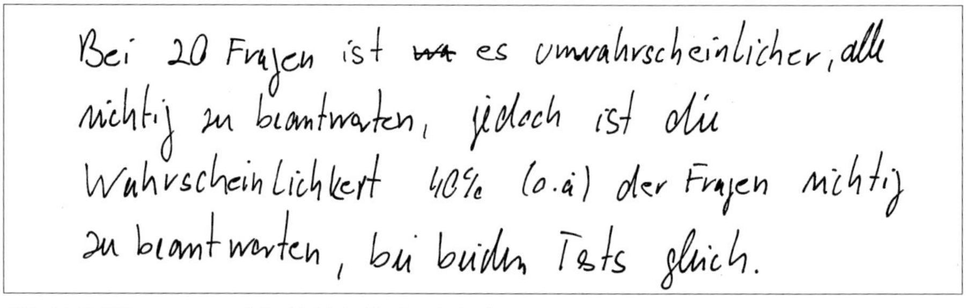
Bei 20 Fragen ist ~~wa~~ es unwahrscheinlicher, alle richtig zu beantworten, jedoch ist die Wahrscheinlichkeit 60% (o.ä) der Fragen richtig zu beantworten, bei beiden Tests gleich.

Abb. 10: Schülerantwort auf die Multiple-Choice-Aufgabe

Explizite Thematisierung, Simulationen und Visualisierungen können Gegenmaßnahmen sein, damit Schülerinnen und Schüler diesen Kern des statistischen Denkens einordnen können, dass nämlich bei kleinen Stichproben die relativen Schwankungen groß sind (Chaos im Kleinen) im Gegensatz zu großen Stichproben (Muster im Großen).

Analyse von Schwankungen qualitativ in der Sekundarstufe I

Der Vergleich des mit dem $1/\sqrt{n}$-Gesetz quantifizierbaren Phänomens des Zusammenhangs von Stichprobengröße und Streuung sollte bereits in der Sekundarstufe angelegt werden, aber eben als empirisches Phänomen in unterschiedlichen Kontexten. Das Chaos im Kleinen ist bei Würfen des Würfels, Farbverteilungen in einer kleinen Tüte mit Süßigkeiten oder Durchschnittsnoten von weniger Schülerinnen und Schülern (in einer Erhebung an einer Schule) sichtbar. In allen Fällen zeigt sich dagegen bei vielen Versuchen ein Muster – einmal die Annäherung an 1/6, einmal die Gleichverteilung und einmal die Symmetrie der Verteilung (Abb. 11).

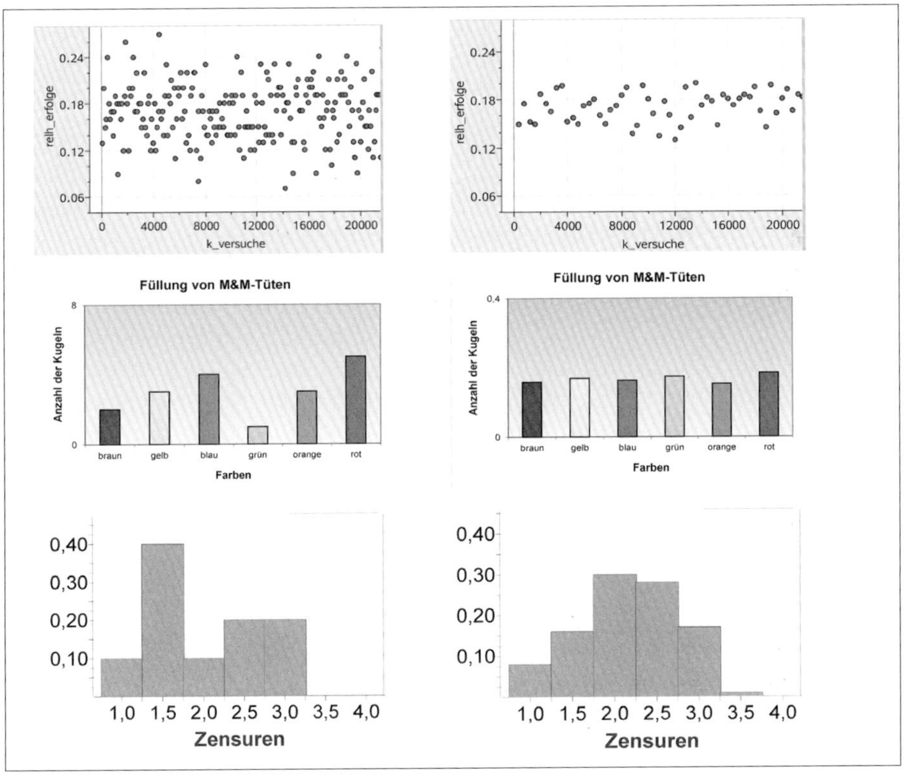

Abb. 11: Von links nach rechts: Streuungsbreite der relativen Häufigkeiten der Sechs in Serien mit 100 und 400 Würfen; M&M-Farben in einer kleinen Tüte und 25 solcher Tüten; Durchschnittsnoten von 10 und von 100 Schülern.

Erfahrungen zur Prognosesicherheit bei höherem Stichprobenumfang in der Primarstufe

Erste Erfahrungen dazu, dass der Stichprobenumfang die Prognosesicherheit erhöht, können in der Primarstufe beispielsweise durch Urnenexperimente gemacht werden, bei denen man lediglich ein paar grobe Informationen zum Inhalt der Urne hat: Schüler A füllt für Schüler B fünf Steckwürfel in ein Säckchen. Es gibt rote, gelbe, blaue und grüne Steckwürfel. Nun wird gezogen und das Ergebnis jeweils festgehalten. Schüler B zieht so lange, bis er sich eine Prognose zutraut, wobei er nach jedem Zug den Steckwürfel wieder in das Säckchen zurücklegt. Danach wird überprüft, indem das Säckchen ausgeleert wird. Abbildung 12 zeigt zunächst das Ergebnis nach zehn Ziehungen. An dieser Stelle können Vermutungen abgegeben und diskutiert werden: „Vielleicht sind es drei rote, ein grüner und ein blauer Steckwürfel. Gibt es vielleicht auch einen gelben im Säckchen? Sind es zwei grüne und zwei rote? Vielleicht sollten wir noch weiter ziehen? ..."

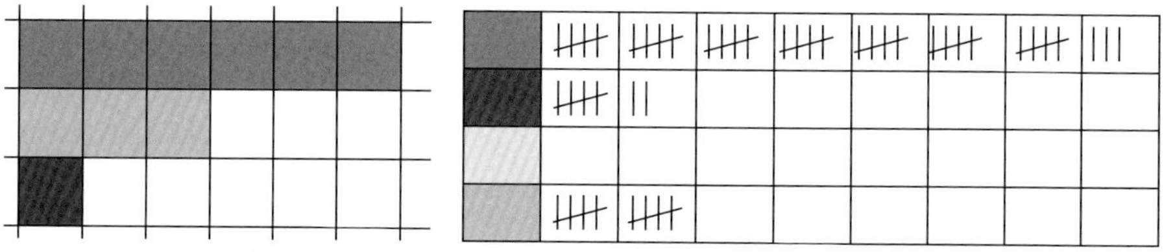

Abb. 12: Grafik links von oben nach unten: rot, grün, blau; Grafik rechts: rot, blau, gelb, grün; 10-maliges bzw. 55-maliges Ziehen aus einer Urne mit unbekanntem Inhalt (mit Zurücklegen)

Die Aufgabe kann auch ausgeweitet werden, indem zu vorgegebenen Diagrammen (Abb. 12 – zweite Tabelle) Überlegungen angestellt werden, wie das Säckchen gefüllt sein könnte und wie es vermutlich eher oder sicher nicht gefüllt ist. Eine wichtige Diskussion im Kontext Prognosesicherheit wäre, welches der beiden Diagramme sich besser dafür eignet, eine Vermutung über den Säckcheninhalt abzugeben bzw. bei welchem Diagramm man sich seiner Vermutung sicherer sein kann.

So kann die Erkenntnis wachsen, dass kleine Stichproben kaum zuverlässige Prognosen zulassen, weil die Variabilität der Daten überwiegt, wohingegen sich in großen Stichproben Muster zeigen, die zu Vorhersagen genutzt werden können.

Eine andere Möglichkeit, bereits in der Primarstufe kritisch über die Repräsentativität von Stichproben nachzudenken, ergibt sich durch Umfragen, die einen unmittelbaren Realitätsbezug haben und auch konkret durchgeführt werden können. Beispielsweise könnte das Ausgangsproblem sein: An der Schule sollen neue Fahrradständer aufgestellt werden. Um hochrechnen zu können, wie viele Fahrradständer benötigt werden, wird in den beiden ersten Klassen eine Umfrage gemacht, ob die Kinder zu Fuß, mit dem Fahrrad, mit dem Bus kommen oder gebracht werden. Abbildung 13 zeigt ein Umfrageergebnis.

Abb. 13: Umfrage zum Beförderungsmittel auf dem Weg zur Schule

Laut dieser Umfrage fahren in den beiden ersten Klassen drei Kinder mit dem Fahrrad. Wenn man nun hochrechnet, würde das bedeuten, ca. zwölf Kinder für alle vier Jahrgangsstufen. Dieser Schluss kann nun kritisch diskutiert werden. „Kann das sein? Dann würden wir ja keine Fahrradständer brauchen. Was können wir tun, um eine verlässlichere Aussage zu bekommen?“ Eine Stichprobe aus ersten Klassen zu nehmen, ist nicht sinnvoll, da gerade in den höheren Klassen mehr Kinder mit dem Fahrrad fahren. Eine Möglichkeit wäre, aus jeder Klasse zufällig eine kleinere Anzahl von Kindern auszuwählen. Auch weitere Festsetzungen von Stichproben sind möglich, selbst die Vollerhebung kann durchgeführt werden. Im Vergleich der Umfrageergebnisse zu verschiedenen Stichproben ein und derselben Grundgesamtheit zeigt sich, dass eine einseitige Stichprobe das Ergebnis sehr verzerren kann (s. Abb. 13), aber auch, dass größere Stichproben eine verlässlichere Prognose zulassen als die Befragung weniger Schülerinnen und Schüler. Wichtige Fähigkeiten zur kritischen Beurteilung von statistischen Daten und für die Interpretation dargestellter Ergebnisse werden durch Aufgaben wie diese grundgelegt.

5 Fazit

Daten und Zufall bestimmen in großem Maße Entscheidungsprozesse in unserer modernen Welt und definieren daher im Sinne einer kritischen Teilhabe an der Gesellschaft eine allgemeinbildende Aufgabe der Schule. Das ist eine der Thesen dieses Beitrags. Die zweite These umfasst die Empfehlung, die Leitidee *Daten und Zufall* in Lernsträngen über die gesamte Schulzeit hinweg und nicht künstlich durch Schulstufen abgegrenzt zu denken.

Zwei dieser Lernstränge haben wir in diesem Beitrag skizziert, einmal eher für die Entwicklung des Wahrscheinlichkeitsbegriffs, einmal eher ausgehend von den Daten, deren Verarbeitung den Wahrscheinlichkeitsbegriff benötigt. Dadurch sollten die entscheidenden Fragen bei der Entwicklung von Lernsträngen „Wo wollen wir hin?“, „Wo kommen wir her?“ verdeutlicht werden. Dabei sieht man auf der einen Seite, dass ein mathematischer Begriff wie der Wahrscheinlichkeitsbegriff von qualitativen Umschreibungen in der Primarstufe bis zum Abitur und auch darüber hinaus immer weiter ausdifferenziert werden kann. Auf der anderen Seite sieht man, dass die kritische Würdigung einer Statistik im Erwachsenenalter seine Grundlagen bereits in der Primarstufe erhalten haben kann.

Literatur

Biehler, R. & Eichler, A. (2015). Die Leitidee Daten und Zufall. In: W. Blum, S. Vogel, C. Drüke-Noe & A. Roppelt (Eds.), Bildungsstandards aktuell: Mathematik in der Sekundarstufe II, 72 – 82. Braunschweig: Diesterweg; Schroedel; Westermann.

Bruner, J. (1999). The Process of Education. 25th printing. Cambridge, Massachusetts, London: Harvard University Press.

Büchter, A. & Henn, H.-W. (2007). Elementare Stochastik. Eine Einführung in die Mathematik der Daten und des Zufalls (2., akt. Aufl. 2007). Berlin, Heidelberg: Springer.

Eichler, A. & Vogel, M. (2011). Das kann doch kein Zufall sein! – Wahrscheinlichkeitsmuster in Daten finden. In: PM: Praxis der Mathematik, (53), 1 – 8.

Eichler, A. & Vogel, M. (2013). Leitidee Daten und Zufall: Von konkreten Beispielen zur Didaktik der Stochastik (2., akt. Aufl. 2013). Wiesbaden: Springer.

Hawkins, A. S. & Kapadia, R. (1984). Children's conceptions of probability. A psychological and pedagogical review. In: Educational Studies in Mathematics, 15(4), 349 – 377.

KMK (2004). Bildungsstandards im Fach Mathematik für den mittleren Schulabschluss. München: Wolters Kluwer, Luchterhand Verlag.

KMK (2005). Bildungsstandards im Fach Mathematik für den Primarbereich. München, Neuwied: Wolters Kluwer, Luchterhand Verlag.

KMK (2015). Bildungsstandards im Fach Mathematik für die allgemeine Hochschulreife. Köln: Wolters Kluwer.

Krauss, S. & Wassner, C. (2001). Wie man das Testen von Hypothesen einführen sollte. In: Stochastik in der Schule, 21(1), 29 – 34.

Prömmel, A. (2013). Das GESIM-Konzept: Rekonstruktion von Schülerwissen beim Einstieg in die Stochastik mit Simulationen. Studien zur Hochschuldidaktik und zum Lehren und Lernen mit digitalen Medien in der Mathematik und in der Statistik. Wiesbaden: Springer Fachmedien Wiesbaden.

Riemer, W. (1991). Stochastische Probleme aus elementarer Sicht. Mannheim: BI-Wiss.-Verlag.

Shell (2015). Shell-Jugendstudie 2015. (http://www.shell.de/aboutshell/our-commitment/shell-youth-study-2015.html, letzter Zugriff: 22.09.2016)

Shtulman, A. & Carey, S. (2007). Improbable or Impossible? How Children Reason About the Possibility of Extraordinary Events. In: Child Development, 78(3), 1015 – 1032.

Varian, H. (2009). Hal Varian on how the Web challenges managers. (http://www.mckinsey.com/industries/high-tech/our-insights/hal-varian-on-how-the-web-challenges-managers, letzter Zugriff: 22.09.2016)

Vygotsky, L. (1978). Mind in society. Development of higher pedagogical processes. Cambridge: Harvard University Press.

Wild, C. J. & Pfannkuch, M. (1999). Statistical Thinking in Empirical Enquiry. In: International Statistical Review, 67(3), 223 – 248.

Wollring, B. (1994). Animistische Vorstellungen von Vor- und Grundschulkindern in stochastischen Situationen. In: Journal für Mathematik-Didaktik, 15(1/2), 3 – 34.

Thomas Riecke-Baulecke

Unterrichtsqualität

In den letzten Kapiteln sind Fragen des Unterrichts und der Lehrerbildung aus der fachdidaktischen Perspektive der Mathematik erörtert worden. In diesem Kapitel werden diese Fragen aus der allgemeindidaktischen Perspektive diskutiert. Inzwischen liegen zahlreiche Forschungsbefunde zur Qualität von Unterricht und den Bedingungsfaktoren vor. Mit Blick auf das Fach Mathematik ist von Interesse, dass diese Forschungsbefunde nicht allein, aber wesentlich, auf Untersuchungen am Beispiel „Mathematik" beruhen. Insofern besitzen diese Befunde besonders Bedeutung für das Fach Mathematik, gleichwohl bestimmte Kategorien in die fachdidaktische Sprache der Mathematik zu übersetzen sind. Im Folgenden werden zunächst die Begriffe „Unterricht" und „Qualität" geklärt, um daran anschließend Forschungsbefunde über Sicht- und Tiefenstrukturen des Unterrichts darzustellen sowie die Basisdimensionen von Unterrichtsqualität „Kognitive Aktivierung, Klassenführung, Konstruktive Unterstützung" zu erläutern und daraus Schlussfolgerungen für die Gestaltung des Fachunterrichts abzuleiten. Zum Abschluss wird die Frage von Patentrezepten für guten Unterricht diskutiert.

1 Unterricht

Unterricht ist ein geplantes Lehr-Lernarrangement, in dem Lehrende mit dem Ziel tätig sind, bei Lernenden Lernprozesse auszulösen und zu optimieren (Hasselhorn & Gold 2006; Ditton 2006). Die Besonderheit des schulischen Lernens im Unterricht resultiert daraus, dass das gesamte Schulwesen unter der Aufsicht des Staates steht, wie es im Artikel 6 des Grundgesetzes heißt. Schulischer Unterricht ist demnach nicht einfach eine soziale Lehr-Lern-Interaktion, sondern am Bildungs- und Erziehungsauftrag ausgerichtet, der in den Schulgesetzen der Bundesländer im Allgemeinen und in Bildungsstandards, Lehrplänen oder Fachanforderungen im Konkreten beschrieben ist. Schulischer Unterricht unterliegt spezifischen

- Zielen,
- Inhalten,
- Methoden,
- Organisationsformen,
- Zeitszenarien und
- Regelungen zur Bewertung von Schülerleistungen.

Unterricht steht im Spannungsfeld der widersprüchlichen Funktionen von Schule, die mit den Stichworten „Qualifikation" (Sicherung gesellschaftlicher Produktivität), „Personalisation" (Entfaltung individueller Kompetenzen zum

Nutzen aller), „Sozialisation“ (Entwicklung gesellschaftlicher Loyalität), „Enkulturation“ (Kulturentwicklung) und „Selektion“ (Zuweisung gesellschaftlicher Berufs- und Soziallaufbahnen) in der Literatur vielfach beschrieben worden sind (Wiater 2009; Klafki 1989). Über den Unterricht realisiert Schule ihre bildende und erziehende Funktion. Der Bildungsauftrag ist mit dem Ziel der Allgemeinbildung verbunden. Es geht darum, Bildung für alle, die kritische Auseinandersetzung mit dem Allgemeinen als uns alle Angehenden und die Bildung aller humanen Fähigkeitsdimensionen zu ermöglichen (Klafki 1996). Dieser Auftrag knüpft an die Traditionen der Aufklärung an und ist auf die Entfaltung aller menschlichen „Kräfte“ (Humboldt, 1809/1964), auf die „Vielseitigkeit des Interesses“ (Herbart 1806/1965) gerichtet, auf die Erweiterung unterschiedlicher Möglichkeiten der Welterkenntnis und der Verfügungsmöglichkeiten über die Lebensbedingungen.

Im Unterricht sollen einerseits Bildungsprozesse befördert, also Wissen und Können (gemäß *KMK-Bildungsstandards*: „Kompetenzen“) vermittelt werden. Andererseits ist Unterricht stets erziehend: „Im Rahmen von Unterricht und seinem schulischen Umfeld werden Aufmerksamkeit, Anstrengung, Geduld und Ausdauer, Leistungsmotivation, Zielorientierung, Belohnungsaufschub und Selbstregulation, aber auch Emotionskontrolle und soziale Rücksichtnahme, Hilfsbereitschaft und Aushandlung von Interessen, Übernahme von Verantwortung, Kooperation oder konstruktive Konfliktbewältigung thematisch“ (Baumert & Kunter 2006, S. 473, mit Bezug auf Herbart 1806). Unterricht hat somit eine multiple Zielstruktur. Er zielt auf Fördern und Fordern, auf Freisetzung von Kräften und Kontrolle, auf Autonomie und Eigensinn sowie Unterwerfung und Anpassung (Tenorth 2010).

Ein Merkmal schulischen Unterrichts ist, dass Lehrende und Lernende in einem asymmetrischen Verhältnis stehen: Lehrkräfte haben die doppelte Aufgabe, Schülerinnen und Schüler möglichst optimal zu fördern und zugleich über Bildungswege zu entscheiden. Der Vorsprung an Erfahrung und Wissen, die unterschiedliche Verteilung von Befugnissen prägt die Interaktion im Unterricht. Lehrkräfte üben vielfältige Aufgaben aus, in manchen Situationen wirken sie eher als Coach oder Moderator, in anderen als Erklärer oder Beurteiler. Auch wenn Lehrkräfte selbst lebenslange Lerner sind: Konstitutiv für Unterricht ist die pädagogische Differenz zwischen „Zeigen“ und „Lernen“ (Prange 2000), diese Differenz ist nicht auflösbar, sie ist vielmehr produktiv für Lehr-Lern-Prozesse und Herausforderung für Lehrende und Lernende, ihre spezifische Aufgaben zu lösen.

2 Unterrichtsmodelle

Ein klassisches und sehr vereinfachtes Modell, um Lehr-Lern-Prozesse im Unterricht zu beschreiben, ist das didaktische Dreieck. Huber (1957) stellt in seiner

Unterrichtslehre die Beziehung zwischen „Lehrkraft", „Schüler" und „Stoff" in Form eines Dreiecks (s. Abb. 1) dar.

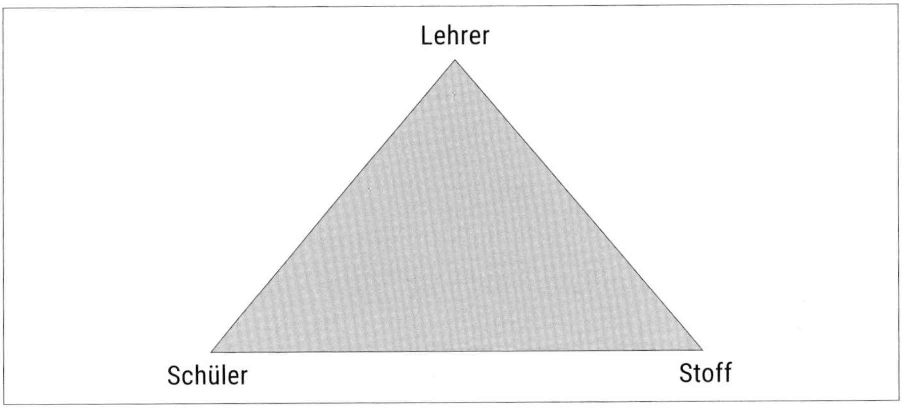

Abb. 1: Das didaktische Dreieck nach Huber (1957)

Hilfreich an diesem Modell ist, dass Unterricht als Vermittlungstätigkeit gefasst wird und nicht einfach vom Kinde aus (Unterricht als Mäeutik) oder vom Inhalt (Unterricht als Stoffdarbietung) her gedacht werden kann. Demnach wird Unterricht unter Berücksichtigung gesellschaftlicher Erwartungen, die in bestimmten Inhalten zum Ausdruck kommen, sowie anthropogener Voraussetzungen geplant und durchgeführt. Unterricht ist nicht nur ein Interaktionsprozess zwischen Lehrenden und Lernenden, sondern wesentlich durch Inhalte bestimmt. Das didaktische Dreieck lenkt den Blick auf die zentrale Rolle von Inhalten und damit die fachliche Kompetenz der Lehrkräfte, die in neueren Forschungsbefunden wie der *COACTIV*-Studie (Kunter et al. 2011) herausgearbeitet worden ist. Gegen eine Unterrichtsforschung, bei der die Gegenstände verschwinden, hat sich bereits Shulman (2004) gewendet; die Bedeutung des Fachinhalts für den Unterricht, für die Tätigkeit der Lehrkräfte und für das Lernen der Schülerinnen und Schüler hat Bromme begründet (1997).

Problematisch an dem Modell des didaktischen Dreiecks ist, dass es die einzelnen Wirkungsfaktoren nicht differenziert und den Blick vorwiegend auf die Perspektive der Lehrkraft lenkt, sodass die Wechselwirkungen, die Dynamik des Lehrens und Lernens unberücksichtigt bleiben: Das Lernen vom Standpunkt des Subjekts wird nicht abgebildet. Lehren ist in dieser Logik „Lernenmachen", wie Dolch (1965, S. 86) formuliert. Lernen wird als unmittelbare Folge des Lehrens angenommen. Holzkamp (1993) kritisiert diese Annahme als „Lehr-Lern-Kurzschluss". Unterricht als Lerngelegenheit und tatsächliches Lernen bilden jedoch wie oben dargelegt eine Differenz, die im „Angebots- und Nutzungsmodell" abgebildet wird (Scheerens & Bosker 1997; Fend 1981; Helmke & Weinert 1997; Helmke, 2012).

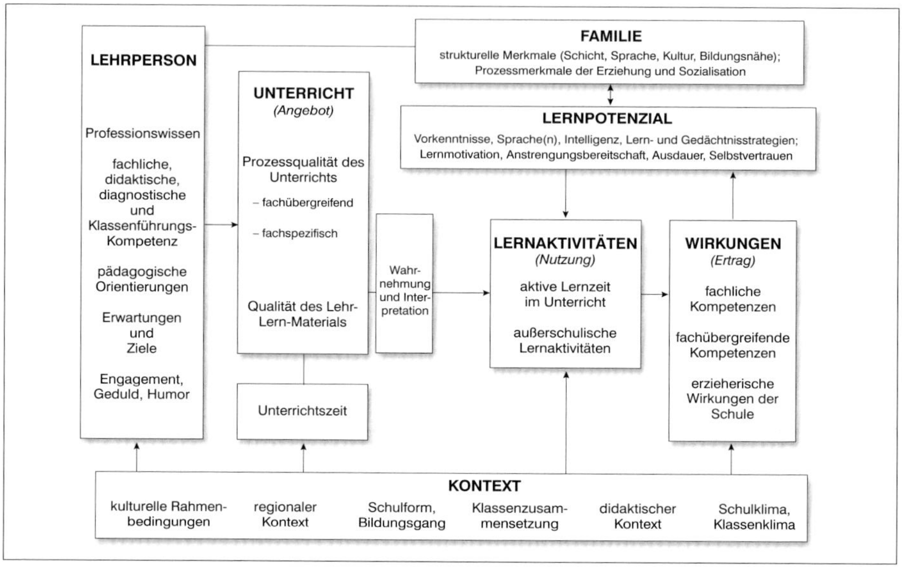

Abbildung 2: Angebot-Nutzungs-Modell (Helmke 2012)

In diesem Modell (s. Abb. 2) wird Unterricht als ein Angebot beschrieben, das von der professionellen Kompetenz der Lehrkraft und dem Kontext beeinflusst wird. Die Wirkung dieses Angebots hängt von vielfältigen Mediationsprozessen auf der Schülerseite ab (Helmke 2012, S. 69 ff.): Wie werden die Erwartungen und Aktivitäten der Lehrkraft von den Schülerinnen und Schüler wahrgenommen und interpretiert? Mit welchen motivationalen, emotionalen und volitionalen Prozessen reagieren die Schülerinnen und Schüler darauf? Die jeweiligen Antworten der Schülerinnen und Schüler werden beeinflusst vom eigenen Lernpotenzial sowie dem jeweiligen Kontext, sie sind mit dementsprechenden entsprechenden Lernaktivitäten und Lernergebnissen verbunden.

Das Angebot-Nutzungs-Modell erklärt die Erfolgsunsicherheit des Lehrerhandelns. So gesehen ist Unterricht ein Möglichkeitsraum für Lehr-Lern-Prozesse, der mit zwei Annahmen verbunden ist: Erstens ist Lernen ein idiosynkratischer Konstruktionsprozess des Lernsubjekts (Holzkamp 1993), dessen Ausgang offen und nicht determinierbar ist. Auch die besten Lehrkräfte können den Schülerinnen und Schülern das Lernen nicht abnehmen, allerdings können sie maßgeblich die Bedingungen gestalten, die lernförderlich im Unterricht wirken. Zweitens ist, und dies verdeckt das Angebot-Nutzungs-Modell, Unterricht stets ein Ko-Konstruktionsprozess von Lehrkräften und Schülerinnen und Schülern. Das unterrichtliche Angebot unterliegt schon bei der Planung der Auseinandersetzung der Lehrkraft mit möglichen Reaktionen der Lernenden. Während des Unterrichts selbst hängt die Entfaltung des Angebots wesentlich von der Interaktion mit den Schülerinnen und Schülern ab. Ein Unterrichtseinstieg, der sich in vielen Lerngruppen bewährt hat, kann für eine vergleichbare Lerngruppe wenig wirksam sein, weil kurzfristig ein besonders Problem zu diskutieren ist oder Konflikte zu lösen sind. Insofern wirken Motivation und Lernaktivitäten der Schülerinnen und Schüler indirekt und direkt auf die Gestaltung des unterrichtlichen Angebots der Lehrkräfte ein.

3 Qualität von Unterricht

Was ist nun unter Qualität des Unterrichts zu verstehen? Qualität leitet sich vom lateinischen Begriff *Qualitas*, Beschaffenheit, ab. Laut Brockhaus (1998, S. 657) ist Qualität die Gesamtheit der charakteristischen Eigenschaften einer Person oder Sache. Die Qualitätsdefinition nach ISO 8402 legt fest, dass Qualität die Gesamtheit von Merkmalen einer Betrachtungseinheit (hier: Unterricht) bezüglich ihrer Eignung ist, festgelegte und vorausgesetzte Erfordernisse zu erfüllen (Deutsches Institut für Normung 1992). Qualitätsanalysen basieren auf dem Vergleich zwischen Anforderungen und Erwartungen auf der einen und den tatsächlichen Eigenschaften eines Produktes oder einer Dienstleistung auf der anderen Seite. Qualität ist eine Frage der Passung zwischen Anforderungen und realisiertem Angebot. Anforderungen an den Unterricht an Schulen ergeben sich einerseits durch den in den Schulgesetzen beschriebenen Bildungs- und Erziehungsauftrag und andere staatliche Regelungen (Bildungsstandards, Lehrpläne, Fachanforderungen) und andererseits durch die Akteure vor Ort (Schülerinnen, Schüler, Eltern und Lehrkräfte, außerschulische Partner). Unterrichtsqualität steht demnach im Spannungsfeld unterschiedlicher Interessen und ist ein außerordentlich komplexer Begriff (Riecke-Baulecke 2016).

Ein einflussreicher Ansatz, die Komplexität des Qualitätsbegriffes zu reduzieren und zugleich Differenzierung zu ermöglichen, geht auf Donabedian (1966) zurück, der die Unterscheidung in Struktur-, Prozess- und Ergebnisqualität als zentrale Qualitätsdimensionen eingeführt hat (Riecke-Baulecke 2001, 2007, s. Abb. 3).

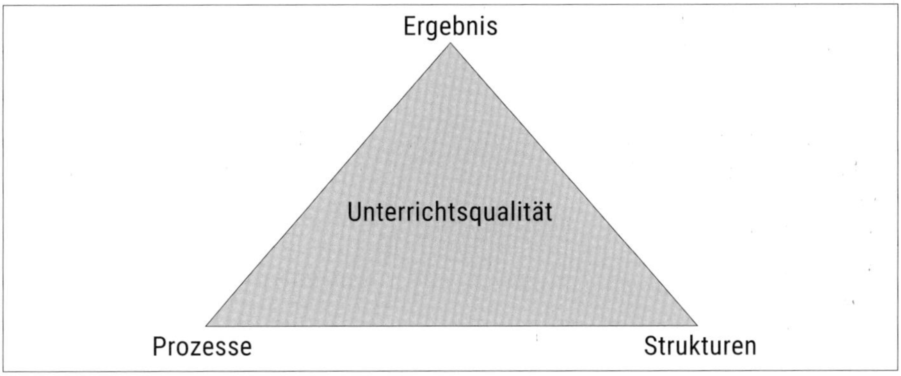

Abbildung 3: Unterrichtsqualität als Qualität der Ergebnisse, Prozesse und Strukturen

Mit der Ergebnisqualität werden die Ziele beschrieben, die im Unterricht erreicht werden sollen. Diese sind – entsprechend den Vorgaben in Schulgesetzen, Bildungsstandards, Lehrplänen oder Fachanforderungen – stets multikriterial (Baumert & Kunter 2006), es geht um

- gut strukturiertes Wissen und Können;
- Lernmotivation und Interesse;
- metakognitive Lernstrategien;
- Fähigkeitswahrnehmung und Selbstachtung;
- soziale Fähigkeiten und Dispositionen;
- selbstregulative Fähigkeiten;
- ...

Die Ergebnisqualität von Unterricht hängt von der Qualität der Prozesse und Strukturen im Unterricht ab. Eine bestimmte Ergebnisqualität erfordert spezifische Prozesse und Strukturen, die möglichst weitgehend zum Erreichen der Ziele führen. Je zielführender die Prozesse und je prozessstützender die Strukturen sind, desto eher kann die geforderte Ergebnisqualität des Produkts erreicht werden.

Befunde der empirischen Bildungsforschung geben Hinweise darauf, welche Aspekte der Prozess- und Strukturqualität eher kleinen oder eher großen Einfluss auf die Ergebnisqualität haben. Die Prozessqualität ist durch die Wirksamkeit der unterrichtlichen Abläufe gekennzeichnet, zu denen eine Vielzahl von Aspekten gehören, die Meyer (2004) oder Helmke (2012) zusammengefasst haben. Dazu gehören:

- transparente Leistungserwartungen;
- Klarheit und Strukturiertheit;
- hoher Anteil echter Lernzeit;
- lernförderliches Klima;
- individuelles Fördern, produktiver Umgang mit Heterogenität;
- Konsolidierung, Sicherung, intelligentes Üben;
- Schülerorientierung und Feedback;
- Methoden- und Angebotsvielfalt;
- ...

Die Strukturqualität ist auf die schulischen Rahmenbedingungen, insbesondere die personellen, zeitlichen und räumlichen Voraussetzungen für den Unterricht bezogen:

- professionelle Kompetenz der Lehrkräfte;
- Lernpotenzial der Schülerinnen und Schüler;
- Umfang der Unterrichtszeit;
- räumlich-sächliche Bedingungen;
- ...

4 Sicht- und Tiefenstrukturen – Basisdimensionen der Prozessqualität des Unterrichts

Angesichts der Vielzahl an Faktoren, von denen die Qualität des Unterrichts abhängt, ist zu fragen, welche Merkmale besonders großen Einfluss auf die Ergebnisqualität haben. Um diese Merkmale zu bestimmen, ist es sinnvoll, Sicht- und Tiefenstrukturen des Unterrichts zu unterscheiden (Oser & Baeriswyl 2001; Kunter & Voss 2011). Jeder Unterrichtsprozess hat eine äußere Seite (Sichtstruktur) und eine innere Seite (Tiefenstruktur). Hinter sichtbaren Schüleraktivitäten des zu Wort Meldens, Nachdenkens, Schreibens oder Arbeitens in Gruppen können sehr unterschiedliche kognitive Verarbeitungsprozesse stehen – vom Verstehen einer Problemstellung oder Begreifen eines Zusammenhangs bis hin zum Überspielen von Nichtwissen oder Vorspielen von Aktivitäten.
Zu den Sichtstrukturen (Holzberger & Kunter 2016) gehören:

- Organisationsformen (jahrgangsbezogener oder -übergreifender Unterricht, Kurssystem);
- Methoden, die zu unterteilen sind in
  - methodische Großformen und Instruktionsmodelle (induktive und deduktive Verfahren) und
  - Einzelmethoden (Lehrervortrag, Unterrichtsgespräch, Wochenplanarbeit, Stationenlernen;
- Sozialformen (Individual-, Tandem-, Gruppenarbeit).

Mit den Tiefenstrukturen werden die Prozesse der Interaktion zwischen Lehrenden und Lernenden, den Lernenden untereinander oder der Lernenden mit dem Lernstoff charakterisiert (Kunter & Trautwein 2013). In Auswertung der *TIMSS*-Studie halten Baumert et al. (1997) fest, dass es weniger die allgemeinen sozialen Interaktionsformen, sondern vielmehr die Aufgabenstellung und die im Bearbeitungsvorgang ausgelösten kognitiven Prozesse, die für unterschiedliche Leistungsentwicklungen im Fachunterricht verantwortlich sind. Die *Hattie*-Studien können als Bestätigung dafür gelesen werden, dass die Tiefenstrukturen mehr Erklärungskraft für Lernzuwächse bei Schülerinnen und Schülern haben als Sichtstrukturen (Hattie 2009, 2012).

Im deutschsprachigen Raum hat sich zur Systematisierung der verschiedenen Aspekte der Tiefenstrukturen die Unterscheidung von Basisdimension verbreitet (Klieme et al. 2001; Kunter et al. 2006). Unterschieden werden drei Dimensionen, die die Prozessqualität des Unterrichts beschreiben. Diese Dimensionen sind zwar allgemeindidaktischer Natur, können jedoch sehr gut für das Fach Mathematik spezifiziert werden. Es geht um:

- kognitive Aktivierung,
- Klassenführung,
- konstruktive Unterstützung.

5 Basisdimension: Kognitive Aktivierung

Das Ausmaß an kognitiver Aktivierung hängt davon ab, inwieweit Schülerinnen und Schüler zu einer vertieften, selbstständigen Auseinandersetzung mit einem Lerngegenstand herausgefordert werden und dabei die eigenen Wissensstrukturen verändern, erweitern, vernetzen, hierarchisch ordnen oder neu generieren (Baumert & Kunter 2006, S. 476). Kognitive Aktivierung hängt von verschiedenen Aspekten der länger- und kurzfristigen Unterrichtsplanung sowie der praktischen Gestaltung der unterrichtlichen Prozesse ab:

▸ Zieltransparenz und hohe Leistungserwartungen
Klarheit sowie Art und Höhe der Leistungserwartungen im Unterricht bestimmen wesentlich das Ausmaß kognitiver Aktivierung (Hattie 2009, 2012; Riecke-Baulecke 2001, 2007). Motivation von Schülerinnen und Schülern ist Anstrengungsbereitschaft, für ein als sinnvoll erkanntes Ziel zu lernen. Je transparenter aus Sicht der Schülerinnen und Schüler die Anforderungen im Unterricht sind, desto bewusster können sich die Schülerinnen und Schüler dazu verhalten. Die Leistungsanforderungen sollten so gewählt werden, dass sie herausfordernd, also weder über- noch unterfordernd für die Lernenden wirken. Schülerinnen und Schüler sollten an ihre Grenzen und darüber hinaus geführt werden. Hohe Leistungserwartungen zu formulieren, beinhaltet eine doppelte Botschaft an die Schülerinnen und Schüler: Es geht einerseits um bedeutsame, wichtige Ziele, die andererseits durch intensives Lernen erreichbar sind.

▸ Kumulativer Wissenserwerb, Fokussierung und Kohärenz
Kognitive Aktivierung ist ferner davon abhängig, ob im Unterricht das Vorwissen der Lernenden gezielt genutzt und systematisch darauf aufgebaut wird (Stern et al. 2016; Holzberger & Kunter 2016). Unterrichtsinhalte sollten im Sinne eines Spiralcurriculums aufeinander bezogen sein, sodass bestimmte Themen unter neuen Blickwinkeln oder auf einer komplexeren Ebene wieder aufgegriffen werden (Bruner 1970). „Der Unterricht erfolgreicher Lehrpersonen zeichnet sich ferner durch die Fokussierung auf die inhaltlich relevanten Aspekte und durch eine hohe inhaltliche Kohärenz aus. Erfolgreiche Lehrpersonen sind in der Lage, wichtige und unwichtige Informationen zu trennen und die relevanten Elemente des Unterrichtsgegenstands zu einem kohärenten Ganzen zusammenzufügen“ (Lipowsky 2007, S. 28).

▸ Herausfordernde Aufgaben
Unterrichtsprozesse werden vor allem über Aufgaben initiiert und gesteuert, Aufgaben und deren Lösungen sind Gegenstand der Lernprozess- und Ergebnisreflexion. Stern et al. (2016, S. 115 ff.) stellen vier Typen besonders aktivierender Lernformen und entsprechender Aufgaben vor:

- Arbeit mit und Erfinden von kontrastierenden Fällen („Berechne und vergleiche a + a + a = … und a × a × a = …")
- Aufträge zum Erstellen von Selbsterklärungen („Erkläre deinen Lösungsweg in mehreren Sätzen schriftlich/mündlich, erkläre den Lösungsweg deine Tandempartners.")
- Holistische Vergleiche von Modellen, Gleichungen oder Lösungswegen („Erkläre mit einer Rechengeschichte, welche Gleichung aus welchen Gründen falsch ist: 2/3 + 1/2 = 3/5 oder 2/3 + 1/2 = 7/6.")
- Metakognitive Fragen („Habe ich wirklich verstanden, worin die Unterschiede zwischen der Addition und der Multiplikation von Brüchen besteht? Könnte ich die Unterschiede anderen Personen anschaulich und verständlich erklären?")

▸ Intelligentes Üben

Intelligentes Üben, in der Mathematik häufig auch als „produktives Üben" beschrieben (vgl. Leuders, Wittmann in diesem Buch), bedeutet, Erlerntes zu wiederholen, in unterschiedlichen Kontexten anzuwenden und/oder variierende Methoden des Übens zu nutzen. Die sichere Beherrschung des Gelernten ist eine notwendige Voraussetzung dafür, neue, komplexere Probleme lösen zu können. Souveränität in Fertigkeiten und Fähigkeiten ist zugleich die Basis für kreatives und intuitives Denken. „Intuitives Denken beruht gewöhnlich auf einer Vertrautheit mit dem fraglichen Wissensbereich und mit seiner Struktur, und diese ermöglicht es dem Denkenden, herumzuspringen, Stufen auszulassen und Abkürzungen zu gehen" (Bruner, 1970, S. 66). Der Aufbau von „[…] Wissen ist in der Regel ein langjähriger übungsintensiver Prozess, der Anstrengung und Ausdauer verlangt. Defizite sind nicht kurzfristig zu beseitigen. Fehlendes Wissen, insbesondere Lücken im Bereich des Basiswissens erschweren jedes weitere Lernen. Derartige Defizite sind insbesondere bei lernschwächeren Personen die größten Hindernisse für befriedigende Lernfortschritte" (BLK-Projektgruppe 1997, S. 17).

▸ Aktivierende Unterrichtsgespräche und Ergebnissicherung

Es wäre ein Missverständnis, „lehrergelenkten Unterricht" und „Schülerorientierung" als Widerspruch zu deuten, was insbesondere mit Blick auf die Gestaltung von Unterrichtsgesprächen gilt: Durch vorausschauende Unterrichtsplanung versuchen Lehrkräfte die Fragen, Vorstellungen oder Lernprobleme, die bei Schülerinnen und Schülern in der Auseinandersetzung mit bestimmten Lerngegenständen auftreten könnten, zu antizipieren. Lehrkräfte planen dementsprechend, welche Aufgaben sinnvoll wären, welche Erklärungen notwendig sein könnten. Sie initiieren dabei gezielt das leise Sprechen der Schülerinnen und Schüler mit sich selbst und das laute Sprechen mit anderen, um Vergewisserung, Kompetenzerleben, Vertiefung, Reflexion und ggf. Korrektur zu ermöglichen. Die Lehrkraft lenkt mithilfe von Aufgaben die Gespräche, sie ist orientiert auf die tatsächlichen Lernprozesse der Schülerinnen und Schüler, ihre Erkenntnisse, Probleme und Strategien. Solchen Gesprächsaufgaben können an den o. g. vier Typen von Lernformen und Aufgaben orientiert sein (Stern, Schalk & Schumacher 2016). Kunter und Trautwein (2013, S. 89) geben weitere Beispiele für Gesprächsaufgaben (vgl. auch Prediger in diesem Buch):

- Lösungswege vorstellen und begründen,
- Gültigkeit von Ergebnissen überprüfen und mit Rechengeschichten illustrieren,
- Widersprüche und Konflikte verdeutlichen,
- gegenseitiges Fragen und Erklären,
- …

Kognitive Aktivierung zielt auf nachhaltigen Kompetenzerwerb, weshalb die Ergebnissicherung von Unterrichtsgesprächen im Besonderen und des Unterrichts im Allgemeinen von herausragender Bedeutung ist. Ergebnissicherung bedeutet, dass Lehrkräfte Schüleräußerungen zur Zusammenfassung nutzen und/oder Sachverhalte mit eigenen Worten erklären und auf den Punkt bringen sowie dafür zu sorgen, dass Mitschriften der Schülerinnen und Schüler korrekt sind oder korrigiert werden. Auch Hausaufgaben, zum Beispiel in Form von Lerntagebüchern, können einen wichtigen Beitrag zur Ergebnissicherung liefern, wenn diese systematisch in den Unterricht eingebettet und mit Rückmeldungen versehen werden.

6 Basisdimension: Klassenführung

Bei der Klassenführung geht es darum, die zur Verfügung stehende Zeit möglichst effizient und effektiv für Lernprozesse zu nutzen. Das bedeutet, Leerlauf und Aktivitäten, die sich nicht auf den Lerngegenstand beziehen, zu minimieren. Das verlangt Pünktlichkeit beim Unterrichtsbeginn sowie eine sorgfältige Unterrichtsvorbereitung und Organisation des Lernortes. Wegweisend in dieser Basisdimension sind die Untersuchungen von Kounin (1970) zur effizienten Klassenführung, die in der Folgezeit bestätigt, modifiziert und ergänzt worden sind. Kounin hält folgende Prinzipien fest:

- Allgegenwärtigkeit der Lehrkraft (withitness): Die Lehrkraft registriert alles, auch wenn sie nicht auf alles reagiert. Schülerinnen und Schüler wissen dies und akzeptieren den Führungsanspruch.
- Reibungslosigkeit und Schwung (momentum): Die Lehrkraft sorgt für einen gleichmäßigen Unterrichtsfluss ohne unnötige Unterbrechungen, wenig Leerlauf und eine konzentrierte Arbeitsatmosphäre durch ein angemessenes, nicht zu hohes Unterrichtstempo.
- Geschmeidigkeit des Ablaufs (smoothness): Die Lehrkraft ermöglicht einen harmonischen Ablauf des Unterrichts ohne Brüche, zu lange Pausen, zu häufige Wechsel der Methoden oder Sozialformen.

- Überlappung von inhaltlicher Arbeit, Regelung von organisatorischen Fragen und Störungsprävention (overlapping): Die Lehrkraft ist in der Lage, mehrere Dinge gleichzeitig zu tun. Sie kann zügig Organisatorisches erledigen und gleichzeitig mit dem Unterricht fortfahren, notwendige Disziplinierungen erfolgen nebenbei.
- Die ganze Lerngruppe im Blick (group focus): Die Lehrkraft hat auch bei Zuwendung zu einem Einzelschüler oder einer Gruppe weiterhin das Geschehen in der ganzen Klasse im Blick und kann ggf. unverzüglich von der Einzelfallberatung in die Klassensituation wechseln.
- Geschicktes Management der Übergänge (managing transitions): Der Übergang von einem zum anderen Unterrichtsschritt ist eindeutig organisiert. Der Stundenanfang wird für die Vergewisserung über vorgängig Gelerntes, ggf. über Hausaufgaben und die Herstellung von Ziel-Weg-Transparenz, das Stundenende für die Ergebnissicherung, die Reflexion und den Ausblick, ggf. für Hausaufgaben, genutzt. Im Mittelteil der Stunden werden die Arbeitsphasen abwechslungsreich gestaltet und schlüssig aufeinander bezogen.

Ergänzend zu den genannten Punkten ist der in den *Hattie*-Studien (2009, 2012) dargestellte Befund zu beachten, dass die Lehrer-Schüler-Beziehung maßgeblich auf den Lernerfolg einwirkt. Dazu gehören

- eine offene und mit Blick auf das Lernen der Schülerinnen und Schüler fürsorgliche Haltung der Lehrkraft;
- ein positives, wertschätzendes Lernklima;
- ein respektvoller Umgang zwischen Lehrkraft und Schülerinnen und Schülern sowie zwischen den Schülerinnen und Schülern untereinander;
- vereinbarte und etablierte Regeln des Miteinanders und der Arbeitsweisen;
- Verbindlichkeit im Umgang mit Regeln und Vereinbarungen;
- angemessene disziplinarische Maßnahmen.

Diese Aufzählung veranschaulicht, dass einzelne Aspekte einer Basisdimension, z. B. „wertschätzendes Lernklima“, ebenso in einer anderen Basisdimension, in diesem Fall: in der Basisdimension „Konstruktive Unterstützung“, Bedeutung haben, dass es also Überlappungen gibt.

7 Basisdimension: Konstruktive Unterstützung

Mit dem Titel *Visible Learning* hat Hattie (2009) einen zentralen Punkt dieser Basisdimension beschrieben: Lehrkräfte können Schülerinnen und Schüler dann besonders wirksam im Lernprozess unterstützen, wenn sie das Lernen, was sowohl den Prozess als auch das Ergebnis meint, aus der Perspektive der Lernenden betrachten und analysieren können. Sie machen Prozesse und Ergebnisse des Lernens sichtbar, sie können damit Selbstwirksamkeitsüberzeugungen stärken und Impulse für weiterführende Lernprozesse geben. Einzelne Aspekte konstruktiver Unterstützung sind (Hattie 2009, 2012; Kunter & Trautwein 2013; Holzberger & Kunter 2016):

▸ Häufiges formatives Feedback

Lernprozessbegleitendes, formatives Feedback hat eine besonders hohe Wirksamkeit, wenn es relativ häufig und differenziert erfolgt. Im Unterschied zum summativen Feedback, einer zusammenfassenden Leistungskontrolle wie einer Klassenarbeit und einem Test, zielt formatives Feedback zu allererst auf die Lernentwicklung. Effektives Feedback beinhaltet differenzierte Rückmeldungen und beschränkt sich nicht auf „richtig" oder „falsch". Häufiges Negativ-Feedback schwächt Selbstwirksamkeitsüberzeugungen von Schülerinnen und Schülern als wichtige Triebkraft für Lernprozesse, reines Positiv-Feedback nutzt sich auf die Dauer ab. Dagegen geht es bei einem effektiven Feedback stets um den Dreischritt „Ziel – aktueller Lernstand – Strategie/nächste Schritte" und damit um die drei Fragen, die im Kleinen, bezogen auf eine Aufgabe, oder im größeren Kontext, bezogen auf eine Lerneinheit, zu beantworten sind:

- Was ist das Ziel?
- Wo stehe ich jetzt mit Blick auf das Ziel?
- Wie, mit welcher Strategie kann ich das Ziel erreichen, was muss ich tun?

Wichtiges Ziel des formativen Feedbacks ist, Selbstwirksamkeitsüberzeugungen der Lernenden zu stärken, „ich kann etwas schaffen!", neue Herausforderungen zu bestimmen und zugleich durch die Reflexion des Lernprozesses die Selbstregulationsfähigkeit, die Entwicklung und Nutzung von Lernstrategien zu fördern. Dazu gehört, dass Schülerinnen und Schüler lernen, sich selbst einzuschätzen und Mitschülern sowie der Lehrkraft Feedback zu geben.

▸ Differenzierter Umgang mit Fehlern

Ging es lange Zeit darum, Fehler grundsätzlich als negativ zu betrachten und im Unterricht zu vermeiden, so wird in der aktuellen Diskussion eher von einem „fehlerfreundlichen Unterricht" (Kunter & Trautwein 2013) gesprochen. Tatsächlich zeigen Studien (ebd.), dass ein „fehlerfeindliches Vorgehen" im Unterricht Lernprozesse beeinträchtigen kann. Generell ist festzuhalten, dass Fehler als Lerngelegenheit genutzt werden sollten. Angst vor Fehlern wirkt nicht lernförderlich. Allerdings ist der praktische Umgang mit Fehlern davon abhängig, ob es sich um Fehler im deklarativen oder prozeduralem Wissensbereich handelt: So können Fehler im Bereich des „Wissens um etwas" (Was ist eine Bruchzahl?) produktiv genutzt werden, um Grundvorstellungen aufzuarbeiten und zu vertiefen. Fehler im Bereich des „Wissens wie", also im Bereich eher automatisierter Fertigkeiten (müheloses Beherrschen des 1 x 1), sind dagegen möglichst weitgehend zu vermeiden. Der produktive Umgang mit Fehlern besteht im letzten Fall weniger im Aufarbeiten von Grundvorstellungen als in abwechslungsreichen Rechentrainings.

▸ Adaptive multiple Erklärungen, Verständnis und Geduld
Es ist der Wissensvorsprung der Lehrkraft durch die fachwissenschaftliche und fachdidaktische Ausbildung gegenüber den Schülerinnen und Schülern, Sachverhalte tiefergehender zu verstehen, komplexe Zusammenhänge zu durchdringen und anderen zu erklären. So wirksam kooperative Methoden wie das reziproke Lernen, in denen Schüler sich gegenseitig Sachverhalte erklären, sind, so wichtig bleibt, dass Lehrkräfte ihren Wissensvorsprung zum Tragen bringen, gute Aufgaben und Fragen stellen, aber auch verständliche Erklärungen anbieten. Erfolgreiche Lehrkräfte können ihre Erklärungen sehr genau auf die jeweiligen Lernprobleme der Schülerinnen und Schüler beziehen und mehrere Erklärungsansätze, unterschiedliche Wege, wie ein Sachverhalt zu verstehen ist, nutzen. Lehrkräfte verbinden dabei ihre fachwissenschaftliche mit ihrer fachdidaktischen Expertise. Sie können das Lernproblem von der Sache her nachvollziehen und verfügen über unterschiedliche Strategien des Umgangs damit. Dadurch können sie geduldig sein, abwarten und Zeit für die Lösung des Lernproblems lassen. Das Unterrichtstempo wird adaptiv, d. h. gemäß den jeweiligen Lerntempi der Schülerinnen und Schüler gestaltet und situativ angepasst.

▸ Stärkere Trennung von Lern- und Leistungssituationen
Für viele Unterrichtssequenzen ist, wie Video-Studien gezeigt haben, eine Vermischung von Lern- und Leistungssituation charakteristisch (Bund-Länder-Kommission-Projektgruppe 1997). Leistungssituationen als Situationen besonderer Art der Präsentation eigenen Wissens und Könnens verlangen von den Schülerinnen und Schülern hohe Konzentration und gezielte Vorbereitung. Mit Leistungssituationen ist hohe psychische Anspannung verbunden, die nicht auf Selbstveränderung durch Lernen, sondern auf Darstellung von Gelerntem ausgerichtet ist. Während es in Leistungssituationen vor allem darauf ankommt, Fehler zu vermeiden und stattdessen möglichst fehlerfrei das eigene Können und Wissen darzustellen und einzusetzen, ist gerade dieser Druck für Lernsituationen kontraproduktiv. Situationen des Leistungs- oder Wettbewerbsdrucks schränken die Möglichkeiten der Schülerinnen und Schüler ein, sich auf für sie problematische Dimensionen eines Lerngegenstands einzulassen, Fragen zu stellen und neue Antworten zu formulieren, die womöglich fehlerhaft sind. Zielt das Leisten vor allem auf die Formulierung von gelernten Antworten oder das Darstellen von Können, so ist für das Lernen die Suche nach Antworten auf Fragen oder Lösungen von Problemen charakteristisch.

Für die Schülerinnen und Schüler fördert eine stärkere Trennung beider Situationen sowohl das Entwickeln wissenssuchender Fragen und damit Lernen als auch die systematische und zielgerichtete Vorbereitung auf Prüfungen. Die stärkere Trennung könnte sowohl im Rahmen einer Unterrichtsstunde (Stundenbeginn mit mündlicher Kurzprüfung eines Schülers, Kolloquium und anschließender lernbezogener Unterrichtsphase), einer Unterrichtseinheit (dreiwöchige Projektphase mit anschließender Präsentation der Ergebnisse einschließlich eines Prüfungsgesprächs) und eines Schulhalbjahres (Halbjahresprüfungen) realisiert werden.

Weitere Aspekte, die in manchen Systematisierungen der Basisdimension „Konstruktive Unterstützung" zu finden sind, beziehen sich auf die Lehrer-Schüler-Interaktion und das Klima in der Klasse. Diese sind hier unter der Basisdimension „Klassenführung" subsumiert.

8 Wirkungen der Basisdimensionen auf das Lernen

Inzwischen liegt eine Reihe von Forschungsbefunden vor, auf welche Aspekte des Lernens die drei Basisdimensionen auf welche Weise wirken (Kunter et al. 2011; Baumert & Kunter 2006; Kunter et al. 2013).

Basisdimensionen der Unterrichtsqualität	**Ergebnisse (in Effektstärke d)**		
	Leistung	Selbstvertrauen	Freude / Interesse
Kognitive Aktivierung	0.32*	0.00	-0.14
Klassenführung	0.26*	0.13	0.24*
Konstruktive Unterstützung	0.11	0.42*	0.46*

Abb. 4: Wirkungen der drei Basisdimensionen auf die Leistungen, das Selbstvertrauen und die Freude/das Interesse von Schülerinnen und Schüler (nach Kunter & Voss 2013)

Die Daten in der Abbildung 4 zeigen, dass die Basisdimensionen in unterschiedlicher Weise auf die Teilaspekte von Lernprozessen wirken. Kognitive Aktivierung befördert demnach die Leistungen von Schülerinnen und Schüler (d = 0.32*) und wirkt neutral im Hinblick auf Selbstvertrauen und Freude/Interesse. Die Klassenführung hat zwar einen kleineren, aber immer noch signifikant positiven Einfluss auf die Schülerleistungen, sie bestärkt zugleich Freude/Interesse. Die konstruktive Unterstützung wirkt stark auf Selbstvertrauen und Freude/Interesse. Da Unterricht multikriterial, also weder einseitig auf „Leistung" oder „Freude" auszurichten ist, sind alle drei Basisdimensionen bei der Gestaltung von Unterricht gleichsam von Bedeutung.

9 Viele, aber nicht alle Wege führen nach Rom

Wie unterrichten nun erfolgreiche Lehrkräfte konkret? Gibt es Patentrezepte für guten Unterricht? Im Rahmen der *SCHOLASTIK*-Studie (Helmke & Weinert 1997) ist diesen Fragen nachgegangen worden. Dabei wurden die Lernentwicklung der Schülerinnen und Schüler im Fach Mathematik in Münchener

Grundschulklassen und das Profil der Lehrkräfte untersucht, die in ihren Klassen die größten Lernfortschritte erreichten. Diese Lehrkräfte wurden als „Expertenlehrkräfte“ bezeichnet.

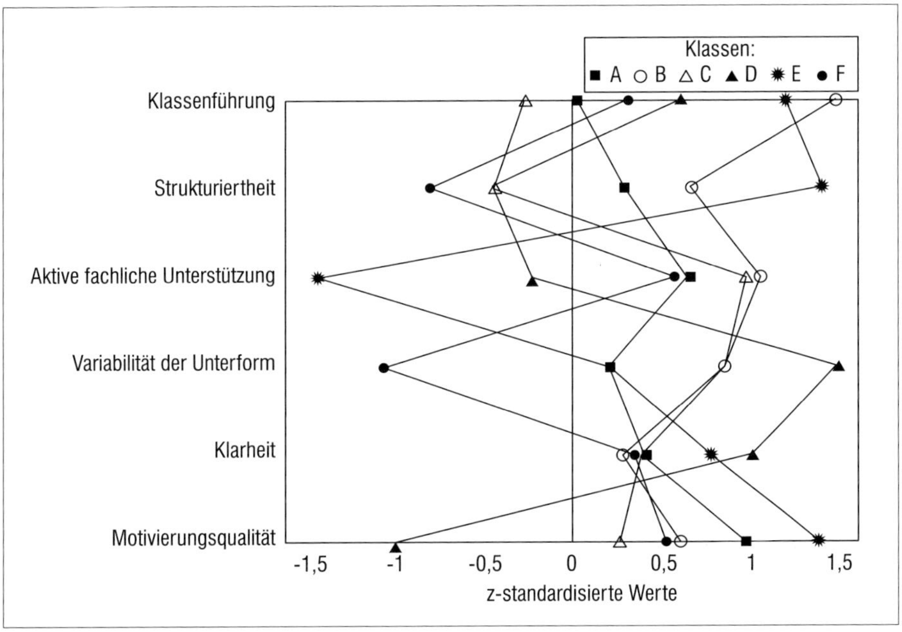

Abb. 5: Unterrichtsprofile der erfolgreichsten Grundschullehrkräfte (Weinert & Helmke 1997, S. 250)

In Abbildung 5 sind die Profile von sechs dieser Expertenlehrkräfte in Bezug auf bestimmte Aspekte der Prozessqualität des Unterrichts wie Klassenführung und Motivierungsqualität dargestellt. Beispielsweise erreicht Lehrkraft A in allen Bereichen überdurchschnittliche Werte; Lehrkraft B ist besonders stark im Bereich der Klassenführung; Lehrkraft D schneidet dagegen in mehreren Bereichen unterdurchschnittlich ab, erzielt aber in Bereichen Variabilität und Klarheit Spitzenwerte. Insgesamt zeigt sich ein Bild relativer Heterogenität der Profile, wobei Schwächen durch Stärken ausgeglichen werden. Eine Kumulation von Schwächen ist nicht feststellbar. Zwischen den Expertenlehrern gibt es demnach eine erhebliche Variationsbreite in den professionellen Kompetenzen, sodass sich das Konzept des individuellen Lehrstils aufdrängt: „Es scheint eine ganze Reihe sehr unterschiedlicher Wege zum gleichen Ziel zu geben. […] Der Sachverhalt des multiplen und kompensatorischen Charakters der Determinanten schulischer Leistungen […] bestätigt sich in eindrucksvoller Weise“ (Helmke & Weinert 1997, S. 251). Guter Unterricht kann demnach in vielfältiger, nicht aber in beliebiger Weise gestaltet werden. So konnte in der *SCHOLASTIK*-Studie festgehalten werden, die Expertenlehrkräfte eine reichhaltige, curricular nutzbare Wissensbasis im Fachgebiet, gute Klassenführungs-, Diagnose- und Instruktionskompetenzen verfügen.

Guter Unterricht kann zwar nicht einem Patentrezept folgen, weil Lernvoraussetzungen und Klassenzusammensetzungen, curriculare Vorgaben und professionelle Kompetenzen der Lehrkräfte variieren, gleichwohl gibt es inzwischen ein reichhaltiges Wissen über eher wirksame und eher unwirksame Verfahren im Unterricht, das in den Hattie-Studien zusammengefasst und verdichtet worden ist. Dabei ist stets zu beachten, dass bei den Meta-Meta-Analysen von Hattie mittlere Effektstärken für hochaggregierte Bereiche berichtet werden. Wenn beispielsweise „problembasierter Unterricht" im Durchschnitt mit d = 0.15 wirkt, kann sich hinter diesem Wert die Tatsache verbergen, dass es durchaus sehr wirksame Verfahren der Problemorientierung gibt, aber demgegenüber eben auch viele wenig wirksame. So soll die abschließende Tabelle den Blick darauf lenken, dass die Lehrkräfte gut beraten sind, ihre Führungsaufgabe in dem Sinne anzunehmen, die Schülerinnen und Schüler zur Selbstführung zu befähigen. So zeigt die Abbildung 6, dass aktivierende Lehreraktivitäten – sowohl im Bereich der Sicht- als auch im Bereich der Tiefenstrukturen – das Lernen der Schülerinnen und Schüler stärker fördern als Aktivitäten, die Hattie (2009, 2012) dem „teacher as a facilitator", einer Lehrkraft, die den Unterricht moderierend gestaltet, zuschreibt.

Aktivierung	Effektstärke d	Ermöglichung	Effektstärke d
Reziprokes Lehren und Lernen	0.74	Forschendes Lernen	0.31
Feedback	0.72	Individualisierung	0.20
Verteiltes Üben	0.71	Problembasierter Unterricht	0.15
Metakognitive Strategien	0.67	Thematische Differenzierung nach Geschlecht	0.12
Direkte Instruktion	0.59	Induktives Unterrichten	0.06
Zielerreichendes Lernen	0.57		
Anspruchsvolle Ziele	0.56		

Abb. 6: Effektstärken für aktivierende und ermöglichende Unterrichtsaktivitäten (Hattie 2009, S. 243)

Literatur

Baumert, J., Bos, W. & Lehmann, R. (Hrsg.) (2000). Dritte Internationale Mathematik- und Naturwissenschaftsstudie: Mathematische und naturwissenschaftliche Bildung am Ende der Schullaufbahn. Bd. 1. Opladen: Leske + Budrich.

Baumert, J. & Kunter, M. (2006). Stichwort: Professionelle Kompetenz von Lehrkräften. In: Zeitschrift für Erziehungswissenschaft, 9. Jahrg., Heft 4, 469 – 520.

Baumert, J., Lehman, R. H., Lehrke, M., Schmitz, B., Clausen, M., Hosenfeld, I., Köller, O. & Neubrand, J. (Hrsg.) (1997). TIMSS: Mathematisch-Naturwissenschaftlicher Unterricht im internationalen Vergleich. Opladen: Leske + Budrich.
Brockhaus ([20]1998): Brockhaus – Die Enzyklopädie in 24 Bänden. Band 17. Gütersloh: A. Brockhaus/wissenmedia.
Bromme, R. (1997). Kompetenzen, Funktionen und unterrichtliches Handeln des Lehrers. In: F. E. Weinert (Hrsg.), Enzyklopädie der Psychologie. Pädagogische Psychologie. Bd. 3: Psychologie des Unterrichts und der Schule, 177–212. Göttingen: Hogrefe.
Bruner, J. S. (1970). Der Prozeß der Erziehung. Düsseldorf: Schwann.
Bund-Länder-Kommission-Projektgruppe (1997). Gutachten zur Vorbereitung des Programms „Steigerung der Effizienz des mathematisch-naturwissenschaftlichen Unterrichts". Bonn: BLK Eigendruck.
Deutsches Institut für Normung (Hrsg.) (1992): DIN ISO 8402. Qualitätsmanagement und Qualitätssicherung – Begriffe. Berlin: Beuth.
Ditton, H. (2006). Unterrichtsqualität. In: K.-H. Arnold, U. Sandfuchs & J. Wiechmann (Hrsg.), Handbuch Unterricht, 235–243. Bad Heilbrunn: Klinkhardt.
Dolch, J. (1965). Grundbegriffe der pädagogischen Fachsprache. München: Ehrenwirth.
Doyle, W. (2006). Ecological approaches to classroom management. In: C. M. Evertson & C. S. Weinstein (Hrsg.), Handbook of Classroom Management, 97–125. Mahwah, NJ: Lawrence Erlbaum.
Fend, H. (1981). Theorie der Schule. München: Urban & Schwarzenbeck.
Hasselhorn, M. & Gold, A. (2006). Pädagogische Psychologie. Erfolgreiches Lernen und Lehren. Stuttgart: Kohlhammer.
Hattie, J. (2009). Visible Learning. London and New York: Routledge.
Hattie, J. (2012). Visible Learning for Teachers. London and New York: Routledge
Helmke, A. & Weinert, F. E. (Hrsg.) (1997). Entwicklung im Grundschulalter. Weinheim: Beltz.
Helmke, A. & Weinert, F. E. (1997a). Unterrichtsqualität und Leistungsentwicklung: Ergebnisse aus dem SCHOLASTIK-Projekt. In: A. Helmke & F. E. Weinert (Hrsg.), Entwicklung im Grundschulalter, 241–251. Weinheim: Beltz.
Helmke, A. & Weinert, F. E. (1997b). Bedingungsfaktoren schulischer Leistungen. In: F. E. Weinert (Hrsg.), Enzyklopädie der Psychologie. Serie Pädagogische Psychologie, Bd. 3: Psychologie des Unterrichts und der Schule, 171–176. Göttingen: Hogrefe.
Helmke, A. (2012). Unterrichtsqualität und Lehrerprofessionalität. Diagnose, Evaluation und Verbesserung des Unterrichts. Seelze: Kallmeyer.
Herbart, J. F. (1965). Allgemeine Pädagogik, aus dem Zweck der Erziehung abgeleitet. Bochum: Kamp (erschienen 1806).
Holzberger, D. & Kunter, M. (2016). Unterricht aus der Perspektive der Pädagogischen Psychologie und der empirischen Unterrichtsforschung. In: J. Möller, M. Köller & T. Riecke-Baulecke (Hrsg.), Basiswissen Lehrerbildung: Schule und Unterricht. Lehren und Lernen, 39–52. Seelze: Klett Kallmeyer.
Holzkamp, K. (1993). Lernen. Subjektwissenschaftliche Grundlegung. Frankfurt a. M.: Campus.
Huber, F. (1957). Allgemeine Unterrichtslehre. Bad Heilbrunn: Klinkhardt.
Humboldt, W. von (1964). Der Königsberger und der litauische Schulplan. In: A. Flitner & K. Giel (Hrsg.), Wilhelm von Humboldt: Werke in 5 Bänden: Bd. 4 Schriften zur Politik und zum Bildungswesen, 169–195. Darmstadt: Wissenschaftliche Buchgesellschaft (erschienen 1809).
Klafki, W. (1996). Neue Studien zur Bildungstheorie und Didaktik. Basel: Weinheim.
Klieme, E., Schümer, G. & Knoll, S. (2001). Mathematikunterricht der Sekundarstufe I: „Aufgabenkultur" und Unterrichtsgestaltung im internationalen Vergleich. In: J. Baumert & E. Klieme (Hrsg.), TIMSS – Impulse für Schule und Unterricht. Forschungsbefunde, Reforminitiativen, Praxisberichte und Video-Dokument, 43–57. Bonn: Bundesministerium für Bildung und Forschung.
Köller, M., Köller, O. & Baumert, J. (2016). Professionelle Kompetenz von Lehrkräften. In: J. Möller, M. Köller & T. Riecke-Baulecke (Hrsg.), Basiswissen Lehrerbildung: Schule und Unterricht. Lehren und Lernen, 9–22. Seelze: Klett Kallmeyer.

Kounin, J. S. (1970). Discipline and Group Management in Classrooms. New York: Holt, Reinhardt and Winston.
Kunter, M., Baumert, J., Blum, W., Klusmann, U., Krauss, S. & Neubrand, M. (Hrsg.) (2011). Professionelle Kompetenz von Lehrkräften – Ergebnisse des Forschungsprogramms COACTIV. Münster: Waxmann.
Kunter, M., Baumert, J., Blum, W. et al. (Eds.) (2013). Cognitive in the Mathematics Classroom and Professional Competence of Teachers – Results from the COAKTIV Project. New York: Springer.
Kunter, M., Dubberke, T., Baumert, J., Blum, W., Brunner, M., Jordan, A. et al. (2006). Mathematikunterricht in den PISA-Klassen 2004: Rahmenbedingungen, Formen und Lehr-Lernprozesse. In: M. Prenzel, J. Baumert, W. Blum, R. Lehmann, D. Leutner, M. Neubrand, R. Pekrun, H.-G. Rolff, J. Rost & U. Schiefele (Hrsg.), PISA 2003: Untersuchungen zur Kompetenzentwicklung im Verlauf eines Schuljahres, 161–194. Münster: Waxmann.
Kunter, M. & Trautwein, U. (2013). Psychologie des Unterrichts Paderborn: UTB.
Kunter, M. & Voss, T. (2011). Das Modell der Unterrichtsqualität in COACTIV: Eine multikriteriale Analyse. In: M. Kunter, J. Baumert, W. Blum, U. Klusmann, S. Krauss & M. Neubrand (Hrsg.), Professionelle Kompetenz von Lehrkräften – Ergebnisse des Forschungsprogramms COACTIV, 85–114. Münster: Waxmann.
Kunter, M. & Voss, T. (2013). The Model of Instructional Quality in COACTIV: A Multicriteria Analysis. In: M. Kunter, J. Baumert, W. Blum et al. (Eds.), Cognitive in the Mathematics Classroom and Professional Competence of Teachers – Results from the COAKTIV Project, 97–124. New York: Springer.
Lipowsky, F. (2007). Was wissen wir über guten Unterricht? In: Friedrich Jahresheft 2007, 26–29. Seelze: Friedrich.
Meyer, H. (2004). Was ist guter Unterricht? Berlin: Cornelsen.
Oser, F. K. & Baeriswyl, F. J. (2001). Choreographics of teaching: Bridging instruction to learning. In: V. Richardson (Hrsg.), Handbook of Research on Teaching, 4 ed., 1031–1065. Washington, DC: American Educational Research Association.
Prange, K. (2000). Was für Lehrer braucht die Schule? Zum Verhältnis von Profession, Didaktik und Lehrerethos. In: E. Cloer, D. Klika & H. Kunert (Hrsg.), Welche Lehrer braucht das Land? Notwendige und mögliche Reformen der Lehrerbildung, 93–103. Weinheim: Beltz.
Riecke-Baulecke, T. (2001). Effizienz von Lehrerarbeit. Zielklarheit, Transparenz, Prozessoptimierung – Eckpfeiler zukunftsorientierter Schulentwicklung. Bad Heilbrunn: Klinkhardt.
Riecke-Baulecke, T. (2007). SchulleitungPlus: Schule und Unterricht erfolgreich gestalten. München: Oldenbourg.
Riecke-Baulecke, T. (2012). Unterrichtsanalyse – Unterrichtsbesuche. Leitideen und Kriterien. In: Schulmanagement, 6, 12–15.
Riecke-Baulecke, T. (2016). Schulentwicklung. In: J. Möller, M. Köller & T. Riecke-Baulecke (Hrsg.), Basiswissen Lehrerbildung: Schule und Unterricht. Lehren und Lernen, 170–188. Seelze: Klett Kallmeyer.
Scheerens, J. & Bosker, R. J. (1997). The foundations of educational effectiveness. Oxford: Pergamon.
Shulman, L. S. (2004). The Wisdom of Practice. Essays on teaching, learning, and learning to teach. San Francisco. Jossey-Bass.
Stern, E., Schalk, L. & Schumacher, R. (2016). Lernen. In: J. Möller, M. Köller & Riecke-Baulecke, T. (Hrsg.), Basiswissen Lehrerbildung: Schule und Unterricht. Lehren und Lernen, 106–120. Seelze: Klett Kallmeyer.
Tenorth, H.-E. (2010). Geschichte der Erziehung. Einführung in die Grundzüge ihrer neuzeitlichen Entwicklung. Weinheim: Juventa.
Weinert, F. E. & Helmke, A. (Hrsg.) (1997). Entwicklung im Grundschulalter. Weinheim: Juventa.
Wiater, W. (2009): Zu Definition und Abgrenzung von Aufgaben und Funktionen der Schule. In: S. Blömeke, T. Bohl, L. Haag, W. Lang-Woytasik & W. Sacher (Hrsg.), Handbuch Schule, 65–71. Bad Heilbrunn: Klinkhardt.

Uta Häsel-Weide & Susanne Prediger

Förderung und Diagnose im Mathematikunterricht – Begriffe, Planungsfragen und Ansätze

Unterrichtsrelevante Diagnose muss stets im Hinblick auf die Förderung geplant werden, Förderung auf der Basis von Diagnose. Ausgangspunkt sind dabei inhaltliche Planungsfragen über die angestrebten Lernziele und Kompetenzen. Mithilfe von Lernausgangslagen-, Lernprozess- und Lernergebnisdiagnosen kann dann die Förderung möglichst fokussiert gestaltet werden, d.h. fachdidaktisch treffsicher und adaptiv. Der Beitrag stellt die entsprechenden Kategorien, Planungsfragen und Ansätze vor und konkretisiert sie mit Beispielen aus der Unterrichtspraxis mit Bezug auf Schwierigkeiten und besondere Potenziale beim Mathematiklernen.

1 Zentrale Begriffe und Prinzipien

Das Begriffspaar *Diagnose* und *Förderung* ist seit einigen Jahren in aller Munde und soll dazu beitragen, dass Unterricht sich stärker an den individuellen Bedürfnissen der Lernenden orientiert. Die Grundidee ist klar und treffend: Nur wer ein realistisches Bild von dem hat, was die jeweiligen Lernenden wissen und können, kann sie adaptiv fördern. Adaptivität ist dabei das Qualitätskriterium, das die Passung zwischen Lernvoraussetzungen und Lernangebot beschreibt (Helmke 2010, S. 247). Dazu sind förderbezogene Diagnosen notwendig, durch die „bei einzelnen Lernenden und den in einer Gruppe Lernenden Voraussetzungen und Bedingungen planmäßiger Lehr- und Lernprozesse ermittelt, Lernprozesse analysiert und Lernergebnisse festgestellt werden, um individuelles Lernen zu optimieren“ (Ingenkamp & Lissmann 2005, S. 13).

Die Förderung kann allerdings nicht direkt aus der Diagnose abgeleitet werden. Diagnose beschreibt einen Ist-Zustand und erfasst nur, was gezielt gefragt wird; ihr liegt somit eine Entscheidung über Diagnoseinhalte zugrunde. Dagegen erfolgt die Förderung stets auf einen Soll-Zustand hin; dieser muss zunächst auf der Basis fachdidaktischen Wissens über zentrale oder nächste Ziele und eine sinnvolle Abfolge von gewählten Förderinhalten formuliert werden (Moser Opitz 2010; Wember 1998). Zudem sind fachdidaktische Überlegungen anzustellen, wie der Soll-Zustand erreicht werden kann, also auf welche Weise und mit welchen Aufgaben gefördert werden soll.

Ein fachdidaktisch fundiertes Zusammenspiel von Diagnose und Förderung ist nur möglich, wenn im Zentrum die zu erwerbenden mathematischen Kompetenzen stehen sowie die bekannten typischen Hürden, die Lernende beim Erwerb dieser Kompetenzen überwinden müssen. Daraus ergeben sich folgende Prinzipien, entlang derer der Beitrag strukturiert wird:

- Ausgangspunkt aller Überlegung sind inhaltliche Planungsfragen. Diagnosen und Förderungen werden stets auf die spezifizierten Inhalte hin vorgenommen. (s. Abschnitt 2: Fachlicher Inhalt als Ausgangspunkt)
- Eine fokussierte Förderung kann in unterschiedlichen Settings mit verschiedenen Zielen und unterschiedlichen Zielgruppen durchgeführt werden. Damit sie wirkt, sollte sie stets fachdidaktisch treffsicher sein. (s. Abschnitt 3: Fokussierte Förderung)
- Die Treffsicherheit der Förderung kann durch eine zielgerichtete Diagnose unterstützt werden. Dabei sollten Diagnoseinstrumente passgenau zum Diagnoseziel ausgewählt und kompetent ausgewertet werden. (s. Abschnitt 4: Zielgerichtete Diagnose)

2 Fachlicher Inhalt als zentraler Ausgangspunkt aller Diagnose und Förderung

Zentraler Dreh- und Angelpunkt für Diagnose und Förderung sind die mathematischen Vorstellungen und Kompetenzen, die aufgebaut werden sollen. „Zielentscheidungen lassen sich nicht empirisch begründen, sondern nur normativ legitimieren, d. h., ich muss zeigen können, dass meine Ziele zu akzeptierten vorgeordneten Normvorstellungen kompatibel sind" (Wember 1999, S. 280). Das kann nicht generell, sondern nur bezogen auf einzelne Lernziele und Inhalte erfolgen.

Planungsschritt	Mit Blick auf die Klasse	Mit Blick auf Schwierigkeiten und Potenziale
Spezifizierung der Inhalte von Förderung und Diagnose	▸ Über welche inhalts- und prozessbezogenen Kompetenzen sollen welche Lernenden verfügen? ▸ Welche inhaltlichen Vorstellungen sollen aufgebaut, welche Darstellungen eingeführt werden? ▸ Welche Begriffe, Vorgehensweisen und Verfahren sollen die Lernenden erarbeiten? ▸ Welche typischen Schwierigkeiten werden voraussichtlich auftauchen, die berücksichtigt werden müssen? (evtl. nicht alle Fragen für jedes Thema relevant)	Bezüglich Schwierigkeiten: ▸ Welche Verstehensgrundlagen sind für das Thema relevant? ▸ Welches Lernangebot für zieldifferent unterrichtete Lernende ist thematisch passend? Bezüglich mathematischer Potenziale: ▸ Welche anspruchsvollen kognitiven Aktivitäten können im selben Thema geplant werden? ▸ Welche Möglichkeiten zur Vernetzung, Vertiefung und Erweiterung bieten sich?

Lernausgangs-lagendiagnose	▸ Über welche inhalts- und prozess-bezogenen Kompetenzen verfügen welche Lernende bereits? ▸ Welche intuitiven Vorerfahrungen zu inhaltlichen Vorstellungen, Begriffen, Vorgehensweisen und Verfahren lassen sich bei wem aktivieren?	Bezüglich Schwierigkeiten: ▸ Welche Verstehensgrundlagen müssen im Vorfeld ausgleichend gefördert werden? ▸ Wie lässt sich für zieldifferent Unterrichtete thematisch anschließen? Bezüglich mathematischer Potenziale: ▸ Welche themenübergreifenden und spezifischen Potenziale zeigen sich bei wem, und wie können Freiräume dafür geschaffen werden?
Durchführung der Förderung/ des Unterrichts und begleitende Lernprozessdi-agnose	▸ Welche inhalts- und prozessbezogenen Kompetenzen zeigen die Lernenden? ▸ Welche Vorstellungen, Vorgehensweisen, Ideen, Schwierigkeiten zeigen sich in der Klasse? Wie können diese für alle nutzbar gemacht werden?	Bezüglich Schwierigkeiten: ▸ Wie können Verstehensprozesse durch weitere Materialien und Angebote unterstützt werden? Welche Aktivitäten können in den Unterricht integrierend angeboten werden? ▸ Welche (Fehl-)Vorstellungen müssen genauer diagnostiziert werden? Bezüglich mathematischer Potenziale: ▸ Welche themenübergreifenden und spezifischen Potenziale zeigen sich im Prozess und wie lassen sie sich stärken? ▸ Welche anspruchsvollen kognitiven Aktivitäten (z. B. problemlösende oder vernetzende) lassen sich weiter stärken?
Lernergebnis-diagnose und Reflexion der Förderung	▸ Welche inhaltlichen Vorstellungen, Begriffe, Vorgehensweisen und Verfahren haben welche Lernenden bis zu welchem Grad entwickelt? ▸ Inwieweit wurden die (unterschiedlichen) Ziele erreicht? ▸ Welche Schwierigkeiten und Fehler müssen noch überwunden werden? ▸ Inwieweit wurden die Lernenden gefördert? Welche Aktivitäten erwiesen sich als besonders produktiv?	Bezüglich Schwierigkeiten: ▸ Welche Verstehensgrundlagen konnten aufgebaut werden? Welche Fördermaßnahmen sollten sich anschließen? Bezüglich mathematischer Potenziale: ▸ Welche Querverbindungen/Vernetzungen wurden gezogen? ▸ Wie können die Aktivitäten wertgeschätzt werden?

Abb. 1: Wichtige Planungsfragen zur Spezifizierung der Förder- und Diagnoseinhalte

Unterschieden werden Diagnosen nach ihren Zeitpunkten in Lernausgangslagen-, Lernprozess-, und Lernergebnisdiagnosen (Hußmann, Leuders & Prediger 2007). Während Lernergebnisdiagnosen in Hausaufgaben und Klassenarbeiten traditionell etabliert sind, sind in Bezug auf treffsichere Förderung auch die Lernausgangslagen- und die fortgesetzte Prozessdiagnostik hoch bedeutsam (Wember 1998; Moser Opitz & Nührenbörger 2015). Ihnen voran gehen muss eine

Spezifizierung der Inhalte von Förderung und Diagnose, die im Fokus je nach Zeitpunkt variiert werden, wie die Zeilen in Abbildung 1 zeigen.

Das Wort *Förderung* wird dabei nicht nur mit Blick auf Lernende mit Schwierigkeiten beim Mathematiklernen verwendet, sondern für alle (die Universität etwa spricht von Nachwuchsförderung). Denn die zuweilen übliche dichotome Unterscheidung in Fordern und Fördern führt allzu leicht zur Vernachlässigung der mittleren Leistungsniveaus, doch das Recht auf individuelle Förderung gilt für jeden jungen Menschen (Schulgesetz NRW 2005, §1). Gleichzeitig müssen auch alle Lernende gefordert werden, denn fördern bedeutet, an *alle* auch Anforderungen zu stellen (Scherer 1994, S. 772) und zwar individuell adaptiv, d. h. passend zu den jeweiligen (aktuellen und intendierten) Lernständen.

B

Beispiel 1 – Vorkenntnisse einbeziehen beim Flächeninhalt

In der 5. Klasse steht die Flächeninhaltsberechnung an. Frau Reckenstein überlegt, welche Kompetenzen die Kinder erwerben sollen und welche Voraussetzungen notwendig sind. Neben den geometrischen Begriffen müssen die Kinder am Ende den Unterschied zwischen Fläche und Umfang kennen, darauf will Frau Reckenstein in der Lernprozessdiagnose bereits achten. Wichtige Voraussetzung für die Flächeninhaltsberechnung ist die räumlich-simultane Grundvorstellung der Multiplikation im Punktefeld. Da Frau Reckenstein aus der Literatur weiß, dass nicht alle Kinder über diese Verstehensgrundlagen verfügen, stellt sie entsprechende Aufgaben zusammen, die sie in den letzten 15 Minuten der vorangehenden Unterrichtseinheit bereits bearbeiten lässt. Die Auswertung zeigt, dass tatsächlich ein Teil der Kinder nur eine sehr eingeschränkte Vorstellung der Multiplikation hat. Den Einstieg in die Flächeninhaltsberechnung gestaltet sie daher nicht nur handlungsorientiert mit Auslegen von Bierdeckeln, sondern nutzt die Bierdeckel vor allem, um multiplikative Strukturierungen zu wiederholen: In das 3x5-Rechteck passen drei 5er-Reihen von Deckeln oder auch fünf 3er-Reihen. Das Explizieren der unterschiedlichen Deutungen verbunden mit entsprechenden Sprechweisen hilft den Kindern, die Rechnung mit der Strukturierung zu verknüpfen.

Wie Beispiel 1 zeigt, sind bei der Planung von Unterricht sowohl Planungsfragen zur Spezifizierung der Förder- und Diagnoseinhalte mit Blick auf die gesamte Klasse, als auch mit Blick auf spezifische Lernende zu bedenken. In Abbildung 1 werden deshalb Fragen mit Blick auf die gesamte Klasse sowie in der dritten Spalte mit Schwerpunkt auf Schwierigkeiten und Potenziale gestellt. Während bei Schwierigkeiten beim Mathematiklernen auf die Verstehensgrundlagen fokussiert werden muss, sind bei mathematischen Potenzialen breitere Vernetzungen und eine facettenreiche Öffnung anzuregen (ausführlicher in Abschnitt 3.3).

Natürlich gibt es auf die Fragen in Abbildung 1 keine allgemeingültigen Antworten. Sie dienen stattdessen als Planungsfragen für jedes einzelne Thema, für die Lehrkräfte in Fortbildungen exemplarisch sensibilisiert werden sollen und die auch in Unterrichtsbeobachtungen immer wieder relevant werden. Eine Spezifizierung der relevanten Förderinhalte und notwendigen Voraussetzung können auch sehr erfahrene und fachdidaktisch sensible Lehrkräfte nur begrenzt aus ihrer eigenen Erfahrung ziehen. Dies ist genau die Stelle, zu der fachdidaktische Forschung und Entwicklung Substantielles beizutragen hat, indem sie zentrale Vorstellungen und Darstellungen sowie typische Schwierigkeiten und Hürden beim Lernen für sehr viele mathematische Themengebiete systematisch katalogisiert hat. Für eine erste Annäherung und diesbezügliche Literaturerschließung können die themenspezifischen Artikel dieses Buches herangezogen werden.

3 Fokussierte Förderung

Eine Förderung kann in unterschiedlichen Organisations- und Sozialformen umgesetzt werden, als Einzelförderung oder Kleingruppenförderung, im Förderband oder als unterrichtsintegrierte Förderung im regulären Mathematikunterricht. Unterrichtsintegrierte Förderangebote zielen dabei insbesondere darauf, die Lernenden bei der Bearbeitung und Überwindung stofflicher Hürden im Lernprozess zu unterstützen (vgl. Häsel-Weide & Nührenbörger 2013).

B

Beispiel 2 – Unterrichtsintegrierte Förderung beim quasi-simultanen Anzahlerfassen
Herr Harkte verwendet im ersten Schuljahr viel Zeit darauf, dass die Kinder die Anzahlen quasi-simultan, d. h. auf einen Blick erfassen, da er weiß, dass dies eine entscheidende Kompetenz auf dem Weg zum nicht-zählenden Rechnen ist. Er setzt bewusst auch im 2. Schulhalbjahr bei der Darstellung von Additions- und Subtraktionsaufgaben am Punktefeld immer wieder Aktivitäten ein, die Kinder herausfordern, die Anzahlen zunächst quasi-simultan zu erfassen und dann zu verändern. Wenn die Kinder an der Arbeit sind, nimmt er sich Zeit zu beobachten, wie Lea, Selenay und Timo, die Schwierigkeiten beim Mathematiklernen zeigen, die Anzahlen im Punktfeld erfassen. Wenn er sieht, dass die Kinder die Punkte einzeln abzählen, gibt er Impulse zur strukturierten Anzahlerfassung.

Unabhängig von der Organisationsform besteht die grundlegende Notwendigkeit, die Förderung an fachdidaktisch-inhaltlichen Überlegungen auszurichten. Fördermaßnahmen im Mathematikunterricht sind stets darauf auszurichten, dass die Lernenden vielfältige Gelegenheiten erhalten, grundlegende mathematische Zusammenhänge zu erkennen, zu verstehen und miteinander zu vernetzen. *Fokussierte Förderung* lässt sich definieren durch zwei zentrale Qualitätskriterien und zugehörige Fragen:

- *Fachdidaktische Treffsicherheit:* Welche Förderinhalte sind gemäß der fachdidaktisch-empirischen Forschung zentral, z. B. um mögliche Hürden zu überwinden?

- *Adaptivität:* Wie gut ist die Förderung der zentralen Förderinhalte auf die individuellen Lernbedarfe der Einzelnen abgestimmt? (Leuders & Prediger 2016, S. 34)

Von fokussierter Förderung statt von individueller Förderung wird gesprochen, um das Missverständnis zu vermeiden, individuelle Förderung sei stets verbunden mit einer Eins-zu-Eins-Betreuung (denn das ist kein realistisches Szenario und auch nicht zwangsläufig die beste Förderform) oder mit vollständiger methodischer Individualisierung (denn wenn diese Sozialform verabsolutiert wird, ist die für Mathematiklernen so wichtige Kommunikation bedroht) (vgl. Häsel-Weide & Nührenbörger 2013). Beide Sozialformen gewähren nicht per se, dass die Förderung inhaltlich treffsicher ist, denn das hängt von den Förderinhalten und ihrer Adaptivität zu den Lernenden ab.

Fachdidaktische Treffsicherheit und Adaptivität der Fokussierung sind zum einen durch die gezielte Planung und geeignete Lernausgangs- und Prozessdiagnosen zu erreichen (vgl. Abschnitt 2), zum anderen muss Hintergrundwissen über die spezifischen Schwierigkeiten und Potenziale beim Mathematiklernen einbezogen werden, das in den zwei folgenden Unterabschnitten vorgestellt und im dritten synthetisiert wird.

3.1 Fokussierte Förderung von Lernenden mit Schwierigkeiten beim Mathematiklernen

Lernangebote für Lernende mit Schwierigkeiten beim Mathematiklernen sind oft geprägt von einer Ausrichtung auf Fertigkeiten und Verfahren („Hauptsache, die können rechnen"), dem Prinzip der kleinen Schritte und einer starken Reduktion der kognitiven Anforderungen (Scherer 1994; Scherer & Moser Opitz 2010). Diese Simplifizierungsstrategien erzeugen zwar kurzfristig einen reibungslosen Unterricht, aber entziehen den Lernenden die für sie notwendige Förderung, mit der sie die Verstehensgrundlagen aufbauen können. Gerade Lernende mit Schwierigkeiten brauchen Anregungen zum Aufbau von inhaltlichen Vorstellungen (Gaidoschik 2010; Prediger 2009) und eines Beziehungssystems, da es ihnen oftmals schwerfällt, von sich aus mathematische Zusammenhänge zwischen Zahlen und Operationen zu sehen. Inhaltliche Vorstellungen und mathematische Beziehungen sind jedoch der bedeutungstragendende Kern der Mathematik.

Insbesondere in der Sekundarstufe zeigt sich, wenn Lernende keine grundlegenden Kompetenzen in den Verstehensgrundlagen aufgebaut haben (Häsel-Weide & Nührenbörger 2013; Moser Opitz 2007). So haben zum Beispiel Probleme im Verständnis negativer Zahlen oder von Dezimalbrüchen ihre Ursache möglicherweise darin, dass die Lernenden wenig fundierte Vorstellungen von natürlichen Zahlen oder des Stellenwertsystems mitbringen. Bei der Förderung sollte deshalb besonders darauf geachtet werden, inwieweit die Lernenden belastbare inhaltliche Vorstellungen zu Zahlen, Operationen und dem Stellenwertsystem aufgebaut haben. Als kritische Stellen werden diese Bereiche aus zwei Gründen bezeichnet: Erstens bilden sie mathematisch zentrale Aspekte im Stoffkanon der Grundschule und wesentliche Basis für die weiterführenden Inhalte der Sekundarstufe, zweitens zeigen Lernende in diesen Bereichen empirisch besondere Schwierigkeiten, die sie am Weiterlernen nachweislich hindern (Moser Opitz 2007). Gezielt thematisiert werden sie zum Beispiel in den systematisch entwickelten Förder- und Diagnosematerialien für eine ausgleichende fokussierte Förderung im Konzept *Mathe sicher können* (Selter et al. 2014).

Schmassmann (2009) geht davon aus, dass Schülerinnen und Schüler mit mathematischen Lernschwierigkeiten einen Leistungsrückstand von zwei bis vier Jahren haben und auch für die Erarbeitungen von Inhalten mehr Zeit benötigen. Eine möglichst weitgehende unterrichtsintegrierte Förderung ist, so oft es geht, anzustreben (Häsel-Weide & Nührenbörger 2013), wenn die Herausforderung gelingt, „den fehlenden und aktuellen Stoff aufgrund von fachlichen Zusammenhängen so zu kombinieren, dass sich der Lernrückstand verringern kann und der aktuelle Stoff wo immer möglich einbezogen wird“ (Schmassmann 2009, S. 171). Dazu soll im Mathematikunterricht eine Förderung in den Verstehensgrundlagen vernetzt mit den aktuellen Inhalten und ausgerichtet an zentralen Ideen erfolgen (Häsel-Weide 2017). Zuweilen sind die Lücken jedoch so groß, dass eine ausgleichende Förderung auch zeitweise in Fördergruppen ausgelagert werden muss.

B

Beispiel 3 – Fokussierte ausgleichende Förderung im Übergang Grundschule – Sekundarschule

Die Böll-Schule arbeitet in ihrem Förderband mit jeweils acht Kindern drei Monate lang zweimal wöchentlich mit dem Förder- und Diagnosekonzept *Mathe sicher können* zum Zahl- und Operationsverständnis. Zwar gab es am Anfang Proteste, als sich die Förderstunde nicht mehr mit den aktuellen Hausaufgaben der Klasse 5 beschäftigte („Da brauchen wir die Hilfe doch am dringendsten“), sondern mit Inhalten aus den Klassen 2 und 3 (Stellenwertverständnis mit Systemblöcken, Stellentafel und Zahlenstrahl), aber nach einigen Wochen merkten Eltern und Kinder, wie hilfreich die Aufarbeitung ist und dass die Förderung jetzt fachdidaktisch treffsicherer ist als der aktuelle Reparaturbetrieb vorher. Den Einstieg in die Dezimalzahlen konnten die Kinder dann gut bewältigen.

In Primar- und Sekundarstufe sollte den Verstehensgrundlagen und kritischen Stellen im Unterricht durchgängig eine zentrale Bedeutung zugewiesen werden. Dies bedeutet zum Beispiel, sich nicht damit zufrieden zu geben, wenn leistungsschwächere Lernende Lösungen zählend am Material ermitteln. Schwerpunkt des Unterrichts und bei der Förderung muss auf Anregungen von Vorstellungen zu Zahlen und Operationen liegen. Dieser wird auch in der Sekundarstufe über geeignete Aktivitäten mit geeigneten Materialien und Veranschaulichungen aufgebaut, wobei nicht das Handeln mit Material wesentlich ist, sondern, wie Lorenz (2013) treffend formuliert, das Nachdenken darüber.

Zusammenfassend lassen sich folgende zentrale Ideen als handlungsleitend für die Förderung bei Schwierigkeiten beim Mathematiklernen festhalten:

- Schwerpunkt auf die Verstehensgrundlagen legen;
- Aufbau von Vorstellungen in den Mittelpunkt stellen, statt Fertigkeiten und Lösungen, auch beim Vertiefen prozessbezogener Kompetenzen;
- Veranschaulichungen und Materialien als Gegenstände zum Nachdenken nutzen, anstelle als Hilfsmittel zur reinen Ergebnisermittlung.

3.2 Offene Förderung von mathematischen Potenzialen

Während im Hinblick auf Schwierigkeiten beim Mathematiklernen die treffsichere Fokussierung der kritischen Stellen wesentlich ist, geht es bei der Förderung mathematischer Potenziale darum, den mathematischen Blick aller Lernenden zu weiten und Vernetzungen anzuregen. Auch für die Diagnose ist ein ganzes Spektrum von Indikatoren für mathematische Potenziale zu erfassen und flexibel zu fördern, wie Abbildung 2 andeutet.

Mathematikspezifische Facetten von mathematischen Potenzialen	**Allgemeine Persönlichkeitseigenschaften als Facetten von mathematischen Potenzialen**
▸ Fähigkeit zum Speichern mathematischer Sachverhalte im Kurzzeitgedächtnis unter Nutzung erkannter mathematischer Strukturen, ▸ mathematische Fantasie, ▸ Fähigkeit im Strukturieren mathematischer Sachverhalte, ▸ Fähigkeit im selbstständigen Transfer erkannter Strukturen, ▸ Fähigkeit im selbstständigen Wechseln der Repräsentationsebenen und im selbstständigen Umkehren von Gedankengängen beim Bearbeiten mathematischer Aufgaben, ▸ mathematische Sensibilität.	▸ hohe geistige Aktivität, ▸ intellektuelle Neugier, ▸ Anstrengungsbereitschaft, ▸ Freude am Problemlösen, ▸ Konzentrationsfähigkeit, ▸ Beharrlichkeit, ▸ Selbstständigkeit, ▸ Kooperationsfähigkeit.

Abb. 2: Vielfältige Facetten von mathematischen Potenzialen (Käpnick 2001)

Dazu werden für Schülerinnen und Schüler mit mathematischen Potenzialen spezifische Angebote innerhalb oder außerhalb des regulären Mathematikunterrichts gemacht. Außerunterrichtlicher Förderung kann eine Selektionsdiagnostik zur Identifizierung von begabten Schülerinnen und Schülern vorausgehen (Bardy 2007). Viele Angebote sind jedoch aufgrund der Schwierigkeiten einer derartigen Diagnostik gerade bei jüngeren Kindern (Käpnick, Nolte & Walther

2005) für alle interessierten und begabten Lernenden offen. Ziel der Förderung sind der Erhalt der Freude am Umgang mit Zahlen, Formen und Strukturen, die Förderung problemlösenden Denkens, eine Bereicherung des üblichen Stoffkanons und die Stärkung der Persönlichkeitsentwicklung (Käpnick 2001).

Doch nicht nur Lernende mit Begabungen, sondern die mathematischen Potenziale aller Lernenden müssen auch innerhalb des Regelunterrichts berücksichtigt werden. Dazu müssen „Freiräume für das Nutzen ihrer Vorkenntnisse, für das Ausprobieren eigener Wege und für das Entwickeln individueller Denk- und Arbeitsstile" ermöglicht werden (Käpnick, Nolte & Walther 2005, S. 31), wofür reichhaltige, natürlich differenzierende Problemstellungen geeignete Ausgangspunkt bilden.

Bei der unterrichtsintegrierten Förderung von leistungsstärkeren (nicht allein im engeren Sinne begabten) Lernenden steht für eine größere Gruppe von Lernenden das situationsbezogene Identifizieren und Stärken von vielleicht noch fragilen Potenzialen im Vordergrund (Leikin 2011). Die in Abbildung 2 aufgeführten Indikatoren von Begabung werden dann interpretiert als mögliche Aspekte, die situativ aufflammen und gestärkt werden sollten (Schnell & Prediger 2017).

Sowohl in Bezug auf bereits stabile Potenziale als auch in Bezug auf fragilere, situativ aufflammende Potenziale spricht die Vielfalt möglicher Aspekte (vgl. Abb. 2) dafür, weniger auf zuvor festgelegte fokussierte Förderung zu setzen, sondern ressourcenorientiert eine Offenheit zu bewahren für die Reichhaltigkeit und Vernetzung, die die Lernenden selbst anregen.

B

Beispiel 4 – Unterrichtsintegrierte Förderung noch fragiler Potenziale

Herr Aydin bearbeitet mit seiner Klasse immer wieder offene, natürlich differenzierende Probleme. Er erkennt in der Beobachtung der Arbeitsprozesse bei Ali und Lisa bemerkenswerte Fähigkeiten, die dahinterliegenden allgemeinen Strukturen zu erkennen und durch Wechsel in eigene grafische Darstellungen herauszuarbeiten. Lisa hat dennoch kein hohes mathematisches Selbstkonzept, deswegen gibt Herr Aydin ihr immer wieder positives und möglichst präzises Feedback: „Deine Zeichnungen sind klasse, du findest immer Wege, die wichtigsten Beziehungen darzustellen, stelle die gleich mal vor." Ihr Selbstkonzept bessert sich zunehmend und sie bringt ihre Ideen immer häufiger ins Klassengespräch ein. Ali hat tolle Ideen zur Strukturierung, aber kein Durchhaltevermögen, deswegen setzt ihn der Lehrer mit Paul zusammen, der zwar nicht kreativ ist, aber Probleme mit großer Beharrlichkeit durchdenkt. Zusammen entwickeln sie viel Freude und Erfolg am Problemlösen. Alle drei erhalten zu den Aufgabenstellungen jeweils vertiefende Anforderungen, um ihre mathematischen Potenziale weiter zu fördern, insbesondere im Hinblick auf allgemeine Strukturierungen.

Das Beispiel zeigt, wie offene Problemstellungen dann zur Förderung von mathematischen Potenzialen beitragen können, wenn die Lehrkraft sensibel und hinsichtlich vieler Aspekte beobachtet (informelle prozessbegleitende Diagnostik zu Selbstkonzept, Beharrlichkeit, Freude am Problemlösen, Strukturierung, Generalisierung, Repräsentationswechsel) und sowohl ressourcenfördernd, als auch kompensatorisch niederschwellig eingreift (zum Selbstkonzept und Beharrlichkeit).

3.3 Balance von Fokussierung und Offenheit – für alle Lernenden

Die Notwendigkeit der Fokussierung wurde in den vorangehenden Abschnitten in Bezug auf die Verstehensgrundlagen bei Schwierigkeiten beim Mathematiklernen diskutiert, die Notwendigkeit der Offenheit in Bezug auf die mathematischen Potenziale. Fokussierung und Offenheit sind dabei für alle Lernenden jeweils auszubalancieren, und wie diese Balance zu finden ist, hängt vor allem auch von den Unterrichtsphasen ab: In Einstiegs- und Erarbeitungsphasen liegt der Schwerpunkt eher bei offen angelegter Förderung der jeweiligen Ressourcen der Lernenden, in Systematisierungsphasen klar bei der Fokussierung auf die Grundlagen, in Übungs- und Wiederholungsphasen je nach Lernvoraussetzungen der Lernenden. Die phasengerechte Balance zwischen Offenheit und Fokussierung für alle Lernenden ermöglicht, mathematische Potenziale aller Lernenden nicht zu übersehen und zu stärken, aber auch für Lernende mit Potenzialen die kritischen Stellen fokussiert zu thematisieren.

4 Fokussierte Förderung braucht zielgerichtete Diagnose

Um eine Förderung bezogen auf die Kompetenzen der Schülerinnen und Schüler zu planen, muss die Lehrkraft wissen, über welche Kompetenzen die Lernenden verfügen – also eine Diagnose stellen.

Bei der Feststellung der Lehr- und Lernprozesse sind mindestens theoretische Grundannahmen handlungsleitend, die danach unterschieden werden, ob sie auf curricularen Überlegungen oder auf Entwicklungsmodellen (mathematischen Lernens) basieren (Ricken & Fritz 2007). Dabei kann noch einmal unterschieden werden, ob die Lösungsprozesse oder die Produkte der Lernenden im Mittelpunkt der Diagnose stehen. Liegt der Fokus, wie etwa bei der Durchführung eines standardisierten Tests, auf den Produkten, also z. B. der Anzahl der richtigen Lösungen des Tests, erfüllt die Diagnose i. d. R. die Gütekriterien *Objektivität* und *Reliabilität*. Die Informationen über die mathematischen Kompetenzen der Lernenden bezüglich eines bestimmten Gegenstandes sind jedoch häufig gering, da zum einen die Aufgaben vorgegeben sind und nicht an den Lernstand angepasst werden können und zum anderen bei der Auswertung ausschließlich auf die Korrektheit des Ergebnisses geschaut wird (Moser Opitz & Nührenbörger 2015).

B

Beispiel 5 – Diagnose mit einem standardisierten Test

Frau Kohlhas hat eine dritte Klasse übernommen und stellt in den ersten Wochen im Mathematikunterricht fest, dass Joana große Schwierigkeiten beim Rechnen im Hunderterraum hat. Sie beobachtet, dass Joana viele Aufgaben mithilfe ihrer Finger zählend löst. Sie beschließt, der Sache auf den Grund zu gehen und führt mit Joana in einer Förderstunde den *DEMAT 2* durch. Die Ergebnisse des standardisierten Tests zur Überprüfung der mathematischen Kompetenz in Bezug auf den Lehrplan bestätigen, dass Joana im Vergleich zur Normgruppe schwache Leistungen zeigt und in fast allen Testteilen sehr wenige Aufgaben richtig löst. Frau Kohlhas ist zunächst froh, dass sie richtig eingeschätzt hat, dass Joana große Schwierigkeiten hat. Sie beschließt, vor der Erweiterung des Zahlenraums die Addition und Subtraktion im Hunderterraum zu wiederholen. Sie weiß, dass die Schwierigkeiten von Joana in der Operationsvorstellung oder im Zahlverständnis liegen könnten. Als sie darüber nachdenkt, wo sie ansetzen soll, stellt sie fest, dass der Test ihr keine Auskunft darüber gibt, wie Joana vorgeht, wenn sie die Aufgaben berechnet und welche Vorstellung sie von den Zahlen hat. Sie greift deshalb zu informativen Aufgaben, die die Lösungsprozesse berücksichtigen (Peter-Koop et al. 2007; Sundermann & Selter 2013).

Bei der Durchführung einer Diagnose ist es somit notwendig, das Diagnoseinstrument passend zum diagnostischen Ziel auszuwählen und passende Urteile zu bilden (vgl. Moser Opitz & Nührenbörger 2015 für einen Überblick zu Instrumenten und ihren Qualitätskriterien). Vor allem bei einer prozessorientierten Diagnose benötigen die Lehrkräfte fachdidaktische Deutungsfähigkeit (Girulat, Nührenbörger & Wember 2013). Eine zielgerichtete Diagnose zeichnet sich somit durch folgende Qualitätsmerkmale aus:

- *Diagnostische Expertise:* Welche Diagnoseinstrumente sollten für welchen Zweck eingesetzt werden, welche Aussagen sind im Rahmen des Instruments möglich und wie werden passende Urteile gebildet?
- *Fachdidaktische Deutungsfähigkeit:* Welche Vorgehensweisen und Vorstellungen von Lernenden zeigen sich bei der Bearbeitung von Aufgaben?

Überlegungen zur passenden Auswahl von Verfahren und zur Notwendigkeit der passenden Urteilsbildung sind auch für den Mathematikunterricht vielfältig beschrieben (z. B. Ricken & Fritz 2007; Rottmann et al. 2015), deshalb legt dieser Beitrag den Fokus auf die fachdidaktische Deutungsfähigkeit, die für das Zusammenspiel von Förderung und Diagnose besonders wichtig ist.

Im Unterrichtsalltag und bei der prozessorientierten Diagnose müssen Lehrkräfte die Vorgehensweisen der Lernenden in den Dokumenten und Äußerungen identifizieren, im direkten Gespräch erkennen, welches Vorgehen, welche typische Strategie verwendet wird und daraus, mit Blick auf ihre fachdidaktische und fachliche Expertise, Schlüsse ziehen. Sie müssen also die Bearbeitung der diagnostischen Aufgabe deuten (Girulat, Nührenbörger & Wember 2013); Wember

1998). Dies ist sowohl erforderlich im Rahmen eines diagnose-geleiteten Blicks auf den Unterricht (Häsel-Weide & Nührenbörger 2013) als auch bei der Durchführung von Interviews, der Analyse von Aufgabenbearbeitungen (in Klassenarbeiten) sowie in einigen standardisierten Testverfahren, bei denen neben dem Ergebnis auch der Prozess der Lösung erfasst wird.

Grundsätzlich gilt: Je offener und informativer die diagnostische Aufgabe gestellt ist, desto mehr Informationen können Lehrkräfte erhalten. Die einzelnen Aufgabenbearbeitungen können dabei stets unterschiedlich gedeutet werden, abhängig davon, welche Maßstäbe angelegt und welche diagnostischen Ziele verfolgt werden. Diese grundsätzliche Mehrdeutigkeit von Diagnosen lässt sich nicht auflösen, aber die Deutung lässt sich zielgerichtet durchführen, wenn bereits beim Stellen der Aufgaben darauf fokussiert wird, was das Ziel der Diagnose sein soll. Dies gilt insbesondere für unterrichtsnahe Diagnosen wie Lernstandserhebungen, begleitende Lernprozessdiagnosen, aber auch bei qualitativen Lernstandserfassungen.

Grundlegend ist also darüber nachzudenken, welche Diagnoseaufgaben zu welchem Inhalt und welchem Zweck ausgewählt und mit Blick auf welche Kriterien die Prozesse beurteilt werden sollen. Fachdidaktische Deutungsfähigkeit zeichnet sich dadurch aus, hier treffsicher in Bezug auf die festgelegten Diagnose- und Förderinhalte (vgl. Abb. 1) zu planen und zu deuten (Girulat, Nührenbörger & Wember 2013). Als fachdidaktisches Handwerkszeug ist dafür die Kenntnis eines breiten Repertoires an diagnostischen Aufgabenstellungen notwendig, die fokussiert auf das jeweils zuvor spezifizierte Ziel (Hußmann et al. 2007). Abbildung 3 zeigt exemplarisch einige bewährte diagnostische Aufgabenformate im Überblick (teilweise nach Hußmann, Leuders & Prediger 2007). Die Breite des Repertoires auszuschöpfen, macht die Diagnosen vielfältiger als nur mit Standardaufgaben.

5 Fazit

Auch wenn die Forderung nach Diagnose und Förderung omnipräsent ist, ist die Qualität ihrer Umsetzung im Mathematikunterricht abhängig davon, wie fachdidaktisch treffsicher Lehrkräfte Förder- und Diagnoseinhalte auswählen und passende Aufgabenformate und Instrumente einsetzen. Qualität entsteht dabei immer erst durch konsequentes Durchdenken der jeweiligen Themen und Heranziehung der fachdidaktischen themenspezifischen Hintergründe. Empirisch fundiertes Wissen über zentrale Vorstellungen, Darstellungen und Ideen sowie typische Hürden können Lehrkräfte besser konsequent nachlesen als selbst generieren. Dabei kann es hilfreich sein, Themen mit Blick auf Diagnose- und Förderpotenzial exemplarisch und möglichst konkret im Team zu erarbeiten. Die Grundidee einer fokussierten Förderung und dazu notwendigen Diagnose dagegen lässt sich auch themenübergreifend vermitteln.

Was diagnostizieren?	Was daran diagnostizieren?	Beispiele zur Konkretisierung typischer Aufgabenformate
Inhaltliche Vorstellungen	Vorstellungen nutzen können zur Mathematisierung	▸ Gegeben ist eine Sachsituation ..., übersetze sie in einen Term. ▸ Zu der Aufgabe $6 \cdot 5$ hat Noah die Geschichte erfunden: „Hanne kauft 6 Äpfel und 5 Bananen". Passt die Rechengeschichte?
	Vorstellungen nutzen können zur Veranschaulichung	▸ Zeige die passende Materialhandlung zur Aufgabe $13 - 5$. ▸ Erfinde eine Textaufgabe zu $f(x) = 13x - 5$. ▸ Male Streifenbilder, um zu zeigen, dass zwei Brüche gleichwertig sind.
Begriffe	Konkretisierung/Abgrenzung des Begriffs	▸ Was bedeutet die 2 in der Zahl 325? ▸ Gib Beispiele und Gegenbeispiele für ungerade Zahlen an. ▸ Welche der folgenden Zusammenhänge sind proportional ...?
	explizite Formulierung des Begriffs	(in der Grundschule selten relevant) ▸ Wie ist eine ungerade Zahl definiert? ▸ Schreibe Eigenschaften auf, die lineare und proportionale Zusammenhänge gemeinsam haben, und solche, die nur proportionale haben.
	Bedeutung und Vernetzung des Begriffs	▸ Wie viele Zehnerstangen brauchst du, um einen Tausenderwürfel zu bauen? Erkläre, wie Zehner und Tausender zusammenhängen. ▸ „Lineare Funktionen sind immer auch proportional" – wahr oder falsch? Berichtige ggf. und begründe. ▸ Welche Rechenstrategien kannst du für lineare Zusammenhänge nutzen, welche nur für proportionale? Wie hängen sie zusammen?
Vorgehensweisen & Verfahren	konkrete Durchführung	▸ Lege und rechne am Zwanzigerfeld $13 - 5$. ▸ Berechne $71 - 49$ halbschriftlich. Finde mehrere Möglichkeiten.
	explizite Formulierung der (eigenen) Vorgehensweisen	▸ Beschreibe, wie man $18 - 9$ berechnen kann. ▸ Erläutere, wie man zu dem gegebenen Graphen der Funktion eine Wertetabelle erstellt.
	fehlerhafte Vorgehensweisen erkennen und verändern	▸ Was hat Lisa hier falsch gemacht? Was könnte sie dabei gedacht haben, und wieso stimmt das nicht? ▸ $\frac{3}{4} + \frac{3}{2} = \frac{6}{6}$

Abb. 3: Aufgabenformate für zielgerichtete Diagnosen

Literatur

Bardy, P. (2007). Mathematisch begabte Grundschulkinder. Diagnostik und Förderung. Heidelberg: Springer Spektrum.

Gaidoschik, M. (2010). Wie Kinder rechnen lernen – oder auch nicht. Eine empirische Studie zur Entwicklung von Rechenstrategien im ersten Schuljahr. Frankfurt: Peter Lang.

Girulat, A., Nührenbörger, M. & Wember, F. B. (2013). Fachdidaktisch fundierte Reflexion von Diagnose und individueller Förderung im Unterrichtskontext. In: S. Hußmann & C. Selter (Hrsg.), Diagnose und individuelle Förderung in der MINT-Lehrerbildung, 150–166. Münster: Waxmann.

Häsel-Weide, U. (2017). Inklusiven Mathematikunterricht gestalten. Anforderungen an die Lehrerausbildung. In: J. Leuders, T. Leuders, S. Ruwisch & S. Prediger (Hrsg.), Mit Heterogenität im Mathematikunterricht umgehen lernen – Konzepte und Perspektiven für eine zentrale Anforderung an die Lehrerbildung. Wiesbaden: Springer Spektrum.

Häsel-Weide, U. & Nührenbörger, M. (2013). Fördern im Mathematikunterricht. In: H. Bartnitzky, U. Hecker & M. Lassek (Hrsg.), Individuell fördern – Kompetenzen stärken ab Klasse 3. Heft 2. Frankfurt a. M.: Arbeitskreis Grundschule e. V.

Helmke, A. (2010). Unterrichtsqualität und Lehrerprofessionalität. Diagnose, Evaluation und Verbesserung des Unterrichts. Seelze: Klett/Kallmeyer.

Hußmann, S., Leuders, T. & Prediger, S. (2007). Schülerleistungen verstehen – Diagnose im Alltag. In: Praxis der Mathematik in der Schule, 49(15), 1–9.

Ingenkamp, K. & Lissmann, U. (⁵2005). Lehrbuch der Pädagogischen Diagnostik. Weinheim: Beltz.

Käpnick, F. (2001). Mathe für kleine Asse. Handbuch für die Förderung mathematisch interessierter und begabter Dritt- und Viertklässler. Berlin: Volk und Wissen.

Käpnick, F., Nolte, M. & Walther, G. (2005). Talente entdecken und unterstützen. SINUS-Transfer Grundschule Mathematik, Bd G5. Kiel: IPN.

Leikin, R. (2011). The education of mathematically gifted students: Some complexities and questions. In: The Montana Mathematics Enthusiast, 8(1&2), 167–188.

Leuders, T. & Prediger, S. (2016). Flexibel differenzieren und fokussiert fördern im Mathematikunterricht. Berlin: Cornelsen Scriptor.

Lorenz, J. H. (2013). Grundlagen der Förderung und Therapie. Wege und Irrwege. In: M. von Aster & J. H. Lorenz (Hrsg.), Rechenstörungen bei Kindern. Neurowissenschaft, Psychologie, Pädagogik, 181–193. Göttingen: Vandenhoeck & Ruprecht.

Moser Opitz, E. (2007). Rechenschwäche/Dyskalkulie. Theoretische Klärungen und empirische Studien an betroffenen Schülerinnen und Schülern. Bern: Haupt.

Moser Opitz, E. (2010). Diagnose und Förderung: Aufgaben und Herausforderungen für die Mathematikdidaktik und die mathematikdidaktische Forschung. In: A. Lindmeier & S. Ufer (Hrsg.), Beiträge zum Mathematikunterricht, 11–18, Münster: WTM.

Moser Opitz, E. & Nührenbörger, M. (2015). Diagnostik und Leistungsbeurteilung. In: R. Bruder, L. Hefendehl-Hebeker, B. Schmidt-Thieme & H.-G. Weigand (Hrsg.), Handbuch der Mathematikdidaktik, 489–510. Heidelberg: Springer.

Peter-Koop, A., Wollring, B., Spindeler, B. & Grüßing, M. (2007). ElementarMathematisches BasisInterview. Offenburg: Mildenberger.

Prediger, S. (2009). Inhaltliches Denken vor Kalkül – Ein didaktisches Prinzip zur Vorbeugung und Förderung bei Rechenschwierigkeiten. In: A. Fritz & S. Schmidt (Hrsg.), Fördernder Mathematikunterricht in der Sekundarstufe, 213–234. Weinheim: Beltz.

Ricken, G. & Fritz, A. (2007). Gegenstandtheoretischer Konzepte als diagnostische Basis. In: J. Walter & F. B. Wember (Hrsg.), Sonderpädagogik des Lernens. Handbuch Sonderpädagogik. Bd. 2, 184–206. Göttingen: Hogrefe.

Rottmann, T., Streit-Lehmann, J. & Fricke, S. (2015). Mathematische Diagnostik in der Schuleingangsphase – ein Überblick über gängige Verfahren und Tests. In: A. Peter-Koop, T. Rottmann & M. M. Lüken (Hrsg.), Inklusiver Mathematikunterricht in der Grundschule, 135–155. Offenburg: Mildenberger.

Scherer, P. (1994). Fördern durch Fordern - Aktiv-entdeckende Lernformen im Mathematikunterricht der Schule fuer Lernbehinderte. In: Zeitschrift für Heilpädagogik, 45(11), 761-773.
Scherer, P. & Moser Opitz, E. (2010). Fördern im Mathematikunterricht der Primarstufe. Heidelberg: Spektrum Akademischer Verlag.
Schmassmann, M. (2009). „Geht das hier ewig weiter?“ Dezimalbrüche, Größen, Runden und der Stellenwert. In: A. Fritz & S. Schmidt (Hrsg.), Fördernder Mathematikunterricht in der Sek. I, 167-185. Weinheim: Beltz.
Schnell, S. & Prediger, S. (2017). Mathematics Enrichment for All - Noticing and enhancing mathematical potentials of underprivileged students as an issue of equity. In: Eurasia Journal of Mathematics Science and Technology Education, 13(1), 143-155.
Schulgesetz für das Land Nordrhein-Westfalen (Schulgesetz NRW - SchulG) vom 15. Februar 2005 (GV. NRW. S. 102) zuletzt geändert durch Artikel 3 des Gesetzes vom 17. Juni 2014 (GV. NRW. S. 336).
Selter, C., Prediger, S., Nührenbörger, M. & Hußmann, S. (Hrsg.) (2014). Mathe sicher können - Natürliche Zahlen. Förderbausteine und Handreichungen für ein Diagnose- und Förderkonzept zur Sicherung mathematischer Basiskompetenzen. Berlin: Cornelsen. Teilweise online unter mathe-sicher-koennen.dzlm.de/002.
Sundermann, B. & Selter, C. (⁴2013). Beurteilen und Fördern im Mathematikunterricht. Berlin: Cornelsen.
Wember, F. B. (1998). Zweimal Dialektik: Diagnose und Intervention, Wissen und Intuition. In: Sonderpädagogik, 2, 108-120.
Wember, F. B. (1999). Mathematik unterrichten - eine subsidiäre Aktivität? In: P. Scherer (Hrsg.), Produktives Lernen für Kinder mit Lernschwächen. Fördern durch Fordern. Bd. 1: Zwanzigerraum, 270-287. Leipzig: Klett.

Timo Leuders & Gerald Wittmann

Differenzieren im Mathematikunterricht der Primar- und Sekundarstufe – Traditionen, Konzepte, Befunde

1 Einführung

Dieser Beitrag soll einen Überblick darüber geben, welche Konzepte und Befunde zum Differenzieren für Mathematiklehrkräfte relevant sind. Das Thema *Differenzieren* wird oft aus der Perspektive der allgemeinen Didaktik betrachtet (z. B. Klafki & Stöcker 1985; Paradies & Linser 2001), also weitgehend unabhängig von konkreten fachbezogenen Lehr-Lern-Prozessen und Inhalten. Zunehmend findet man aber auch fachdidaktische Ansätze (z. B. Wittmann 1995; Hengartner et al. 2006; Scherer & Moser Opitz 2010; Bruder & Reibold 2010) oder solche, die beide Perspektiven verbinden (von der Groeben & Kaiser 2012; Leuders & Prediger 2016). Konkrete Ansätze werden dabei oft schulstufenspezifisch formuliert, obwohl es hier viele Gemeinsamkeiten zwischen den Schulstufen gibt - aber auch einige charakteristische Unterschiede.

In der Grundschule hat das Anknüpfen an den jeweiligen Lern- und Entwicklungsstand und die daraus resultierenden Interessen und Bedürfnisse des einzelnen Kindes eine lange Tradition („sensible Phasen“ bei Montessori 1984 oder „Zone der nächsten Entwicklung“ bei Vygotskij 1930/1978). Individualisierende Unterrichtsformen wie Freiarbeit oder Planarbeit beispielsweise sind ein Element vieler reformpädagogischer Ansätze. Empirische Studien verweisen zudem schon seit längerem auf die Heterogenität am Schulanfang und fordern entsprechende Konsequenzen für den Schulanfang (Zählen: Schmidt & Weiser 1982; Zahlbegriff und kontextbezogenes Rechnen: Selter 1995a). Jahrgangsübergreifendes Lernen ist eine Konsequenz daraus, dass auch Jahrgangsklassen keine homogene Lerngruppe garantieren, und kann - wenn es sinnvoll umgesetzt wird - allen Schülerinnen und Schülern adäquate Lernangebote eröffnen (Rathgeb-Schnierer & Rechtsteiner-Merz 2010).

In der Sekundarstufe gewinnt das Thema *Differenzieren* nach einer Hochphase in den 1970er-Jahren derzeit wieder an Bedeutung. Hintergründe dafür sind unter anderem der gegenwärtig stattfindende Umbau des deutschen Schulsystems und andererseits die empirischen Befunde über die Heterogenität der Schülerschaft (Trautmann & Wischer 2009; Leuders & Prediger 2016, S. 36 ff.). International schon länger beforscht werden Formen der äußeren Differenzierung, d. h.

die Konsequenzen einer Aufteilung nach Leistungsgruppen. Es zeigt sich durchgehend, dass leistungsstärkere Schülerinnen und Schüler innerhalb von heterogenen Lerngruppen keine Nachteile haben. Lernende auf mittlerem und niedrigem Leistungsniveau hingegen zeigen in heterogenen Gruppen sogar eher stärkere Leistungszuwächse (vgl. Boaler 2014, S. 3). Solche Befunde dürfen allerdings nicht als unmittelbare Konsequenz der heterogenen Zusammensetzung aufgefasst werden, sondern müssen im Zusammenhang mit dem entsprechenden Unterricht interpretiert werden. Über die Wirkung binnendifferenzierender Maßnahmen (wie z. B. des Einsatzes selbstdifferenzierender Aufgaben) ist hingegen noch sehr wenig empirisch bekannt. Beispielsweise arbeiten Lernende bei selbstdifferenzierenden Aufgaben keineswegs „automatisch“ auf einem für sie angemessenen Niveau (Prediger & Scherres 2012).

Es lässt sich konstatieren, dass einerseits Differenzierungskonzepte aus der Grundschule in die Sekundarstufen übernommen werden (z. B. „natürliche Differenzierung“, Wittmann 1995), andererseits aber auch sekundarstufenspezifische Konzepte entwickelt werden (z. B. „Blütenaufgaben“, Schupp 2002; Bruder & Reibold 2010), welche auch die Arbeit an der Grundschule inspirieren können. In diesem Beitrag wird im Folgenden eine schulform- und schulstufenübergreifende Perspektive eingenommen, die die genannten Traditionen des Faches Mathematik einbezieht.

2 Heterogenität und Differenzieren

2.1 Formen von Differenzierung

Differenzieren lässt sich generell als eine Antwort auf die Heterogenität der Schülerschaft verstehen. Dahinter stehen zwei Begründungsansätze:

- Die *individuelle Förderung aller Schülerinnen und Schüler* gilt als „selbstverständliches Merkmal pädagogischen Handelns“ (Klieme & Warwas 2011, S. 805). Eine individuelle Förderung bezieht sich dabei auf leistungsstarke wie leistungsschwache Schülerinnen und Schüler und alle Kategorien von Lernzielen (Meyer 2004, S. 97); sie darf weder zu einer Defizitorientierung verkommen noch auf rein fachliches Lernen reduziert werden. Eine Differenzierung umfasst konkrete Maßnahmen, um diesem Anspruch gerecht zu werden (ebd., S. 97).
- Die *Adaptivität von Lernangeboten* erweist sich zudem empirisch als ein wesentliches (zum Teil sogar als das wesentliche) Kriterium für erfolgreiche Lernprozesse (Helmke 2013). In diesem Sinne zielt eine Differenzierung auf adaptive Lernangebote für alle Schülerinnen und Schüler.

Differenzierung darf allerdings nicht mit *Individualisierung* gleichgesetzt werden, wenngleich beide Begriffe nur schwer zu trennen sind (vgl. Bohl, Batzel & Richey

2012, S. 44). Insbesondere impliziert eine individuelle Förderung weder die durchgängige Schaffung absolut homogener Lerngruppen (was auch nicht möglich wäre) noch die völlige Individualisierung im Sinne eines ausschließlichen Alleinarbeitens der Schülerinnen und Schüler. Derzeit gehäuft anzutreffende Formen einer vollständigen, unterrichtsstrukturell realisierten Individualisierung (in der Grundschule als arbeitsblattgestützte „Planarbeit", in der Sekundarstufe z. B. als „Lernen mit Kompetenzrastern", „Lernwege" oder „Lernateliers" bezeichnet) zeigen erhebliche Defizite und stoßen deshalb auch auf Kritik (Bohl & Wacker 2016; Helmke 2013; Keller 2013): So werden Lerninhalte auf Rezepte und Aufgaben mit geringer kognitiver Aktivierung reduziert (Leuders & Föckler 2016) und besondere Förderbedarfe von schwächeren Lernenden, die zudem oft eine geringer ausgeprägte Selbstregulation haben, bleiben unberücksichtigt (Bohl & Wacker 2016). Es wird missachtet, dass ein erfolgreicher Unterricht die Kommunikation und das Wechselspiel eines Arbeitens allein oder in Kleingruppen sowie des Lernens voneinander und miteinander benötigt (vgl. Rathgeb-Schnierer 2010) und dass eine adäquate Lernbegleitung seitens der Lehrkraft unabdingbar ist (Krammer 2016).

Grundsätzlich wird nach *äußerer Differenzierung* und *innerer Differenzierung (Binnendifferenzierung)* unterschieden. Äußere Differenzierung zielt auf die Bildung stabiler, möglichst homogener Lerngruppen (z. B. Schulformen oder Kurse auf verschiedenen Niveaus). Eine innere Differenzierung liegt vor, wenn innerhalb der heterogenen Lerngruppe versucht wird, den unterschiedlichen Bedürfnissen der Schülerinnen und Schüler gerecht zu werden, sowohl durch eine zeitweise Individualisierung mit entsprechenden Unterrichtsmethoden als auch durch eine produktive Nutzung der auftretenden Heterogenität (z. B. Austausch über unterschiedliche Lösungswege). Aus Sicht des konkreten Fachunterrichts sind vor allem die Formen innerer Differenzierung von Interesse, da diese von der Lehrkraft oder einem Jahrgangsstufenteam gestaltet werden können.

Weiter lassen sich in Bezug auf die Differenzierungsformen typischerweise eine *geschlossene Differenzierung* und eine *offene Differenzierung* unterscheiden. Bei einer geschlossenen Differenzierung teilt die Lehrkraft (idealerweise auf der Basis einer vorausgehenden Lernstandserfassung oder anderer diagnostischer Maßnahmen) den Lernenden jeweils passende Aufgaben sowie gegebenenfalls auch Arbeitsformen und Hilfsmittel zu. Bei einer offenen Differenzierung hingegen liegt die Verantwortung für die Auswahl von Aufgaben und den Bearbeitungsmodus zunehmend bei den Lernenden. Auch hier können vorauslaufende Aktivitäten zur Selbsteinschätzung (z. B. Kurztests) hilfreich sein und die individuelle Passgenauigkeit der Differenzierungsmaßnahme erhöhen. Offene Differenzierung kann auf der Methodenebene durch Formen des offenen Unterrichts realisiert werden (Bohl & Kucharz 2010). In der Mathematikdidaktik gibt es aber auch den Ansatz der natürlichen Differenzierung, der auf der Aufgabenebene zu verorten ist, bei dem zwar alle Schülerinnen und Schüler denselben Arbeitsauftrag erhalten, dieser aber eine Offenheit in Bezug auf die Wahl des Bearbeitungsweges und -niveaus erlaubt (vgl. Abschnitt 3.3).

2.2 Heterogenitätsaspekte und Differenzierungsstrategien

Heterogenität kann in unterschiedlicher Weise auftreten. Im Unterricht zeigen sich schon auf den ersten Blick leistungsstarke und leistungsschwache oder schnell und langsam arbeitende Schülerinnen und Schüler. Darüber hinaus lassen sich jedoch weitaus mehr Aspekte von Heterogenität ausmachen (Leuders & Prediger 2016, S. 36 ff.; Wittmann 2012, S. 58). Sie stellen einerseits relevante Ausgangsbedingungen von Unterricht dar und lassen sich andererseits zum Teil auch durch einen gezielten Unterricht langfristig abbauen, wenngleich in jeweils unterschiedlichem Maße (Abb. 1).

Heterogenitätsaspekt	Typische Differenzierungsstrategien
Heterogenitätsaspekte, die durch den Mathematikunterricht unmittelbar beeinflusst oder verändert werden können	
Heterogenität bezüglich der *Mathematikleistung* – übergreifend oder in spezifischen Kompetenzbereichen	Globale Unterschiede in der Mathematikleistung können in äußerer Differenzierung durch Gruppenzuteilungen berücksichtigt werden. Die Kenntnis spezifischer Leistungsunterschiede ermöglicht eine Binnendifferenzierung, die unterschiedlichen Lernständen Rechnung trägt oder aber Unterschiede durch Fördermaßnahmen ausgleichen will (Prediger et al. 2011a).
Heterogenität bezüglich der *Zugangsweisen* zu mathematischen Konzepten, *Denkstilen* und *kognitiven Präferenzen*	Die (oft schon im Inhalt angelegte) Vielfalt mathematischer Sichtweisen kann auch unterrichtlich genutzt werden („Differenzierung vom Fach aus", Wittmann 1995), wenn verschiedene Aspekte eines Begriffs oder verschiedene Lösungsstrategien genutzt werden sollen. Eine systematische „denkstilorientierte" Differenzierung zeigt allerdings trotz vieler Bemühungen empirisch keine Effekte (Pashler et al. 2008).
Heterogenität bezüglich *Selbstregulation* und *Metakognition*	Das Arbeitsverhalten spielt eine große Rolle bei Lernprozessen. Etwaige Fördermaßnahmen zum „Lernen Lernen" erweisen sich allerdings nur als erfolgreich, wenn sie eng mit dem Fachunterricht verbunden werden.
Heterogenität bezüglich *affektiver Faktoren* wie Motivation, Interesse an Schule im Allgemeinem und Mathematik im Besonderen, Selbstwirksamkeitserwartung und das Bild von Mathematik	Motivationen und Affekte steuern die Erwartungen und das Verhalten. Wenn Mathematikangst das Lernen verhindert, muss zunächst diese abgebaut werden, insbesondere durch erfolgsermöglichende und sinnstiftende Lernsituationen und anstrengungsbetonende Rückmeldungen (Leuders & Prediger 2016, S. 77 ff.).
Heterogenität bezüglich der *Sprachkompetenz*	Sprache ist Lernziel und Lernmedium zugleich, der erfolgreiche Erwerb mathematischer Konzepte ist durch Sprache vermittelt. Mathematikunterricht muss daher die sprachlichen Voraussetzungen mit unterstützen, z. B. durch eine sensible Berücksichtigung von sprachlichen Hürden bei der Verwendung von Bildungssprache (Meyer & Prediger 2012; Prediger & Wessel 2012; Götze 2015).

Heterogenitätsaspekte, die durch den Mathematikunterricht nicht unmittelbar beeinflusst oder verändert werden können	
Sogenannte *herkunftsbedingte Disparitäten*, wie der soziökonomische Status oder die Bildungsnähe der Eltern	... haben einen bedeutsamen Einfluss auf das Lernen und wirken sich meist in Form einer unterschiedlichen Sprachkompetenz aus, welche wiederum durchaus beeinflusst werden kann (siehe oben).
Behinderungsbedingte Unterschiede	Beim Förderschwerpunkt Lernen sind die Lernprozesse zwar verzögert, verlaufen aber meist nicht qualitativ anders (Moser Opitz 2007), sodass bereits bestehende Fördermaßnahmen genutzt werden können (z. B. Prediger et al. 2014). Bei den Förderschwerpunkten Sehbehinderung, Hörschädigung und körperliche Entwicklung lassen sich oftmals vergleichsweise einfache kompensatorische Maßnahmen nutzen. Für andere Förderschwerpunkte (geistige Entwicklung, Sprache, emotionale und soziale Entwicklung) sind bislang kaum systematische Konzepte für den Mathematikunterricht entwickelt.
Geschlechtsbedingte Unterschiede in Leistung und affektiven Merkmalen	... sind nicht biologisch bedingt, sondern beruhen vor allem auf kulturellen Rollenkonstruktionen, deswegen spricht man besser von *genderbedingt* (Jungwirth 1991). Ausgleichendes geschlechtergerechtes Verhalten, Vermeidung von Stereotypen und die Verwendung sinnstiftender Kontexte können helfen, die in Deutschland empirisch diagnostizierten Nachteile von Mädchen auszugleichen (Budde 2009).

Abb. 1: Heterogenitätsaspekte und typische Differenzierungsstrategien (s. Leuders & Prediger 2016, S. 36 ff.; Wittmann 2012, S. 58 ff.).

2.3 Ziele und Ebenen von Differenzierung

Grundsätzlich gilt, dass eine regelmäßige oder durchgängige Differenzierung im Sinne einer individuellen Förderungsgruppe die Leistungsheterogenität der Lerngruppe eher noch weiter vergrößert. Leistungsstarke Schülerinnen und Schüler, die über ein hohes kognitives Potenzial verfügen, können unter passenden Bedingungen in derselben Zeit mehr lernen als leistungsschwächere. Mit dem Differenzierungsziel, Unterschieden gerecht zu werden, werden diese also keinesfalls beseitigt. Allerdings kann es sinnvoll sein, auch ein anderes Differenzierungsziel anzustreben, nämlich bestehende Unterschiede auszugleichen, etwa durch die Sicherung von Basiskompetenzen (wie etwa dem Aufbau von Grundvorstellungen zu einer Rechenart). So werden die notwendigen Voraussetzungen für ein anschließendes gemeinsames Lernen geschaffen, z. B. im Rahmen einer fokussierten Förderung in Kleingruppen (vgl. Prediger & Schink 2014).

Generell bewegt sich jede Form der Differenzierung zwischen den beiden Polen einer breiten und umfassenden individuellen Förderung, die die Heterogenität weiter vergrößert, und einer ausgleichenden Förderung der leistungsschwachen Schülerinnen und Schüler; so wird insbesondere der Grundschule vielfach eine „disparitätsmindernde Funktion“ zugeschrieben (Baumert et al. 2011, S. 89). Dieses Spannungsfeld ist nicht aufzulösen und erfordert situativ stets eine neue Entscheidung. Hier stellen sich natürlich unterrichtsstrukturelle, personelle und materielle Herausforderungen. Schulen, die flexible Elemente wie Selbstlernzeiten oder Fördergruppen eingerichtet haben, sind hierfür besser aufgestellt als solche, die ausschließlich Klassenunterricht im 45-Minuten-Takt praktizieren.

Allerdings muss nicht jede Form von Vielfalt als problemerzeugende Herausforderung angesehen werden. Im Gegenteil: Sie kann auch produktiv wirken und im Unterricht entsprechend aufgegriffen werden. Unterschiedliche Lösungswege und Ergebnisse, unterschiedliche Darstellungen und Sichtweisen können für alle Beteiligten bereichernd sein, wenn sie Anlass und Gegenstand von Gesprächen sind und nicht ängstlich verdeckt werden. Heterogenität kann – zumindest in einem gewissen Rahmen – also auch eine *Chance für den Mathematikunterricht* darstellen. In diesem Sinne gilt es, unterschiedliche Lösungswege wertzuschätzen (Selter 1995b; Prediger 2004; Leuders 2014) und z. B. bei der Präsentation so zu arrangieren, dass auch Teillösungen zur Geltung kommen („Lösungsweg inszenieren“, Leuders & Prediger 2016, S. 172; Takahashi 2015). Im Bereich der Grundschule sind Rechenkonferenzen, die unterschiedliche Lösungswege insbesondere in Einführungsphasen zulassen und zum Unterrichtsgegenstand machen, schon seit längerem bekannt (Sundermann 1999).
Eine Differenzierung kann prinzipiell auf verschiedenen *Ebenen* ansetzen:

- Eine Individualisierung über Arbeitspläne, Freiarbeit oder Stundenbänder selbstorganisierten Lernens findet ebenso wie eine offene Differenzierung im Rahmen von Projekten auf der *Ebene der Unterrichtsstrukturen* statt. Hierzu braucht es eine langfristige und durchgängige Planung und in der Regel auch eine Abstimmung innerhalb des Lehrerkollegiums oder des Jahrgangsstufenteams, weil beispielsweise der Stundenplan entsprechend zu gestalten ist.
- Der Einsatz differenzierender Unterrichtsmethoden wie Lerntheke, Stationenzirkel, oder Placemat wiederum ist auf der *Ebene der Methoden, Arbeitsformen und Sozialformen* zu verorten. Er lässt sich auch von einer einzelnen Lehrkraft innerhalb der von ihr geleiteten Lerngruppe je nach Thema und Differenzierungsbedarf durchführen.
- Auf der *Ebene der Aufgaben* schließlich kann jede einzelne (Teil-)Aufgabe in unterschiedlicher Weise differenzierend eingesetzt werden.

Diese drei Ebenen dürfen allerdings nicht getrennt voneinander betrachtet werden. Sie sind im Gegenteil bei der Unterrichtsplanung miteinander zu vernetzen: Jede strukturelle oder methodische Differenzierung steht und fällt mit der Qualität und der Passung der Aufgaben. So schaffen eine Lerntheke oder ein Stationenzirkel den methodischen Rahmen für eine Differenzierung, den aber die dort hinterlegten Aufgaben und Arbeitsaufträge dann auch in mathematikdidaktisch adäquater Weise füllen müssen. Noch stärker werden diese methodischen Differenzierungen, wenn die Schülerinnen und Schüler eine individuelle Lernberatung erhalten oder diagnostische Aktivitäten vorausgehen und sie auch in unterschiedlichen Bereichen arbeiten können, beispielsweise entsprechend individueller Defizite (um diese auszugleichen), aber auch entsprechend individueller Interessen und Stärken (um diese auszubauen).

Unterrichtsstrukturen wie Freiarbeit, Wochenplan oder Wochenhausaufgabe stellen einen Ansatz zur Individualisierung dar, der zunächst nach Lerntempo differenziert, weil jede Schülerin und jeder Schüler im individuellen Rhythmus arbeiten kann. Darüber hinaus müssen sie aber durch entsprechende Aufgaben auch auf andere Differenzierungsaspekte wie den mathematischen Lernstand eingehen. Umgekehrt ist jede Aufgabe eingebettet in einen methodischen und unterrichtsstrukturellen Rahmen, in dem sich entscheidet, wie sie ihr Differenzierungspotenzial entfalten kann. Die Bearbeitung einer Aufgabe nach dem Ich-Du-Wir-Prinzip (Barzel, Büchter & Leuders 2007, S. 118 ff.) ermöglicht beispielsweise einen Ausgleich von Unterschieden im Kommunikationsverhalten, aber auch in Bezug auf das Vorwissen.

Offene Arbeitsaufträge gehen häufig auch mit einer curricularen Offenheit einher, wie die ganzheitliche Erschließung des Zahlenraums bis 20 anstelle einer kleinschrittigen Vorgehensweise als Reaktion auf die Heterogenität am Schulanfang zeigt (Selter 1995a). Ihr Differenzierungspotenzial lässt sich erst über eine längere Lernbiografie erkennen. Insbesondere im Bereich der Grundschule gibt es zudem zahlreiche Ansätze, die bestimmte Formen offener Arbeitsaufträge mit methodischen Elementen wie Rechenkonferenzen (Sundermann 1999) oder offenen Lernumgebungen (Schütte 2008) verbinden.

Wie die bisherigen Ausführungen zeigen, können Differenzierungsstrategien danach unterschieden werden, welches Ziel sie verfolgen, auf welchen Heterogenitätsaspekt sie fokussieren und welches Format von Differenzierung auf welcher Ebene umgesetzt wird. Diese vier Differenzierungsdimensionen sind in Abbildung 2 noch einmal zusammengefasst dargestellt.

Ziel der Differenzierung ▸ Unterschieden gerecht werden ▸ Unterschiede ausgleichen ▸ Vielfalt zulassen und wertschätzen ▸ Vielfalt anregen und nutzen	**Aspekt der Differenzierung** ▸ Lerntempo ▸ Zugangsweisen ▸ Anspruchsniveau ▸ Neigung, Interessen, Arbeitsweisen ▸ Lerninhalte und -ziele ▸ sprachliche Anforderungen ▸ ...
Format der Differenzierung ▸ geschlossenes Format: Lehrkraft steuert Adaptivität ▸ offenes Format: Lernende steuern die Adaptivität mit	**Ebene der Differenzierung** ▸ Ebene der Aufgaben ▸ Ebene der Unterrichtsmethoden, Arbeitsformen und Sozialformen ▸ Ebene der Unterrichtsstrukturen

Abb. 2: Ziele, Aspekte, Formate und Ebenen von Differenzierungsstrategien (vgl. Leuders & Prediger 2016, S. 31)

3 Differenzierung mit Aufgaben

Aufgaben gelten als Dreh- und Angelpunkte in der Praxis jedes Mathematikunterrichts (Bromme, Seeger & Steinbring 1990; Leuders 2015). Adäquate Aufgaben sind aber noch keine Garantie für einen guten Mathematikunterricht, denn das Potenzial einer Aufgabe wird in der Umsetzung oftmals nicht ausgeschöpft (vgl. Hiebert et al. 2003, S. 98) – das gilt insbesondere für das Differenzierungspotenzial, wenn beispielsweise die Vielfalt der Lösungswege einer Aufgabe durch einengendes „Vormachen“ vorab eingeschränkt wird. Umgekehrt ist ein guter (und auch differenzierender) Unterricht aber stets auf gute und für den jeweiligen didaktischen Zweck geeignete Aufgaben angewiesen (Büchter & Leuders 2005). Die im Folgenden beschriebenen Aufgabenformate besitzen ein hohes Differenzierungspotenzial (vgl. Leuders & Prediger 2016, S. 106 ff.).

3.1 Paralleldifferenzierende Aufgaben

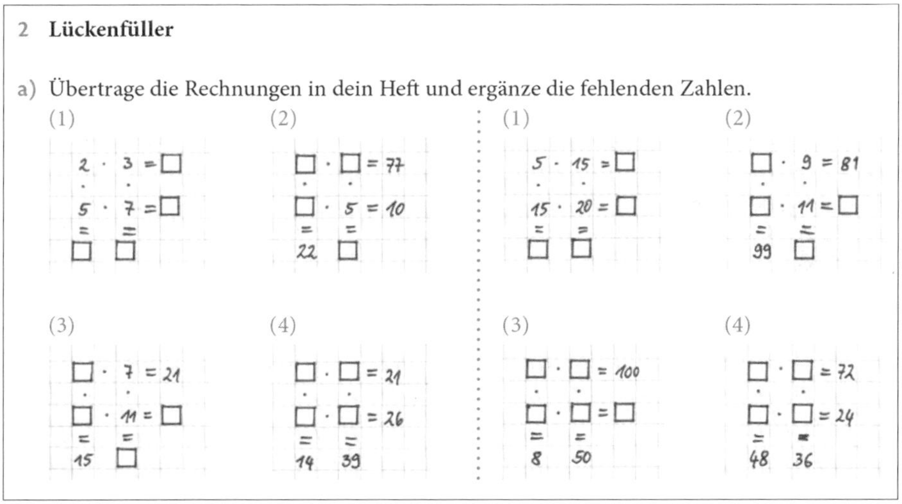

Abb. 3: Paralleldifferenzierende Aufgaben (Prediger et al. 2013, S. 36)

Eine häufig anzutreffende Form der Differenzierung beruht darauf, dass verschiedene Lerngruppen innerhalb einer Klasse gleichzeitig am selben Thema arbeiten, aber unterschiedliche Aufgaben dazu wählen oder von der Lehrkraft erhalten. Diese Paralleldifferenzierung kann unterschiedlich organisiert sein und unterschiedlich weit reichen. Typischerweise sind zwei Spalten gegeben: links die einfacheren Aufgaben, rechts die schwierigeren. Häufig sind die Lernziele und die Aufgabenformate dieselben, die Aufgaben unterscheiden sich jedoch in der Größe der gegebenen Zahlen oder der Komplexität der auftretenden Terme. Im Schulbuch *mathewerkstatt 2* (Prediger et al. 2013, S. 36) beispielsweise sind die parallelen Aufgabensequenzen jeweils kurz und die Aufgaben in beiden Spalten formal analog. Der entscheidende Unterschied liegt hier in der Komplexität der Strategien zum Finden aller möglichen Einsetzungen, denn auf der rechten Seite bestehen beträchtlich mehr Möglichkeiten, dort ist ein viel systematischeres und reflektiertes Vorgehen nötig (Abb. 3).

Es können aber auch längere Abschnitte parallel geführt werden, die dann abweichende Aufgabenformate mit jeweils anderen Zielen umfassen können. Sie kann in gestuft differenzierende Aufgaben übergehen, wenn den analogen Aufgaben einerseits einfachere, die Grundlagen sichernde Aufgaben vorausgehen und andererseits weiterführende Aufgaben folgen (so findet man es u. a. in Schulbüchern der Sekundarstufe). Eine Paralleldifferenzierung kann ferner auch über zwei (oder mehr) verschiedene Versionen eines Arbeitsblatts realisiert werden. So umfasst das Übungsmaterial zum Schulbuch *SuperM* (Manten & Forthaus 2014) je einen Block von Arbeitsblättern für „Einsteiger“ und „Aufsteiger“.

Eine Paralleldifferenzierung besitzt den Vorteil, dass die verschiedenen Lerngruppen anschließend wieder zusammen weitergeführt werden können. Sie lässt sich – passende Aufgaben vorausgesetzt – relativ einfach umsetzen. Entscheidend für die Sinnhaftigkeit und den Erfolg der Maßnahme ist, dass die Aufgaben auf eine sinnvolle Weise differenzieren, etwa die Automatisierung von Basisfertigkeiten einerseits und weiterführende Fähigkeiten andererseits ansprechen. Werden hingegen für eine Parallelgruppe nur die gegebenen Zahlen größer gewählt, stellt sich die Fragen nach den Zielen der Differenzierungsmaßnahme, und es muss offenbleiben, ob dies dann eine adäquate Förderung der leistungsstärkeren Schülerinnen und Schüler darstellt. Offen bleibt weiter, ob es bei der Parallelisierung wirklich gelingt, zu jeder Thematik mehrere auf sinnvolle Weise differenzierende Lernwege zu entwickeln.

Welche Aufgabengruppe eine Schülerin oder ein Schüler bearbeitet, kann selbst ausgewählt oder von der Lehrkraft vorgegeben werden. Wählen die Schülerinnen und Schüler die Aufgaben selbst, besteht die Schwierigkeit darin, dass sie vorab sowohl ihr eigenes Leistungsvermögen als auch die Anforderungen der jeweiligen Aufgaben richtig einschätzen müssen, was erfahrungsgemäß häufig nicht gelingt. Adäquat erscheint deshalb der Einsatz eines diagnostischen Kurztests, der den paralleldifferenzierenden Aufgaben vorausgeht und den Schülerinnen und Schülern Anhaltspunkte dafür liefern kann, welche Aufgaben sie wählen sollen, beispielsweise durch Standortbestimmungen (Selter & Sundermann 2006) oder Selbstdiagnose in diagnosegeleiteten Fördermaterialien (Prediger et al. 2011a). In diesem Sinne kann beispielsweise auch eine Lerntheke mit vorausgehender aufgabenbezogener Selbsteinschätzung Schülerinnen und Schüler bei der gezielten und adaptiven Vorbereitung einer Klassenarbeit unterstützen, wenn die Aufgaben wirklich unterschiedliche Bereiche ansprechen und so die Schülerinnen und Schüler individuell Lücken schließen können.

3.2 Gestuft differenzierende Aufgaben

Die einfachste (und gleichzeitig häufigste) Form dieses Aufgabentyps besteht in einem Block von Aufgaben (Grundaufgaben), der von allen verbindlich zu bearbeiten ist, und optionalen, vertiefenden Aufgaben (Zusatzaufgaben, „Sternchenaufgaben“) für schnellere und leistungsstärkere Schülerinnen und Schüler (Abb. 4). Hierbei wird zunächst nach Arbeitstempo differenziert, sinnvollerweise sollten die optionalen Aufgaben aber auch einen höheren kognitiven Anspruch aufweisen, ansonsten besteht die Gefahr, dass diejenigen, die ein Verfahren rasch und sicher ausführen können, noch mehr Übungen dazu absolvieren, wenn auch mit größeren Zahlen oder komplexeren Termen. Weiter müssen die optionalen Aufgaben so ausgewählt werden, dass für diejenigen Schülerinnen und Schüler, die sie nicht bearbeitet haben, dennoch ein Weiterlernen in den nächsten Unterrichtsstunden möglich ist. Beispielsweise zielen in einer Schulform, die zum mittleren Bildungsabschluss führt, die optionalen Aufgaben insbesondere auf jene Schülerinnen und Schüler, die anschließend in einer gymnasialen Schulform Richtung Abitur weiterlernen wollen, und bereiten diese auf die höheren gymnasialen Anforderungen vor. Eine Erweiterung muss sich nicht immer auf die Inhalte beziehen, es gibt auch die Möglichkeit, dass in der Erweiterung an denselben Inhalten prozessbezogene Kompetenzen angesprochen werden, wie z. B. das Erkunden weiterer Muster und Strukturen, das Anwenden im Zusammenhang mit einem offeneren Problem oder eine Verallgemeinerung. Wenn die Aufgaben sinnvoll gewählt werden, fördern die optionalen Erweiterungsaufgaben also zusätzliche Kompetenzen und bieten nicht nur mehr Aufgaben desselben Typs oder Routineimpulse („Erfinde weitere Aufgaben mit …“). Die Basisaufgaben hingegen müssen allen Schülerinnen und Schülern – insbesondere den leistungsschwachen – einen niederschwelligen Einstieg ermöglichen.

21 Gleiche Nenner gesucht

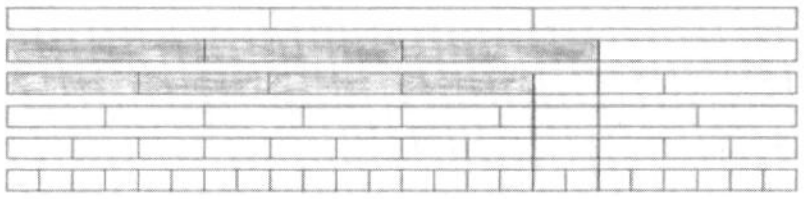

a) Ole möchte die Brüche $\frac{4}{6}$ und $\frac{3}{4}$ vergleichen.
Dazu sucht er in der Streifentafel für $\frac{4}{6}$ und für $\frac{3}{4}$ gleichwertige Brüche, die den gleichen Nenner haben.
Erkläre an dem Bild, wie er auf Zwölftel kommt.
Ist nun $\frac{4}{6}$ größer oder kleiner als $\frac{3}{4}$?

b) Finde jeweils gleichwertige Brüche mit gleichem Nenner und vergleiche die Brüche.

(1) $\frac{3}{4}$ ■ $\frac{7}{8}$ (2) $\frac{3}{6}$ ■ $\frac{3}{12}$ (3) $\frac{7}{20}$ ■ $\frac{3}{100}$

(4) $\frac{1}{2}$ ■ $\frac{2}{3}$ (5) $\frac{1}{4}$ ■ $\frac{2}{5}$ (6) $\frac{70}{100}$ ■ $\frac{3}{5}$

nachgedacht

c) Für welche Aufgaben aus b) hast du leicht einen gemeinsamen Nenner gefunden?
Bei welcher Aufgabe musstest du länger suchen? Woran liegt das?

d) Finde für jede der Aufgaben aus b) auch einen zweiten Weg zum Vergleich.

Abb. 4: Gestuft differenzierende Aufgaben: Grundaufgaben mit Zusatzaufgaben (Prediger et al. 2013, S. 67)

Zur Differenzierung auf der anderen Seite des Leistungsspektrums können den für alle verbindlichen Grundaufgaben auch Einstiegsaufgaben vorgeschaltet werden, die der Verständnissicherung dienen: Schülerinnen und Schüler, die noch unsichere Verstehensgrundlagen haben, bearbeiten zunächst die Einstiegsaufgaben, um auf diese Weise die nötigen Voraussetzungen für die verbindlichen Grundaufgaben zu erwerben. Eine solche Form der Differenzierung wird jedoch derzeit wohl kaum praktiziert, wenn man die aktuell verbreiteten Schulbücher als Indikator heranzieht.

Sogenannte „Blütenaufgaben“ (Bruder & Reibold 2010) sind ein systematischer Weg, um gestuft differenzierende Aufgaben in Aufgabengruppen mit Pflicht- und Wahlprogramm anzuordnen: Es gibt einen gemeinsamen Kern von verbindlichen Grundaufgaben, den alle Schülerinnen und Schüler bearbeiten müssen, sowie weitere Aufgaben oder Aufgabengruppen, aus denen sie wählen können. Hierbei ist eine Differenzierung nach Lerninhalten, aber auch nach Interessen, möglich. Die Aufgaben sind so gestaltet, dass sie voneinander unabhängig gelöst werden können, beziehen sich aber auf dasselbe Thema: Der gemeinsame Kontext, in den vorab eingeführt werden kann, erleichtert den Schülerinnen und Schülern den Einstieg und die Bearbeitung und ermöglicht die Besprechung der Teilaufgaben. Ein Punktesystem, bei dem die einzelnen Aufgaben unterschiedlich hoch bewertet werden, stellt bei Bedarf eine zusätzliche Steuerungsmöglichkeit dar.

Der Einsatz von parallel- und stufendifferenzierenden Aufgaben lässt sich methodisch auf unterschiedliche Weise umsetzen (Abb. 5). Bei allen aufgabenbasierten Differenzierungen steht und fällt das Konzept allerdings mit zwei Aspekten: der Qualität der Aufgaben, die in sinnvoller Weise differenzieren müssen, und der Hilfen seitens der Lehrkraft, damit die Schülerinnen und Schüler sich treffend selbst einschätzen und damit adäquate Aufgaben auswählen können.

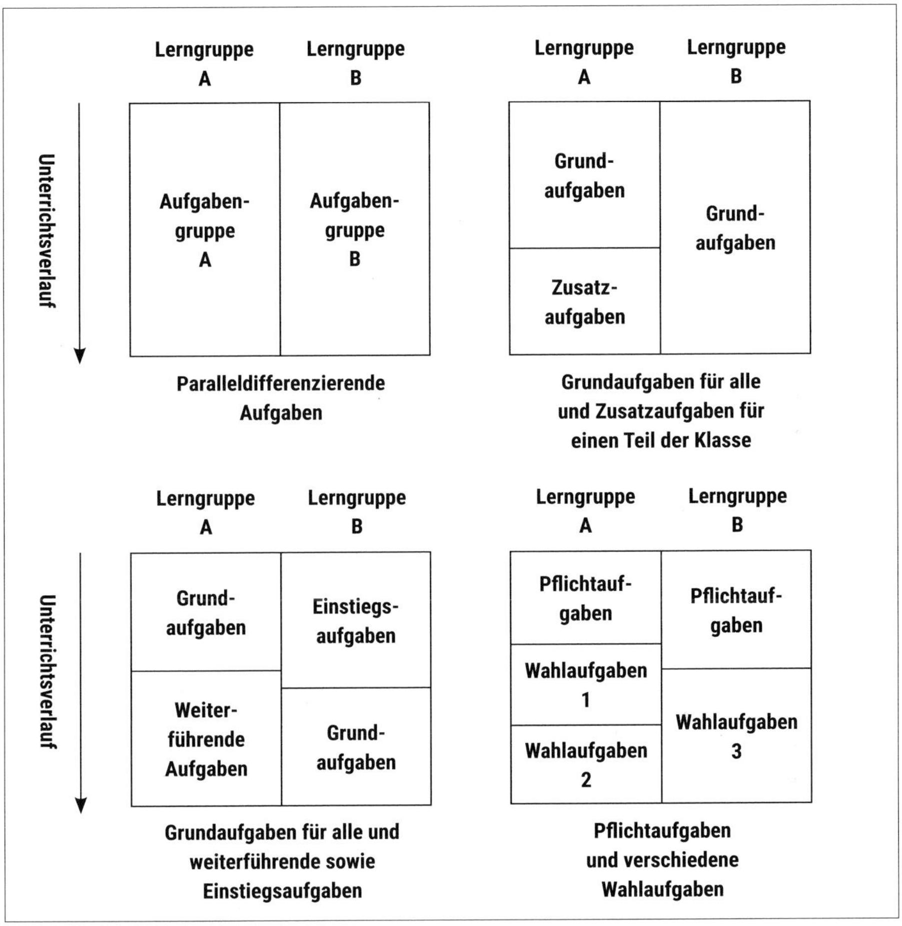

Abb. 5: Differenzierung mit Aufgaben: paralleldifferenzierende Aufgaben und verschiedene Varianten gestuft differenzierender Aufgaben

3.3 Selbstdifferenzierende Aufgaben und Lernumgebungen

Eine in der Mathematikdidaktik seit vielen Jahren propagierte Form der offenen Differenzierung über Aufgaben wird auch als *natürliche Differenzierung* oder *Selbstdifferenzierung* bezeichnet (Wittmann 1995): Alle Lernenden bearbeiten zunächst denselben Arbeitsauftrag, jedoch auf eigenen Wegen und mit eigenen Zielen (Abb. 6). Voraussetzung hierfür ist ein Arbeitsauftrag, der mathematisch substanziell ist und verschiedene Lösungswege erlaubt. Die Schülerinnen und Schüler können individuell unterschiedlich vorgehen – nicht nur in Bezug auf das Arbeitstempo und den Umfang, sondern auch in Bezug auf das Niveau und das Ziel der Bearbeitung.

Leistungsstärkere Lernende …	Leistungsschwächere Lernende …
▸ gehen systematisch und problemlösend vor, ▸ argumentieren in allgemeiner Weise und formal, ▸ finden alle Beispiele oder die Gesamtheit der Lösungen, ▸ entdecken weiterführende Ideen und Prinzipien und erwerben Einsicht in mathematische Strukturen.	▸ gehen eher unsystematisch und probierend vor, ▸ argumentieren anschaulich und beispielbezogen, ▸ finden einige Beispiele oder einige Lösungen, ▸ festigen grundlegende Kompetenzen.

Abb. 6: Unterschiedliche Wege und Ziele im Rahmen natürlicher Differenzierung

Eine fast idealtypische Umsetzung findet die Idee der natürlichen Differenzierung in einer *Lernumgebung*: „Eine Lernumgebung ist eine große flexible Aufgabe. Sie besteht in der Regel aus mehreren Teilaufgaben und Arbeitsanweisungen, die durch bestimmte Leitgedanken – immer basierend auf einer innermathematischen oder sachbezogenen Struktur – zusammengebunden sind“ (Hirt & Wälti 2008, S. 13). Die Inhalte einer Lernumgebung sind stets mathematisch substanziell und bieten vielfältige Möglichkeiten für mathematische Aktivitäten von Schülerinnen und Schülern.

Was ist eine Zahlenkette?
Ein Beispiel einer Zahlenkette: Schreibe die zwei Startzahlen (hier: 2 und 9) nebeneinander. Rechts daneben schreibst du die Summe der beiden Startzahlen (hier: 11). Wiederum rechts daneben schreibst du die Summe der beiden vorangehenden Zahlen (hier: 20): Verfahre nochmals so und notiere die Zielzahl (hier: 31).

2	9	11	20	31

Startzahlen Zielzahl

Ergänze die beiden Zahlenketten:

9	16			
15	12			

Welche Eigenschaften haben Zahlenketten?
- ▸ Was passiert, wenn du die beiden Startzahlen vertauschst?
- ▸ Was passiert, wenn du die erste Startzahl um 1 (um 2, um 3 …) erhöhst?
- ▸ Was passiert, wenn du die zweite Startzahl um 1 (um 2, um 3 …) erhöhst?

Neue Zahlenketten konstruieren
Finde Zahlenketten mit den Zielzahlen 99 und 100.

Abb. 7: Selbstdifferenzierender Arbeitsauftrag zu Zahlenketten (Siebel & Wittmann 2012, S. 5)

Die Suche nach Zahlenketten mit einer bestimmten Zielzahl ist ein klassisches Beispiel für eine Lernumgebung (Abb. 7; vgl. Krauthausen & Scherer 2007; Siebel & Wittmann 2012). Idealerweise wechseln sich im Zuge einer Lernumgebung gemeinsame Phasen, die einen verbindlichen Rahmen für alle Schülerinnen und Schüler schaffen, und individualisierte Phasen, in denen beispielsweise in Kleingruppen gearbeitet werden kann, ab (vgl. Rathgeb-Schnierer & Rechtsteiner-Merz 2010):

- Ein *gemeinsamer Beginn* ist die Vorstellung des Aufgabenformats, das Berechnen einiger Zahlenketten aus vorgegebenen Startzahlen sowie die Klärung des Prinzips.
- Eine *individualisierte Arbeitsphase* wird vom Impuls, Zahlenketten zur Zielzahl 99 zu suchen, angeleitet. Die Schülerinnen und Schüler gehen hier unterschiedlich vor, entsprechend ihrem Blick für Zahlen und Zahlbeziehungen.
- Eine *gemeinsame Zwischenphase* dient dem Sammeln der bislang gefundenen Lösungen (auf vorgegebenen Karten an der Tafel), dem Sortieren und Systematisieren der Lösungen. Die Schülerinnen und Schüler verbalisieren Ideen zur Konstruktion von Zahlenketten mit der Zielzahl 99; diese werden von der Lehrkraft oder den Lernenden an der Tafel notiert.
- Eine weitere *individualisierte Arbeitsphase* zielt auf das Suchen aller Lösungen. Die in der vorhergehenden Phase gesammelten Ansätze schaffen auch für die leistungsschwächeren Schülerinnen und Schüler eine Basis zum Weiterarbeiten.
- Eine *gemeinsame Abschlussphase* umfasst neben dem Zusammenstellen aller Lösungen einen Rückblick auf den Lösungsprozess sowie einen Ausblick darauf, wie möglichst effektiv Zahlenketten zu einer (beliebigen) vorgegebenen Zielzahl konstruiert werden können.

Das obige Beispiel aus der Grundschule zeigt bereits, was für alle Altersgruppen gilt: Auch wenn Schülerinnen und Schüler eigene Lernwege gehen, benötigen sie doch regelmäßig Systematisierungen (Strukturierungen und Zusammenfassungen), Sicherungen (Dokumentationen) und Wiederholungen. Diese sind nicht nur für eine Sicherung des Grundwissens unverzichtbar, sondern schaffen auch Zielklarheit, indem sie zentrale Inhalte hervorheben und betonen – nicht jeder Lösungsansatz und nicht jede Idee, die im Unterrichtsgespräch diskutiert werden, erweisen sich als relevant für das weitere Lernen. Solche Phasen müssen durch die Lehrperson sorgsam organisiert werden, können aber auch durch geeignete Aufgabenformate unterstützt werden (siehe dazu die Aufgaben zum Ordnen nach Prediger et al. 2011b).

3.4 Differenzierung über den Einsatz von Hilfsmitteln

Eine weitere Form der Differenzierung kann über den wahlweisen Einsatz von Hilfsmitteln je nach individuellem Bedarf erfolgen. Sie wird in dieser Übersicht auf der Ebene der Aufgaben angesiedelt, weil sie eine Form von Offenheit in der Bearbeitung einer Aufgabe darstellt und weil der Einsatz bei jeder (Teil-)Aufgabe wieder anders aussehen kann. Es handelt sich um eine Form der offenen Differenzierung, die entweder von der Lehrkraft gesteuert oder den Schülerinnen und Schülern individuell überlassen werden kann.

- Ein Arbeitsmittel für den arithmetischen Anfangsunterricht (z. B. Rechenrahmen, Rechenschiffchen oder Wendeplättchen mit Zwanzigerfeld) wird in Klasse 1 eingeführt und steht dann jedem Kind zur Verfügung. Wer es zur Lösung einer Aufgabe benötigt, kann darauf zurückgreifen, wer die Aufgabe bereits im Kopf lösen kann, muss die Aufgaben nicht ikonisch darstellen. Am Beispiel der Arbeitsmittel zeigen sich aber auch die Grenzen einer zu großen Offenheit. Da die Arbeitsmittel nicht selbsterklärend sind, muss der sinnvolle Umgang damit, insbesondere ein Umgang, der vom zählenden Rechnen ablöst, eingeübt werden (vgl. exemplarisch für den Rechenrahmen Schipper 2009: Blockdarstellung neben der Streifendarstellung, Darstellung von Zahlen „auf einen Streich“ unter Nutzung der quasi-simultanen Anzahlerfassung). Lässt die Lehrkraft den Schülerinnen und Schülern die Wahl des Arbeitsmittels frei (im Sinne einer falsch verstandenen Offenheit: das Kind soll selbst das Arbeitsmittel auswählen, mit dem es am besten arbeiten kann), besteht die Gefahr, dass das Arbeitsmittel ausschließlich zählend verwendet wird, weil Impulse, die vom Zählen wegführen, fehlen. Sinnvoll ist ferner, dass die Lehrkraft Schülerinnen und Schüler, die beispielsweise unter Verwendung der Finger zählend vorgehen, auf das Arbeitsmittel hinweist.
- Beim Addieren und Subtrahieren von ganzen Zahlen in Klasse 7 haben die Schülerinnen und Schüler jeweils einen Zahlenstrahl vor sich. Sie können ihn, abhängig vom individuellen Bedarf, bei der Bearbeitung von Aufgaben heranziehen.
- Jede Schülerin und jeder Schüler hat ein einfaches Modell eines dreidimensionalen kartesischen Koordinatensystems, gebastelt aus zwei Kartenkarten, zur Verfügung. Wer es als Hilfe zur Veranschaulichung von Lagebeziehungen benötigt, kann es jederzeit individuell verwenden.
- In ähnlicher Weise können bei sprachlichen Schwierigkeiten auch Formulierungshilfen oder Wortspeicher zur Verfügung gestellt werden (vgl. Leisen 2010).

4 Ausblick

So wie es nicht den guten Unterricht gibt, gibt es auch nicht die optimale Differenzierungsstrategie. Lehrkräfte müssen daher Entscheidungen treffen, die die jeweiligen Lernziele, die Zusammensetzung der Lerngruppe und die Rahmenbedingungen an der Schule, aber auch die verfügbaren Möglichkeiten und Ressourcen, berücksichtigen. Zuerst müssen sie aber dazu Differenzierungskonzepte einschließlich ihrer Möglichkeiten und Grenzen kennen.

Für die Ausbildung von Lehrkräften bedeutet dies, dass zu entscheiden ist, welche dieser Konzepte in welchen Phasen der Ausbildung (z. B. Grundstudium, Praxissemester, Referendariat) bereits auf Verständnis stoßen und umgesetzt sowie reflektiert werden können. In der Lehrerfortbildung tätige Fachkräfte müssen darüber hinaus auch die Bedingungen an einer Schule ins Blickfeld nehmen, um situationsspezifische Angebote unterbreiten und über entsprechende Weiterentwicklungsmöglichkeiten beraten zu können.

Literatur

Barzel, B., Büchter, A. & Leuders, T. (2007). Mathematik-Methodik. Handbuch für die Sekundarstufe I und II. Berlin: Cornelsen Scriptor.

Baumert, J. et al. (2011). Expertenrat „Herkunft und Bildungserfolg". Empfehlungen für bildungspolitische Weichenstellungen in der Perspektive auf das Jahr 2020. Stuttgart: Ministerium für Kultus, Jugend und Sport Baden-Württemberg. (http://www.kultusportal-bw.de. letzter Zugriff: 28.03.2012)

Boaler, J. (2014). Ability Grouping in Mathematics Classrooms. In: S. Lerman (Hrsg.), Encyclopedia of Mathematics Education, 1–5. Dordrecht: Springer.

Bohl, T., Batzel, A. & Richey, P. (2012). Öffnung – Differenzierung – Individualisierung – Adaptivität. In: T. Bohl, M. Bönsch, M. Trautmann & B. Wischer (Hrsg.), Binnendifferenzierung. Teil 1: Didaktische Grundlagen und Forschungsergebnisse zur Binnendifferenzierung im Unterricht, 40–71. Immenhausen: Prolog.

Bohl, T. & Kucharz, D. (2010). Offener Unterricht heute. Konzeptionelle und didaktische Weiterentwicklung. Weinheim: Beltz.

Bohl, T. & Wacker, A. (2016). Die Einführung der Gemeinschaftsschule in Baden-Württemberg. Abschlussbericht der wissenschaftlichen Begleitforschung (WissGem). Münster: Waxmann.

Bromme, R., Seeger, F. & Steinbring, H. (1990). Aufgaben als Anforderungen an Lehrer und Schüler. Köln: Aulis.

Bruder, R. & Reibold, J. (2010). Weil jeder anders lernt. Ein alltagstaugliches Konzept zur Binnendifferenzierung. In: mathematik lehren, 162, 2–9.

Büchter, A. & Leuders, T. (2005). Mathematikaufgaben selbst entwickeln. Lernen fördern – Leistungen überprüfen. Berlin: Cornelsen Scriptor.

Budde, J. (2009). Mathematikunterricht und Geschlecht. Empirische Ergebnisse und pädagogische Ansätze (Bildungsforschung, Bd. 30). Berlin: Bundesministerium für Bildung und Forschung (BMBF).

Götze, D. (2015). Sprachförderung im Mathematikunterricht. Berlin: Cornelsen.

Helmke, A. (2013). Individualisierung: Hintergrund, Missverständnisse, Perspektiven. In: Pädagogik, 65(2), 34–37.

Hengartner, E., Hirt, U., Wälti, B. & Primarschulteam Lupsingen (2006). Lernumgebungen für Rechenschwache bis Hochbegabte. Zürich: Klett & Balmer.

Hiebert, J. et al. (2003). Teaching mathematics in seven countries: Results from the TIMSS 1999 Video Study (NCES 2003–2013). Washington, DC: National Center for Education Statistics.

Hirt, U. & Wälti, B. (2008). Lernumgebungen im Mathematikunterricht. Natürlich Differenzieren für Rechenschwache bis Hochbegabte. Seelze: Klett-Kallmeyer.

Jungwirth, H. (1991). Interaction and gender – Findings of a microethnographical approach to classroom discourse. In: Educational Studies in Mathematics, 22(3), 263–284.

Keller, R. (2013). Planarbeit als Qualitätsfalle für den Mathematikunterricht. Eine Stellungnahme aus mathematikdidaktischer Perspektive. In: GDM-Mitteilungen, 94, 21–22.

Klafki, W. & Stöcker, H. (1985). Innere Differenzierung des Unterrichts. In: W. Klafki (Hrsg.), Neue Studien zur Bildungstheorie und Didaktik, 119–154. Weinheim: Beltz.
Klieme, E. & Warwas, J. (2011). Konzepte der *Individuellen Förderung*. In: Zeitschrift für Pädagogik, 57(6), 805–818.
Krammer, K. (2016). Die Bedeutung der Lernbegleitung im Kindergarten und am Anfang der Grundschule. In: S. Schuler, C. Streit & G. Wittmann (Hrsg.), Perspektiven mathematischer Bildung im Übergang vom Kindergarten zur Grundschule, 107–123. Heidelberg: Springer Spektrum.
Krauthausen, G. & Scherer, P. (2007). Einführung in die Mathematikdidaktik (3. Aufl.). Heidelberg: Elsevier/Spektrum.
Leisen, J. (2010). Handbuch Sprachförderung im Fach. Sprachsensibler Fachunterricht in der Praxis. Bonn: Varus.
Leuders, T. (2014). Entdeckendes Lernen – Produktives Üben. In: H. Linneweber-Lamerskitten (Hrsg.), Fachdidaktik Mathematik. Grundbildung und Kompetenzaufbau im Unterricht der Sek. I und II, 236–263. Seelze: Klett-Kallmeyer.
Leuders, T. (2015). Aufgaben in Forschung und Praxis. In: R. Bruder, L. Hefendehl-Hebeker, B. Schmidt-Thieme & H.-G. Weigand (Hrsg.), Handbuch Mathematikdidaktik, 433–458. Heidelberg: Springer Spektrum.
Leuders, T. & Föckler, F. (2016). Aufgabenqualität im Fach Mathematik. Differenzierungsvermögen und kognitive Aktivierung. In: T. Bohl & A. Wacker (Hrsg.), Die Einführung der Gemeinschaftsschule in Baden-Württemberg. Abschlussbericht der wissenschaftlichen Begleitforschung (WissGem), 213–226. Münster: Waxmann.
Leuders, T. & Prediger, S. (2016). Flexibel differenzieren und fokussiert fördern im Mathematikunterricht. Berlin: Cornelsen Scriptor.
Manten, U. & Forthaus, R. (Hrsg.) (2014). Super M. Mathematik für alle. Schulbuch mit Differenzierungsmaterial. Berlin: Cornelsen.
Meyer, H. (2004). Was ist guter Unterricht? Berlin: Cornelsen.
Meyer, M. & Prediger, S. (2012). Sprachenvielfalt im Mathematikunterricht. Herausforderungen, Chancen, Förderansätze. In: Praxis der Mathematik in der Schule, 54(45), 2–9.
Montessori, M. (1984). Das kreative Kind. Der absorbierende Geist. Herder: Freiburg.
Moser Opitz, E. (2007). Rechenschwäche – Dyskalkulie. Theoretische Klärungen und empirische Studien an betroffenen Schülerinnen und Schülern. Bern: Haupt.
Paradies, L. & Linser, H. J. (2001). Differenzieren im Unterricht. Berlin: Cornelsen.
Pashler, H., McDaniel, M., Rohrer, D. & Bjork, R. (2008). Learning styles: Concepts and evidence. In: Psychological Science in the Public Interest, 9(3), 103–119.
Prediger, S. (2004). „Darf man das denn so rechnen?" Vielfalt im Mathematikunterricht. Friedrich Jahresheft XXII, 86–89.
Prediger, S., Barzel, B., Hußmann, S. & Leuders, T. (Hrsg.) (2013). mathewerkstatt 2. Baden-Württemberg. Berlin: Cornelsen.
Prediger, S., Barzel, B., Leuders, T. & Hußmann, S. (2011b). Systematisieren und Sichern. Nachhaltiges Lernen durch aktives Ordnen. In: Mathematik lehren, 164, 2–9.
Prediger, S., Hußmann, S., Leuders, T. & Barzel, B. (2011a). „Erst mal alle auf einen Stand bringen ..." Diagnosegeleitete und individualisierte Aufarbeitung arithmetischen Basiskönnens. In: Pädagogik, 63(5), 20–24.
Prediger, S. & Scherres, C. (2012). Niveauangemessenheit von Arbeitsprozessen in selbstdifferenzierenden Lernumgebungen. In: Journal für Mathematik-Didaktik, 33(1), 143–173.
Prediger, S. & Schink, A. (2014). Verstehensgrundlagen aufarbeiten im Mathematikunterricht – fokussierte Förderung statt rein methodischer Individualisierung. In: Pädagogik, 66(5), 21–25.
Prediger, S., Selter, C., Hußmann, S. & Nührenbörger, M. (Hrsg.) (2014). Mathe sicher können – Brüche, Prozente, Dezimalzahlen. Förderbausteine und Handreichungen für ein Diagnose- und Förderkonzept zur Sicherung mathematischer Basiskompetenzen. Berlin: Cornelsen.

Prediger, S. & Wessel, L. (2012): Darstellungen vernetzen – Ansatz zur integrierten Entwicklung von Konzepten und Sprachmitteln. In: Praxis der Mathematik in der Schule 54(45), 29 – 34.
Rathgeb-Schnierer, E. (2010). Lernen auf eigenen Wegen. Eine Herausforderung für den Mathematikunterricht. In: Grundschulunterricht Mathematik, (1), 4 – 7
Rathgeb-Schnierer, E. & Rechtsteiner-Merz, C. (2010). Mathematiklernen in der jahrgangsübergreifenden Eingangsstufe. Gemeinsam, aber nicht im Gleichschritt. München: Oldenbourg.
Scherer, P. & Moser Opitz, E. (2010). Fördern im Mathematikunterricht der Primarstufe. Heidelberg: Spektrum.
Schipper, W. (2009). Handbuch für den Mathematikunterricht an Grundschulen. Braunschweig: Schroedel.
Schmidt, S. & Weiser, W. (1982). Zählen und Zahlverständnis von Schulanfängern. In: Journal für Mathematikdidaktik, 3(3/4), 227 – 263.
Schupp, H. (2002). Thema mit Variationen. Aufgabenvariation im Mathematikunterricht. Hildesheim: Franzbecker.
Schütte, S. (2008). Qualität im Mathematikunterricht der Grundschule sichern. Für eine zeitgemäße Unterrichts- und Aufgabenkultur. München: Oldenbourg.
Selter, C. (1995a). Zur Fiktivität der ‚Stunde Null' im arithmetischen Anfangsunterricht. In: Mathematische Unterrichtspraxis, 16(2), 11–19.
Selter, C. (1995b). Entdeckend üben – übend entdecken. In: Grundschule, 5, 30 – 34, 39.
Selter, C. & Sundermann, B. (2006). Beurteilen und Fördern im Mathematikunterricht. Berlin: Cornelsen Scriptor.
Siebel, F. & Wittmann, G. (2012). Mehr als Rechnen. Vom Zahlenblick zu funktionalem und algebraischem Denken. In: mathematik lehren, 171, 2 – 8.
Sundermann, B. (1999). Rechentagebücher und Rechenkonferenzen. In: Grundschule, 1, 48 – 50.
Takahashi, A. (2015). „Neriage" – didaktisch durchdachtes Aufräumen nach einer Problemlösephase. Einblicke in den japanischen Problemlöseunterricht. In: Praxis der Mathematik in der Schule, 22 – 26.
Trautmann, M. & Wischer, B. (2009). Das Konzept der Inneren Differenzierung – eine vergleichende Analyse der Diskussionen der 1970er Jahre mit dem aktuellen Heterogenitätsdiskurs. In: M. A. Meyer, M. Prenzel & S. Hellekamp (Hrsg.), Perspektiven der Didaktik (Zeitschrift für Erziehungswissenschaft, 9. Sonderheft), 159 –172.
Von der Groeben, A. & Kaiser, I. (2012). Werkstatt Individualisierung (4. Aufl.). Hamburg: Bergmann + Helbig.
Vygotskij, L. S. (1930/1978). Mind in Society: Development of Higher Psychological Processes (14. Aufl.). Cambridge, MA: Harvard University Press.
Wittmann, E. Ch. (1995). Aktiv-entdeckendes und soziales Lernen im Rechenunterricht – vom Kind und vom Fach aus. In: G. N. Müller & E. Ch. Wittmann (Hrsg.), Mit Kindern rechnen, 10 – 41. Frankfurt: Arbeitskreis Grundschule.
Wittmann, G. (2012). Heterogenität im Mathematikunterricht – Herausforderung und Chance gleichermaßen. In: J. Košinár, S. Leineweber, H. Hegemann-Fonger & U. Carle (Hrsg.), Vielfalt und Anerkennung. Internationale Perspektiven auf die Entwicklung von Grundschule und Kindergarten, 229 – 239. Baltmannsweiler: Schneider Hohengehren.

Bärbel Barzel & Christof Schreiber

Digitale Medien im Unterricht

Medien sind „Mittler" – im besten Fall ver-*Mittel*-n sie zwischen dem zu lernenden Gegenstand und dem Lernenden in den unterschiedlichen Phasen des Lernprozesses (Barzel & Weigand 2008). Dies gilt für reale wie digitale Medien. Ziel dieses Kapitels ist es, einen Überblick über die verschiedenen digitalen Medien und ihre Einsatzmöglichkeiten im Unterricht zu geben. Dabei werden Chancen diskutiert und Kriterien vorgestellt, auf die man achten sollte, damit der Einsatz zum Mehrwert für das Lernen von Mathematik führt.

Je nach Unterrichtsphase und -situation, vermitteln Medien in sehr unterschiedlicher und vielfältiger Weise. Sie können das Entdecken neuer mathematischer Begriffe und Zusammenhänge durch genetische Lernumgebungen ermöglichen. Digitale Medien können das Systematisieren von Erkenntnissen beim vertiefenden Üben durch entsprechende Visualisierungen und erweiterte Handlungsoptionen erleichtern und eignen sich für gezielte individuelle Rückmeldemöglichkeiten. Der Anspruch, einen Mehrwert für den Lernprozess darzustellen und den Beitrag zum Erwerb mathematischer Kompetenzen stets im Blick zu behalten, besteht für alle Medien und dient als Maßstab, an dem sich jeglicher Medieneinsatz messen lassen muss (Barzel & Greefrath 2015). Dies gilt für konventionelle Medien wie Körpermodelle, Tafel und Kreide ebenso wie für digitale Medien wie Smartphones, Taschenrechner, Tablets oder Computer. Viele der im Folgenden genannten Aspekte und Kriterien beziehen sich zwar vorrangig auf die *neuen,* digitalen Medien, sind jedoch ähnlich für sämtliche Medien gültig. Auch wenn wir den Schwerpunkt unserer Betrachtung auf digitale Medien legen, plädieren wir grundsätzlich für ein Zusammenspiel verschiedener Unterrichtsmedien, um die jeweils spezifischen Vorteile als Chancen zu nutzen.

Seit dem Beginn digitaler Medienangebote für den Mathematikunterricht schreibt man dem Medieneinsatz das Potenzial zu, Mathematikunterricht zu verändern und zwar sowohl bezogen darauf, *was* Schülerinnen und Schüler lernen und *wie* sie das lernen (Fey et al. 1984). Der Einfluss hängt nicht nur vom Medium ab, sondern vor allem auch von der Art des Einsatzes (Drijvers et al. 2016), weshalb Lehrpersonen spezifische Medienkompetenzen erwerben müssen (vgl. S. 17 in diesem Buch; Yerushalmy & Botzer 2011; Niess et al. 2009). In den Bildungsstandards für die Lehrerbildung finden sich Forderungen nach Medienbildung als „Umgang mit Medien unter konzeptionellen, didaktischen und praktischen Aspekten" (KMK 2004, S. 5) und als Kennen von „Möglichkeiten und Grenzen eines anforderungsgerechten Einsatzes von Medien im Unterricht" (a. a. O., S. 7).

Für das Lernen und Lehren von Mathematik sind sowohl allgemeine als auch mathematikspezifische digitale Medien relevant. Dabei werden unter allgemeinen Medien Angebote zur Präsentation (z. B. PowerPoint), zur Dokumentation (z. B. Textverarbeitungsprogramme, Programme zum Erzeugen von Audios oder Videos oder zum Erstellen von Webseiten) oder Programme zur schnellen Erhebung des Lernstandes über Smartphones ähnlich wie bei anderen Unterrichtsfächern einbezogen. Bei den mathematikspezifischen Medien unterscheiden wir zwischen digitalen Werkzeugen und Lernumgebungen (Barzel, Hußmann & Leuders 2005; Drijvers et al. 2006). Digitale Werkzeuge sind eher universell einsetzbare Hilfsmittel zur Bearbeitung einer breiten Klasse von Problemen über verschiedene Jahrgänge hinweg (wie Tabellenkalkulation, Geometriesoftware, Funktionensoftware, Statistiktools), während Lernumgebungen eher spezifisch auf ein enges thematisches Feld begrenzt sind. Diese Unterscheidung ist keineswegs eindeutig, da viele Lernumgebungen als Einbettung in Werkzeuge entstehen, wie zum Beispiel Lernpfade (Roth 2015).

Auch wenn sämtliche digitale Medien sowohl auf Computern als auch auf verschiedenartigen Handhelds verfügbar sind, erfordert die organisatorisch-methodische Gestaltung des Einsatzes spezifische Vorüberlegungen zur Planung. Beispielsweise ist es beim Unterricht im Computerraum angeraten, weniger Phasenwechsel zu vollziehen, da je nach Raumanordnung der Phasenwechsel vom Computer weg zum Unterrichtsgespräch erschwert sein kann. Sollen digitale Medien nur kurzzeitig im Unterricht eingesetzt werden oder gar nur optional für die Lernenden verfügbar sein, bieten sich mobile Geräte (z. B. Laptops, Tablets, Taschencomputer) an, die auch im Klassenraum einsetzbar sind.

Die Palette an Angeboten digitaler Medien für den Mathematikunterricht ist sehr groß und entsprechend ambitioniert ist es, dieses Potenzial bezogen auf das *Was* und *Wie* zu beurteilen. Der Anspruch dieses Artikels besteht deshalb weniger in der Erfassung der Vollständigkeit hinsichtlich Themen, Jahrgängen oder konkret verfügbarer Medien, sondern vielmehr darin, die prinzipiellen Rollen und Funktionen, die Medien im Unterricht spielen können, in ihrer Bandbreite aufzuzeigen und Kriterien zur Beurteilung bereitzustellen. Dabei ist der Kern des Beitrags, den Mehrwert des Medieneinsatzes nach den unterschiedlichen didaktischen Funktionen im Lehr-Lern-Prozess zu kategorisieren. Es wird die Frage beleuchtet, wie das einzelne Medium die kognitiven Aktivitäten des Mathematiklernens unterstützen kann. Strukturgebend sind diejenigen kognitiven Tätigkeiten, bei denen dem Medieneinsatz eine inhaltliche Unterstützung zugeschrieben werden kann (z. B. in den Bildungsstandards [KMK 2012, S. 13]). Diese Tätigkeiten werden hier bewusst nicht als Tätigkeiten einer bestimmten Unterrichtsphase gesehen, sondern übergreifend für verschiedene Phasen und Situationen. Konkret fokussieren wir den Medieneinsatz zum Erkunden und Entdecken, zum Präsentieren und Kommunizieren, zum Reflektieren und Kontrollieren sowie zum Diagnostizieren und Fördern. Diese Einteilung ist keineswegs disjunkt, vielmehr ist es das Ziel, den Mehrwert des Medieneinsatzes exemplarisch zu konkretisieren.

Didaktische Funktion	Beispiele	Primarstufe (P) Sekundarstufe (S)
Entdecken und Erkunden	▸ WebQuests zum projektorientierten Bearbeiten von Themen ▸ Lernpfade zum Bündeln und Sammeln von Informationen zu einer Leitfrage	P/S
	▸ Digitale Werkzeuge – als Beispielgenerator – zum Verarbeiten großer Mengen realer Daten	S
	▸ Lernumgebungen für dynamische Visualisierungen	P/S
Präsentieren und Kommu-nizieren	▸ Allgemeine Präsentationsmedien – Software (z.B. PowerPoint) – Hardware (z. B. Interactive Whiteboard)	P/S
	▸ Kommunikationsplattformen (z. B. Moodle) zum Austauschen und Bereitstellen	S
	▸ Netzwerkprogramme (z. B. TI-Navigator als Netzwerk von Taschencomputern im Klassenraum) zum Austauschen und Bereitstellen	S
	▸ Audio- oder Video-Podcasts zur Dokumentation oder als Impuls zum Beginn	P/S
Reflektieren und Kontrollieren	▸ Taschenrechner zum Entwickeln eines Zahlgefühls ▸ Computeralgebrasysteme als individuelle Kontrollmöglichkeit ▸ Audience Response Systeme (z. B. Socrative, Pingo, Kahoot) als Impuls zur Fortführung des Unterrichts	P/S S S
Diagnostizie-ren und Fördern	▸ Computer aided assessment als Möglichkeit des summativen und formativen Assessments auch zur Selbstdiagnose	S

Abb. 1: Beispiele didaktischer Funktionen

1 Entdecken und Erkunden

Das mathematische Erkunden von Situationen dient dem individuellen (Nach-) Erfinden von bisher unbekannten Begriffen und Zusammenhängen (Prediger et al. 2013). Dies kann in Form problemhaltiger intentionaler Situationen (Hußmann 2002) geschehen, bei denen Lernende Probleme lösen, mathematische Muster untersuchen und inner- oder außermathematische Phänomene bearbeiten. Digitale Medien können dabei in verschiedener Weise unterstützen:

- durch stützende Strukturelemente beim Sammeln und Bündeln von Informationen im Internet unter einer leitenden Frage (z. B. WebQuests, Lernpfade);
- durch die Verfügbarkeit eines digitalen Werkzeugs, sodass verschiedene Beispiele (Terme, Funktionsgraphen, geometrische Konstruktionen) generiert werden können, die nach Mustern und Strukturen zu untersuchen sind;

- durch die Verfügbarkeit eines digitalen Werkzeugs, sodass reale Daten auch in großer Zahl erhoben und verarbeitet sowie Modellierungen in authentischen Fragestellungen bearbeitet werden können;
- durch die Verfügbarkeit einer Lernumgebung, sodass vorgegebene dynamische Visualisierungen untersucht werden können, um zum Beispiel eine Vermutung eines Zusammenhangs aufzustellen (z. B. Satz des Thales).

Im Folgenden erläutern wir dies an konkreten Beispielen:

WebQuests als projektorientierter Einsatz von Internetressourcen

Geführte Recherchen im Internet unter einer leitenden Fragestellung, die in ein neues mathematisches Thema einführen, bieten ein gutes Format für Erkundungen zu Beginn einer Unterrichtseinheit. Dabei sind klare Strukturen wichtig, um nicht im Überfluss an Informationen im Internet verlorenzugehen. Genau diese stützenden Strukturen liefern WebQuests.

WebQuests stehen im Internet als projektorientierte Unterrichtseinheiten zur Verfügung und verbinden die Nutzung digitaler und konventioneller Medien. Sie stellen eine nach Vorgaben strukturierte Unterrichtseinheit dar, die vorgegebene Online-Quellen nutzt und mit der ein Thema weitgehend selbstgesteuert von Lernenden bearbeitet werden kann. Bescherer beschreibt WebQuests als „computergestützte Lernumgebungen, die bei Schülerinnen und Schülern das Argumentieren, Problemlösen und Kommunizieren fördern sollen" (2005, S. 107). Dodge und March (s. Dodge 1997 und http://webquest.org/) entwickelten die Methode auf Grundlage eines konstruktivistischen Lernmodells, bei dem nicht die Vermittlung eines vorgegebenen Zielzustandes das Wichtigste ist. Vielmehr sollen die Schülerinnen und Schüler angeregt werden, ihre Konstruktion der Wirklichkeit zu hinterfragen und weiterzuentwickeln. Die Schülerinnen und Schüler haben im WebQuest das Ziel, ein Projekt kooperativ zu bewältigen. Das dabei gewonnene Fachwissen soll die Schülergruppe anhand einer Präsentation einem Publikum wie z. B. der Klasse präsentieren. Die Bewertungskriterien sind im WebQuest transparent dargestellt. Die Lernenden werden so zu Beteiligten im gesamten Lernprozess, erhalten zudem Feedback und Unterstützung. Dabei folgen klassische WebQuests einem sechsschrittigen Aufbau (s. auch Schreiber 2016):

- Einleitung: zur Hinführung der Lernenden zum Thema und Motivation;
- Aufgabe: Beschreibung dessen, was von den Lernenden erzeugt werden soll;
- Vorgehen: Beschreibung, wie die Lernenden beim Bearbeiten der Aufgabe vorgehen sollen;
- Quellen: On- und Offlinequellen, die von der Lehrperson vorher ausgesucht werden;
- Bewertung: Angabe der Bewertungskriterien als Tabelle mit Bewertungskategorien und zu erreichenden Niveaus;
- Fazit: zur Abrundung und als Ausblick.

Für den Einsatz in der Primarstufe können WebQuests angepasst werden (vgl. Schreiber 2007; Langenhan & Schreiber 2012), dabei wird die Unterscheidung von „Aufgabe“ und „Vorgehen“ zu einer Kategorie „Projektbeschreibung“ zusammengefasst. Es gibt einen kurzen Text, der die Aufgabe umreißt und anschließend wird der erforderliche Arbeitsprozess beschrieben. In der Projektbeschreibung wird der Umgang mit Material und Quellen, die Suche und Bearbeitung von Informationen, sowie die Art der Präsentation skizziert. Auch für den Einsatz in der Primarstufe machen v. a. die Quellen ein WebQuest aus, wobei die Anzahl der Quellen hier meist deutlich geringer ist als in den Sekundarstufen. Die recht umfangreichen Bewertungstabellen aus dem klassischen WebQuest sind als Bewertungsbogen für die Version in der Primarstufe vereinfacht. Der Bewertungsbogen dient der Selbstbewertung sowie der Rückmeldung durch die Lehrkraft.

Lernpfade als digitales Lehr-/Lernarrangement

Lernpfade zeigen den Lernenden einen Weg durch ein Themengebiet. Mit Leuders (2005, S. 7) ist zu konstatieren, dass ein Lernpfad, abhängig von der Entwicklerin bzw. dem Entwickler, „zwischen instruktivistischem und konstruktivistischem Paradigma“ einzuordnen ist. Letztlich ist die Einsatzweise entscheidend, ob es stärker instruktivistisch oder konstruktivistisch ausgerichtet ist. Nach Embacher ist „die Gestaltung und innere Logik der Beschreibungstexte, die sich auf die einzelnen Materialien beziehen, [...] der entscheidende Punkt. Erst dadurch bekommt der „Pfad“ durch den Contentpool einen auf das Lernen bezogenen Sinn, und hierin liegt der Schlüssel zur didaktischen Qualität eines Lernpfads“ (2004, S. 3). Roth definiert einen Lernpfad wie folgt:

> Ein Lernpfad ist eine internetbasierte Lernumgebung, die mit einer Sequenz von aufeinander abgestimmten Arbeitsaufträgen strukturierte Pfade durch interaktive Materialien (z. B. Applets) anbietet, auf denen Lernende handlungsorientiert, selbsttätig und eigenverantwortlich auf ein Ziel hinarbeiten. Da die Arbeitsaufträge eine Bausteinstruktur aufweisen, können die Lernenden jeweils für ihren Leistungsstand geeignete auswählen. Durch individuell abrufbare Hilfen und Ergebniskontrollen sowie die regelmäßigen Aufforderungen zum Formulieren von Vermutungen, Experimentieren, Argumentieren sowie Reflektieren und Protokollieren der Ergebnisse in den Arbeitsaufträgen, wird die eigenverantwortliche Auseinandersetzung mit dem Lernpfad explizit gefördert (2015, S. 8).

Ein gelungener Lernpfad muss nach Roth schülerorientiert gestaltet, fachlich sinnvoll strukturiert und benutzerfreundlich sein. Dabei soll der Einsatz der Medien im Lernpfad dem inhaltlichen Ziel angemessen sein. Der Lernpfad soll Schülerinnen und Schüler aktivieren und für Lehrkräfte hilfreiche Informationen und diverse Vorlagen enthalten (vgl. ebd., 13 f.).

Digitale Werkzeuge als Beispielgenerator und Rahmen für dynamische Visualisierungen

Digitale Mathematikwerkzeuge eröffnen die Möglichkeit, mathematische Objekte digital zu generieren und unterstützen damit das Untersuchen von verwandten mathematischen Objekten hinsichtlich verschiedener Eigenschaften. Dabei sind je nach Werkzeug unterschiedliche mathematische Objekte zentral. Bereits bei der ersten Eingabe werden verschiedene Objekte im Erstzugriff generiert: Bei einer dynamischen Geometriesoftware steht die Konstruktion geometrischer Objekte am Anfang, bei einer Funktionensoftware (z. B. einem Computeralgebrasystem) sind es Terme oder Gleichungen, die den Startpunkt der ersten Bearbeitung markieren. Eine Tabellenkalkulation (z. B. Excel) oder ein Statistiktool (z. B. Fathom) beginnt stets numerisch, erste Eingabe und Ausgabe ist ein Zahlenwert in einer Zelle. Fuglestad (2005) hat Schülerinnen und Schüler über drei Schuljahre begleitet und konstatiert, dass Lernende, die die verschiedenen Werkzeuge kennen, auch entsprechend der eigenen Zugangsweise das entsprechende Werkzeug begründet auswählen. Die folgenden Aufgabenformate zeigen exemplarisch sinnvolle Problemstellungen, bei denen die verschiedenen digitalen Werkzeuge zum Generieren und Untersuchen von Beispielen sowie zum Untersuchen von Zusammenhängen genutzt werden:

- **Funktionenplotter**
  Die Aufgabenstellung „Erzeuge das Bild!“ (Barzel 2001) kann in verschiedenen Jahrgängen sowohl am Beginn einer Unterrichtsreihe stehen als auch am Ende in einer Übungsphase, wenn es zum Beispiel darum geht, Zusammenhänge zwischen verschiedenen Parabeln zu erkennen. In allen Fällen müssen Schülerinnen und Schüler das gegebene Bild hinsichtlich der Spezifika analysieren und mit ihren Vorkenntnissen verknüpfen, um eine passende Funktion zu finden. Der Mehrwert des Medieneinsatzes liegt hier vor allem darin, dass man unmittelbar eine Rückmeldung erhält, ob die Funktion, die man findet, einen passenden Graphen liefert oder nicht. Damit kann der Zyklus von genauer Betrachtung des Bildes hin zum Vermuten einer konkreten Funktion bis zum Überprüfen mehrfach und individuell verschieden durchlaufen werden. Neben Bildern aus Funktionsgraphen sind auch geometrische Konstruktionen in der Geometriesoftware als Ausgangspunkt denkbar.
- **Computeralgebrasystem (CAS)**
  Rechenregeln wie z. B. Potenzgesetze lassen sich durch Aufgabenformate wie „Untersuche mehrere Beispiele der Art $2^3 \times 2^5$. Welche allgemeine Regel vermutest du? Begründe!“ mithilfe eines CAS gut realisieren. Darin steckt vor allem dann eine schnell zu realisierende Erkundungsaufgabe, wenn ein CAS für alle Lernenden verfügbar ist. Auch hier geht es um das Erkennen von Mustern und Strukturen aufgrund der Analyse verschiedener Terme. Neben der Funktion als Beispielgenerator bietet das CAS hier ebenfalls das Potenzial des direkten Feedbacks.
- **Geometriesoftware**
  Das Erkunden zweier verknüpfter dynamischer Bilder („Black Boxes“, Knipping & Reith 2005) regt das genaue Analysieren und Vergleichen der dahinterliegenden Konstruktionen an. Die Aufgabe lautet: „Die beiden Punkte hängen zusammen. Beobachte, was passiert, wenn ich den einen Punkt bewege. Wie hängen die Punkte zusammen?“

- **Tabellenkalkulation**
  „Was kostet Autofahren?“ ist eine Leitfrage (vgl. Prediger & Marxer 2014), die zum Aufstellen von Termen führt und geeignet ist, in die Struktur und das Potenzial von Termen zum allgemeinen Erfassen variabler Zusammenhänge einzuführen. Man beginnt mit der Eingabe einzelner Werte für die verschiedenen relevanten Variablen der Kostenberechnung. Die weiteren Kalkulationen gehen stets vom Zellbezug aus, was aus fachdidaktischer Sicht eine sinnvolle Hinführung zur Variablen als allgemeine oder unbestimmte Zahl (Malle 1993) genutzt werden kann. Der weitere Mehrwert des Werkzeugs ist, dass Erkundungen durch die Entlastung vom Kalkül schnell erfolgen können und die Untersuchungen zu Termstrukturen im Vordergrund stehen.
- **Stochastiksoftware**
  Die Interaktion zwischen einer graphischen Darstellung und einem Datenblatt ermöglicht Erkundungen, geleitet durch Fragen wie „Welche Auswirkungen hat das Verändern einzelner Werte auf die verschiedenen Mittelwerte?“

2 Präsentieren und Kommunizieren

Digitale Medien erweitern die Möglichkeiten der Präsentation durch spezifische Präsentationssoftware (wie PowerPoint, Keynote, Prezi), Präsentationshardware (wie interaktive Whiteboards, Beamer, Dokumentenkamera) und Medien zur Aufzeichnung von Ton und Bild. Der Mehrwert liegt bei diesen Medien in der Verbindung von Wort, Bild und Ton, statisch oder dynamisch, nicht nur für die Vorbereitung, sondern auch für die schnelle spontane Nutzung im Unterrichtsgeschehen. Präsentationen werden entweder genutzt als Impuls zu Beginn einer Unterrichtseinheit oder -phase oder während des weiteren Lehr-Lern-Prozesses, z. B. zur Dokumentation und Sicherung von Erarbeitetem nach einer Gruppen- oder Partnerarbeitsphase. Grundsätzlich sind sowohl Lehrende als auch Lernende die Akteure, die Präsentationen erzeugen und das Präsentieren übernehmen.

Bei der Verwendung und Erstellung von Präsentationen, insbesondere bei Filmen oder Audios, ist es wichtig, Qualitätskriterien transparent zu machen:

Inhalt: Neben der sprachlichen und fachlichen Korrektheit, einer für die Zielgruppe verständlichen Darstellung und einer sinnvollen Fokussierung ist es wichtig, dass das Inhaltliche nicht zu banal wird, sondern eine angemessene Tiefe aufweist. So sollte ein „Erklär-Video“ keineswegs darauf beschränkt sein, die einzelnen Schritte alleine wie eine „Rezept“-Anweisung darzubieten.

Darstellung: Je nach verwendetem Medium müssen Wort, Bild und Ton adäquat miteinander verbunden sein. Gleichzeitig sollte die Darstellung prägnant und nicht überladen sein. Die Gestaltung sollte keineswegs eine zusätzliche kognitive Herausforderung darstellen („cognitive load“, Sweller 2003).

Struktur: Neben einem motivierenden Einstieg sollten Präsentationen so strukturiert sein, dass der Spannungsbogen und damit das Interesse gehalten werden. Ein Resümee am Ende oder die Beantwortung eingangs gestellter Fragen ist hilfreich.

Medien, die neben dem Präsentieren andere Formen der Kommunikation unterstützen, sind *connected classroom technology* (Irving 2006), also Medien zur Vernetzung verschiedener Rechner. Das besondere Potenzial solcher Klassenraum-Netzwerke ist, dass Lehrende und Lernende zügig Informationen, Bilder und Daten austauschen können, um die Kommunikation zu den Inhalten des Unterrichts zu unterstützen. Innerhalb eines Klassenraums können das sowohl Offline- als auch Online-Netzwerke für Computer oder „Handhelds" (wie z. B. TI-NS-pire-Navigator) sein. Über den Klassenraum hinaus ist dies vor allem das Internet mit Programmen wie Audience Response Systemen, Feedback-Programmen zur Diagnose im Klassenraum (s. u.) oder es sind Plattformen wie Moodle zum Austausch von Daten und Informationen, die auch Webinare oder andere Formen des Blended Learning und der Kooperation ermöglichen.

Audio-Podcasts als besonderer Anlass zum Kommunizieren

Bei Audio-Podcasts zu mathematischen Themen durch Lernende dient der Einsatz digitaler Medien der Fokussierung auf die mündlichen Anteile beim Darstellen von Mathematik. Wie kann ein mathematischer Sachverhalt dargestellt werden, wenn schriftlich-grafische Elemente nicht verwendet werden können? Wie werden dann mathematische Begriffe wie „symmetrisch" oder „parallel", Vorgänge wie „Addition von Brüchen" oder ein geometrisches Objekt, wie „Kreis" oder „Zylinder" beschrieben? Besonders geeignet erscheinen geometrische Themen, da der Verzicht auf das sonst naheliegende Skizzieren dazu zwingt, wichtige Charakteristika wahrzunehmen und in Worten auszuschärfen.

Für den Einsatz in mathematischen Lernprozessen wurde ein Ablauf zur Erstellung von mathematischen Audio-Podcasts entwickelt (s. Schreiber & Klose 2017), welcher geeignet ist, Schülerinnen und Schüler zum Reflektieren über mathematische Themen anzuregen (s. Abb. 2):

- **Die spontane Aufnahme**: Für die Erstellung der Audio-Podcasts werden die Lernenden in Kleingruppen eingeteilt und beantworten eine Frage aus dem mathematischen Bereich zunächst spontan. Die Antwort wird als Audio-Datei mitgeschnitten. Diese erste Aufnahme kann später mehrfach angehört werden, um so über das spontan Geäußerte zu reflektieren und Wissen zu aktivieren.
- **Drehbuch I**: Als nächster Schritt schließt sich die Planung für eine Audio-Podcast-Aufnahme zur selben Fragestellung an. Hierfür soll eine Art Drehbuch erstellt werden, das Grundlage für die Aufnahme der Rohfassung ist. Der Auftrag an die Lernenden ist nun, dieses Thema für einen Audio-Podcast so aufzubereiten, dass dieser im Internet veröffentlicht werden kann.
- **Rohfassung**: Diese Aufnahme erfolgt auf Grundlage des Drehbuches. Die Aufnahme ist Grundlage der späteren Redaktionssitzung.
- **Redaktionssitzung**: Die Lerngruppe hört mit einer weiteren Gruppe in einer gemeinsamen Redaktionssitzung die entstandenen Rohfassungen an

und die Lernenden geben sich gegenseitig Hinweise. Hier ist nach der gegenseitigen Rückmeldung der Gruppen auch die Lehrkraft gefragt, die nun im Sinne der Optimierung des Podcasts Hinweise zum Inhalt und zur Gestaltung geben soll.

Abb. 2: Ablauf zur Erstellung von Audio-Podcasts zur Mathematik

- **Drehbuch II**: Nun arbeiten die Gruppen wieder getrennt am eigenen Drehbuch. Dazu sollen die Anregungen der anderen Gruppen sowie der Lehrkraft berücksichtigt werden und so ein überarbeitetes Drehbuch entstehen.
- **Audio-Podcast:** Die Aufnahme, die zur Veröffentlichung bestimmt ist, beginnt mit derselben Fragestellung, welche zu Beginn gegeben wurde. Die Aufnahme erfolgt auf Grundlage des überarbeiteten Drehbuches.

Verschiedene Podcast-Typen – von Schülerinnen und Schülern, in verschiedenen Sprachen, erstellt durch Studierende – werden jeweils in einem Blog zur Verfügung gestellt. Sie sind also öffentlich zugänglich.

Audio-Podcasts zur Mathematik wurden unter dem Stichwort „PriMaPodast“ mit Schülerinnen und Schülern aus der Primarstufe erstellt (s. Schreiber 2011). Aber auch die Erstellung von mathematischen Podcasts durch Studierende zu Themen aus den Fachvorlesungen hat sich bewährt (Klose et al. 2014). Entsprechende Beispiele sind für PriMaPodcasts unter www.uni-giessen.de/primapodcast/ (01.06.2016) und für MathePodcasts unter www.uni-giessen.de/mathepodcast/ (01.06.2016) verlinkt (s. auch Schreiber & Klose 2015, 2017).

Mit Ton und Bild präsentieren

Vom Ablauf her ähnlich wie die Erstellung von Audio-Podcasts, können auch Lehr- und Lernfilme von Lernenden selbst erstellt werden (s. Pallack 2015; Schreiber & Schulz 2017). Wesentlich ist hier, dass die Themen durch die Erstellung vertieft werden sollen. Im Ablauf der Erstellung sollte es auf jeden Fall nach dem Entwurf immer wieder Phasen der Rückmeldung durch Peers oder Lehrende geben. Wichtig ist auch das Anfertigen eines Storyboards oder Drehbuchs. Wie die Filme im Unterricht erstellt werden können, hängt vom Alter der Lernenden ab. Um Filme zu erzeugen, bieten Tablets oder Smartphones vergleichsweise einfache Lösungen für die Arbeit mit Lernenden. Das geht im Prinzip schon ab der Primarstufe. Der Anspruch an die Filme wird im Verlauf der Schulzeit steigen, sodass Schülerinnen und Schüler einer achten Klasse bereits inhaltlich und technisch anspruchsvolle Ergebnisse liefern können. Filme können dabei als klassische Filme (z. B. mit iMovie) als Screenvideo (z. B. mit Explain Everything) oder als Stop-Motion-Film (z. B. mit iStopMotion) erstellt werden.

3 Reflektieren und Kontrollieren

Impulse des Reflektierens und Kontrollierens gehören an vielen Stellen essentiell zum Lernprozess und das in allen Phasen des Unterrichts vom Einstieg bis zum vertiefenden Üben. Man hält inne, um sich zu vergewissern, ob man auf dem richtigen Weg ist, ob etwas verstanden wurde oder um eine neue tiefere Ebene der Betrachtung anzuregen. Solche Impulse werden häufig von der Lehrperson gesetzt, sollten aber im Sinne einer metakognitiven Strategie von Lernenden mit zunehmendem Alter selbst genutzt werden.

Die „reflektierte Nutzung von Kontrollmöglichkeiten" wird in den Bildungsstandards (KMK 2012, S. 13) als ein Potenzial digitaler Mathematikwerkzeuge genannt. Gerade wenn es um Algorithmen geht, die nicht nur in ihrer Bedeutung und Anwendbarkeit verstanden werden sollen, sondern die man auch händisch ausführen können soll, ist ein individuelles Kontrollwerkzeug in Schülerhand hilfreich. Dies kann bereits in der Primarstufe mit einfachen Taschenrechnern beginnen. Meißner (1978, 2006) hat aufgezeigt, wie die Förderung von Kopfrechenfähigkeiten, Zahlgefühl und Zahlbegriff gerade *durch* den Einsatz von Taschenrechnern vertieft werden kann. In höheren Klassen geht es dann nicht mehr nur um einfache Berechnungen oder das Zeichnen von Graphen, sondern bei Verfügbarkeit eines CAS auch um das Lösen von Gleichungen und Gleichungssystemen sowie das Bilden von Ableitungen und Stammfunktionen.

Neben der Kontrolle von Ergebnissen können auch Zwischenschritte dahingehend reflektiert werden, ob sie richtig geplant und effektiv sind. Beim Lösen von Gleichungen (vgl. Abb. 3) kann man den gewünschten Umformungsschritt (hier erst „+7" und dann „:2") angeben und das gelieferte Resultat zeigt, inwieweit das gewünschte Ziel der Vereinfachung der Gleichung erreicht wurde oder nicht.

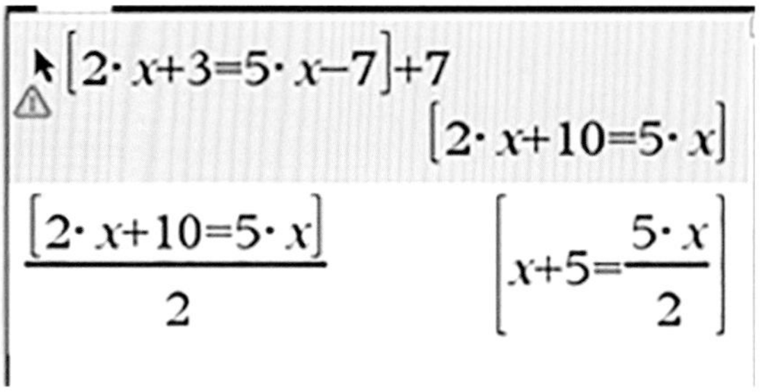

Abb. 3: Schrittweises Lösen einer Gleichung mithilfe eines CAS

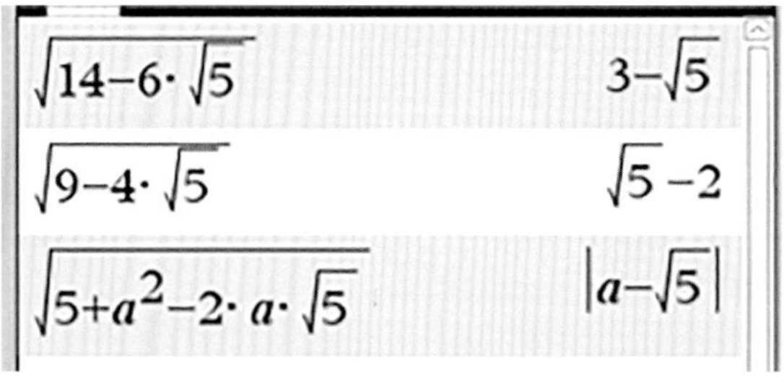

Abb. 4: Mathematische Betrachtung durch Reflektieren der Ergebnisse des CAS

Heugl, Klinger & Lechner (1996) haben in einer Vergleichsuntersuchung gezeigt, dass eine solche Nutzung von CAS zu einem sichereren händischen Lösen von Gleichungen führt als bei einem traditionellen Lernen ohne CAS. Sie führen das auf die individuelle, schnelle Kontrollmöglichkeit zurück. In ähnlicher Weise kann auch die Aufgabenstellung „Erkläre das Ergebnis, das der Rechner liefert!" genutzt werden. Sie erfordert ein gezieltes Reflektieren der Ausgabe eines CAS nach der eigenen Eingabe und regt eine vertiefte Betrachtung der Termstruktur an. Das dahinterliegende Muster kann auch algebraisch beschrieben werden, eventuell ausgelöst durch die kreative Erstellung ähnlicher Rechnerergebnisse (vgl. Abb. 4).

Sogenannte Audience Response Systeme (ARS, z. B. Socrative, Pingo, Kahoot) ermöglichen Lehrenden, sofern Internet im Klassenraum verfügbar ist, sich schnell Antworten von allen Lernenden zu einer bestimmten Frage einzuholen und sich so einen Überblick zu verschaffen, ob etwas verstanden und richtig bearbeitet wurde. Dabei sind Fragen zu verschiedenen Antwortformaten (freier Text, single oder multiple choice) einfach zu generieren. Über Smartphones wird die entsprechende Internetseite aufgerufen und über einen Code gelangen alle Teilnehmenden zur angelegten Abfrage. Die Ergebnisse solcher Abfragen können der Kontrolle im Sinne einer Diagnose dienen, können jedoch ebenso als Impuls im Unterrichtsgespräch genutzt werden, um mögliche Fehlvorstellungen zu reflektieren.

4 Diagnostizieren und Fördern

Unter Computer aided assessment (CAA) werden alle Formen summativen und formativen Testens mit digitalen Medien zusammengefasst. Bei beiden Arten geht es darum, den Leistungsstand zu erheben. Beim summativen Testen geschieht dies im Sinne einer Prüfungsleistung um den Stand am Ende einer Sequenz zu erheben und zu bewerten, beim formativen Testen ist das Ziel eine diagnosegeleitete Förderung der Lernenden (Jenkins 2004). Im elaboriertesten Fall kann das Testen adaptiv sein, d. h. dass aufgrund von Ergebnissen zu Aufgaben Folgeaufgaben individuell passend erzeugt werden. Die Vorteile von CAA liegen insbesondere in der wiederholten Nutzbarkeit einmal erstellter Aufgaben, in der Möglichkeit des direkten Feedbacks, der Unmittelbarkeit der Ergebniskontrolle, der leichteren Erstellung differenzierter Aufgaben, und in der Flexibilität bezüglich des Zugangs an verschiedenen Orten (Charmann 1999). Die Gefahren solcher Tests sind vor allem in zweierlei Hinsicht zu sehen. Geht man von kompetenzorientierten, nach wissenschaftlichen Maßstäben gründlich entwickelten Items aus, so können die Resultate Lehrenden hilfreiche diagnostische Hinweise für die Schulpraxis liefern (z. B. der *FALKE- oder CODI-Test* im Bereich von Funktionen, www.falke-test.de bzw. www.codi-test.de). Bei nicht geprüften und entwickelten Items besteht die Gefahr, dass Fehlschlüsse gezogen werden. Die andere Gefahr liegt in der Reduzierung auf technisch leicht zu überprüfende Aufgabenformate. Mit dieser Reduzierung ist verbunden, dass eigentlich sinnvolle Diagnoseaufgaben in anderen Formaten (z. B. offene Diagnoseaufgaben) nicht gestellt werden, die aber häufig Einblick in individuelle Schülervorstellungen erlauben.

Im Internet gibt es verschiedene Angebote, die Online-Tests für Mathematik in den verschiedenen Jahrgangsstufen zur Verfügung stellen. Ein sehr ausgereifter Test, dessen Items auf der Grundlage fachdidaktischen Wissens erstellt wurden (z. B. bzgl. typischer Fehlvorstellungen) ist der australische *SMART-Test* (s. smartvic.com) für die Sekundarstufe I. Nach der Testbearbeitung der Lernenden erhalten Lehrpersonen Rückmeldungen zu den Antworten mit Diagnose- und Förderhinweisen. Solche Testangebote findet man auch bei Schulbuchverlagen (z. B. Schroedel, kostenpflichtig: www.grundschuldiagnose.de).

Material zur Selbstdiagnose und Selbstförderung findet sich modellhaft in einem EU-Projekt zu *formative assessment (FASMED)*. Mit klarem Bezug zu einer spezifischen Kompetenz dient das digitale Medium dazu, Themen, die bereits im Unterricht behandelt wurden, zu wiederholen. Wie in einer Übekartei (Barzel et al. 2015), bearbeitet man eine offene Diagnoseaufgabe zum Einstieg in das Material und erhält eine Checkliste von Aspekten, anhand derer man selbst die eigene Lösung detailliert überprüfen kann. Bleiben dabei Fragen offen oder erkennt man, wo die eigene Lösung noch nicht richtig ist, wird man entweder zu Informationen zum Wiedererarbeiten und/oder zum Vertiefen geleitet (www.fasmed.eu). Das Besondere ist, dass nicht der Computer die Überprüfung übernimmt, sondern der oder die Lernende selbst. Das Medium liefert mit der Hyperlink-Struktur allein das adäquate Instrument, effizient und gezielt den eigenen Weg zu verfolgen.

5 Verbindung der Darstellungsmodi als genereller Mehrwert digitaler Medien

Die interaktive Verbindung von Darstellungsebenen, von Text, Wort und Bild – statisch wie dynamisch – stellt das besondere Potenzial digitaler Medien dar und bietet Vorteile für alle vorgestellten didaktischen Funktionen. Dies gilt sowohl für digitale Werkzeuge als auch für Lernumgebungen.

Ein gelungenes Beispiel für eine solche Lernumgebung aus der Primarstufe ist das virtuelle Zwanziger- und Hunderterfeld (Urff 2012). Die Struktur ist an entsprechende real-gegenständliche Arbeitsmittel angelehnt und so problemlos von Kindern zu nutzen. Virtuelle Arbeitsmittel bieten dann einen echten Mehrwert für das Lernen, wenn sie in ihren Handlungs- und Darstellungsmöglichkeiten über die Möglichkeiten und Eigenschaften realer Arbeitsmittel hinausgehen. So werden hier symbolische und ikonische Darstellungen im interaktiven Hunderterfeld und passende Rechnungen parallel dargeboten und können auch jeweils in einer Darstellung verändert werden, wobei die Veränderung dann auch gleichzeitig in der anderen Darstellung erfolgt. Dadurch sind vor allem Aufgabenstellungen nach dem operativen Prinzip möglich, „die geeignet sind, vielfältige Zusammenhänge und Beziehungen herauszuarbeiten und für die weiteren Aktivitäten zu nutzen. Operative Übungen fordern und fördern bewegliches Umgehen mit Zahlen und Rechenoperationen“ (Radatz & Rickmeyer 1996, S. 84). Neben anderen Vorteilen weist Urff darauf hin, dass die gestützte Ausführung der Handlung ermöglicht, „eine Handlung nicht für jede Darstellungsebene getrennt ausführen zu müssen, wie dies bei gegenständlichen Arbeitsmitteln notwendig ist. Im Computer kann die Handlungsausführung über enaktive, ikonische und symbolische Darstellungen hinweg synchronisiert werden“ (vgl. Urff 2012, S. 73). Die zeitgleiche Darstellung mehrerer Repräsentationen kann unterschiedliche Aspekte eines mathematischen Konzeptes zusammenführen.

Dies gilt auch für Multi-Repräsentationssysteme (Barzel & Greefrath 2015), bei denen die digitalen Werkzeuge interaktiv verknüpft sind. Tabelle, Graph, Term, geometrische Konstruktion sind dabei so verbunden, dass die Veränderung in einer Darstellung die entsprechende Veränderung in den anderen Darstellungen induziert. Dadurch können zum Beispiel Auswirkungen bestimmter Größen und Zusammenhänge genauer untersucht werden. Betrachtet man beispielsweise ein Streudiagramm, bei dem auch die statistischen Kenngrößen (wie Mittelwerte) und die zugehörige Datentabelle eingeblendet sind, lassen sich die Auswirkungen untersuchen, wenn man in der Datentabelle einzelne Werte verändert. Dabei können beispielsweise Vorstellungen zu den verschiedenen Mittelwerten entdeckt werden, wie die Erkenntnis, dass das Verändern extrem großer oder kleiner Werte den Durchschnitt sehr stark verändern kann, aber nicht den Median.

6 Ausblick

Die Diskussion um digitale Lernwelten (Hugger & Walber 2010), in denen verschiedene Medien für die verschiedenen didaktischen Funktionen gebündelt werden, ist in vollem Gange. In dieser Vernetzung liegt eine große Herausforderung, da für die einzelnen Medien strukturell neue Anforderungen entstehen. Für das Schulbuch bedeutet dies beispielsweise, dass Aufgaben mit Applets oder Werkzeugen verknüpft werden müssten, ohne dass die Übersichtlichkeit und klare Strukturierung einer Aufgabe oder Sequenz verlorengeht. Ein klassisches Schulbuch schlicht als PDF zu digitalisieren, ist von diesem Anspruch weit entfernt. Lernpfade bieten hier sicherlich ein Vorbild, unterliegen jedoch der großen Gefahr, dass man sich von den digitalen Möglichkeiten zu einer zu starken Individualisierung und Kleinschrittigkeit verleiten lässt. Hier ist es wichtig, die Prinzipien sozial-konstruktivistischen Lernens und einer hohen kognitiven Aktivierung als Leitlinien zu wahren.

Die technische Realisierung von „Lernwelten" ist das eine, nicht fehlen darf aber zum anderen die sinnvolle Moderation der Lehr-Lern-Prozesse, die von Lehrpersonen eine hohe Kompetenz verlangt (TPACK – Technological Pedagogical Content Knowledge, Niess et al. 2009). Digitale Medien finden erstaunlich zögerlich den Weg in den Schulalltag. Es ist daher erforderlich, dass in allen Phasen der Lehrerbildung, vom Studium über das Referendariat bis zur berufsbegleitenden Professionalisierung, das Thema stets aktualisiert bearbeitet wird. Dabei spielen digitale Medien nicht nur als Thema bei der Professionalisierung, sondern auch als neues Format für die Kommunikation eine wichtige Rolle. Internetforen und Plattformen (z. B. OLAT, webct, OPAL, Moodle) und Wege synchroner Blended-Learning-Angebote können die Lernprozesse erleichtern und die Kooperation von Lernenden unterstützen. Dadurch werden auch neue Formen denkbar, Schulpraxis und universitäre Ausbildung zu verknüpfen. So können in kooperativen Veranstaltungen alle Phasen der Lehrerbildung kombiniert werden: Studierende, Referendarinnen und Referendare, Lehrpersonen arbeiten zusammen an der Entwicklung und Untersuchung von digital gestützten Unterrichtssequenzen und bringen sich mit den jeweils besonderen Fähigkeiten ein (s. Schreiber 2012). Daraus ergeben sich große Vorteile eines direkten Praxiskontakts, wobei Unterrichtsplanungen dann für eine konkrete Klasse erstellt werden. Für die Studierenden entsteht dadurch eine hohe Motivation, da die eigenen Planungen direkt zum Einsatz kommen. Die Lehrkräfte erhalten in solchen Projekten Unterstützung in ihrem Schulalltag und Begleitung aus der Wissenschaft.

Literatur

Barzel, B. (2001). Bilder schaffen mit Graphen. In: mathematik Lehren, 102, 12–15.

Barzel, B. & Greefrath, G. (2015). Digitale Mathematikwerkzeuge sinnvoll integrieren, in: W. Blum, S. Vogel, C. Drüke-Noe & A. Roppelt (Hrsg.), Bildungsstandards aktuell: Mathematik in der Sekundarstufe II, 145–157. Braunschweig: Westermann Schroedel Diesterweg Schöningh Winklers.

Barzel, B., Hußmann, S. & Leuders, T. (2005). Computer, Internet & Co im Mathematikunterricht. Berlin: Cornelsen Scriptor.

Barzel, B., Hußmann, S., Leuders, T., Prediger, S., Holzäpfel, L., Marxer, M., Mühlenfeld, U., Poloczek, J., Ruchniewicz, H., Stachniss-Carp, S. & Witzmann, C. (2015). Übekartei 7. Berlin: Cornelsen Verlag.

Barzel, B. & Weigand, H. (Hrsg.) (2008). Medien vernetzen. In: mathematik lehren, 146. Seelze: Friedrich.

Bescherer, C. (2005). WebQuests als Lernumgebung für prozessbezogene Kompetenzen im Mathematikunterricht. In: B. Barzel & T. Leuders (Hrsg.), Computer, Internet & Co. im Mathematik-Unterricht, 107–116. Berlin: Cornelsen Verlag.

Dodge, B. (1997). Some Thoughts About WebQuests. (http://webquest.org/sdsu/about_webquests.html, letzter Zugriff: 18.12.2015)

Drijvers, P., Barzel, B., Maschietto, M. & Trouche, L. (2006). Tools and technologies in mathematical didactics. In: M. Bosch (Ed.), Proceedings CERME4 conference february 2005, p. 927–938. (http://ermeweb.free.fr/CERME4/, letzter Zugriff: 18.12.2015)

Drijvers, P., Ball, L., Barzel, B., Heid, M. K., Yiming, C. & Maschietto, M. (2016): Uses of Technology in Lower Secondary Mathematics Education. In: ICME 13-Topical Surveys. Springer.

Embacher, F. (2004). Das Konzept der Lernpfade in der Mathematik-Ausbildung. (www.mathe-on-line.at/literatur/iwk7.6.2004/artikelIWK.rtf, letzter Zugriff: 06.06.2016)

Fuglestad, A. B. (2005). Students' choice of tasks and tools in an ICT rich environment. In: M. Bosch (Ed.), Proceedings CERME4 conference february 2005, 1000–1009.

Heugl, H., Klinger, W. & Lechner, J. (1996): Mathematikunterricht mit. Computeralgebrasystemen. Bonn/Massachussetts: Addison-Wesley.

Hugger, K-U. & Walber, M. (2010): Digitale Lernwelten – Konzepte, Beispiele und Perspektiven. Wiesbaden: VS Springer Fachmedien.

Hußmann, S. (2002). Konstruktivistisches Lernen an Intentionalen Problemen. Hildesheim: Franzbecker.

Irving, K.I. (2006). The Impact of Educational Technology on Student Achievement: Assessment of and for Learning. In: Science Educator, 15(1), 13–20.

Jenkins, M. (2004). Unfulfilled Promise: formative assessment using computer-aided assessment. In: Learning and Teaching in Higher Education, Issue 1, 2004 (05), 67–80.

Klose, R., Tebaartz, P., Schreiber, C. & Lengnink, K. (2014). Audio-Podcasts zu fachmathematischen Inhalten. Abrufbar unter: „lehrer-online". (http://www.lehrer-online.de/podcast-fachmathematik.php, letzter Zugriff: 01.10.2015)

KMK (2004) – Sekretariat der Ständigen Konferenz der Kultusminister der Länder. Bildungsstandards für die Lehrerbildung. (http://www.kmk.org/, letzter Zugriff: 06.06.2016)

KMK (2012) – Sekretariat der Ständigen Konferenz der Kultusminister der Länder in der Bundesrepublik Deutschland. Bildungsstandards im Fach Mathematik für die Allgemeine Hochschulreife (Beschluss der Kultusministerkonferenz vom 18.10.2012). (http://www.kmk.org, letzter Zugriff: 17.07.2016)

Knipping, Ch. & Reith, D. (2005). Black Boxes In: B. Barzel, S. Hußmann & T. Leuders (Hrsg.), Computer, Internet & Co im Mathematikunterricht, 167–180. Berlin: Cornelsen Scriptor.

Langenhan, J. & Schreiber, C. (2012). PrimarWebQuest – Projektorientiertes Lernen mit dem Internet in der Primarstufe. Hohengehren: Schneider Verlag.

Leuders, T. (2005). Mathematik Lehren und Lernen mit dem Internet – zwischen instruktivistischem und konstruktivistischem Paradigma. In: P. Bender, W. Herget, H.-G. Weigand & T. Weth (Hrsg.), WWW und Mathematik – Lehren und Lernen im Internet, 7–34. Hildesheim: Franzbecker.

Malle, G. (1993). Didaktische Probleme der elementaren Algebra. Braunschweig: Vieweg.
Meißner, H. (1978): Projekt TIM 5/12 – Taschenrechner im Mathematikunterricht für 5- bis 12-Jährige. In: Zentralblatt für Didaktik der Mathematik, Jg. 10, 4, 221–229.
Meißner, H. (2006): Taschenrechner in der Grundschule. In: mathematica didactica, 5–25.
Moser, H. (2008) Abenteuer Internet, Lernen mit WebQuests. Donauwörth: Auer Verlag.
Niess, M. L., Ronau, R. N., Shafer, K. G., Driskell, S. O., Harper S. R., Johnston, C., Browning, C., Özgün-Koca, S. A. & Kersaint, G. (2009). Mathematics teacher TPACK standards and development model. In: Contemporary Issues in Technology and Teacher Education, 9(1), 4–24.
Pallack, A. (2015). Mathe im Film. (MatheWelt) In: mathematik lehren, 189.
Prediger, S. & Marxer, M. (2015). Bahn oder Auto? Berechnungen beschreiben und durchdenken. In: T. Leuders, S. Prediger, B. Barzel, & S. Hußmann (Hrsg.), Mathewerkstatt 7, 189–218. Berlin: Cornelsen.
Prediger, S., Leuders, T., Barzel, B. & Hußmann, St. (2013). Anknüpfen, Erkunden, Ordnen, Vertiefen – Ein Modell zur Strukturierung von Design und Unterrichtshandeln. Beiträge zum Mathematikunterricht 2013, 769–772. Münster: WTM.
Radatz, H. & Rickmeyer, K. (1996). Aufgaben zur Differenzierung im Mathematikunterricht der Grundschule. Hannover: Schroedel.
Roth, J. (2015). Lernpfade – Definition, Gestaltungskriterien und Unterrichtseinsatz In: J. Roth, E. Süss-Stepancik & H. Wiesner (Hrsg.), Medienvielfalt im Mathematikunterricht Lernpfade als Weg zum Ziel, 3–25. Wiesbaden: Springer.
Schreiber, C. (2007). WebQuests für die Grundschule: Prima(r)WebQuest. Abrufbar unter: „lehrer-online". (http://www.lehrer-online.de/primar-webquest.php, letzter Zugriff: 06.06.2016)
Schreiber, C. (2011). PriMaPodcasts – Podcasts zur Mathematik in der Primarstufe. Abrufbar unter: „lehrer-online". (http://www.lehrer-online.de/mathe-podcasts.php, letzter Zugriff: 24.03.2017)
Schreiber, C. (2012). Veranstaltung mit allen Phasen der Lehrerbildung – Konzeption und Erfahrungen. In: D. Bosse, K. Moegling & J. Reitinger (Hrsg.), Reform der Lehrerbildung in Deutschland, Österreich und der Schweiz. Teil II, Reihe‚ Theorie und Praxis der Schulpädagogik' (5. Band), 141–151. Immenhausen: Prolog-Verlag.
Schreiber, C. (2016). WebQuest – Projektorientierter Einsatz des Internets. L.A. In: Multimedia, 1, 2016, 30–34.
Schreiber, C. & Klose, R. (2015). Mathematische Audio-Podcasts für Lehrerbildung und Schule. In: T. Knaus & O. Engel (Hrsg.), framediale 2014, 101–111. München: kopaed.
Schreiber, C. & Klose, R. (2017). Audio-Podcasts zum Darstellen und Kommunizieren. In: C. Schreiber, R. Rink & S. Ladel (Hrsg.), Digitale Medien im Mathematikunterricht der Primarstufe – Ein Handbuch für die Lehrerausbildung, 63–88. Münster: WTM.
Schreiber, C. & Schulz, K. (2017). Stop-Motion-Filme zu Materialien aus dem Mathematikunterricht. In: C. Schreiber, R. Rink & S. Ladel (Hrsg.), Digitale Medien im Mathematikunterricht der Primarstufe – Ein Handbuch für die Lehrerausbildung. (Reihe Lernen, Lehren und Forschen mit digitalen Medien in der Primarstufe; 3), 89–110. Münster: WTM.
Schreiber, C. & Schulz, K. (2017). Stop-Motion-Filme zu Materialien aus dem Mathematikunterricht. In: C. Schreiber, R. Rink & S. Ladel (Hrsg.), Digitale Medien im Mathematikunterricht der Primarstufe – Ein Handbuch für die Lehrerausbildung, 89–110. Münster: WTM.
Sweller, J. (2003). Evolution of human cognitive architecture. In: The Psychology of Learning and Motivation, 43, 215–266.
Urff, C. (2012). Virtuelle Arbeitsmittel im Mathematikunterricht der Primarstufe In: S. Ladel & Ch. Schreiber (Hrsg.), Lernen, Lehren und Forschen in der Primarstufe. Band 1, 59–81. Hildesheim: Franzbecker.
Yerushalmy, M. & Botzer, G. (2011). Teaching secondary mathematics in the mobile age. In: O. Zaslavsky & P. Sullivan (Eds.), Constructing Knowledge for Teaching Secondary Mathematics Tasks to enhance prospective and practicing teacher learning, 191–208. New York: Springer.

Maike Abshagen, Thomas Riecke-Baulecke & Bettina Rösken-Winter

Unterrichtsentwicklung

Die Gesamtstrategie der Kultusministerkonferenz zum Bildungsmonitoring in der überarbeiteten Fassung von 2015 ist weiterhin durch die „empirische Wende“ geprägt. Dieser aktuelle Bezug legt eine historische Betrachtung des Themas *Unterrichtsentwicklung* nahe. Wichtiger Ansatzpunkt ist dabei die Kategorie *Unterrichtsqualität,* die auf den Seiten 149 ff. entfaltet worden ist. Im Zentrum dieses Kapitels stehen davon ausgehende Fragen der systematischen Gestaltung von Unterrichtsentwicklungsprozessen im Sinne von Arbeitszyklen. Einige Stichworte sind: Tiefen- und Sichtstrukturen, Fachkonferenzarbeit, schulinternes Fachcurriculum, kollegiale Unterrichtshospitationen und kooperative Aufgabenentwicklung, schulinterne und externe Fortbildungen, Parallel- und Jahrgangsstufenarbeiten, Lernstandserhebungen und Vergleichsarbeiten.

1 Historische Einordnung

Die jüngere Geschichte der Schul- und Unterrichtsentwicklung steht ganz im Zeichen der „empirischen Wende“ in der Bildungspolitik, die mit der Teilnahme an der internationalen Vergleichsstudie *Third International Mathematics and Science Studie (TIMSS)* 1995 und den *Konstanzer Beschlüssen* der Kultusministerkonferenz (1997) eingeleitet wurde: „Vor ungefähr 30 Jahren hatte Heinrich Roth die empirische Wendung der pädagogischen Wissenschaften gefordert. Sie gilt es, so könnte man sagen, endlich zu vollziehen, und zwar auch in der Bildungspolitik und im Schulalltag“ (Lange 1999, S. 144). Für die Schul- und Unterrichtsentwicklung bedeutet dies, die für Unterricht relevanten Daten als Grundlage zu erheben, um Konzepte und Entscheidungen zu überdenken und zu überarbeiten (Altrichter 2015, S. 41; zum Diskurs über eine „Evidence-Based-Policy“ vgl. Heinrich 2010).

Ansätze der Schul- und Unterrichtsentwicklung werden in Deutschland seit den 1990er-Jahren für den Schulbereich diskutiert (Helmke & Weinert 1997; Posch & Altrichter 1997; Steffens 2007; Helmke 2012; Terhart 2016; Leuders 2015), wozu insbesondere die vielzitierte Trias aus Schul-, Unterrichts- und Personalentwicklung gehört (Rolff 1993, 2007, 2015). Ins Zentrum der Aufmerksamkeit rücken Erkenntnisse, wonach die Entwicklung der Einzelschule als „pädagogische Handlungseinheit“ (Fend 1987) und die Professionalität der in ihr tätigen Lehrkräfte entscheidende Faktoren für die Unterrichts- und Schulqualität (Baumert et al. 1997) sind. Die Forderungen nach größerer Eigenständigkeit auf der einen und Transparenz über die Ergebnisse schulischer Arbeit („Output“) auf der anderen Seite haben das bis dahin geltende Paradigma der staatlichen Steuerung vor allem über den „Input“ (Ressourcen, Lehrpläne, Ausbildung) relativiert. So beschloss die Kultusministerkonferenz die Einführung von Bildungsstandards

(Kultusministerkonferenz 2003) und die KMK-Gesamtstrategie zum Bildungsmonitoring (Kultusministerkonferenz 2006, 2015) mit den vier Elementen:
- regelmäßige Teilnahme an internationalen Schulleistungsuntersuchungen,
- zentrale Überprüfung des Erreichens der Bildungsstandards im Ländervergleich,
- Vergleichsarbeiten zur landesweiten Überprüfung der Leistungsfähigkeit einzelner Schulen,
- Unterstützungs- und Fortbildungsangebote für Lehrkräfte,
- gemeinsame Bildungsberichterstattung von Bund und Ländern.

Festgehalten werden kann, dass die empirische Wende dazu beigetragen hat, Unterrichtsqualität ins Zentrum der Aufmerksamkeit von Schulentwicklung zu stellen. Zugleich sind durch Schlagwörter wie „Bildungsstandards", „Kompetenzorientierung" oder „landesweite Vergleichsarbeiten" Begrifflichkeiten in Lehrpläne und Fachanforderungen sowie Konzepte der Unterrichtsentwicklung und Lehrerbildung eingeführt worden, die nicht unerhebliche Irritationen ausgelöst haben (Tenorth 2016) und deshalb klärungsbedürftig sind (s. Kapitel *Allgemeine mathematische Kompetenzen, Leitdideen und Standards,* S. 43 ff. und Leuders 2015).

Was ist unter Unterrichtsentwicklung zu verstehen, welche Rahmenbedingungen sind zu beachten, welche Schwerpunkte sind zu setzen?

2 Rahmen und Schwerpunkte: Lernergebnisse und Tiefenstrukturen

Schulen verändern sich wie alle Organisationen durch die Handlungen der Akteure, das Gleiche gilt für den Unterricht. Der Begriff *Unterrichtsentwicklung* bringt zum Ausdruck, dass Veränderungen intentional erfolgen und systematisch gestaltet werden (Helmke 2012, Terhart 2015). Missverständlich kann dabei sein, dass die Kategorie *Entwicklung* oftmals mit *Veränderung* gleichgesetzt wird (vgl. die Diskussion von Unterrichtsentwicklungsmodellen bei Terhart 2015). Veränderung kann jedoch verschiedene Richtungen nehmen und es bleibt zunächst offen, ob positive oder negative Effekte erzielt werden. Ohne Klarheit über die Kriterien entsteht die Gefahr, Unterrichtsentwicklung zu trivialisieren, Veränderung als Selbstzweck zu benennen und Positives fälschlich negativ zu besetzen. Zu Recht weist Helmke darauf hin, dass der Begriff „Unterrichtsentwicklung" nicht optimal ist, geht es doch um „Verbesserung" (2012, S. 307), insbesondere der Lernleistungen der Schülerinnen und Schüler.

Unterrichtsentwicklung ist untrennbar mit der Klärung der zu erreichenden Ziele mit Blick auf das Lernen der Schülerinnen und Schüler verbunden und damit auf die verschiedenen Dimensionen der Ergebnisqualität von Unterricht wie Leistung, Motivation, soziale und selbstregulative Fähigkeiten (vgl. S. 154). Unterrichtsentwicklung im staatlich verfassten Schulsystem vollzieht sich im Rahmen des Bildungs- und Erziehungsauftrags, sodass bei der Zielbestimmung stets die Vorgaben in Form von Bildungsstandards, Lehrplänen und Fachanforderungen sowie die Leistungserwartungen in Abschlussprüfungen, Vergleichs- oder Jahrgangsstufenarbeit zentrale Orientierungspunkte darstellen (s. S. 227).

Wenn das Lernen der Schülerinnen und Schüler im Zentrum der Unterrichtsentwicklung stehen soll, so geht es vor allem um die Tiefenstrukturen (s. S. 155), die maßgeblich das Lernen der Schülerinnen und Schüler beeinflussen. Wird Unterrichtsentwicklung alleine oder zu stark auf Merkmale der Sichtstrukturen ausgerichtet, können Fehlschlüsse befördert werden. Beschließt beispielsweise eine Fachkonferenz das Stationenlernen ins Zentrum der Unterrichtsentwicklung zu stellen und vernachlässigt dabei, dass erfolgreiches Stationenlernen untrennbar mit kognitiver Aktivierung, effizienter Klassenführung und wirksamer konstruktiver Unterstützung verbunden sein muss, so kann effektive Unterrichtsentwicklung nicht stattfinden. Die Überbetonung der Sicht- gegenüber den Tiefenstrukturen ist eines der Probleme bei Unterrichtsbeobachtungen im Allgemeinen und im Rahmen von Schulinspektionen im Besonderen.

3 Systematik: Unterrichtsentwicklung als Arbeitszyklus

Unterrichtsentwicklung als intentionaler und systematischer Prozess setzt bei Verbesserungen der Tiefenstruktur des Lehrens sowie des Lernens von Schülerinnen und Schülern an. Unterrichtsentwicklung geschieht individuell, von kleineren Gruppen im Fachkollegium ausgehend oder von der gesamten Fachschaft oder dem Kollegium. Wenn Unterrichtsentwicklung Teil der Schulentwicklung sein soll, dann ist sie einzuordnen in die Bestandsaufnahme, Zielklärung und Vorhabenplanung der Schulgemeinschaft. Dafür ist zentrales Instrument das Schulprogramm, teilweise wird auch von Jahresarbeitsplänen, Schulentwicklungs- oder Arbeitsprogrammen gesprochen (Buer & Hallmann 2007; Heinrich & Kussau 2010; Riecke-Baulecke 2001, 2004, 2007). In einem Schulprogramm können fachübergreifende Ziele (Reduzierung der Risikogruppe, alle Schülerinnen und Schüler erreichen einen Schulabschluss) formuliert werden, die in den Fächern zu konkretisieren sind. Verantwortlich für die Gestaltung der Schulentwicklungsprozesse ist die Schulleiterin/der Schulleiter. Analog gilt, dass für die Unterrichtsentwicklung im Fach die Leitung der Fachschaft/Fachkonferenz federführend ist.

Sowohl Schul- als auch Unterrichtsentwicklungsprozesse sollten als Arbeitszyklus gestaltet werden, um Systematik zu gewährleisten. Solche Arbeitszyklen umfassen die klassischen Phasen des Managementkreislaufes (Wöhe 1996, S. 99): Bestandsaufnahme, Zieldefinition und Vorhabenplanung, Umsetzung, Evaluation.

Bestandsaufnahme

In der Bestandaufnahme verschafft sich das Kollegium einen Überblick über die Unterrichtsqualität (Ergebnis-, Prozess- und Strukturqualität, s. S. 153). Wichtige Verfahren sind dabei:

- Lernstandserhebungen (*VERA*, Parallelarbeiten, Abschlussprüfungen),
- Kennzahlenanalyse (Größe der Risiko- und Spitzengruppe, Anzahl der sehr guten und mangelhaften Noten, Teilnahme an Mathematikwettbewerben),
- Fragebogenerhebung unter Schülerinnen/Schülern und Lehrkräften,
- Qualitative Stärke-Schwäche-Analyse (in der Fachkonferenz, unter Einbeziehung von Schülerfeedback, Auswertung kollegialer Hospitationen).

Zieldefinition und Vorhabenplanung

Ausgehend von der Bestandsaufnahme werden Ziele bestimmt, die möglichst „smart" formuliert sein sollten. Solche Ziele sind

- spezifisch, wenn sie konkret zu den tatsächlichen Bedingungen, Anforderungen und Möglichkeiten der jeweiligen Schule passen;
- messbar, wenn sie in Kennzahlen ausgedrückt werden können;
- anspruchsvoll und realistisch, wenn die Zielerreichung durch größere Kraftanstrengungen sowie abgestimmtes Handeln aller Beteiligten möglich ist;
- terminiert, wenn sie auf konkrete Zeiträume bezogen und in Etappen untergliedert sind.

Die Arbeitsvorhaben enthalten diejenigen Maßnahmen, mit denen die Ziele erreicht werden sollen.

B

Die Grundrechenfertigkeiten vieler Schülerinnen und Schüler sind nicht befriedigend. Dies macht sich bei Klassenarbeiten aber auch im hilfsmittelfreien Teil der Abituraufgaben bemerkbar.

Ziel: Verbesserung der Grundrechenfertigkeiten in der Mittelstufe

Vorhaben und Umsetzungsplan: Um den Schülerinnen und Schülern zu ermöglichen, auf Verfahren und Konzepte zurückzugreifen, wird bei der Unterrichtsplanung und -gestaltung stärker darauf geachtet, inhaltliches Denken vor Kalkül zu setzen, verschiedene Darstellungswechsel zu verwenden, an Vorerfahrungen anzuknüpfen und produktiv zu üben (Büchter & Leuders 2005). Die Kollegen verabreden, sich stärker auszutauschen und regelmäßig zum Halbjahr in allen Klassen der Mittelstufe einen Test mit hilfsmittelfrei zu absolvierenden Aufgaben gemeinsam zu planen und parallel durchzuführen.

Umsetzung

Nach der Bestimmung von Zielen und der Festlegung von Arbeitsvorhaben werden die Maßnahmen in die Praxis umgesetzt und kontinuierlich ausgewertet.

B

Beschlusskontrolle und Erfahrungsaustausch während der Fachkonferenz
Beschlossen wurde, jährliche Tests mit Aufgaben zur verstehensorientierten Bearbeitung, die hilfsmittelfrei zu absolvieren sind, in der Mittelstufe parallel durchzuführen.
Folgende positive Erfahrungen haben wir gemacht: Die Schülerinnen und Schüler haben mit produktiven Übungsformaten ihre Grundrechenfertigkeiten und ihre Selbstreflexionsfähigkeiten verbessern können.
Folgende Probleme bestehen weiterhin: Vielen Schülerinnen und Schülern fehlen noch Grundvorstellungen zu einigen Grundrechenarten wie beispielsweise zur Addition ungleichnamiger Brüche.
Unsere Schlussfolgerungen sind: Wir behalten die Tests bei und beobachten im nächsten Halbjahr, ob der vermehrte Einsatz produktiver Übungsformate sich positiv auf Grundvorstellungen auswirkt.

Evaluation

Evaluation umfasst die systematische Erhebung, Dokumentation und Auswertung von Daten, um Organisationen, Entwicklungen oder Maßnahmen zu analysieren und einzuschätzen. Evaluation erfüllt sowohl eine Legitimationsfunktion, indem Bestehendes oder Erfolgtes gerechtfertigt oder hinterfragt wird, als auch eine Entwicklungsfunktion, indem Optimierungen oder Unterlassungen erfolgen, um dadurch Verbesserungen zu erzielen (Gollwitzer & Jäger 2007; Helmke 2003; Riecke-Baulecke 2012).

Um tragfähige Bewertungen zu ermöglichen, sollten Evaluationen möglichst an Bezugsnormen orientiert sein, wobei kriteriale, soziale und individuelle Bezugsnormen unterschieden werden. Daneben sind Gütekriterien für Evaluationen zu beachten, wozu Objektivität, Gültigkeit (Validität), Zuverlässigkeit (Reliabilität), Zielerreichungsgrad (Effektivität), Wirksamkeit (Effizienz) und Fairness gehören (Deutsche Gesellschaft für Evaluation 2004).

B

Da die Tests parallel und jährlich geschrieben werden, gibt es zum einen den Vergleich zwischen den Klassen, zum anderen ab dem zweiten Jahr den Vergleich mit dem Klassenmittel aus dem Vorjahr. So lässt sich ablesen, ob die Leistungen der Schülerinnen und Schüler im Mittel in einer bestimmten Klassenstufe über die Zeit ansteigen.
Längsschnittvergleiche sind im Rahmen dieser Maßnahme schwieriger, weil die Tests so konzipiert werden, dass sie in höheren Jahrgangsstufen auch inhaltlich größere Bereiche abdecken. Löst ein Schüler beispielsweise jedes Jahr den gleichen Prozentsatz an Aufgaben korrekt, hat er jährlich dazugelernt. Möglich ist es aber, die Entwicklung eines Schülers im Vergleich zu seiner Klasse sowie einer Klasse im Vergleich zu Parallelklassen zu analysieren.

4 Expertenorganisation Schule: Partizipation und professionelle Fachteamarbeit

Mintzberg (1979) beschreibt Schule als Expertenorganisation, in der professionell ausgebildete Experten, sogenannte Professionelle, arbeiten. Die (Weiter-) Entwicklung der Expertise basiert auf Qualifizierung, schöpferischen Freiheiten bei der Arbeit und einem kollegialen Klima der Wertschätzung und des Vertrauens, in dem reflexives, adaptives Handeln ermöglicht und gefördert wird. Wenn Unterrichtsentwicklung im Fach Mathematik positive Auswirkungen für möglichst viele Schülerinnen und Schüler haben soll, dann muss sie vor allem in den Tiefenstrukturen stattfinden, die entscheidend dafür sind, Qualität zu sichern und zu entwickeln. In den Bundesländern sind hierfür laut Schulgesetzen Fachkonferenzen, Fachschaften oder Fachteams verantwortlich, sodass auf die Organisationsform der Kooperation gesetzt wird. Lehrerinnen und Lehrer übernehmen gemeinsam Verantwortung für ihren Unterricht und das Lernen ihrer Schülerinnen und Schüler. Dabei sind die Befugnisse dieser Teams von Bundesland zu Bundesland durchaus unterschiedlich: Die Fachkonferenzen können dafür zuständig sein, schulinterne Fachcurricula zu entwickeln; der Vorsitz kann mit dem Recht und der Pflicht verbunden sein, regelmäßige Unterrichtshospitationen durchzuführen.

Die professionelle Gestaltung dieser Arbeit in Teamstrukturen ist ein wesentlicher Faktor dafür, Unterrichtsentwicklung in der Breite und Tiefe des Faches zu verankern. Dass bei der Gestaltung der Teamarbeit immer auch Lernprozesse stattfinden, erklärt sich von selbst. Wichtige Merkmale professioneller Teamarbeit im Fach Mathematik sind dementsprechend:

- Im Zentrum der Arbeit steht die Frage, wie die Schülerinnen und Schüler möglichst gut beim Lernen im Fach unterstützt werden können. Das bedeutet:
  - es gibt ein abgestimmtes Curriculum, das regelmäßig ausgewertet wird;
  - die Leistungsentwicklung der Schülerinnen und Schüler wird regelmäßig thematisiert;
  - Unterrichtseinheiten, Leistungsüberprüfungen werden gemeinsam entwickelt und ausgewertet;
  - neue Vorgehenswesen werden erprobt und zum Gegenstand des Erfahrungsaustausches gemacht.
- Außerunterrichtliche Vorhaben werden gemeinschaftlich und arbeitsteilig initiiert und organisiert.
- Es herrscht eine arbeitsförderliche, auf Respekt, Anerkennung und Offenheit basierende Atmosphäre, was Diskurs und Disput einschließt.
- Die Arbeit wird mithilfe von Vorlagen, Moderations-, Präsentations- und Dokumentationstechniken effizient organisiert.

Besondere Teamstrukturen finden sich unter dem Label *Professionelle Lerngemeinschaften (PLGen)*, einem Zusammenschluss von Lehrkräften, mit dem Ziel, gemeinsam den eigenen Unterricht zu verbessern (Gräsel et al. 2006; Ostermeier, Prenzel & Duit 2010). In Ergänzung zu oben genannten Merkmalen professioneller Teamarbeit stellen Bonsen und Rolff (2006) als Charakteristika für *PLGen* die folgenden Aspekte heraus: Geteilte Normen und Werte, De-Privatisierung des Unterrichts, Fokus auf das Schülerlernen, Zusammenarbeit/Kooperation und reflektierender Dialog. Dieses Verständnis von *PLGen* integriert Aspekte der Aktionsforschung (vgl. Altrichter & Posch 1998), indem der eigene Unterricht zum Gegenstand eines Kernanliegens gemacht wird, und über Schülerprodukte oder Unterrichtsbeobachtungen „Daten erhoben" werden, auf deren Basis dann wieder Implementationen für den Unterricht abgeleitet werden.

5 Leitung der Fachkonferenz

Mithilfe der Fachkonferenzleitung kann die Fachschaftsarbeit professionalisiert und koordiniert werden. Mindestens einmal im Halbjahr treffen sich alle Fachschaftsmitglieder, Eltern- und Schülervertreter und ggf. der Schulleiter oder die Schulleiterin zur Fachkonferenz. Die Fachkonferenzleitung sollte sich dabei über ihre inhaltlichen Ziele im Klaren sein, den zeitlichen Ablauf planen, Entscheidungen auch durch Bündnisse vorbereiten, die Formalitäten erfüllen (fristgerechte Einladung, Tischvorlagen, genehmigungsfähiges Protokoll).

Zielklarheit

Alle Themen, zu denen auf der Fachkonferenz Beschlüsse gefasst werden sollen, müssen auf der Tagesordnung stehen. Die Leitung sollte klare Vorstellungen darüber haben, welcher Art die Beschlüsse sein sollten und dann die Unterrichtsentwicklung als Arbeitszyklus vorab durchdenken. Wurde in der Bestandsaufnahme durch *VERA* beispielsweise festgestellt, dass die Ergebnisse für die Leitidee *Daten und Zufall* über mehrere Jahren infolge relativ schlecht im Vergleich zu anderen Leitideen waren, so könnte daraus das Ziel abgeleitet werden, die Kompetenzen der Schülerinnen und Schüler in diesem Bereich zu verbessern, indem der Leitidee *Daten und Zufall* mehr Raum im schulinternen Fachcurriculum gegeben wird (Anpassung des schulinternen Fachcurriculums) und die Lehrkräfte sich zu diesem Thema gemeinsam fortbilden und die Fortbildungsimpulse nutzen, um gemeinsam ihren Unterreicht weiterzuentwickeln.

Vorbereitung des zeitlichen Ablaufs

Die Tagesordnung legt fest, in welcher Reihenfolge vorgegangen werden soll. Die Leitung sollte darauf achten, dass – nach den Formalia (Festlegung des Protokollanten, Genehmigung der Tagesordnung und des Protokolls der letzten Sitzung) – für die Punkte, zu denen eine inhaltliche Diskussion nötig ist, ausreichend

Zeit zur Verfügung steht. So gibt es zu *VERA*-Ergebnissen selbst vermutlich wenig Diskussionsbedarf, aber dafür zu dem Umgang mit den Ergebnissen, die sich dann im schulinternen Fachcurriculum niederschlagen können. Auch zu Evaluationsergebnissen der Schülerbögen kann es eine rege Diskussion geben, vielleicht, weil einige mit ihren Ergebnissen nicht zufrieden sind oder ganz gegen eine systematische Befragung sind. Wichtig ist dabei, dass die Diskussion immer wieder auf inhaltliche Aspekte zurückgeführt wird, die es zu bearbeiten gilt.

Entscheidungen vorbereiten und Bündnisse eingehen

Die Leitung sollte sich im Vorfeld Gedanken darüber machen, mit welchen Widerständen zu rechnen ist. Die Leitung könnte sich beispielsweise vornehmen, die Leitidee Daten und Zufall stärker in den Fokus zu rücken, ihr im schulinternen Fachcurriculum mehr Zeit zu geben und die Reihenfolge der Themen so zu verändern, dass Daten und Zufall nicht immer am Ende des Schuljahres unterrichtet wird. Um auch skeptische Kollegen mit ins Boot zu holen, könnte die Leitung im Vorfeld mit Lehrkräften in Einzelgesprächen Irritationen klären und Sachargumente einbringen. Außerdem könnte die Leitung vorschlagen, Expertise von außen einzubeziehen und eine Fortbildung zu diesem Thema an die Schule zu holen. Genau wie gegenüber Lernenden ist hier der wertschätzende Umgang entscheidend.

Tagesordnung und Protokoll

Die Tagesordnung enthält einen Zeitplan aus dem hervorgeht, welche Schwerpunkte im Zentrum der Diskussion stehen werden. Der Zeitplan sorgt zugleich für Sitzungsdisziplin und Verbindlichkeit. Die Ergebnisse werden in einem kurzen Protokoll zusammengefasst, wobei vor allem Beschlüsse mit Verantwortlichkeiten für die Umsetzung sowie Terminierungen für die Beschlusskontrolle festzuhalten sind. Verantwortlich für die Vorbereitung, Durchführung und Auswertung von Fachkonferenzsitzungen ist die Fachkonferenzleitung. Schulleiterinnen und Schulleiter sollten in bestimmten Abständen an Fachkonferenzsitzungen teilnehmen, um über die Arbeit informiert zu sein.

B

Tagesordnung einer Fachkonferenz (14.00–16.00 Uhr)

14.00	1. Genehmigung der Tagesordnung und des Protokolls der letzten Fachkonferenz
14.05	2. Beschlusskontrolle
14.15	3. Neue Regelungen zum Zentralabitur
14.30	4. Ergebnisse von VERA (Tischvorlage)
15.00	5. Anpassung des schulinternen Fachcurriculums und Fortbildungsplanung
15.30	6. Besprechung der Evaluationsergebnisse (Feedbackbögen)
15.50	7. Verschiedenes

6 Praxis der Unterrichtsentwicklung: Verfahren und Instrumente

6.1 Schulinternes Fachcurriculum

Schulinterne Fachcurricula konkretisieren und spezifizieren die Rahmenvorgaben, die durch die Bildungsstandards der *KMK* und Lehrpläne oder Fachanforderungen der Bundesländer festgelegt sind. Im Unterschied zu diesen relativ allgemeinen Vorgaben werden im schulinternen Curriculum im Bereich der Tiefenstruktur Kompetenzerwartungen konkretisiert, Verabredungen über inhaltliche Schwerpunktsetzungen und didaktisches Vorgehen getroffen und möglicherweise auch damit verbundene Umsetzungen im Bereich der Sichtstruktur vereinbart und mit zeitlichen Dimensionen verbunden.

Mit dem schulinternen Curriculum planen die Fachkonferenzen die Schuljahre gemeinsam und legen einen bestimmten Arbeitszyklus fest (s. o.). Ein schulinternes Curriculum ist in diesem Verständnis also nicht einfach ein schriftliches Dokument, sondern ein fachdidaktisches Konzept, das entwicklungsoffen, in regelmäßigen Abständen auf seine Wirksamkeit zu überprüfen und weiterzuentwickeln ist. Welche Struktur hat ein schulinternes Curriculum?

Ziele – Kompetenzerwartungen

Im schulinternen Curriculum werden fachliche Kompetenzerwartungen und Sequenzen, die sich aus den staatlichen Rahmenvorgaben, Abschlussprüfungen und Vergleichsarbeiten ableiten, für die einzelnen Jahrgangsstufen konkretisiert.

Inhalte und Themen

Im schulinternen Curriculum werden Absprachen über Themen und Inhalte getroffen. Dazu gehören folgende Aspekte:

- Themen, die von allen Lehrkräften im Jahrgang behandelt werden sowie Dauer und Abfolge der Themen,
- Fachsprache: einheitliche Verwendung von Begriffen und der formalen Notation,
- Nutzung von Kontexten sowie Verbindungen und Anknüpfungspunkte zu anderen Fächern.

Methodik – Unterrichtsgestaltung

Im Rahmen des schulinternen Curriculums werden Absprachen über besonders geeignete Methoden, den Einsatz von Medien sowie über entsprechende Sozialformen für Lehr- und Lernprozesse getroffen.

Diagnostik

Im schulinternen Fachcurriculum werden Absprachen über Lernerfolgskontrollen, über diagnostische Verfahrensweisen und Instrumente getroffen. Dazu gehören kriteriengeleitete Beobachtungen, Gespräche mit den Schülerinnen und Schülern, Selbst- und Fremdeinschätzungsskalen sowie andere Prüfungsverfahren. An Aufgabenbeispielen können Erwartungshorizonte und Lernproblematiken verdeutlicht werden.

Leistungsmessung und Leistungsbewertung

Auf Basis der Vorgaben in den Lehr- und Bildungsplänen bzw. Kerncurricula entwickelt die Fachkonferenz im schulinternen Curriculum Kriterien und Verfahren für die Leistungsmessung und -bewertung. Diese werden durch das Curriculum definiert und transparent gemacht. Dabei sind die verschiedenen Aspekte des Kompetenzerwerbs, also auch Selbst-, Sozial- und Methodenkompetenz neben der Sachkompetenz, angemessen einzubeziehen. Des Weiteren sind zu berücksichtigen: Kriterien zur Bewertung von Prozessen und Ergebnissen, Absprachen über Art, Anzahl und Zeitpunkt der Klassenarbeiten oder Klassenarbeitsersatzleistungen sowie Kriterien für die mündliche Leistung/laufende Kursarbeit.

Weitere Absprachen

Neben den oben erwähnten grundsätzlichen Überlegungen zum schulinternen Fachcurriculum gibt es weitere Themen, die festgehalten werden können. Dazu gehören:

- Förderung von besonders starken und besonders schwachen Schülerinnen und Schülern, zum Beispiel durch Förderunterricht, Enrichment-Programme oder Lernpläne;
- Schwerpunkte, die in den Rahmenbedingungen einer Schule begründet sind, wie zum Beispiel die Förderung der durchgängigen Sprachbildung;
- Absprachen zu Anschaffungen von Taschenrechnern, Formelsammlungen, Software, Fachbüchern, Arbeitsbüchern, Arbeits- und Anschauungsmaterial für die Schülerinnen und Schüler;
- Verteilung von Intensivierungsstunden und deren Gestaltung, z. B. durch Doppelbesetzung, Teilung in leistungshomogene oder -heterogene Gruppen oder Trennung nach Geschlecht.

6.2 Kooperative Aufgabenentwicklung und Unterrichtshospitationen

Während das schulinterne Fachcurriculum den Rahmen für die unterrichtliche Arbeit gibt, ist die konkrete Gestaltung den Lehrkräften frei überlassen. Dies ermöglicht zum einen auf die individuellen Voraussetzungen in einer Klasse einzugehen, zum anderen stellt diese Freiheit die Lehrkraft weitgehend allein vor eine Vielzahl an Entscheidungen. Die regelmäßige Diskussion und Zusammenarbeit in Jahrgangsteams – oder zumindest mit ein oder zwei parallel arbeitenden Kolleginnen und Kollegen befördert eine intensive Auseinandersetzung mit den didaktischen und methodischen Entscheidungen (siehe auch Parallelarbeiten) und leistet damit einen wesentlichen Beitrag zur Qualitätssicherung.

Gegenseitige Hospitationen erfordern einen vertrauensvollen, kollegialen und vor allem wertschätzenden Umgang. Viele Lehrkräfte sind es nicht gewohnt, dass man ihnen bei der Arbeit zuschaut, oft befürchten sie, im Unterricht fachliche oder pädagogische Fehlentscheidungen zu treffen und in der Folge als inkompetent zu gelten.

Gelingt es in der Schule, eine Veränderung des Lehrerbildes vom Einzelkämpfer zum Mitglied eines Teams zu erwirken, kann die kollegiale Unterrichtshospitation zur Weiterentwicklung des Unterrichts genutzt werden. Dabei kann es darum gehen, einen Kollegen in einer schwierigen Situation zu beraten, zum Beispiel, weil in einer Klasse gehäuft Disziplinprobleme auftreten oder sich ein bestimmter Schüler häufig der Mitarbeit entzieht. Es kann aber auch darum gehen, zu einem abgesprochenen Schwerpunkt Ideen zu sammeln, zum Beispiel, wie man die Schülerinnen und Schüler bei einer bestimmten Aufgabenstellung sprachlich unterstützen kann.

Im Anschluss an den Unterricht sollte möglichst zeitnah ein Gespräch über die Stunde geführt werden, das den Regeln guten Feedbacks genügt: Zunächst reflektiert die Lehrkraft selbst ihren Unterricht. Anschließend kann die beobachtende Lehrkraft positive Rückmeldung geben: Was ist gut gelaufen? Was will sie übernehmen? Erst dann erfolgt ein Austausch über den Beobachtungsschwerpunkt, bei dem Alternativen besprochen werden.

Alternativ zur Hospitation ist es auch möglich, den eigenen Unterricht auf Video aufzuzeichnen. Eine Videoanalyse ermöglicht einen distanzierten Blick auf den eigenen Unterricht und kann auch für Lehrkräfte im Vorbereitungsdienst sehr hilfreich sein, insbesondere wenn die eigene Wahrnehmung stark vom Urteil der Mentorin oder des Mentors abweicht.

Kollegiale Aufgabenentwicklung und Unterrichtshospitationen können auch im Rahmen Professioneller Lerngemeinschaften durchgeführt werden.

6.3 Parallelarbeiten – Jahrgangsstufenarbeiten

Eine ganz einfache Form der Sicherung und Entwicklung von Unterrichtsqualität ist es, jährlich Parallelarbeiten in einer Jahrgangsstufe zu einem festen Datum zu schreiben, die von den Kolleginnen und Kollegen gemeinsam erarbeitet werden. Damit wird erreicht, dass man sich nicht nur auf Sichtstrukturebene bzgl. der Arbeiten abspricht, sondern implizit auch über Unterricht im Bereich der Tiefenstruktur. Konkret muss für die Gestaltung der Arbeit festgelegt werden:

- welche Unterrichtsinhalte bis zu einem bestimmten Datum unterrichtet werden sollen,
- welche Schülervorstellungen angesprochen werden,
- welche Art von Aufgaben mit welchen Operatoren gestellt werden,
- welches Anforderungsniveau welcher Aufgabe zugeordnet wird,
- wie viele Punkte für welche Aufgabe vergeben werden,

- wie die Aufgaben konkret beurteilt werden, und insbesondere, wie welche Fehler zu werten sind (Was fällt in die Kategorie Folgefehler? Wie formal muss die Argumentation aufgeschrieben werden? Gibt es nur ganze oder auch halbe Punkte? ...).

Werden die Parallelarbeiten als Ganzjahresarbeiten zu Schuljahresende geschrieben, so sichert dies zusätzlich, dass die Schülerinnen und Schüler nicht mehr nur kurzfristig bestimmte Verfahren beherrschen. Um den Stoff eines Schuljahres abrufen zu können, ist es erforderlich, tragfähige Grundvorstellungen erworben zu haben, damit Basiskompetenzen auch verstanden werden und nicht nur in Form von Rezeptwissen abgerufen werden können.

Parallelarbeiten ermöglichen nicht nur einen Vergleich zwischen den Klassen eines Jahrgangs, vielmehr ist eine Parallelarbeit – genau wie *VERA* – auch immer ein Test, wie gut es der Lehrkraft gelungen ist, das Wissen zu vermitteln. Es ist wichtig, ein gegenseitiges Unterstützungssystem aufzubauen, zum Beispiel in Form von kollegialer Beratung oder Hospitation, um deutlich zu machen, dass das Ziel des Vergleichs auch ein gegenseitiges Stärken und Unterstützen der Lehrkräfte ist. Jüngere Kolleginnen und Kollegen stehen solchen Vergleichen häufig aufgeschlossener gegenüber, weil sie noch nicht so viele Erfahrungen gesammelt haben, und es daher selbstverständlich finden, von anderen Lehrkräften Tipps und Hilfestellungen anzunehmen, wenn sie merken, dass diese regelmäßig in Tests besser abschneiden. Diese offene Haltung gilt es zu erhalten. Guten Lehrkräften ermöglichen Parallel- oder Vergleichsarbeiten auch, dass ihre Leistung von den anderen wahrgenommen wird.

6.4 VERA und Lernstandserhebungen

Lehrkräfte verschaffen sich durch kontinuierliche Beobachtung Wissen über den Lernstand von Schülern, Vergleichsarbeiten sind dagegen Momentaufnahmen unter besonderen Bedingungen. Gerade weil beide Formen der Diagnostik verschieden sind, sollten sie als sich gegenseitig ergänzend verstanden werden. Ziel von *VERA* ist eine Qualitätssicherung auf Schulebene, aber kein Länderranking wie bei *PISA*.

VERA bietet für Lehrkräfte eine Reihe von pädagogischen Potenzialen. Die Testaufgaben konfrontieren alle Lehrkräfte mit Aufgaben, die kompetenzorientiert sind und häufig auch mehrere Lösungswege ermöglichen. *VERA* gibt einen „Blick von außen“ auf den Lernstand der eigenen Klasse und eröffnet multiple Vergleichsmöglichkeiten (individuell innerhalb der Klasse, zwischen den Parallelklassen und im Vergleich zum Landesmittel). Zeigen beispielsweise einige Kinder höhere Leistungen bei *VERA* als bei Klassenarbeiten, ist zu analysieren, woran das liegen könnte. Die Vorgabe der verschiedenen Lösungswege, das Arbeiten mit Aufgabenbeispielen sowie der didaktische Kommentar, der vom *IQB* entwickelt und bereitgestellt wird, dient auch dem Ausbau der diagnostischen Kompetenzen der Lehrkräfte und hilft bei der Begründung und Planung pädagogischer Interventionen und Fördermaßnahmen.

Allerdings müssen die Ergebnisse immer vor dem Hintergrund des erfahrenen Unterrichts und der individuellen Voraussetzungen gesehen werden. Hat beispielsweise eine Klasse die Kreiszahl Pi noch nicht kennengelernt und es soll in einer Aufgabe der Flächeninhalt eines Kreises bestimmt werden, so zeugt es von hoher Kompetenz, wenn die Schülerinnen und Schüler den Flächeninhalt abschätzen, aber sie würden dafür keinen Punkt erhalten.

Auch kann es sein, dass ein Schüler eine Aufgabe nicht bearbeitet, weil er sprachliche Schwierigkeiten hat, ein oder mehrere Wörter nicht kennt und daher die Aufgabe gar nicht bearbeitet, obwohl er über die mathematische Kompetenz verfügen würde, die Aufgabe korrekt zu lösen. Außerdem hängt die Leistung eines Schülers bei *VERA* von seiner Tagesform und seiner Motivation ab.

Die Durchführung von *VERA* bedeutet für Lehrkräfte einen Mehraufwand, da sie selbst mit der Auswertung und Eingabe der Daten betraut sind. Bei aller Bedeutung von Vergleichsarbeiten muss unterstrichen werden, dass der Fachunterricht nicht auf die Themen und Aufgabenformate von Vergleichsarbeiten reduziert werden darf. In den Lehrplänen und in den Bildungsstandards sind weitergehende Inhaltsbereiche und Kompetenzen vorgesehen.

6.5 Schulinterne und externe Lehrerfortbildung

Ziel von Fortbildung ist es, letztendlich einen höheren Lernerfolg, eine günstige Motivationsentwicklung oder ein verändertes Lernverhalten auf Schülerseite zu bewirken. Zunächst aber führt eine Fortbildung zu unmittelbaren Reaktionen und Einschätzungen, dadurch eventuell zu kognitiven Veränderungen auf Seiten der Lehrkraft, also zum Beispiel zu einer Erweiterung des Lehrerwissens. Diese Veränderungen wiederum können das unterrichtspraktische Handeln der Lehrkraft verändern (Lipowski 2010). Lehrkräfte nehmen an unterschiedlichen Fortbildungsformaten teil:

- halb- oder ganztägige Fortbildung zu einem Thema (Terminveranstaltung),
- Fortbildung im Rahmen einer Tagung,
- Fortbildung mit der Fachschaft (Abrufveranstaltungen) mit externem Experten,
- Fortbildung im Rahmen eines Schulentwicklungstages,
- Fortbildung mit Unterrichtshospitation,
- zweiteilige Fortbildungen mit dazwischen liegender Praxisphase,
- umfassende Professionalisierungsmaßnahmen (Fortbildungsreihe) mit mehreren integrierten Praxisphasen.

Von Lehrerfortbildungen wird angenommen, dass sie sich positiv auf die Kompetenzentwicklung von Lehrkräften und dadurch letztlich auf die Unterrichtsqualität auswirken (Hattie 2009). Allerdings müssen sie dafür selbst bestimmten inhaltlichen und methodischen Qualitätsmerkmalen genügen wie beispielsweise in den Gestaltungsprinzipien für Fortbildungen des *Deutschen Zentrums für Lehrerbildung Mathematik* (*DZLM*, vgl. Barzel & Selter 2016) dargelegt ist. Als erfolgreich wird Lehrerfortbildung dann erachtet, wenn diese nicht einzelne Lehrende einer Schule oder eines Schulverbundes adressiert, sondern sich an gesamte Kollegien richtet (Gräsel et al. 2007; Terhart 2002). Entscheidend ist auch, dass Professionalisierungsangebote langfristig ausgerichtet sind und umfassend Gelegenheiten bieten, neue Aspekte im schulischen Alltag auszuprobieren (Timperley et al. 2007). Dies kann vor allem durch eine Kombination unterschiedlicher Methoden gewährleistet werden, sodass effektive Lehrerfortbildung nicht nur in Präsenzseminaren stattfindet, sondern auch Selbsterarbeitungsphasen oder Online-Austausch integriert werden (Lipowsky & Rzejak 2012).

7 Zusammenfassung und Ausblick

Bei allen positiven Effekten, die mit „Unterrichtsentwicklung" verbunden sind, solche Begriffe können Missverständnisse auslösen, wenn mit ihnen suggeriert wird, es käme darauf an, Unterricht permanent zu verändern, quasi um der Veränderung willen. Ob „Entwicklungsbedarf" in der jeweiligen Schule, im Unterricht und beim Personal besteht, und falls ja, welcher – diese Fragen können nur dann sinnvoll beantwortet werden, wenn das Lehren und Lernen von Schülerinnen und Schülern im Fokus der Betrachtungen, hier: der Unterrichtsentwicklung, steht. Maßstäbe für möglicherweise notwendige Veränderungen sind zwar nicht allein, aber ganz wesentlich die Lern- und Leistungsergebnisse der Schülerinnen und Schüler im weiten Sinne, wie sie im Bildungs- und Erziehungsauftrag von Schule definiert sind. Dies erfordert eine Rückbesinnung auf zentrale didaktische Fragen: Was sollen die Schülerinnen und Schüler lernen? Was haben sie tatsächlich gelernt? Wie können die Schülerinnen und Schüler möglichst optimal in ihren Lernprozessen unterstützt werden? Die Herausforderung von Schul- und Unterrichtsentwicklung ist, das Lernen mit den Augen der Schüler zu sehen und zu verstehen, was „die" Schüler tatsächlich gelernt haben. Diese Herangehensweise deckt sich mit den Vorschlägen von Hattie zum „Visible Learning" (2009, 2012) und dem Ansatz, „Lernen vom Standpunkt des Subjekts" zu ergründen (Holzkamp 1993). In eine ähnliche Richtung weisen Helmke (2003) mit dem Titel *Unterrichtsqualität erfassen, bewerten, verbessern* seines 2009 neu aufgelegten Buches zur Unterrichtsqualität und Lehrerprofessionalität oder Rosenbusch (2005) mit seinen Grundsätzen der Organisationspädagogik: „Die Qualität der Zieltätigkeit von Schule, nämlich Erziehung und Unterricht, steht im Zentrum der Überlegungen, als Ausgangspunkt, wo immer möglich auch als Qualitätskriterium (als das Ausmaß der pädagogischen Förderung der einzelnen Schülerinnen und Schüler)" (ebd., S. 21) als Schlüsselfrage von Unterrichtsentwicklungsprozessen.

Literatur

Altrichter, H. (2015). Governance – Transformation von Bildungssystemen. In: H. J. Abs, T. Brüsemeister, M. Schemmann, & J. Wissinger (Hrsg.), Governance im Bildungssystem. Analysen zur Mehrebenenperspektive, Steuerung und Koordination, 21–64. Wiesbaden: Springer.

Altrichter, H. & Posch, P. (1998). Lehrerinnen und Lehrer erforschen ihren Unterricht, Eine Einführung in Methoden der Aktionsforschung. Heilbronn: Klinkhardt.

Barzel, B. & Selter, C. (2015). Die DZLM-Gestaltungsprinzipien für Fortbildungen. In: Journal für Mathematik-Didaktik, 36 (2), 259–284.

Baumert, J., Lehmann, R. H., Lehrke, M., Schmitz, B., Clausen, M., Hosenfeld, I., Köller, O. & Neubrand, J. (1997). TIMMS – Mathematisch-Naturwissenschaftlicher Unterricht im internationalen Vergleich. Deskriptive Befunde. Opladen: Leske + Budrich.

Bonsen, M. & Rolff, H.-G. (2006). Professionelle Lerngemeinschaften von Lehrerinnen und Lehrern. In: Zeitschrift für Pädagogik, 52(2), 167–184.

Büchter, A. & Leuders, T. (2005). Reflektierendes Üben. In: Büchter, A. & Leuders, T., Mathematikaufgaben selbst entwickeln. Lernen fördern – Leistung überprüfen, 144–164. Cornelsen Scriptor.

Buer, J. van & Hallmann, P. J. (2007). Schulprogramm. Konstruktions- und Implementationsbefunde. In: J. van Buer & C. Wagner (Hrsg.), Qualität von Schule. Ein kritisches Handbuch, 317–344. Frankfurt a. M.: Peter Lang.

Deutsche Gesellschaft für Evaluation (2004). Empfehlungen zur Anwendung der Standards für Evaluation im Handlungsfeld der Selbstevaluation. Alfter: DeGEval.

Fend, H. (1987). „Gute Schulen – schlechte Schulen". Die einzelne Schule als pädagogische Handlungseinheit. In: U. Steffens & T. Bargel (Hrsg.), Erkundungen zur Wirksamkeit und Qualität von Schule, 55–80. Wiesbaden: Hessisches Institut für Bildungsplanung und Schulentwicklung.

Gollwitzer, M. & Jäger, R. S. (2007). Evaluation: Workbook. Weinheim: Beltz.

Gräsel, C., Pröbstel, C., Freienberg, J. & Parchmann, I. (2007). Fostering collaboration among secondary school science teachers. In: M. Prenzel (Hrsg.), Studies on the educational quality of schools. The final report on the DFG Priority Programme, 157–174. Münster: Waxmann.

Hattie, J. (2009). Visible learning. London and New York: Routledge.

Hattie, J. (2012). Visible learning for teachers. London and New York: Routledge.

Heinrich, M. (2010). Bildungsgerechtigkeit durch Evidence-based-policy? In: W. Böttcher, J. N. Dicke & N. Hogrebe (Hrsg.), Evaluation, Bildung und Gesellschaft. Steuerungsinstrumente zwischen Anspruch und Wirklichkeit, 47–68. Münster: Waxmann.

Heinrich, M. & Kussau, J. (2010). Das Schulprogramm zwischen schulischer Selbstregulierung und externer Steuerung. In: H. Altrichter & K. Maag Merki (Hrsg.), Handbuch neue Steuerung im Schulsystem, 171–194. Wiesbaden: Verlag für Sozialwissenschaften.

Helmke, A. & Weinert, F. E. (1997). Unterrichtsqualität und Leistungsentwicklung: Ergebnisse aus dem SCHOLASTIK-Projekt. In: A. Helmke & F. E. Weinert (Hrsg.), Entwicklung im Grundschulalter, 241–251. Weinheim: Beltz.

Helmke, A. (2003). Unterrichtsqualität erfassen, bewerten, verbessern. Seelze: Kallmeyer.

Helmke, A. (2012). Unterrichtsqualität und Lehrerprofessionalität. Diagnose, Evaluation und Verbesserung des Unterrichts. Seelze: Kallmeyer.

Holzkamp, K. (1993). Lernen. Subjektwissenschaftliche Grundlegung. Frankfurt a. M.: Campus

Kultusministerkonferenz (2003): Vereinbarung über Bildungsstandards für den mittleren Schulabschluss (Jahrgangsstufe 10). (http://www.kmk.org/fileadmin/veroeffentlichungen_beschluesse/2003/2003_12_04-Bildungsstandards-Mittleren-SA.pdf, letzter Zugriff: 24.06.2016)

Kultusministerkonferenz (2006). Gesamtstrategie der Kultusministerkonferenz zum Bildungsmonitoring. (http://www.kmk.org/fileadmin/veroeffentlichungen_beschluesse/ 2006/ 2006_08_01-Gesamtstrategie-Bildungsmonitoring.pdf, letzter Zugriff: 24.06.2016)

Kultusministerkonferenz (2015). Gesamtstrategie der Kultusministerkonferenz zum Bildungsmonitoring. (http://www.kmk.org/fileadmin/veroeffentlichungen_beschluesse/ 2015/ 2015_06_11-Gesamtstrategie-Bildungsmonitoring.pdf, letzter Zugriff: 24.06.2016)
Lange, H. (1999). Qualitätssicherung in Schulen. In: Die Deutsche Schule, 2, 144–159.
Leuders, T. (2015). Unterrichtsentwicklung im Fach Mathematik. In: H.-G. Rolff (Hrsg.), Handbuch Unterrichtsentwicklung, 364 – 376. Weinheim: Beltz.
Lipowsky, F. (2010). Die Wirksamkeit von Lehrer/innenfortbildung. Berufliches Lernen von Lehrer/innen im Rahmen von Weiterbildungsangeboten. news&science. Begabtenförderung und Begabungsforschung. In: ÖZBF, *25*(2), 4 – 8.
Lipowsky, F. & Rzejak, D. (2012). Lehrerinnen und Lehrer als Lerner – Wann gelingt der Rollentausch? Merkmale und Wirkungen effektiver Lehrerfortbildungen. In: Schulpädagogik heute, 5(3), 1–17.
Mintzberg, H. (1979). The professional bureaucracy. In: H. Mintzebreg (Hrsg.), The structuring of organizations – A synthesis of the research, Prentice-Hall, Inc.
Ostermeier, C., Prenzel, M. & Duit, R. (2010). Improving science and mathematics instruction. The SINUS project as an example for reform as teacher professional development. In: International Journal of Science Education, 32(3), 303 – 327.
Posch, P. & Altrichter, H. (1997). Evaluation und Entwicklung von Schulqualität – Dimensionen, Modelle und strategische Vorschläge. In: P. Posch & H. Altrichter (Hrsg.), Möglichkeiten und Grenzen der Qualitätsevaluation und Qualitätsentwicklung im Schulwesen, 1 – 155. Innsbruck/Wien: Studienverlag.
Riecke-Baulecke, T. (2001). Effizienz von Lehrerarbeit. Zielklarheit, Transparenz, Prozessoptimierung – Eckpfeiler zukunftsorientierter Schulentwicklung. Bad Heilbrunn: Klinkhardt-Verlag.
Riecke-Baulecke, T. (2004). SchulePlus. Managementmodell für wirksame Qualitätsentwicklung. München: Oldenbourg.
Riecke-Baulecke, T. (2007). SchulleitungPlus. Schule und Unterricht erfolgreich gestalten. Grundsätze und Verfahren wirksamer Führung. München: Oldenbourg.
Riecke-Baulecke, T. (2012). Interne Evaluation. Grundlagen. Schulmanagement-Handbuch 144, 6 – 29. München: Oldenbourg.
Rolff, H.-G. (1993). Wandel durch Selbstorganisation. Theoretische Grundlagen und praktische Hinweise für eine bessere Schule. Weinheim: Beltz.
Rolff, H.-G. (2007). Studien zu einer Theorie der Schulentwicklung. Weinheim: Beltz.
Rolff, H.-G. (2015). (Hrsg.). Handbuch Unterrichtsentwicklung. Weinheim: Beltz.
Rosenbusch, H. S. (2005). Organisationspädagogik der Schule. Grundlagen pädagogischen Führungshandelns. Neuwied/Kriftel/Berlin: Luchterhand.
Steffens, U. (2007). Schulqualitätsdiskussion in Deutschland – Ihre Entwicklung im Überblick. In: J. van Buer & C. Wagner (Hrsg.), Qualität von Schule. Ein kritisches Handbuch, 21– 54. Frankfurt a. M.: Peter Lang.
Tenorth, H.-E. (2016). 15 Jahre PISA: Historische Verortung, gesellschaftliche Hintergründe. In: Schulmanagement-Handbuch 157, 19 – 25. München: Oldenbourg.
Terhart, E. (Ed.). (2000). Perspektiven der Lehrerbildung in Deutschland. Abschlussbericht der von der Kultusministerkonferenz eingesetzten Kommission. Weinheim/Basel: Beltz.
Terhart, E. (2002). Standards für die Lehrerbildung. Eine Expertise für die Kultusministerkonferenz. Münster: Zentrale Koordination Lehrerbildung.
Terhart, E. (2015). Theorie der Unterrichtsentwicklung: Inspektion einer Leerstelle. In: H.-G. Rolff (Hrsg.), Handbuch Unterrichtsentwicklung, 62 – 76. Weinheim: Beltz.
Timperley, H., Wilson, A., Barrar, H. & Fung, I. (2007). Teacher professional learning and development. Best Evidence Synthesis Iteration. Wellington, New Zealand: Ministry of Education.
Wöhe, G. (1996). Einführung in die Allgemeine Betriebswirtschaftslehre. München: Vahlen.

Maike Abshagen

Unterrichtsplanung

Ziel dieses Kapitels ist es, einen Überblick über die Aspekte zu geben, die bei der Planung von Unterricht bedacht werden können. Im Zentrum stehen dabei zum einen die didaktische Rekonstruktion, bei der die Voraussetzungen der Lernenden und die Sachstruktur gleichberechtigt und sich gegenseitig bedingend in die didaktische Analyse eingehen, zum anderen Strukturmodelle, die zur Planung von Unterrichtseinheiten auf der Tiefenebene verwendet werden können.
Stichworte: Prozessmodelle zur Unterrichtsplanung, didaktische Rekonstruktion, Sachstrukturanalyse, didaktische und methodische Planung, Stoffverteilung, Unterrichtsentwurf.

1 Planung von Unterricht

Der Tradition, die Unterrichtsplanung mit der „Stoffdidaktik" zu beginnen, liegt das Modell zugrunde, dass das Fachwissen objektiv ist und in Form von Lehrwerken zur Verfügung steht, und dann, wenn es durchdrungen wurde, durch eine didaktische Reduktion optimal an die Lernenden angepasst werden kann. Dagegen spricht zum einen, dass auch die Wiedergabe von Theorien in Lehrwerken auf individuell konstruierten Weltbildern der Autoren fußt, zum anderen kommen Schülerinnen und Schüler mit Vorstellungen in den Unterricht, die zum Teil erheblich von den wissenschaftlichen Vorstellungen abweichen. Unterricht, der die Schülervorstellungen konsequent berücksichtigt, ist erfolgreicher (Duit 2010). Daher werden beim Modell der didaktischen Rekonstruktion (Kattmann et al. 1997) die individuellen Voraussetzungen gleichzeitig mit der fachlichen Klärung in den Blick genommen, beides fließt parallel in die didaktische Analyse ein.

Da die Tiefenstrukturen, wie im Kapitel zur Unterrichtsqualität (S. 149 ff.) dargestellt, maßgeblich das Lernen der Schülerinnen und Schüler beeinflussen, bieten sich Prozessmodelle an, die die Lernprozesse der Schülerinnen und Schüler in den Blick nehmen, um eine Unterrichtseinheit zu planen.

Zu den Tiefenstrukturen gehören:
- kognitive Aktivierung,
- Klassenführung,
- konstruktive Unterstützung.

Weniger starken Einfluss haben dagegen die Sichtstrukturen, wozu die Organisationsformen (jahrgangsbezogener oder -übergreifender Unterricht, Kurssystem), die Methoden (induktive und deduktive Verfahren; Lehrvortrag, Unterrichtsgespräch und Wochenplanarbeit) und die Sozialformen (Individual-, Tandem- und Gruppenarbeit) gehören.

Bei der Planung von Unterricht ist deshalb die Tiefenstruktur die zentrale Perspektive, der die Sichtstruktur folgen muss. Die Planung ist dabei nicht starr, sondern wird immer wieder an den Schülerinnen und Schülern ausgerichtet, um die Lernprozesse optimal zu fördern.

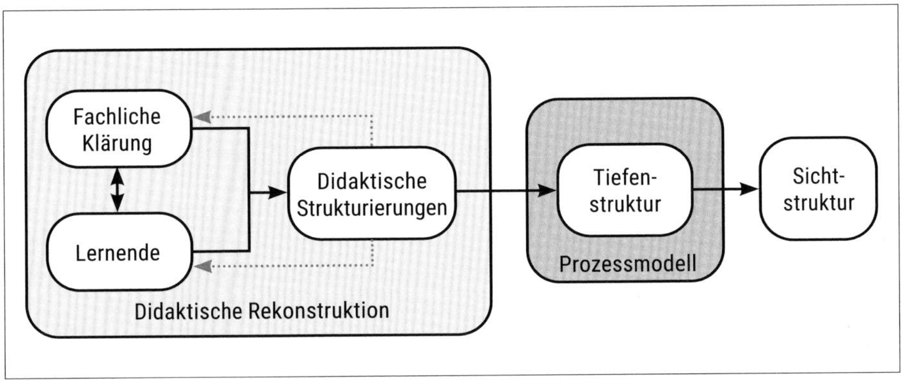

Abb. 1: Modell zur Unterrichtsplanung: Um eine didaktische Analyse durchführen zu können, müssen zunächst sowohl eine fachliche Klärung als auch ein Erfassen der Schülerperspektive vorgenommen werden. Dies dient als Grundlage für die Festlegung der Tiefenstruktur sowie der Abfolge der einzelnen Prozesse, die bei den Lernenden ablaufen sollen, bevor eine Festlegung der Sichtstruktur, also der Methoden, Materialien und Medien, erfolgt.

2 Didaktische Rekonstruktion

Das *Modell der didaktischen Rekonstruktion* (Abb. 1, linker Teil) diente ursprünglich der Erforschung von naturwissenschaftlichen Unterrichtsdesigns (Kattmann et al. 1997), wurde dann für den Mathematikunterricht übernommen (Prediger 2005). Das Modell findet aber auch Anwendung bei der Entwicklung von Unterricht (Reinfried, Mathis & Kattmann 2009; Duit et al. 2015). Die didaktische Rekonstruktion ist ein konstruktivistischer Ansatz, der die Anschauungen und inneren Tätigkeiten der Lernenden ins Zentrum stellt. Lernen wird aufgefasst als Conceptual Reconstruction im Sinne von Modifizierung, Bereicherung und Differenzierung von vorunterrichtlichen Vorstellungen, bei deren Veränderung die Lernenden eine aktive Rolle spielen (Duit et al. 2015). Dabei werden die lebensweltlichen und vorunterrichtlichen Vorstellungen als Lernvoraussetzungen und potenzielle Lernhilfen aufgefasst.

In diesem Modell stehen die fachliche Klärung und die Erfassung der Schülerperspektive gleichberechtigt nebeneinander und werden systematisch aufeinander bezogen, das heißt, dass die Anschauungen und inneren Tätigkeiten der Lernenden, also die Tiefenstrukturen, im Mittelpunkt stehen. Ziel ist es, den Inhalt so zu strukturieren, dass er gelehrt werden kann. Diese gefundene Struktur kann stark von der (universitären) Sachstruktur abweichen. Durch die Lernendenperspektive kann es neue Impulse geben, weil die Sicht der Schülerinnen und Schüler beispielsweise erfordert, einen neuen Blickwinkel einzunehmen und neue Konzepte stärker als bisher gegen bestimmte Strukturen oder Begriffe abzugrenzen.

2.1 Erfassung der Perspektiven der Lernenden und fachliche Klärung

Im Modell der didaktischen Rekonstruktion beinhaltet die fachliche Klärung sowohl die stoffliche Konstruktion (Gegenstandsanalyse) als auch die didaktische Analyse. Die Gegenstandsanalyse wiederum umfasst „die Analyse des Unterrichtsgegenstandes auf seine mathematischen Zusammenhänge und Eigenschaften hin" (Wagemann 1994, S. 230). Das Niveau der Gegenstandsanalyse geht weit über die Klassenstufe hinaus. „Aus fachdidaktischer Perspektive wird der wissenschaftliche Gegenstand in seinen bedeutsamen Bezügen wiederhergestellt, und es wird durch Rückbezug auf die verfügbaren Schülervorstellungen ein Unterrichtsgegenstand konstruiert." (Kattmann et al. 1997) Das bedeutet, dass die Gegenstände nicht per se von der Wissenschaft vorgegeben sind, sondern sie müssen erst mit der Zielsetzung der Vermittlung für die Lernenden konstruiert werden, denn die wissenschaftlichen Konzepte müssen als Gegenstände des Unterrichts in lebensweltliche Bezüge und in Sinnzusammenhänge eingebettet werden (Prediger 2005). Dazu werden wissenschaftliche Vorstellungen, Konzepte und Theorien systematisch mit denen der Schülerinnen und Schüler verglichen und es werden Beziehungen hergestellt. Dabei können die folgenden Fragen für die Lehrkraft hilfreich sein:

Fachliche Klärung		Lernende
Welche Bedeutung hat der Gegenstand innerhalb der Schulmathematik? Was ist an dem Gegenstand repräsentativ/exemplarisch für Mathematik?	⇔	Welche Bedeutung hat der Gegenstand für die Schülerinnen und Schüler?
Welche fachlichen Zugänge gibt es aus mathematischer Sicht (ohne Rücksicht auf die Umsetzbarkeit)? Welche fachlichen Anwendungsbezüge gibt es?	⇔	Welche Betrachtungsweise ist für die Lernenden zugänglich?
Welche Vorkenntnisse werden benötigt? Wie hängt dieser Inhalt mit anderen Unterrichtseinheiten zusammen? Welche Grundvorstellungen sollen aufgebaut werden?	⇔	Welche Vorstellungen und Vorkenntnisse bringen die Lernenden mit?

Welche Definitionen und Sätze beinhaltet das Thema? Welche mathematischen Tätigkeiten müssen ausgeführt werden?	⇔	Welche inhaltlichen und welche prozessbezogenen Kompetenzen sollen aufgebaut beziehungsweise erweitert werden? Wie lassen sich differenzierte Lernziele im Sinne von Grundwissen und Aufbauwissen sowie Teillernziele formulieren?
Wo stecken fachliche Schwierigkeiten?	⇔	Welche typischen Fehlvorstellungen können vorkommen?
Welche didaktischen Ansätze gibt es?	⇔	Welche Zugänge gibt es? Welche Darstellungsformen können verwendet werden?
Welche Schreib- und Sprechweisen gibt es?	⇔	Welche sprachlichen Voraussetzungen bringen die Lernenden mit?

Abb. 2: Bei der Planung mittels didaktischer Rekonstruktion wird bei der fachlichen Klärung konsequent die Lernendenperspektive berücksichtigt.

Hinweise zur Sachstrukturanalyse und zur didaktischen Analyse finden sich in Lehrwerken zur Didaktik (z.B. Müller et al. 2004; Franke 2003; Holland 2007; Padberg 2002; Tietze, Klika & Wolpers 1997, 2000, 2002; Vollrath & Weigand 2007; Eichler & Vogel 2009).

2.2 Didaktische Strukturierung

Nach der fachlichen Klärung und dem Erfassen der Schülerperspektive wird eine Lernstruktur erstellt, bei der die Beziehungen zwischen der erarbeiteten jeweiligen Sachstruktur und der erhobenen Lernendenperspektive leitend sind. Zu klären ist dabei vor allem, warum gerade diese Lerninhalte in dieser Reihenfolge behandelt werden und was die Schülerinnen und Schüler daran lernen sollen.

Dabei orientiert sich die didaktische Strukturierung insbesondere an den kognitiven Voraussetzungen der Schülerinnen und Schüler, während die Motivation sowohl in der Tiefenstruktur über die Sinnstiftung als auch bei der Sichtstruktur durch passende Aufgabenstellungen, Methoden und Sozialformen berücksichtigt wird. Dass diese Bereiche nicht trennscharf sind, sieht man beispielsweise bei der Wahl eines Rahmenkontextes bzw. einer Themenorientierung (also eines die Einheit begleitenden Leitthemas): Steht dabei im Vordergrund, welche mathematischen Vorstellungen sich in einem Kontext aufbauen lassen, ist dies eine didaktische Begründung für diesen Kontext. Geht es darum, zum Üben einen Kontext zu wählen, der für die Schülerinnen und Schüler interessant ist, ist dies eine eher methodische Entscheidung.

Mitunter gibt es bei der didaktischen Strukturierung Aspekte, die eine vertiefte oder erweiterte Betrachtung der Schülerperspektive und damit auch eine Ergänzung der fachlichen Klärung erfordern, sodass ein Rückbezug stattfindet.

Die didaktische Analyse beantwortet beispielsweise folgende Fragen:

Tiefenstruktur		Sichtstruktur
Welche typischen Konzepte, Strategien oder Verfahren sollen gelernt werden?	⇔	Welcher Fachwortschatz (Fachwörter, fachsprachliche Redewendungen, bildungssprachliche Lernziele, siehe Abshagen 2016) soll vermittelt werden?
Welche Kontexte eignen sich, das Thema im Rahmen einer Themenorientierung zu unterrichten? Welches Potenzial bezüglich der Grundvorstellungen und welche Gefahren bezüglich Fehlvorstellungen birgt der Kontext?	⇔	Passt der Kontext zur Lerngruppe (auch kulturelle Rahmenbedingungen sollten berücksichtigt werden)? Welcher Wortschatz für den Kontext oder die Themenorientierung muss vermittelt werden?
Welche typischen Aufgaben und Fragestellungen eignen sich? Welches sind Ausnahmen und Spezialfälle?	⇔	Welche exemplarischen Beispiele passen zur Lerngruppe?
Welche Möglichkeiten gibt es, Fehlvorstellungen möglichst zu vermeiden? Wie kann man damit umgehen, wenn sie doch auftreten?	⇔	An welchen Beispielen können die Fehlvorstellungen als Fehler kenntlich gemacht werden?

Abb. 3: Aufbauend auf der fachlichen Klärung und der Perspektive der Lernenden wird festgelegt, was in der Einheit gelernt werden soll.

Hinweise zur didaktischen Analyse finden sich auch in einigen Handreichungen für Lehrkräfte, wie z. B. in den Handreichungen für den Unterricht der *Mathewerkstatt* (Cornelsen) oder Begleitbänden von *Das Mathematikbuch* (Klett).

3 Prozessmodelle

Nach der didaktischen Analyse kann mit der Planung der Unterrichtseinheit begonnen werden. Dabei bieten Prozessmodelle eine mögliche Grundlage. Ihnen ist gemeinsam, dass durch sie Tiefenstrukturen (vgl. Kapitel zur Unterrichtsqualität, S. 149 ff.) beschrieben werden und somit eine Struktur für die Lernprozesse der Lernenden gegeben wird. Die Sichtstrukturen, also die methodische Umsetzung, werden nicht festgelegt, und auch der zeitliche Umfang wird in den Modellen offengelassen. Vergleicht man verschiedene Prozessmodelle, so lässt sich eine gemeinsame grundlegende Struktur finden, die auf das Phasenmodell von Herbart (1776–1841) und seine Schüler zurückgeht (vgl. Weinert 1996, S. 26):

- Stufe der Klarheit, in der die Lehrkraft das Vorwissen der Lernenden ordnet und für den Unterricht in Klarheit bereitstellt;
- Stufe der Assoziation, in der den Lernenden neue Wissenselemente angeboten werden, die Lernenden nehmen sie auf und assoziieren sie;

- Stufe des Systems, in dem die neu erworbenen Vorstellungen systematisch in den bereits vorhandenen Wissensbestand eingeordnet werden;
- Stufe der Methode, in der das neue erworbene (assoziierte) und eingeordnete (systematisierte) Wissenselement eingeübt und angewandt wird.

In einigen Prozessmodellen werden zusätzliche Phasen postuliert und häufig auch die Phase des Überprüfens mit aufgenommen. Neuere Modelle (s.u.) nehmen eine stärkere Schülerzentrierung vor und formulieren vom Lernprozess und weniger vom Lehrprozess aus.

Bei der **Basismodelltheorie** (Oser & Patry 1990) wird den Lehrkräften die Tiefenstruktur als Rahmen vorgegeben. Es sind notwendige Elemente enthalten, um Unterricht effektiv zu planen, aber es wird offengelassen, wie das konkrete Handeln, die Sichtstruktur, aussieht. Vorgestellt werden zwölf verschiedene Zieltypen des Lernens, darunter „Wissensaufbau (Begriffsbildung und Konzeptbildung“ und „Problemlösen“, aber auch „Routinebildung und Training von Fertigkeiten“. In der Planung kann das Basismodell Wissensaufbau (siehe Abb. 5) als Klammer für die Unterrichtseinheit verwendet werden, in die verschiedene andere Basismodelle als Untereinheit oder als Stunde integriert werden. Für jedes Basismodell gibt es eine Abfolge von Operationen, die durchlaufen werden sollen, um den Schülerinnen und Schülern das Lernen zu ermöglichen. Die Basismodelltheorie wurde in der Praxis evaluiert (Brouër 2001, für die berufliche Bildung: Elsässer 2000) und führte unter anderem dazu, dass die Schülerinnen und Schüler sich der eigenen Lernprozesse bewusst wurden.

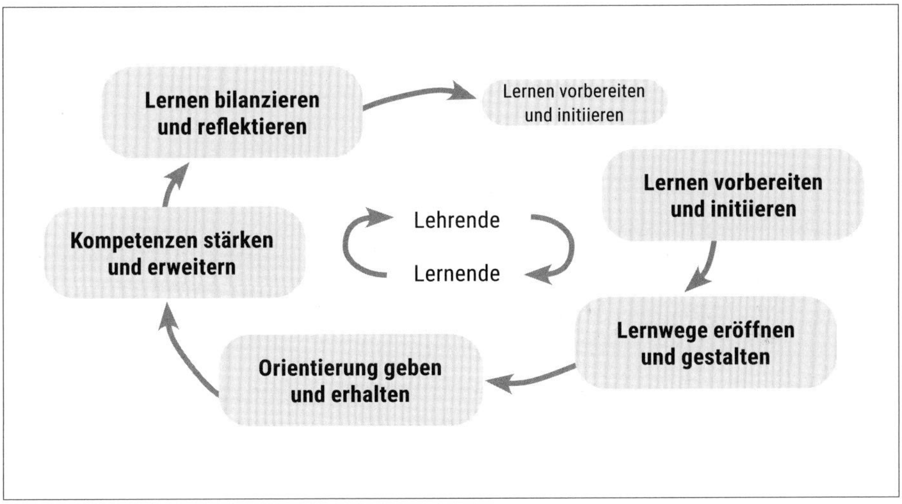

Abb. 4: Prozessmodell für kompetenzorientierte Lehr-Lernprozesse (Bauch, Maitzen & Katzenbach 2011). Der Lernende steht im Zentrum des Prozesses, die Planung und Durchführung orientiert sich an den individuellen Voraussetzungen.

Das **Prozessmodell für kompetenzorientierte Lehr-Lernprozesse** (Füchter & Zaugg 2011; Bauch, Maitzen & Katzenbach 2011, Abb. 4) basiert auf Qualitätskriterien für Unterricht, wie sie im *Hessischen Referenzrahmen Schulqualität* formuliert wurden (Schreder & Brömer 2009) und berücksichtigt insbesondere die Selbststeuerung und die Metakognition im Lernprozess. Wie bei der Basismodelltheorie wird auch hier ein Rahmen angeboten, der sich didaktisch und methodisch sehr flexibel ausgestalten lässt und sowohl für langfristigen Kompetenzaufbau als auch für kürzere Projekte geeignet ist.

Stufe bei Herbart	Basismodell Wissensaufbau (Oser & Patry 1990)	Prozessmodell (Bauch, Maitzen & Katzenbach 2011)	KOSIMA-Konzept (Prediger et al. 2013)
1	Bewusstmachung der bisher erworbenen Wissensstruktur: Das neue Wissen soll an altes anknüpfen.	Lernen initiieren: Die Lernausgangslage wird ermittelt und der rote Faden aufgezeigt.	Aktivieren von Vorerfahrungen, Hinführen mit Kernfragen: Lernende erinnern sich und werfen Fragen auf.
2	Durcharbeiten eines Prototyps, in dem die Elemente des neuen Wissens vollständig enthalten sind: Das Einstiegsbeispiel sollte besonders gut ausgewählt werden, damit es als Repräsentant dient.	Lernwege gestalten und begleiten: Es folgt eine straffe Erarbeitung, in der die Lernwege dokumentiert werden.	An anregenden Problemen eigene Wege gehen: Durch Problemlösen oder Untersuchen von Phänomenen werden Begriffe aufgebaut, Verfahren entwickelt und Zusammenhänge herausgearbeitet.
	Präsentation bzw. Repräsentationen eines oder mehrerer neuer Elemente, die der bisherigen Struktur fremd sind.	Orientierung: Eine Zwischendiagnose wird als Selbst- oder Partnerdiagnose durchgeführt.	
3	Erarbeitung der neuen Wissenselemente: Verschiedene Beispiele werden behandelt, dabei erfolgt ein Vergleichen, in-Beziehung-setzen, Einschließen und Trennen.	Konsolidierung: In dieser Phase wird selbständig geübt.	Ordnen – Systematisieren und Sichern: Durch Zuordnen, Ergänzen von Beispielen, Erklären erfolgt ein individuelles Aneignen der Mathematik.

4	Anwendung der neuen Wissenselemente: In dieser Phase werden nicht nur Beispiele des neuen Typs behandelt, sondern geprüft, welche Aufgaben zum neuen Typ gehören und welche nicht.		Flexibles Üben, Wiederholen, Vernetzen und Erweitern erfolgt durch Behandlung verschiedener Aufgabentypen (Bruder, 2012, Büchter und Leuders, 2005)
		Lernergebnisse bilanzieren: Leistungsaufgaben Lehr- und Lernprozesse evaluieren: Reflexion durch den Vergleich der Auswertung der Bilanz mit der Selbstdiagnose. Dies ist der Ausgangspunkt für die nächste Einheit.	Selbstdiagnose zum Beispiel mittels Checkliste

Abb. 5: Gegenüberstellung dreier Planungsmodelle für Unterrichtseinheiten

Im Rahmen des Projektes *KOSIMA* (mit Kontexten sinnstiftend Mathematik betreiben) wurde ein **Strukturierungsmodell zur Planung von Mathematikunterricht** entwickelt (Prediger et al. 2013). Im Zentrum stehen dabei vier Kernprozesse, die aber keine starre Chronologie beschreiben, sondern der Unterscheidung von Unterrichtssituationen nach den Perspektiven der Didaktik, kognitiven Aktivitäten der Lernenden sowie der Qualität der Erkenntnisprozesse dienen.

Die Gegenüberstellung in der Tabelle (Abb. 5) zeigt eine große Übereinstimmung der Planungsschritte in den verschiedenen Modellen, unabhängig davon, ob es sich um allgemein-didaktische oder Mathematik-spezifische Planungsmodelle handelt, aber die verwendeten Begriffe unterscheiden sich stark.

Abbildung 6 zeigt, wie in einem schulinternen Fachcurriculum die ministeriellen Vorgaben an die Bedürfnisse der Lernenden angepasst wurden: Die Schule hat einen Anteil von 50 % an Kindern mit Migrationshintergrund und berücksichtigt daher die Sprachförderung in besonderem Maße. Im unteren Teil der Abbildung wurde eine Planung der ersten Einheit mithilfe des Basismodells Wissensaufbau vorgenommen. Diese Planung beinhaltet die Tiefenstruktur sowohl auf der Sachebene als auch auf den Erwerb der Fachsprache bezogen (vgl. konzeptueller und lexikalischer Lernpfad, Pöhler & Prediger 2017). Erst anschließend erfolgen die Stundenplanung und die methodische Konkretisierung.

Vorgaben eines schulinternen Fachcurriculums

Inhalte	Kompetenzen und Erläuterungen
1) Terme und Gleichungen ▸ Rechnen mit Termen, Klammern setzen und auflösen, Assoziativ-, Kommutativ-, Distributivgesetz ▸ Binomische Formeln ▸ Gleichungen und Ungleichungen aufstellen und lösen	▸ Aufstellen, umformen und interpretieren von Termen ▸ Berechnen von Werten von Termen ▸ Beschreiben von Termen mithilfe von Fachausdrücken (sprachlicher Schwerpunkt) ▸ Lösen grafischer Probleme durch Lösen und Aufstellen von Gleichungen ▸ handlungsorientierter Zugang mit Termbaukasten (Kempf 2009) zur Darstellung der binomischen Formeln
Das Schulinterne Fachcurriculum sieht außerdem vor, dass folgendes Fachvokabular gefestigt bzw. eingeführt wird: **Neu:** die Äquivalenzumformung, die Lösungsmenge, die Definitionsmenge, die Probe, die Wertemenge, die Termumformung, der Doppelpfeil, ausklammern, ausmultiplizieren, faktorisieren, die binomische Formel, auflösen, erläutern, zeigen; **Wiederholung:** der Term; addieren zu, die Addition; betragen, die Differenz, der Dividend, der Divisor, dividieren durch, die Division, der Faktor, die Faktoren, der Minuend, die Multiplikation, multiplizieren mit, das Produkt, der Quotient, der Subtrahend, der Summand, die Summanden, die Summe, subtrahieren von, die Subtraktion, das Assoziativgesetz, das Distributivgesetz, das Kommutativgesetz	

Erstes Lernziel: Die SuS sollen Klammern setzen und auflösen können; Planung mittels Basismodell Wissensaufbau:

Anknüpfen an Vorerfahrungen	Zunächst wird ein Problem betrachtet, bei dem die Schülerinnen und Schüler Terme aufstellen müssen, so wird auch das Fachvokabular wiederholt.
Exemplarisches Beispiel behandeln	Handlungsorientiert mit Material (Streichhölzern, Schachteln und Tüten) Aufgaben zum „Auskippen“ und „Füllen“ stellen; dabei mit mehreren Variablen arbeiten (Schachteln mit x und y beschriftet) sowie mit gemischten Termen wie $3(x + 5) + 2x + 7$
Neues herausarbeiten	Ausmultiplizieren und Zusammenfassen als Handlungsanweisung formulieren lassen; Übersetzen der Handlungen in Fachsprache
Beispiele	Intelligentes Üben: Neben Standardaufgaben auch Aufgaben mit Lücken, Übersetzen der Handlung in Sachzusammenhänge, Aufgabenvariation; Aufgaben zum Problemlösen stellen (Untereinheit Problemlösen) Termbaukasten nutzen und Flächeninhalte darstellen; damit übergehen zum Wissensaufbau Binomischer Formeln (nächste Untereinheit)
Einordnen	Concept Map zum Thema *Terme*, außerdem Glossar mit Fachbegriffen weiterführen

Abb. 6: Planung einer Einheit zum Thema *Terme und Gleichungen*. Die ministeriellen Vorgaben des Lehrplans werden im schulinternen Fachcurriculum konkretisiert und von der Fachschaft um Angaben zur Länge der Einheiten, zu Schwerpunkten oder um didaktische oder methodische Anmerkungen ergänzt. Davon ausgehend wird ein Lernziel formuliert und mit dem Basismodell Wissensaufbau eine Untereinheit strukturiert.

4 Festlegung der Sichtstrukturen

Die Tiefenstrukturen beinhalten Phasen des Lernprozesses, die in der Sichtstruktur konkretisiert werden. Hierbei geht es insbesondere darum, durch eine passende Lernumgebung, also ein passendes Lernangebot, die Schülerinnen und Schüler zu motivieren und eine hohe Lernaktivität zu generieren, die dann zu einem möglichst hohen „Ertrag“ führt.

Neben der Auswahl der Aufgabe und des Produktes, das erstellt werden soll, ist hier eine geeignete Wahl von Methoden und Medien zu treffen. Diese sollten eine dienende Funktion haben, also das umsetzen, was aus der didaktischen Analyse unter Berücksichtigung der soziokulturellen Rahmenbedingungen als Ziel ausgemacht wurde. Eine Übersicht über Methoden, die für bestimmte Zielsetzungen geeignet sind, findet sich bei Barzel, Büchter und Leuders (2007), Hinweise zum Einsatz von Medien siehe Barzel, Hußmann und Leuders (2005) und Kapitel Medien, S. 200 ff.

Solange man keine methodischen Großformen wie zum Beispiel Stationenlernen oder Projektarbeit plant, legt man die Sichtstruktur für eine Einzelstunde fest. Dabei sollte man bei der Planung die Kriterien für guten Unterricht im Blick haben (Meyer 2004; Helmke 2012; Hattie 2012; Vollrath 2012; Kapitel Unterrichtsqualität, S. 149 ff.) und darauf achten, dass eine kognitive Aktivierung erfolgt (Baumert & Kunter 2006, S. 476).

Damit die Schülerinnen und Schüler nicht ermüden, sondern aufmerksam mitarbeiten können, empfiehlt es sich, ausreichend Phasenwechsel einzuplanen (für eine Stunde (45 Minuten) etwa drei bis fünf Phasen), und keine Phase zu lange aufrecht zu erhalten. Ein Phasenwechsel beinhaltet zumeist auch einen Wechsel der Sozialform.

Unabhängig von dem Prozessmodell, mit dem man plant, setzen sich Einzelstunden aus Standardsituationen zusammen (Barzel et al. 2011, vgl. Prozessmodelle oben). Sie beginnen mit einem Einstieg (Anknüpfen), häufig folgt eine Problematisierung, in der die Schülerinnen und Schüler ein Problem formulieren, dann findet eine Erarbeitung statt (als Lehrervortrag, fragend-entwickelnde Erarbeitung oder in Form von forschend-entdeckendem Lernen), deren Ergebnisse anschließend gesichert (Sammeln und Sichern), vertieft (Üben) und reflektiert werden.

Im Folgenden werden Standardsituationen kurz erläutert, mit denen das Prozessmodell umgesetzt werden kann:

- Anknüpfen: Mittels Kopfaufgaben oder einer Kartenabfrage (Was wisst ihr über ...?) kann für die Stunde relevantes Vorwissen abgefragt werden. Auch das Erstellen einer Mind-Map oder einer Concept-Map, eine direkte Wiederholung (Wie weit waren wir gekommen? Was war das Problem?) oder ein Vergleichen der Hausaufgaben kann zum Anknüpfen genutzt werden.
- Lehrervortrag: Die Lehrkraft kann beispielsweise einen (historischen) Exkurs machen oder auch ein Verfahren vorführen, das die Schülerinnen und

Schüler anschließend nachmachen sollen; das anschließende Üben ist sehr wichtig, damit die Schülerinnen und Schüler das Verfahren wirklich verstehen und nicht nur „abnicken".

- Fragend-entwickelnde Erarbeitung: Dies kann schnell zum Ziel führen, ermöglicht Lernen am Modell, und ist geeignet für anspruchsvolle Inhalte, die die Schülerinnen und Schüler nicht gut allein entwickeln können; die Gefahr dabei ist, dass nur wenige Schülerinnen und Schüler aktiv beteiligt sind.
- Forschend-entdeckendes Lernen/genetisches Lernen (Wagenschein 1962; Freudenthal 1983): Schülerinnen und Schüler vollziehen nicht nach, sondern entdecken Zusammenhänge über herausfordernde Aufgaben (Riecke-Baulecke, Kapitel Unterrichtsqualität, S. 149 ff.) selbst. Dadurch steigt häufig das Interesse bei den Schülerinnen und Schülern und diese können ihre prozessbezogenen Kompetenzen stärken. Lehrkräfte verzichten häufig auf ein solches Vorgehen, weil dies verhältnismäßig lange dauert und zudem mit einer Unsicherheit belastet ist, dass die Schülerinnen und Schüler nicht das herausbekommen, was sich die Lehrkraft überlegt hat.
- Sammeln, ordnen und sichern: Nach einer Phase des Erarbeitens werden die Ergebnisse gesammelt, eingeordnet, in Beziehung gesetzt, verglichen und gesichert.
- Reflexion: Das Reflektieren des Vorgehens, der Lösungsstrategie oder der verwendeten Werkzeuge bringt eine Vertiefung des Wissens mit sich (Hattie 2012).
- Intelligentes Üben: „Operatives Durcharbeiten" (Büchter & Leuders 2005), das heißt vielfältige Aufgabentypen bearbeiten, wie zum Beispiel vorwärts- und rückwärts arbeiten, Anwendungssuche, Lösungswege begründen und erklären, Fehler entdecken und kommentieren sowie Aufgabenvariation (Schupp 2003).

Bei der konkreten Planung können Planungsraster (Barzel et al. 2011) genutzt werden, um zu einer Zielsetzung für eine Unterrichtsstunde zu gelangen:

- Verorten der Stunde im Lernprozess;
- Vorgeben bzw. Setzen eines vagen Ziels (auf inhaltlicher, prozessbezogener oder sozialer Ebene);
- Festlegung der inhaltsbezogenen und prozessbezogenen Kompetenzen, Festlegung der Tiefenstruktur;
- Suche nach passenden Umsetzungsideen (z. B. Kontexten, schönen Aufgabenideen, Handlungen, Aktivitäten, Abwägen) und Entscheiden für eine Idee;
- Formulierung eines Themas der Stunde;
- Festlegung der Sichtstruktur für die Stunde (Abfolge der Standardsituationen sowie Einsatz von Methoden und Medien);
- Formulierung der Hauptintention für die Unterrichtsstunde.

Planung einer Stunde:
Hauptintention: Die Lernenden stellen zu einem Problem einen Term auf und lösen ein Problem durch Termumformungen.
Anknüpfen: Kopfaufgaben (Einzelarbeit, jeder notiert die Lösung in sein Heft, zwei freiwillige SuS arbeiten hinter der Tafel): Definition eines Terms sowie einfache Aufgaben zur Bestimmung einer Unbekannten
Sicherung mittels der Lösungen an der Tafel. Bei Bedarf werden exemplarisch Fehler an der Tafel der korrekten Lösung gegenübergestellt und von den Schülerinnen und Schülern das korrekte Vorgehen schriftlich begründet.E
Einteilung in leistungshomogene Lerngruppen
Forschend-entdeckendes Lernen: Das Mathematikbuch S. 8: figurierte Zahlen

Arbeitsauftrag:
- Bestimme, wie viele rote und blaue Plättchen man für die 10. und für die 100. Figur braucht.
- Versuche, einen Term zu finden, mit dem du für eine x-beliebige Stelle die Anzahl der roten und blauen Plättchen herausfinden kannst. Überprüfe deinen Term auch für die erste Stelle!
- Schreibe auf, wie du deinen Term gefunden hast.

Sammeln, Sichern, Reflektieren:
- Für mindestens eine Folge werden mehrere Lösungsvorschläge gemeinsam besprochen.
- *Welche Lösungsstrategien habt ihr verwendet?* Lösungsstrategien auf Flipchart sammeln, damit in den nächsten Stunden darauf zurückgegriffen werden kann.

Abb. 7: Mittels Standardsituationen werden die Phasen des Basismodells Problemlösen (Oser & Patry 1990) durchlaufen: Ein Problem wird vorgestellt (hier: im Arbeitsauftrag), das Problem wird von den Schülerinnen und Schülern in eigenen Worten formuliert (hier: nicht explizit aufgeführt, nach dem Stellen des Arbeitsauftrages müssen die Lernenden in eigenen Worten wiedergeben, was sie tun sollen), Lösungsansätze werden gesammelt und getestet (hier: in der Gruppenarbeitsphase) und am Ende wird das Problem verallgemeinert und die Strategie reflektiert (hier: beim Sammeln, Sichern und Reflektieren).

5 Planung verschriftlichen

In Unterrichtsentwürfen sollen die wesentlichen Überlegungen zur Planung dokumentiert werden. Dabei sollten die Argumente enthalten sein, die die Planung im Wesentlichen bestimmen. Wird beispielsweise auf die unterrichtliche Voraussetzung eingegangen, sollte über das Umfeld nur das angeführt werden, was bei der Planung dieser Stunde eine Rolle gespielt hat und keine grundsätzlichen oder allgemeinen Bemerkungen wiedergegeben werden. Beispiele für gelungene Unterrichtsentwürfe finden sich bei Heckmann und Padberg (2012). Im Alltag werden diese Überlegungen nicht notiert, aber es lohnt sich, eine kurze Stundenplanung zu notieren (vgl. Abb. 7), zum einen um in der nächsten Stunde optimal anknüpfen zu können, und zum anderen, um im Nachhinein die Stunde zu reflektieren, beispielsweise mit einem Reflexionsbogen (Abb. 8). Ein solcher

Bogen spiegelt idealerweise Kriterien guten Unterrichts wider, kann aber auch Beobachtungsschwerpunkte festlegen. Der Beobachtungsbogen (Abb. 8) beinhaltet einen konstruktivistischen Ansatz und fokussiert daher die aktive Mitarbeit der Schülerinnen und Schüler.

Waren Arbeitsaufträge klar und zielführend formuliert (Abgleich mit den eigenen Erwartungen)?
- Stand den Schülern ausreichend Zeit zur Bearbeitung der Arbeitsaufträge zur Verfügung?
- Wurde das Vorwissen effizient genutzt?
- Gab es Bereiche/Strategien, die in Zukunft stärker trainiert werden müssen?
- War es jedem Schüler möglich, sich aktiv zu beteiligen?
- Habe ich Schüler nachdenklich beobachtet?

War die Struktur des Unterrichts (Methoden, Phasierung, Organisation) in Bezug auf Lerngruppe und Inhalt effizient gewählt?
- Waren die Unterrichtsziele/Produkte transparent?
- Wurde die Möglichkeit einer Metakommunikation (Methode, Inhalt, Ziele, Reflexion, Evaluation) genutzt?
- Wurde der Umgang mit den Schülern lernförderlich gestaltet ((Fach-)Kommunikation, Loben, sinnvolle Tipps)?

War der Unterricht kompetenzorientiert ausgerichtet im Sinne der Bildungsstandards?
- Haben die Schüler die Möglichkeit gehabt, Ziele durch selbstreguliertes Vorgehen zu erreichen?
- Wurden Strategien benutzt?
- Konnten individuelle Ideen entwickelt werden?
- Wird den Schülern die Möglichkeit für Anmerkungen, Wünsche und Bewertungen in Bezug auf den Unterricht gegeben?

Abb. 8: Reflexionsbogen für Lehrkräfte, entwickelt von der Fachschaft des Thor-Heyerdahl-Gymnasiums Kiel, der sich an den laut Hattie-Studien (Hattie 2012) wirksamen Einflussfaktoren orientiert.

Unterricht nach einer fundierten Planung kann den Grunderfahrungen, und damit dem Aufbau von Vorstellungen dienen und ermöglicht so guten Unterricht. Dann kommt es auf die Umsetzung an (vgl. Kapitel Unterrichtsqualität, S. 149 ff.), insbesondere auf die Klassenführung, die Lehrer-Schüler-Beziehung und die konstruktive Unterstützung durch die Lehrkraft.

Literatur

Abshagen, M. (2015). Praxishandbuch Sprachbildung Mathematik, Sprachsensibel unterrichten – Sprache fördern. Stuttgart: Ernst Klett Sprachen.

Abshagen, M. (2016). Ein Weg zur Fachsprache – Von Streichholzgleichungen und Äquivalenzumformungen. In: Praxis der Mathematik 69, 41–49.

Barzel, B., Büchter, A. & Leuders, T. (2007). Mathematik Methodik. Handbuch für die Sekundarstufe I und II. Berlin: Cornelsen Skriptor.

Barzel, B., Holzäpfel, L., Leuders, T. & Streit, C. (2011). Mathematik unterrichten: Planen, durchführen, reflektieren. Berlin: Cornelsen Skriptor.

Barzel, B., Hußmann, S., L. & Leuders, T. (Hrsg.) (2005). Neue Medien im Fachunterricht: Praxishilfen: Computer, Internet & Co. im Mathematik-Unterricht. Berlin: Cornelsen Skriptor.

Bauch, W., Maitzen, C. & Katzenbach, M. (2011). Auf dem Weg zum kompetenzorientierten Unterricht - Lehr- und Lernprozesse gestalten. Ein Prozessmodell zur Unterstützung der Unterrichtsentwicklung. Fuldatal: PR und Publikationen.

Baumert, J. & Kunter, M. (2006). Stichwort: Professionelle Kompetenz von Lehrkräften. In: Zeitschrift für Erziehungswissenschaft, 9. Jahrg., 4, 469 - 520.

Brouër, B. (2001). Förderung der Wahrnehmung von Lernprozessen durch die Anwendung der Basismodelle des Lernens bei der Gestaltung von Unterricht. In: Unterrichtswissenschaft, 29 (2), 153 - 170.

Bruder, R. (2012). Vielseitig mit Aufgaben arbeiten - Mathematische Kompetenzen nachhaltig entwickeln und sichern. In: R. Bruder, T. Leuders, & A. Büchter (Hrsg.), Mathematikunterricht entwickeln - Bausteine für kompetenzorientiertes Unterrichten, 18 - 52. Berlin: Cornelsen Skriptor Verlag.

Büchter, A. & Leuders, T. (2005). Mathematikaufgaben selbst entwickeln. Lernen fördern - Leistung überprüfen. Berlin: Cornelsen Skriptor Verlag.

Duit, R. (2010). Schülervorstellungen und Lernen von Physik. PIKO-Brief Nr. 1, 1- 5. (http://www.ipn.uni-kiel.de/de/das-ipn/abteilungen/didaktik-der-physik/piko/pikobriefe032010.pdf, 28.06.2016, letzter Zugriff: 24.09.2016)

Duit, R., Gropengießer, H., Kattmann, U., Komorek, M. & Parchmann, I. (2015). The Model of Educational Reconstruction - A Framework for Improving Teaching and Learning Science. In: D. Jorde & J. Dillon (Eds.), London: Science Education Reseach and Practice in Europe. Retrospective and Prospective. Sense Publishers.

Eichler, A. & Vogel, M. (2009). Leitidee Daten und Zufall. Von konkreten Beispielen zur Didaktik der Stochastik. Wiesbaden: Vieweg + Teubner.

Elsässer, T. (2000). Choreografien unterrichtlichen Lernens als Konzeptionsansatz für eine Berufsfelddidaktik. Fribourg: Schweizerisches Institut für Berufspädagogik (SIEP), Schriftenreihe Nummer 10.

Franke, M. (2003). Didaktik der Geometrie. Heidelberg, Berlin: Spektrum Akademischer Verlag.

Freudenthal, H. (1983). Didactical pheonomenology of mathematical structures (Mathematics education library, 1). Dordrecht: Reidel.

Füchter, A. & Zaugg, F. (2011). E-Mail-Gespräch zum Thema „Diagnostik und Förderung“. (http://schulpaedagogik-heute.de/3/2011, letzter Zugriff: 24.09.2016)

Hattie, J. (2012). Visible Learning for Teachers. Maximizing impact on learning. Routledge.

Heckmann, K. & Padberg, F. (2012). Unterrichtsentwürfe Mathematik Sekundarstufe I. Heidelberg: Springer Spektrum.

Helmke, A. (2012). Unterrichtsqualität und Lehrerprofessionalität. Diagnose, Evaluation und Verbesserung des Unterrichts. Seelze: Kallmeyer.

Holland, G. (2007). Geometrie in der Sekundarstufe. Entdecken - Konstruieren - Deduzieren. Hildesheim, Berlin: Franzbecker.

Kattmann, U., Duit, R., Gropengießer, H. & Komorek, M. (1997). Das Modell der Didaktischen Rekonstruktion - Ein Rahmen für naturwissenschaftsdidaktische Forschung und Entwicklung. In: Zeitschrift für Didaktik der Naturwissenschaften, 3/3, 3 - 18.

Kempf, H. (2009). Ich kann Terme sehen - Mit Strohhalmen und Pfeifenputzern Bilder zu Termen erzeugen. In: Mathematik, 5 - 10, 6, 12 - 15.

Meyer, H. (2004). Was ist guter Unterricht? Berlin: Cornelsen.

Müller, G. N., Steinbring H. & Wittmann, C. (2004). *Arithmetik als Prozess.* Seelze: Kallmeyer.

Oser, F. & Patry, J.-L. (1990). Choreographien unterrichtlichen Lernens. Basismodelle des Unterrichts. Berichte zur Erziehungswissenschaft Nr. 89. Pädagogisches Institut der Universität Freiburg (Schweiz) Förderung der wissenschaftlichen Forschung. Pädagogisches Institut der Universität Freiburg (Schweiz).

Padberg, F. (2002). Didaktik der Bruchrechnung. Gemeine Brüche – Dezimalbrücke. Ulm: Spektrum Akademischer Verlag.
Pöhler, B. & Prediger, S. (2017). Verstehensförderung erfordert auch Sprachförderung – Hintergründe und Ansätze einer Unterrichtseinheit zum Prozente verstehen, erklären und berechnen. In: A. Fritz, G. Ricken & S. Schmidt (Hrsg.), Handbuch Rechenschwäche. Weinheim/Basel.
Prediger, S., Leuders, T., Barzel, B. & Hussmann, S. (2013). Anknüpfen, Erkunden, Ordnen, Vertiefen – Ein Modell zur Strukturierung von Design und Unterrichtshandeln. In: G. Greefrath, F. Käpnick & M. Stein (Hrsg.), Beiträge zum Mathematikunterricht, 769–772. Münster: wtm Verlag.
Prediger, S. (2005). „Auch will ich Lernprozesse beobachten, um besser Mathematik zu verstehen." Didaktische Rekonstruktion als mathematikdidaktischer Forschungsansatz zur Restrukturiereung von Mathematik. In: Mathematica didactica, 28, 23–47.
Reinfried, S., Mathis, C. & Kattmann, U. (2009). Das Modell der Didaktischen Rekonstruktion – eine innovative Methode zur fachdidaktischen Erforschung und Entwicklung von Unterricht. In: Beiträge zur Lehrerbildung, 27 (3), 404–413
Schreder, G. & Brömer, B. (2009). Lehren und Lernen. Erläuterungen und Praxisbeispiele zum Qualitätsbereich VI des Hessischen Referenzrahmens Schulqualität. Wiesbaden: Institut für Qualitätsentwicklung.
Schupp, H. (2003). Thema mit Variationen. Hildesheim, Berlin: Franzbecker Verlag.
Tietze, U.-P., Klika, M. & Wolpers, H. (Hrsg.) (1997). Mathematikunterricht in der Sekundarstufe II, Band 1, Fachdidaktische Grundfragen – Didaktik der Analysis. Wiesbaden: Vieweg.
Tietze, U.-P., Klika, M. & Wolpers, H. (Hrsg.) (2000). Mathematikunterricht in der Sekundarstufe II, Band 2, Fachdidaktische Grundfragen – Didaktik der Analytischen Geometrie und Linearen Algebra. Wiesbaden: Vieweg.
Tietze, U.-P., Klika, M. & Wolpers, H. (Hrsg.) (2002). Mathematikunterricht in der Sekundarstufe II, Band 3, Fachdidaktische Grundfragen – Didaktik der Stochastik. Wiesbaden: Vieweg.
Vollrath, H.-J. & Roth, J. (2012). Grundlagen des Mathematikunterrichts in der Sekundarstufe. Heidelberg: Spektrum, Akademischer Verlag.
Vollrath, H.-J. & Weigand, H.-G. (2007). Algebra in der Sekundarstufe. Spektrum Akademischer Verlag.
Wagemann, E.-B. (1994). Bausteine zu einer Methodik des Mathematikunterrichts. Gießen: Institut für Didaktik der Mathematik.
Wagenschein, M. (1962). Exemplarisches Lehren im Mathematikunterricht. Stuttgart: Klett.
Weinert, F. E. (1996). Lerntheorien und Instruktionsmodelle. In: F. E. Weinert (Hrsg.), Enzyklopädie der Psychologie, Themenbereich D., Serie I, Band 2, 1–48. Göttingen: Hogrefe.

Autoren- und Herausgeberverzeichnis

(Ein ausführliches Autoren- und Herausgeberverzeichnis finden Sie unter https://www.friedrich-verlag.de/shop/basiswissen-lehrerbildung-31084.)

Dr. Maike Abshagen ist Leiterin der Abteilung Lehrerausbildung und -qualifizierung am Institut für Qualitätsentwicklung an Schulen Schleswig-Holstein.

Prof. Dr. Bärbel Barzel ist Professorin an der Fakultät für Mathematik der Universität Duisburg-Essen.

Prof. Dr. Andreas Eichler ist Professor für Mathematikdidaktik an der Universität Kassel.

Prof. Dr. Katja Eilerts ist Professorin für Grundschulpädagogik an der Humboldt-Universität zu Berlin.

Prof. Dr. Andreas Filler ist Professor für Didaktik der Mathematik an der Humboldt-Universität zu Berlin.

Prof. Dr. Hedwig Gasteiger ist Professorin für Mathematikdidaktik an der Universität Osnabrück.

Prof. Dr. sc. nat. Marianne Grassmann war Professorin für Grundschulpädagogik an der Humboldt-Universität zu Berlin.

Prof. Dr. Uta Häsel-Weide ist Professorin für sonderpädagogische Förderung im Fach Mathematik an der Universität Paderborn.

Prof. Dr. Stephan Hußmann ist Professor für Mathematikdidaktik an der Technischen Universität Dortmund.

Prof. Dr. Ulrich Kortenkamp ist Professor für Didaktik der Mathematik an der Universität Potsdam.

Prof. Dr. Jürg Kramer ist Professor für Mathematik und ihre Didaktik an der Humboldt-Universität zu Berlin.

Prof. Dr. Timo Leuders ist Professor am Institut für Mathematische Bildung an der Pädagogischen Hochschule in Freiburg.

Prof. Dr. Marcus Nührenbörger ist Professor für Didaktik der Mathematik an der TU Dortmund.

Prof. Dr. Susanne Prediger ist Professorin am Institut für Entwicklung und Erforschung des Mathematikunterrichts an der TU Dortmund.

Dr. Gesa Ramm leitet die Abteilung Schulentwicklung und IT-Medien am Institut für Qualitätsentwicklung an Schulen Schleswig-Holstein.

Prof. Dr. Thomas Riecke-Baulecke ist seit 2019 Präsident des Zentrums für Schulqualität und Lehrerbildung in Baden-Württemberg.

Prof. Dr. Hans-Dieter Rinkens ist emeritierter Professor für Mathematik und ihre Didaktik. Er war von der Gründung 1995 bis 2009 Direktor des Zentrums für Bildungsforschung und Lehrerbildung (PLAZ) der Universität Paderborn.

Prof. Dr. Bettina Rösken-Winter ist Professorin für Design-Based Research an der Professional School of Education (PSE) der Humboldt-Universität zu Berlin.

Prof. Dr. Petra Scherer ist Professorin für Didaktik der Mathematik an der Universität Duisburg-Essen.

Prof. Dr. Christof Schreiber ist Professor am Institut für Didaktik der Mathematik der Justus-Liebig-Universität in Gießen.

Prof. Dr. Ralph Schwarzkopf ist Professor für Mathematikdidaktik an der Universität Oldenburg.

Prof. Dr. Christoph Selter ist Professor für Didaktik der Mathematik an der TU Dortmund.

Dr. Elke Warmuth war wissenschaftliche Mitarbeiterin in der Arbeitsgruppe Mathematik und ihre Didaktik an der Humboldt-Universität zu Berlin und ist seit 2015 im Ruhestand.

Prof. Dr. Hans-Georg Weigand ist Professor für Didaktik der Mathematik an der Universität Würzburg.

Prof. Dr. Gerald Wittmann ist Professor für Didaktik der Mathematik an der Pädagogischen Hochschule Freiburg.

Prof. Dr. Bernd Wollring ist Professor für Mathematik und ihre Didaktik an der Universität Kassel.